电气工程自动化系列丛书

电气控制及 Micro800 PLC 程序设计

王华忠　编著

机 械 工 业 出 版 社

本书内容包括电气控制技术与 Micro800 PLC 程序设计技术两个紧密相关的部分。在电气控制部分介绍了常用的低压电器和电气控制基本电路。在 PLC 程序设计部分，首先概貌性地介绍了工厂自动化与过程自动化知识；然后对 Micro800 PLC 的硬件与网络、编程语言与 CCW 编程软件、指令系统、PLC 程序设计与人机界面进行了详细介绍。通过对应用案例的深入分析，系统地阐述了运用面向对象编程思想，合理选择不同编程语言，利用 PLC 进行逻辑顺序控制、过程控制与运动控制的程序设计方法及人机界面设计内容、步骤和调试技术。结合案例对 Micro800 PLC 的串行通信、以太网通信和 MQTT 通信程序设计进行了阐述。

本书重在培养读者利用 PLC 和电气控制技术开发各类电气自动化系统及其人机界面的能力，在内容上注重系统性、准确性、实用性与新颖性。本书程序都通过了仿真或实物调试，可以指导读者进行工程开发。

本书可作为电气工程及其自动化、测控技术与仪器、机电一体化等相关专业的大学生参考用书，也可作为工控企业、自动化工程公司和相关行业工程技术人员的实用参考书。

图书在版编目（CIP）数据

电气控制及 Micro800 PLC 程序设计/王华忠编著. —北京：机械工业出版社，2023.8
（电气工程自动化系列丛书）
ISBN 978-7-111-73819-0

Ⅰ.①电⋯ Ⅱ.①王⋯ Ⅲ.①PLC 技术-程序设计 Ⅳ.①TM571.61

中国国家版本馆 CIP 数据核字（2023）第 168949 号

机械工业出版社（北京市百万庄大街 22 号 邮政编码 100037）
策划编辑：林春泉　　　　　责任编辑：林春泉　朱　林
责任校对：韩佳欣　李　婷　封面设计：王　旭
责任印制：郜　敏
北京富资园科技发展有限公司印刷
2024 年 1 月第 1 版第 1 次印刷
184mm×260mm・20.25 印张・501 千字
标准书号：ISBN 978-7-111-73819-0
定价：89.00 元

电话服务　　　　　　　　　网络服务
客服电话：010-88361066　　机　工　官　网：www.cmpbook.com
　　　　　010-88379833　　机　工　官　博：weibo.com/cmp1952
　　　　　010-68326294　　金　书　网：www.golden-book.com
封底无防伪标均为盗版　机工教育服务网：www.cmpedu.com

前　言

电气控制技术是以生产机械的驱动装置——电动机为主要控制对象,利用继电器、接触器、按钮、行程开关等组成的电气控制系统对生产机械进行控制的技术,这些设备组成的系统也称为继电器-接触器控制系统。在传统的机电设备电气控制系统中,继电器-接触器控制是主要的控制方式。自 20 世纪 60 年代以来出现的 PLC 以其一系列优点,在工业、农业、物流、商业、交通运输和水电气等基础设施领域从单机到复杂工程上得到了广泛应用。由于 PLC 控制的外围电路仍依赖继电器-接触器控制,因此,系统地学习电气控制与 PLC 控制技术,才能更好地开发现代电气控制系统。

本书共 7 章,包括电气控制技术与 Micro800 PLC(包括 810、820、830、850、870 系列产品)程序设计技术两大部分。第 1 章内容属于电气控制部分,第 2~7 章内容属于 PLC 控制部分。第 1 章主要介绍了常用的低压电器和电气控制基本电路,并结合实例对继电器-接触器控制与 PLC 控制进行了对比分析。第 2 章首先概貌性地介绍了工厂自动化与过程自动化知识,并使读者了解了 PLC 在工控系统的应用方式。第 3 章对 Micro800 PLC 硬件进行了介绍,包括主机、功能性插件和扩展模块、通信接口和 PLC 网络。第 4 章介绍了 PLC 编程语言及 CCW 编程软件。第 5 章介绍了 Micro800 PLC 的指令系统。第 6 章结合大量工程案例对 PLC 程序设计技术进行了介绍,这是本书的重点章节。第 7 章结合实例介绍了工业人机界面与工控组态软件。

本书内容对传统的电气控制部分进行了精简,在 PLC 程序设计部分以 PLCopen 等国际组织成熟的内容来引领 PLC 软件内容;把面向对象程序设计思想、软件的可重用性和可读性等设计目标引入到 PLC 程序设计中;重点介绍了梯形图语言和 ST 语言这两个目前全球较流行的 PLC 编程语言和基于顺序功能图的程序设计方法;加强了 PLC 的通信程序设计内容以适应工业互联网应用对通信的需求;首次在 Micro800 PLC 的书籍中介绍 CCW 编程软件的模拟器使用。

本书由华东理工大学王华忠编写与罗克韦尔自动化公司合作建立校企联合实验室的国内高校的一些教师也对本书的出版提出了宝贵意见,在此一并感谢。

本书可作为电气工程及其自动化、测控技术与仪器、机电一体化等专业大学生的专业参考用书,也可作为工矿企业、工程公司和行业相关工程技术人员的参考书。

为便于教学,凡采用本书作为教材的学校,作者免费提供电子教案。

由于时间和编著者的水平所限,疏漏在所难免,恳请读者提出批评和建议,以便进一步修订完善,作者的 E-mail 是 hzwang@ ecust. edu. cn。

王华忠

2023 年 7 月

目　　录

第1章 电气控制系统基础

1.1 低压电器

1.1.1 低压电器定义及分类

1. 低压电器及其应用

电器是指能够根据外界的要求或所施加的信号，自动或手动地接通或断开电路，从而连续或断续地改变电路的参数或状态，以实现对电路或非电受控对象的切换、控制、保护、检测和调节的各类电工器具、装置等电气设备。

电器用途广泛，功能多样，种类繁多、构造各异。按工作电压高低可分为高压电器和低压电器两大类。低压电器通常是指用于在交流 50Hz（或 60Hz）额定电压为 1200V 及以下、直流额定电压为 1500V 及以下的电路内起通断、保护、控制或调节作用的电器。

按低压电器的作用，低压电器可分为：

1）控制电器：用于各种控制电路和控制系统的电器。如接触器、各种控制继电器、控制器、起动器等。

2）主令电器：用于自动控制系统中发送控制指令的电器。如控制按钮、主令开关、行程开关、万能转换开关等。

3）保护电器：用于保护电路及用电设备的电器。如熔断器、热继电器、保护继电器、避雷器等。

4）配电电器：用于电能的输送和分配的电器。如断路器、隔离开关、刀开关、自动开关等。

5）执行电器：用于完成某种动作或传动功能的电器。如电磁铁、电磁离合器等。

近些年来，我国低压电器产品研发、生产和应用都快速发展，产品种类不断丰富、质量不断提高，应用更加广泛。目前，国内外低压电器产品向着体积小、质量小、安全可靠、使用方便的方向发展。微电子技术的应用提高了传统电器的性能，各种电子化的新型产品，如接近开关、光电开关、电子式时间继电器、固态继电器等适应了数字化潮流。

低压电器不仅用于人们的生活和工作，在工业领域更是被广泛使用。以图 1-1 所示的三相异步电机控制为例，就要使用到隔离开

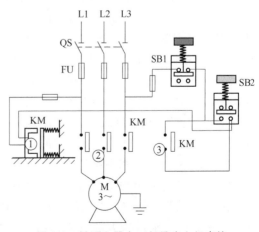

图 1-1 低压电器在三相异步电机直接起停控制中的应用示例图

关 QS、熔断器 FU、接触器 KM 以及按钮 SB 等低压电器。当合上隔离开关，按下点动的起动按钮 SB2 后，由于停止按钮 SB1 为常闭触点，所以控制回路接通，导致接触器线圈（图中①）得电，接触器主触点（图中②处）闭合，电机控制的一次回路得电，电机开始运转。同时，控制回路中的 KM 常开触点（图中③处）进行自保，确保 SB2 断开后控制回路仍然接通。按下停止按钮 SB1 后，控制回路失电，接触器线圈失电，一次回路断开，电机停止运转。同时，若电路或设备故障导致一次回路短路，则 FU 熔断，电机停止运转，以保护系统的电气设备。

2. 低压电器电磁机构及执行机构

低压电器中大部分为电磁式电器，各类电磁式电器的工作原理基本相同，由检测部分（电磁机构）和执行部分（触点系统）两部分组成。此外还包含灭弧装置和其他辅助部件。

（1）检测部分（电磁机构）

电磁机构的作用是将电磁能转换成机械能并带动触点的闭合或断开，完成通断电路的控制作用。电磁机构由吸引线圈、铁心（静铁心）和衔铁（动铁心）组成，其结构形式按衔铁的运动方式可分为直动式和拍合式，图 1-2 是直动式和拍合式电磁机构的常用结构形式。

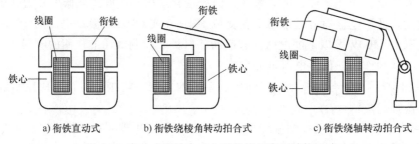

a) 衔铁直动式 　　　　 b) 衔铁绕棱角转动拍合式 　　　　 c) 衔铁绕轴转动拍合式

图 1-2　直动式和拍合式电磁机构的常用结构形式

吸引线圈的作用是将电能转换为磁能，即产生磁通，衔铁在电磁吸力作用下产生机械位移使铁心吸合。通入直流电的线圈称为直流线圈，通入交流电的线圈称为交流线圈。

对于直流线圈，铁心不发热，只是线圈发热，因此线圈与铁心接触以利散热。线圈做成无骨架、高而薄的瘦高型，以改善线圈自身散热。铁心和衔铁由软钢或工程纯铁制成。

对于交流线圈，除线圈发热外，由于铁心中有涡流损耗和磁滞损耗，铁心也会发热。为了改善线圈和铁心的散热情况，在铁心与线圈之间留有散热间隙，而且把线圈做成有骨架的矮胖型。铁心用硅钢片叠成，以减小涡流损耗。

另外，根据线圈在电路中的连接方式可分为串联线圈（即电流线圈）和并联线圈（即电压线圈）。串联线圈串接在电路中，流过的电流大，为减少对电路的影响，线圈的导线粗、匝数少，且线圈的阻抗较小。并联线圈并联在电路上，为减少分流作用，降低对原电路的影响，需要较大的阻抗，因此线圈的导线细而匝数多。

（2）执行部分（触点系统）

触点（触头）是电磁式电器的执行元件，用来接通或断开被控制电路。

触点的结构形式很多，按其所控制的电路可分为主触点和辅助触点。主触点用于接通或断开主电路，允许通过较大的电流；辅助触点用于接通或断开控制电路，只能通过较小的电流。

触点按其原始状态可分为常开触点和常闭触点。原始状态时（即线圈未通电）断开，线圈通电后闭合的触点叫常开触点；原始状态闭合，线圈通电后断开的触点叫常闭触点。线圈断电后所有触点复原。

触点按其接触形式，分为点接触、线接触和面接触；按其结构形式，分为桥形触点和指形触点，如图 1-3 所示。桥形触点又分为点接触式和面接触式。点接触式适用于电流不大且接触点压力小的场合，面接触式适用于大电流的场合。指形触点在接通和分断时产生滚动摩擦，可以去掉氧化膜，故其触点可以用紫铜制造。它适用于触点分合次数多且电流大的场合。

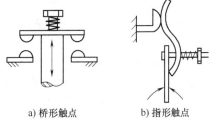

a) 桥形触点　　　b) 指形触点

图 1-3　触点结构形式

（3）灭弧装置

在通电状态下动、静触头脱离接触时，由于电场的存在，使触头表面的自由电子大量溢出而产生电弧。电弧的存在既可烧损触头金属表面，降低电器的寿命，又延长了电路的分断时间，所以必须迅速消除。常用的灭弧装置有电动力吹弧装置、磁吹灭弧装置和栅片灭弧装置等。

（4）辅助部件

辅助部件主要包括复位弹簧、缓冲弹簧、触头压力弹簧、传动机构及外壳等。复位弹簧的作用是当线圈通电时，吸引衔铁将它压缩；当线圈断电时，其弹力使衔铁、动触头复位。缓冲弹簧的作用是缓冲衔铁在吸引时静铁心和外壳的冲击碰撞力。触头压力弹簧用于增加动、静触头之间的压力，增大接触面积，减小接触电阻，避免触头由于压力不足造成接触不良，导致触头过热灼伤，甚至烧损。

1.1.2　接触器

1. 接触器及其工作原理

接触器是指仅有一个起始位置，能接通、承载和分断正常电路条件（包括过载运行条件）下电流的一种非手动操作的机械开关电器。其主要控制对象是电动机，也可用于控制电焊机、电容器、电阻炉等负荷。接触器可用于远距离频繁地接通和分断交、直流主电路和大容量控制电路，具有控制容量大、工作可靠、操作频率高、使用寿命长等优点，是电力拖动自动控制电路中使用最广泛的一种低压电气元件。

接触器按其主触点控制的电路中电流种类分类，有直流接触器和交流接触器。它们的线圈电流种类既有与各自主触点电流相同的，但也有不同的，如对于重要场合使用的交流接触器，为了工作可靠，其线圈可采用直流励磁方式。按其主触点的极数（即主触点的个数）来分，则直流接触器有单极和双极两种；交流接触器有三极、四极和五极 3 种。其中交流触电器用于单相双回路控制可采用四极，对于多速电动机的控制或自耦合减压起动控制可采用五极的交流接触器。

从原理看，接触器主要由电磁系统、触头系统和灭弧装置组成，如图 1-4 所示。容量在 10A 以上的接触器都有灭弧装置，常采用窄缝（纵缝）灭弧罩及栅片灭弧结构。此外，接触器还包括弹簧、传动机构、接线柱及外壳等。

电磁系统由电磁线圈、铁心和衔铁组成，其功能是操作触点的闭合和断开。触点系统包括主触点和辅助触点。主触点用在通断电流较大的主电路中，一般由 3 对动合触点组成，体积较大。辅助触点用以通断小电流的控制电路，体积较小，它有动合、动断触点之分。动合触点（又称常开触点）是指线圈未通电时，其动、静触头是处于断开状态的；当线圈通电后就闭合。动断触点（又称常闭触点）是指在线圈未通电时，其动、静触头是处于闭合状态的，当线圈通电后，则断开。线圈通电时，常闭触点先断开、常开触点后闭合；线圈断电时，常开触点先复位（断开）、常闭触点后复位（闭合），其中间存在一个很短的时间间隔。分析电路时，应注意这个时间间隔。

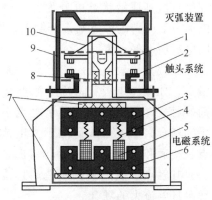

图 1-4　接触器结构示意图

1—动触头　2—静触头　3—衔铁　4—弹簧
5—线圈　6—铁心　7—垫毡　8—触头
弹簧　9—灭弧罩　10—触头压力弹簧

接触器的工作原理是，当接触器线圈通电后，在铁心中产生磁通。由此在衔铁气隙处产生吸力，使衔铁向下运动（产生闭合作用），在衔铁带动下，使常闭触点断开、常开触点闭合。当线圈断电或电压显著降低时，吸力消失或减弱，衔铁在弹簧的反作用力下复位，各触点恢复原来位置。

2. 接触器的型号、表示方法和技术参数

由于产品结构形式、灭弧原理的不同以及用户需求的多样性，交流接触器具有多个品种和规格。

目前，我国常用的交流接触器主要有 CJ20、CJX1、CJX2、CJ12 和 CJ10 等系列；ABB 的 AX 系列、AF 系列等；施耐德电气的 EasyPact TVR、TeSys Deca 接触器等。常用的直流接触器有 CZ18、CZ21、CZ22 和 CZ10、CZ2 等系列。常用的交流接触器外形如图 1-5 所示。

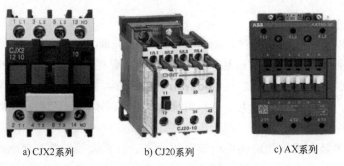

a) CJX2系列　　　b) CJ20系列　　　c) AX系列

图 1-5　常用的交流接触器外形

接触器的图形符号和文字符号如图 1-6 所示。

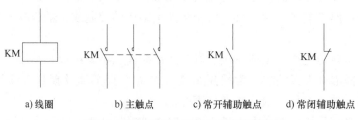

a) 线圈　　　b) 主触点　　　c) 常开辅助触点　　　d) 常闭辅助触点

图 1-6　接触器的图形符号和文字符号

接触器的主要技术参数见表 1-1。

表 1-1　接触器的主要技术参数

技术参数	含义说明
额定电压	额定电压是指在规定条件下，保证接触器主触点正常工作的电压值。通常，最大工作电压即为额定绝缘电压。一个接触器常常规定几个额定电压，同时列出相应的额定电流或控制功率，此外，还有辅助触点及吸引线圈的额定电压
额定电流	由电器主触点的工作条件（额定工作电压、使用类别、额定工作制和操作频率）所决定的电流值
约定发热电流	在规定条件下试验时，电流在 8h 工作制下，各部分温升不超过极限值时所承载的最大电流，对老产品只讲额定电流，对新产品（如 CJ20 系列）则有约定发热电流和额定工作电流之分
动作值	动作值是接触器的接通电压和释放电压。在接触器电磁线圈上已发热稳定时，若给它加上 85% 额定电压，其衔铁应能完全可靠地吸合，无任何中途停滞现象；反之，如果在工作中电网电压过低或突然消失，衔铁也应完全可靠地释放，不停顿地返回原始位置
闭合与分断能力	接触器的闭合与分断能力，是指其主触点在工作情况下所可靠地闭合和断开的电流值。在此电流下，闭合能力是指开关闭合时，不会造成触点熔焊的能力；断开能力是指开关断开时，不产生飞弧和过分磨损而能可靠灭弧的能力

3. 接触器的选用

由于接触器的安装场所与控制的负载不同，其操作条件与工作的繁重程度也不同。因此，必须对控制负载的工作情况以及接触器本身的性能有一个较全面的了解，力求经济合理、正确地选用接触器。在选用接触器时，除了考虑接触器的铭牌数据外，还需要注意接触器的类型、主触点的额定电流和电压、主触点和辅助触点的数量、是否频繁起停等。在具体的选用时，还需要注意以下几点：

1）选择接触器的类型：接触器的类型应根据电路中负载电流的种类来选择。也就是说，交流负载应使用交流接触器，直流负载应使用直流接触器，若整个控制系统中主要是交流负载，而直流负载的容量较小，也可全部使用交流接触器，但触点的额定电流应适当大一些。

2）选择接触器主触点的额定电流：主触点的额定电流应大于或等于被控电路的额定电流。若被控电路的负载是三相异步电动机，其额定电流可按下式推算，即

$$I_N = \frac{P_N \times 10^3}{\sqrt{3}\, U_N \eta \cos\varphi}$$

式中　I_N——电动机额定电流，单位为 A；

　　　U_N——电动机额定电压，单位为 V；

　　　P_N——电动机额定功率，单位为 kW；

　　　$\cos\varphi$——电动机的额定功率因数；

　　　η——电动机的额定效率。

3）选择接触器主触点的额定电压：接触器的额定工作电压应不小于被控电路的最大工作电压。

4）接触器的额定通断能力应大于通断时电路中的实际电流值；耐受过载电流能力应大于电路中最大工作过载电流值。

5) 应根据系统控制要求确定主触点和辅助触点的数量和类型，同时要注意其通断能力和其他额定参数。

6) 如果接触器用来控制电动机的频繁起动、正反转或反接制动时，应将接触器的主触点额定电流降低使用，通常可降低一个电流等级。

1.1.3　继电器

1. 继电器概述

（1）继电器及其作用

继电器根据某种输入信号来接通或断开小电流控制电路，是一种自动和远距离操纵用途的电器，广泛地用于自动控制系统，遥控、遥测系统，电力保护系统以及通信系统中，起着控制、检测、保护和调节的作用，是现代电气装置中最基本的器件之一。

继电器的输入量可以是电流、电压等电量，也可以是温度、时间、速度、压力等非电量；而输出量则是触点的动作或者是电路参数的变化。继电器一般由输入感测机构和输出执行机构两部分组成。前者用于反映输入量的变化，后者完成触点分合动作（对有触点继电器）或半导体元件的通断（对无触点继电器）。

继电器的种类很多，按输入信号的性质分有电压继电器、电流继电器、时间继电器、温度继电器、速度继电器、压力继电器等；按工作原理分有电磁式继电器、感应式继电器、电动式继电器、热继电器和电子式继电器等；按输出形式分有触点和无触点两类；按用途分有控制用和保护用继电器等。在一些功能安全场合，要选用安全继电器。

（2）继电器与接触器的区别

虽然继电器与接触器都用来自动闭合或断开电路，但是它们仍有较多不同之处，体现在以下方面：

1) 继电器一般用于控制小电流的电路，触点额定电流不大于 5A，所以不加灭弧装置；而接触器一般用于控制大电流的电路，主触点额定电流大于 5A，大部分要加灭弧装置。

2) 接触器一般只能对电压的变化做出反应，而各种继电器可以在相应的各种电量或非电量作用下动作。

2. 中间继电器

（1）中间继电器及其作用

中间继电器是一种通过控制电磁线圈的通断，将一个输入信号变成多个输出信号或将信号放大（即增大触点容量）的继电器。中间继电器是用来转换控制信号的中间元件，其输入信号为线圈的通电或断电信号，输出信号为触点的动作。它的触点数量较多，触点容量较大，各触点的额定电流相同。

中间继电器的主要作用是，当其他继电器的触点数量或触点容量不够时，可借助中间继电器来扩大它们的触点数量或增大触点容量，起到中间转换（传递、放大、翻转、分路和记忆等）作用。中间继电器的触点额定电流比其线圈电流大得多，所以可以用来放大信号。将多个中间继电器组合起来，还能构成各种逻辑运算与计数功能的电路，因此中间继电器是传统继电器—接触器电气控制系统的主要设备之一。

（2）中间继电器的基本结构与工作原理

中间继电器也采用电磁结构，主要由电磁系统和触点系统组成。从本质上来看，中间继电器也是电压继电器，仅触点数量较多、触点容量较大而已。中间继电器种类很多，而且除专门的中间继电器外，额定电流较小的接触器（5A）也常被用作中间继电器。

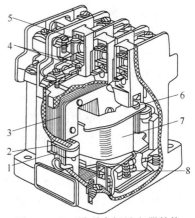

图 1-7 为 JZ7 系列中间继电器的结构图，其结构与工作原理与小型直动式接触器基本相同，只是它的触点系统中没有主、辅之分，各对触点所允许通过的电流大小是相等的。由于中间继电器触点接通和分断的是交、直流控制电路，电流很小，所以一般中间继电器不需要灭弧装置。中间继电器线圈在施加 85%～105% 额定电压时应能可靠工作。

图 1-7　JZ7 系列中间继电器结构

1—静铁心　2—短路环　3—衔铁（动铁心）
4—常开（动合）触点　5—常闭（动断）触点
6—释放（复位）弹簧　7—线圈
8—缓冲（反作用）弹簧

中间继电器的图形符号、文字符号及实物图片如图 1-8 所示。图 1-8c 是常用的中间继电器，包括底座和继电器。继电器上一般带指示灯，线圈接通时灯亮。

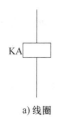

KA

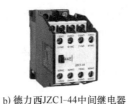

a) 线圈　　　　　b) 德力西JZC1-44中间继电器　　　　c) 欧姆龙和施耐德中间继电器

图 1-8　中间继电器的图形符号、文字符号及实物图片

在我国，除了国产继电器外，日本欧姆龙 LY2N、LY4N 系列、施耐德电气 RXM、RUM 系列等也被使用。施耐德电气 RXM2LB2BD 型号中继器表示具有两常开和两常闭触点，带 LED 灯，电源电压为 24V。

（3）中间继电器与接触器的区别

1）接触器主要用于接通和分断大功率负载电路，而中间继电器主要用于切换小功率的负载电路。

2）中间继电器的触点对数较多，且无主辅触点之分，各对触点所允许通过的电流大小相等。

3）中间继电器主要用于信号的传送，还可以用于实现多路控制和信号的放大。

4）中间继电器常用以扩充其他电器的触点数目和容量。

（4）中间继电器的选择

1）中间继电器线圈的电压或电流应满足电路的需要。

2）中间继电器触点的种类和数目应满足控制电路的要求。

3）中间继电器触点的额定电压和额定电流也应满足控制电路的要求。

4）应根据电路要求选择继电器的交流或直流类型。

3. 时间继电器

（1）时间继电器概述

从得到输入信号（线圈的通电或断电）开始，经过一定的延时后才输出信号（触点的闭合成断开）的继电器，称为时间继电器。时间继电器延时方式有通电延时、断电延时两种。时间继电器被广泛应用于电动机的起动控制和各种自动控制系统中。

通电延时型时间继电器接收输入信号后延迟一定时间，输出信号才发生变化；当输入信号消失后，输出瞬时复原。断电延时型时间继电器，在接收输入信号时，瞬时产生相应的输出信号；当输入信号消失后，延时一定时间，输出才复原。

（2）时间继电器结构及工作原理

常用的时间继电器主要有电磁式、电动式、空气阻尼式、晶体管式等。其中，电磁式时间继电器的结构简单，价格低廉，但体积和质量较大，延时较短（如 JT3 型只有 0.3 ~ 5.5s），且只能用于直流断电延时；电动式时间继电器的延时精度高，延时可调范围大（由几分钟到几小时），但结构复杂，价格贵。目前在电力拖动电路中，应用较多的是空气阻尼式时间继电器。

空气阻尼式时间继电器是利用空气阻尼作用而达到延时的目的。它由电磁机构、延时机构和触点组成。空气阻尼式时间继电器的电磁机构有交流、直流两种。延时方式有通电延时型和断电延时型。当动铁心（衔铁）位于静铁心和延时机构之间时为通电延时型；当静铁心位于动铁心（衔铁）和延时机构之间时为断电延时型。

JSK4 和 JS7-A 等系列空气阻尼式时间继电器通电延时的工作原理如图 1-9a 所示。当线圈 1 得电后，动铁心 3 克服反力弹簧 4 的阻力与静铁心吸合，活塞杆 6 在塔形弹簧 8 的作用

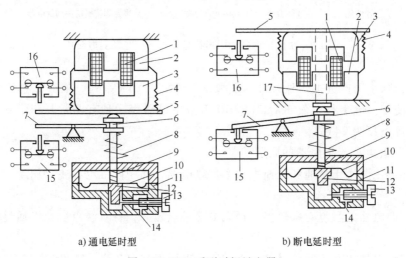

a) 通电延时型　　　　　　　　　b) 断电延时型

图 1-9　JSK4 系列时间继电器

1—线圈　2—铁心　3—衔铁（动铁心）　4—反力弹簧　5—推板　6—活塞杆　7—杠杆　8—塔形弹簧　9—弱弹簧　10—橡胶膜　11—空气室壁　12—活塞　13—调节螺钉　14—进气孔　15、16—微动开关　17—推杆

下向上移动，使与活塞 12 相连的橡胶膜 10 也向上移动，由于受到进气孔 14 进气速度的限制，这时橡胶膜下面形成空气稀薄的空间，与橡胶膜上面的空气形成压力差，对活塞的移动产生阻尼作用。空气由进气孔进入气囊（空气室），经过一段时间，活塞才能完成全部行程而通过杠杆 7 压动微动开关 15，使其触点动作，起到通电延时的作用。

从线圈得电到微动开关 15 动作的一段时间即为时间继电器的延时时间，其延时时间长短可以通过调节螺钉 13 改变进气孔气隙大小来实现，进气越快，延时越短。

当线圈断电时，衔铁释放，橡胶膜下方空气室内的空气通过活塞肩部所形成的单向阀迅速地排出，使活塞杆、杠杆、微动开关等迅速复位。引起微动开关的常闭触点瞬时闭合，常开触点瞬时断开，断电不延时。在线圈通电和断电时，微动开关 16 在推板 5 的作用下能瞬时动作，其触点即为时间继电器的瞬动触点。

结合通电延时型时间继电器的工作原理，读者可以分析 1-9b 所示断电延时型继电器的工作原理。

（3）晶体管时间继电器

随着电子技术的发展和普及，晶体管时间继电器得到普及与应用，有取代空气阻尼式时间继电器等传统产品的趋势。晶体管时间继电器具有工作稳定可靠、延时精度高、延时范围广、输出触点容量较大的特点，延时时间可采用数字显示，调节方法简单直观。

（4）时间继电器表示方法及选用

时间继电器的图形符号和文字符号如图 1-10 所示。图中延时闭合的常开触点指的是，当时间继电器的线圈得电时，触点延时闭合；当时间继电器线圈失电时，触点瞬时断开。图中延时断开的常闭触点指的是，当时间继电器的线圈得电时，触点延时断开；当时间继电器线圈失电时，触点瞬时闭合。图中延时断开的常开触点指的是，当时间继电器的线圈得电时，触点瞬时闭合；当时间继电器线圈失电时，触点延时断开。图中延时闭合的常闭触点指的是，当时间继电器线圈得电时，触点瞬时断开，当时间继电器线圈失电时，触点延时闭合。

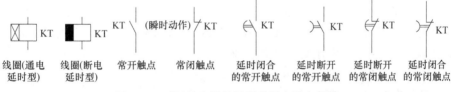

图 1-10　时间继电器的图形符号和文字符号

时间继电器形式多样，在进行选择时，主要根据控制电路对延时触点的要求选择延时方式；根据延时精度要求、使用环境等选择类型；根据控制要求选择延时触点种类、数量和瞬动触点种类、数量；另外，要确保时间继电器的额定电压与电源电压相同。

4. 热继电器

（1）热继电器概述

电动机在实际运行中，常会遇到过载情况，但只要过载不严重、时间短，绕组不超过允许的温升，这种过载就是允许的。但如果过载电流倍数大且过载时间长，则会加速电动机绝缘的老化，缩短电动机的寿命，甚至烧毁电动机，因此，必须对电动机进行长期过载保护。

热继电器是利用电流流过热元件时产生的热量，使双金属片发生弯曲而推动执行机构动作的一种保护电器。它主要用于交流电动机的过载保护、断相和电流不平衡运行的保护及其他电器设备发热状态的控制。

（2）热继电器结构、工作原理及表示方法

热继电器主要由热元件、双金属片、动断触点和复位按钮组成，如图 1-11a 所示。

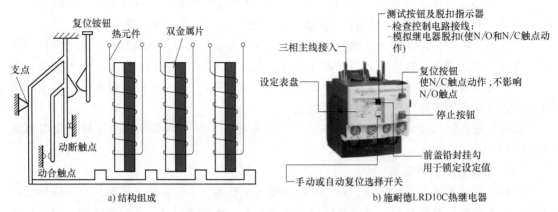

a) 结构组成　　　　　　　　　　　　b) 施耐德LRD10C热继电器

图 1-11　热继电器结构及实物图片

图 1-11b 是施耐德电气 TeSys D 系列热继电器产品，型号为 LRD10C，整定电流为 4~6A。

常用的热元件由发热电阻丝制成，有些地方也使用热敏电阻。双金属片由两种热膨胀系数不同的金属碾压而成，当双金属片受热时，会出现弯曲变形。使用时，把热元件串接于电动机的主电路中，而常闭触点串接于电动机的控制电路中。当电动机正常运行时，热元件产生的热量虽能使双金属片弯曲，但还不足以使热继电器的触点动作。当电动机过载时，双金属片弯曲位移增大，推动导板使常闭触点断开，从而切断电动机控制电路以起到保护作用。

可见，由于热惯性的原因，热继电器不能用于短路保护。因为发生短路事故时，要求电路能立即断开，而热继电器由于热惯性却不能立即动作。此外，在电动机起动或短时过载时，热继电器的热惯性也使继电器不会动作，从而保证了电动机的正常工作。热继电器动作后，经过一段时间的冷却即能自动或手动复位。

常用的热继电器有 JR1、JR2、JR0、JR16、JR20 等系列。JR16B 系列双金属片式热继电器的电流整定范围广，并有温度补偿装置，适用于长期工作或间歇工作的交流电动机的过载保护，而且具有断相运转保护装置。

热继电器的图形符号和文字符号如图 1-12所示。

a) 热元件　　　　b) 常开触点　　　　c) 常闭触点

图 1-12　热继电器的图形符号和文字符号

（3）热继电器的选用

热继电器选用是否得当，直接影响着对电动机进行过载保护的可靠性。通常选用时应按电动机形式、工作环境、起动情况及负载情况等几方面综合加以考虑。

1）原则上热继电器（热元件）的额定电流等级一般略大于电动机的额定电流。热继电器选定后，再根据电动机的额定电流调整热继电器的整定电流，使整定电流与电动机的额定电流相等。

2）一般情况下可选用两相结构的热继电器。对于电网电压均衡性较差、无人看管的电动机或与大容量电动机共用一组熔断器的电动机，宜选用三相结构的热继电器。定子三相绕组为三角形联结的电动机，应采用有断相保护的三元件热继电器作过载和断相保护。

3）热继电器的工作环境温度与被保护设备的环境温度的差别不应超过 15~25℃。

4）双金属片式热继电器一般用于轻载、不频繁起动电动机的过载保护。对于重载、频繁起动的电动机，则可用过电流继电器（延时动作型的）作它的过载和短路保护。

5. 速度继电器

速度继电器是当转速达到规定值时动作的继电器，其作用是与接触器配合实现对电动机的制动，所以又称为反制动继电器。

速度继电器主要由转子、定子和触点 3 部分组成，如图 1-13 所示。转子是一个圆柱形永久磁铁，定子是一个笼型空心圆环，由硅钢片叠成并装有笼型绕组。速度继电器转子的轴与被控制电动机的轴相连，而定子空套在转子上。当电动机转动时，速度继电器的转子随之转动，这样，永久磁铁的静磁场就成了旋转磁场，定子内的短路导体因切割磁场而感应电动势并产生电流，带电导体在旋转磁场的作用下产生电磁转矩，于是定子随转子旋转方向转动。由于有返回杠杆档位，故定子只能随转子转动一定角度。定子的转动经杠杆作用使相应的触点动作，并在杠杆推动触点动作的同时，压缩弹簧，其反作用力也阻止定子转动。当被控电动机转速下降时，速度继电器转子转速也随之下降，于是定子的电磁转矩减

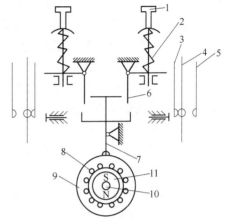

图 1-13　速度继电器的结构原理图

1—螺钉　2—反力弹簧　3—常闭触点　4—动触头
5—常开触点　6—返回杠杆　7—杠杆
8—定子导体　9—定子　10—转轴　11—转子

小。当电磁转矩小于反力弹簧的反作用力矩时，定子返回原来位置，对应触点恢复到原来状态。同理，当电动机向相反方向转动时，定子做反向转动，使速度继电器的反向触点动作。

调节螺钉的位置，可以调节反力弹簧的反作用力大小，从而调节触点动作时所需转子的转速。一般速度继电器的动作转速不低于 120r/min，复位转速为 100r/min 以下。

速度继电器图形符号和文字符号如图 1-14 所示。

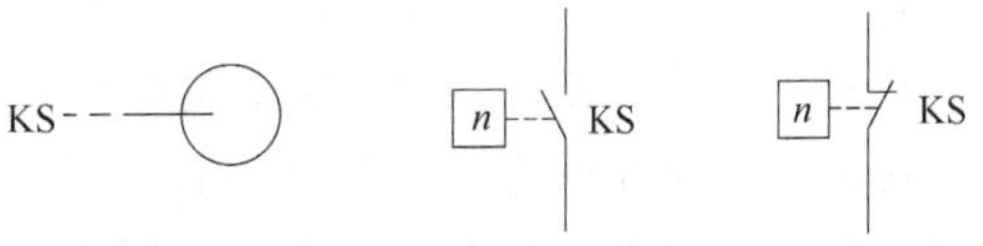

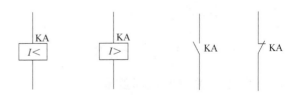

a) 继电器转子　　b) 常开触点　　c) 常闭触点

图 1-14　速度继电器图形符号和文字符号表示

6. 电流继电器与电压继电器

（1）电流继电器

电流继电器是一种根据线圈中（输入）电流大小而接通或断开电路的继电器，即触点的动作与否与线圈动作电流大小有关的继电器。电流继电器按线圈电流的种类可分为交流电流继电器和直流电流继电器；按用途可分为过电流继电器和欠电流继电器。

电流继电器的线圈与被测量电路串联，以反映电路电流的变化，为不影响电路的工作情况（不分压），其线圈的匝数少、导线粗、线圈阻抗小。

电流继电器的图形符号和文字符号如图 1-15 所示。

a) 欠电流线圈　　b) 过电流线圈　　c) 常开触点　　d) 常闭触点

图 1-15　电流继电器的图形符号和文字符号表示

过电流继电器的任务是，当电路发生短路或严重过载时，必须立即将电路切断。因此，当电路在正常工作时，即当过电流继电器线圈通过的电流低于整定值时，继电器不动作，只要超过整定值，继电器才动作。瞬动型过电流继电器常用于电动机的短路保护；延时动作型过电流继电器常用于过载兼具短路保护。过电流继电器可自动或手动复位。

欠电流继电器的任务是，当电路电流过低时，必须立即将电路切断。因此，当电路在正常工作时，即欠电流继电器线圈通过的电流为额定电流（或低于额定电流一定值）时，继电器是吸合的。只有当电流低于某一整定值时，继电器释放，才输出信号。欠电流继电器常用于直流电动机和电磁吸盘的失磁保护。

过电流继电器的动作电流整定范围：交流过电流继电器为 $1.1 \sim 4.0$ 倍额定电流，直流过电流继电器为 $0.7 \sim 3.0$ 倍额定电流。欠电流继电器的动作电流整定范围：吸合电流为 $0.30 \sim 0.55$ 倍额定电流，释放电流为 $0.1 \sim 0.2$ 倍额定电流。

（2）电压继电器

电压继电器用于电力拖动系统的电压保护和控制，使用时电压继电器的线圈与负载并联，为不影响电路的工作情况（不分流），其线圈的匝数多、导线细、线圈阻抗大。

一般来说，过电压继电器在电压升至 $1.05 \sim 1.2$ 倍额定电压时动作，对电路进行过电压保护；欠电压继电器在电压降至 $0.4 \sim 0.7$ 倍额定电压时动作，对电路进行欠电压保护；零电压继电器在电压降至 $0.05 \sim 0.35$ 倍额定电压时动作，对电路进行零电压保护。

电压继电器的图形符号和文字符号如图 1-16 所示。

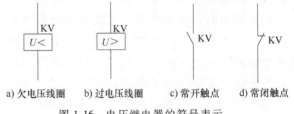

a) 欠电压线圈　　b) 过电压线圈　　c) 常开触点　　d) 常闭触点

图 1-16　电压继电器的符号表示

7. 固态继电器

固态继电器（Solid State Relay，SSR）是采用固态半导体元件组装而成的一种无触点开关。它利用电子元器件的电、磁和光特性来完成输入与输出的高可靠隔离，利用大功率二极管、功率场效应晶体管、单向晶闸管、双向晶闸管和绝缘栅双极型晶体管（IGBT）等器件的开关特性来达到无触点、无火花地接通和断开被控电路。与电磁式继电器相比，它是一种没有机械运动，不含运动零件的继电器，因而具有控制功率小、开关速度快、工作频率高、使用寿命长和动作可靠等一系列特点，近来逐步得到广泛应用。

SSR 是四端口器件，其中两端为输入端，两端为输出端，中间采用隔离器件，以实现输入与输出之间的隔离。SSR 既有放大驱动作用，又有隔离作用，很适合驱动大功率开关式执行机构。SSR 按使用场合可以分为交流型和直流型两大类，它们分别在交流或直流电源上作负载开关，不能混用。

固态继电器与传统继电器相比，存在漏电流大、接触电压高、触点单一、使用温度范围较窄、抗干扰能力差及过载能力差等不足。

1.1.4　低压开关和低压断路器

低压开关和低压断路器属于开关电器，主要有断路器、刀开关、负荷开关、转换开关等。其作用都是分合电路，通断电流。

漏电保护器也属于低压开关。当低压电网发生人身触电或设备漏电时，漏电保护器能迅速自动切断电源，从而避免造成事故。漏电保护器一般由 3 个主要部件组成，一是检测漏电流大小的零序电流互感器；二是能将检测到的漏电流与一个预定基准值相比较，从而判断是否动作的漏电脱扣器；三是受漏电脱扣器控制的能接通、分断被保护电路的开关装置。目前常用的电流型漏电保护器根据其结构不同分为电磁式和电子式两种。

1. 低压断路器

（1）断路器的定义与作用

断路器能够关合、承载和开断正常回路条件下的电流，并能在规定的时间内关合、承载和开断异常回路条件下的电流，从而切断故障电路，防止事故扩大，保证安全运行。断路器按其使用范围分为高压断路器与低压断路器，一般将 3kV 以下的称为低压断路器。

断路器具有保护功能多（过载、短路、欠电压保护等）、动作值可调、分断能力强、操作方便、安全等优点，所以目前被广泛应用。

低压断路器曾称自动空气开关或自动开关，它相当于刀开关、熔断器、热继电器、过电流继电器和欠电压继电器的组合，是一种既有手动开关作用又能自动进行欠电压、失电压、过载和短路保护的电器，在低压配电网络中被广泛使用。在正常条件下，也可用于不频繁地接通和分断电路及不频繁地起动电动机。低压断路器与接触器不同的是：接触器允许频繁地接通和分断电路，但不能分断短路电流；而低压断路器不仅可分断额定电流、一般故障电流，还能分断短路电流，但单位时间内允许的操作次数较低。

（2）断路器的分类

断路器的类型很多，常用的分类方法见表 1-2。框架式断路器常用在配电装置中，而塑壳式断路器则多用于电动机及电气电路的运行保护电路中。我们日常生活中常用的空气开关也称为断路器，可以看作是微型断路器。

表 1-2　断路器的分类表

项目	种类
按使用类别分类	非选择型（A 类）和选择型（B 类）
按结构形式分类	万能式（曾称框架式）和塑壳式（曾称装置式）
按操作方式分类	人力操作（手动）和无人力操作（电动、储能）
按极数分类	单极、两极、三极和四极式
按用途分类	配电用、电动机保护用、家用和类似场所用、剩余电流（漏电）保护用、特殊用途等

（3）断路器的工作原理

断路器的种类虽然很多，但它的结构基本相同。断路器的结构主要由触点系统、灭弧装置、各种脱扣器和操作机构等组成。断路器的工作原理如图 1-17 所示（正常运行状态）。断路器的 3 个主触点串联在三相主电路中，电磁脱扣器的线圈及热脱扣器的热元件也与主电路串联，欠电压脱扣器的线圈与主电路并联。

当断路器闭合后，3 个主触点由锁键钩住钩子，克服弹簧的拉力，保持闭合状态。而当电磁脱扣器吸合或热脱扣器的双金属片受热弯曲或欠电压脱扣器释放时，就可将杠杆顶起，使钩子和锁键脱开，于是主触点分断电路。

当电路正常工作时，电磁脱扣器的线圈产生的电磁力不能将衔铁吸合，而当电路发生短路，出现很大过电流时，线圈产生的电磁力增大，足以将衔铁吸合，使主触点断开，切断主电路；若电路发生过载，但又达不到电磁脱扣器动作的电流时，流过热脱扣器的发热元件的过载电流会使双金属片受热弯曲，顶起杠杆，导致主触点分开而切断电路，起到过载保护作用；若电源电压下降较多或失去电压时，欠电压脱扣器的电磁力减小，使衔铁释放，同样导致主触点断开而切断电路，从而起到欠电压或失电压保护作用。

（4）断路器的表示与选用

低压断路器的图形符号、文字符号及实物图如图 1-18 所示。

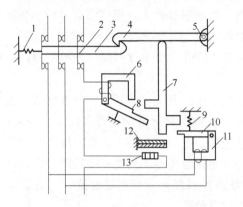

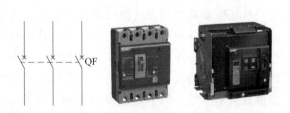

图 1-17　断路器的工作原理（正常运行状态）

1、9—弹簧　2—主触点　3—锁键　4—钩子

5—轴　6—电磁脱扣器　7—杠杆　8、10—衔铁

11—欠电压脱扣器　12—热脱扣器双金属片

13—热脱扣器的热元件

图 1-18　低压断路器的符号及实物图片

（塑壳式及框架式）

应根据电路的额定电流、保护要求、断路器的结构特点和用途来选择断路器的类型，然后确定断路器的电气参数，包括额定电压、额定电流和通断能力。要选择断路器过电流脱扣器的整定电流和保护特性及其配合等，以便达到比较理想的协调动作。

2. 刀开关

刀开关也称闸刀开关，是一种带有动触头（触刀），并在闭合位置与底座上的静触头（静插座、刀座）相接触（或分离）的一种开关。它是手控电器中最简单而使用又较广泛的一种低压电器。刀开关主要用于各种配电设备和供电电路，可作为非频繁地接通和分断容量不大的低压供电电路之用，如照明电路或小型电动机电路。当能满足隔离功能要求时，刀开关也可以用来隔离电源。

根据工作条件和用途的不同，刀开关有不同的结构形式，但工作原理是一致的。刀开关按极数可分为单极、双极、三极和四极；按切换功能（位置数）可分为单投和双投开关；按操作方式可分为中央手柄式和带杠杆操作机构式。

同一般开关电器比较，刀开关的触刀相当于动触头，而静插座相当于静触头。当操作人员握住手柄，使触刀绕铰链支座转动，插到静插座内时，就完成了接通操作。这时，铰链支座、触刀和静插座就形成了一个电流通路。如果操作人员使触刀绕铰链支座做反方向转动，脱离静插座，电路就被切断。

刀开关的图形符号、文字符号及实物图片如图 1-19 所示。

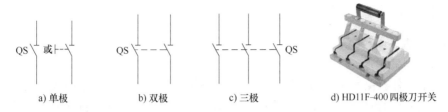

图 1-19 刀开关的符号及实物图片

3. 转换开关

转换开关又称组合开关，它是由动触头（动触片）、静触头（静触片）、方形转轴、手柄、定位机构及外壳等主要部分组成。转换开关的接触系统是由数个装嵌在绝缘壳体内的静触头座和可动支架中的动触头构成。动触头是双断点对接式的触桥，在附有手柄的转轴上，随转轴旋至不同位置使电路接通或断开。定位机构采用滚轮卡棘轮结构，配置不同的限位件，可获得不同档位的开关。与刀开关的操作不同的是，转换开关是左右旋转的平面操作。

转换开关有单极、两极和多极之分。普通类型的转换开关，各极是同时接通或同时断开的，这类转换开关，在机床电气设备中，主要作为电源引入开关，也可用来直接控制小容量异步电动机非频繁地起动和停止。控制屏或试验台上的钥匙总开关也属这类。特殊类型的转换开关交替通断（每个档位部分触头接通，部分触头断开），如星-三角起动器、异步电动机的倒—顺—停转换开关、用于切换配电屏三相交流电压指示的转换开关等。

常用的转换开关主要是 HZ5 系列、HZ10 系列、HZ12 系列、HZ15 系列、3LB 系列等产品。

转换开关的图形符号、文字符号和实物图片如图 1-20 所示。

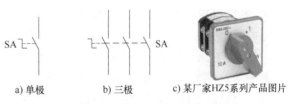

图 1-20 转换开关的符号及实物图片

除了图 1-20 外，对于多位置多触点的转换开关更多的是用图 1-21 所示的表示方式。例如，某阀门设备，要能工作在远程、开、关、停等模式。远程信号不仅要接入控制电路，还要送到 PLC 的 DI 端，这时的转换开关必然是多位置多触点的，这种情况下在控制电路图上用图 1-21 方式表达就非常方便、直观，具体可参考图 1-46。使用触点状态图表示时，虚线表示操作档位，有几个档位就画几根虚线。实线与成对的端子表示触点，使用多少对触点就可以画多少对。在虚实线交叉的下方只要标黑点就表示实线触点在虚线对应的档位是接通的，不标黑点就意味着该触点在该档位被分断。例如，图中在 Ⅱ 档位时 3 对触点都是接通的。SA 通断表结合转换开关的位置图也可清楚了解转换开关的档位及通断情况。

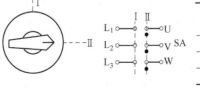

触点	开关位置	
	Ⅰ	Ⅱ
L₁-U	−	+
L₂-V	−	+
L₃-W	−	+

+表示触点通
−表示触点断

a) 转换开关　　b) 触点状态图　　c) 通断表

图 1-21 转换开关位置图、触点状态图与通断表示例

1.1.5　熔断器

1. 熔断器概述

（1）熔断器的用途

熔断器是一种起保护作用的电器，它串联在被保护的电路中，当电路或电气设备的电流超过规定值足够长的时间后，以其自身产生的热量使熔体熔断，从而自动分断电路，起到保护作用。熔断器包括组成完整电器的所有部件。

熔断器结构简单、使用方便、价格低廉，广泛应用于低压配电系统和控制电路中，主要作为短路保护元件，也常作为单台电气设备的过载保护元件。

（2）熔断器的组成与工作原理

熔断器主要由熔体（俗称保险丝）和安装熔体的熔管（或熔座）两部分组成。熔体由熔点较低的材料（如铅、锡、锌或铅锡合金等）制成，通常制成丝状或片状。熔管是装熔体的外壳，由陶瓷、绝缘钢纸或玻璃纤维制成，在熔体熔断时兼有灭弧作用。

熔断器是一种利用热效应原理工作的保护电器。它通常串联在被保护的电路中，并应接在电源相线输入端。当电路负载电流为正常时，熔体的温度较低；而当电路中发生短路或过载故障时，通过熔体的电流随之增大，熔体开始发热。当电流达到或超过某一定值时，熔体温度将升高到熔点后便自行熔断，从而分断故障电路，达到保护电路和电气设备，防止故障扩大的目的。熔体的保护作用是一次性的，一旦熔断即失去作用，应在故障排除后，更换新的相同规格的熔体。

（3）熔断器的主要技术参数

1）额定电压：指保证熔断器能够长期正常工作时承受的电压，其值一般等于或大于电气设备的额定电压。有 220V、380V、415V、500V、660V、1140V 等多个等级。

2）额定电流：指熔断器长期工作时，各部件温升不超过规定值时所能承受的电流。需要说明的是，熔断器的额定电流与熔体的额定电流不是一个概念。熔断器的额定电流等级较少，熔体的额定电流等级较多，因此，通常熔体额定电流的几个规格可以使用同一规格的熔断器，但熔体额定电流的最大规格只能小于或等于熔断器的额定电流。熔体的额定电流值有 2A、4A、6A、8A、10A、12A、16A、20A、25A、32A、40A 直至 1000A、1250A 等很多等级。

2. 熔断器的分类

熔断器种类很多，常用的有以下几种：

（1）插入式熔断器（无填料式）

常用的插入式熔断器有 RC1A 系列，主要用于低压分支电路及中小容量的控制系统的短路保护，也可用于民用照明电路的短路保护。RC1A 系列结构简单，它由瓷盖、底座、触点、熔丝等组成。插入式熔断器价格低，熔体更换方便，但分断能力低。

（2）螺旋式熔断器

常用的螺旋式熔断器有 RL5、RL6、RL7、RL8 等系列常用于配电电路及机床控制电路中作短路保护。螺旋式快速熔断器有 RLS2 等系列，常用作半导体元器件的保护。

螺旋式熔断器由瓷底座、熔管、瓷套等组成。瓷管内装有熔体，并装满石英砂，将熔管置入底座内，旋紧瓷帽，电路就可以接通。瓷帽顶部有玻璃圆孔，其内部有熔断指示器，当熔体熔断时,指示器跳出。螺旋式熔断器具有较高的分断能力,限流性好,有明显的熔断指示,可不用工具就能安全更换熔体,在机床中被广泛采用。

（3）无填料封闭管式熔断器

常用的无填料封闭管式熔断器有 RM1、RM10 等系列,主要用作低压配电电路的过载和短路保护。无填料封闭管式熔断器分断能力较低,限流特性较差,适合于电路容量不大的电网中,其最大优点是熔体可以很方便地拆换。

（4）有填料封闭管式熔断器

常用的有填料封闭管式熔断器有 RT0、RT12、RT14、RT15 等系列。有填料封闭管式熔断器主要用作工业电气装置、配电设备的过载和短路保护,亦可配套使用于熔断器组合电器中。有填料快速熔断器有 RS0、RS3 系列,常用作硅整流元件和晶闸管元件及其所组成的成套装置的过载和短路保护。有填料封闭管式熔断器具有较高的分断能力,保护特性稳定、限流特性好,使用安全,可用于各种电路和电气设备的过载和短路保护。

熔断器的图形符号、文字符号和实物图片如图 1-22 所示。

a) 符号　　　　　　　　b) RC1A、RL1、RM1、RT0产品图片

图 1-22　熔断器的符号及实物图片

1.1.6　主令电器

1. 主令电器及其种类

主令电器是在自动控制系统中发出指令或信号的电器,用来控制接触器、继电器或其他电器线圈,使电路接通或分断,从而达到控制用电设备的目的。主令电器应用广泛、种类繁多。按其作用可分为:按钮、行程开关、接近开关、万能转换开关、主令控制器、凸轮控制器及其他主令电器（如脚踏开关、钮子开关、紧急开关）等。

凸轮控制器主要用于起重设备和其他电力拖动装置,以控制电动机的起动、正反转、调速和制动,主要由手柄、定位机构、转轴、凸轮和触点组成。转动手柄时,转轴带动凸轮一起转动,转到某一位置时,凸轮顶动滚子,克服弹簧压力使动触头顺时针方向转动,脱离静触头而分断电路。在转轴上叠装不同形状的凸轮,可以使若干个触点组按规定的顺序接通或分断。

主令控制器是按照预定程序转换控制电路的主令电器,其结构和凸轮控制器相似。主令控制器主要用于电动机容量较大、工作繁重、操作频繁、调速性能要求较高的场合。主令控制器通过其触点来控制接触器,再由接触器来控制电动机。这样,触点的容量可大大减小,操作更为轻便。主令电器的主要技术参数有额定工作电压、额定发热电流、额定控制功率、工作电流、输入动作参数、工作精度、机械寿命和电气寿命等。

2. 常用的主令电器

（1）按钮

按钮在低压控制电路中用于手动发出控制信号。按用途和结构的不同,分为起动按钮、停止按钮和复合按钮等。为了标明各个按钮的作用,通常将按钮做成红、绿、黑、黄、蓝、白等不同的颜色加以区别。一般红色表示停止按钮,绿色表示起动按钮。我国发布了推荐国家标准 GB/T 4025—2010《人机界面标志标识的基本和安全规则　指示器和操作器的编码规则》，该标准对控制按钮和信号灯的颜色选择做出了规定。

起动按钮带有常开触点，手指按下按钮帽，常开触点闭合；手指松开，常开触点复位。停止按钮带有常闭触点，手指按下按钮帽，常闭触点断开；手指松开，常闭触点复位。复合按钮带有常开触点和常闭触点，手指按下按钮帽，先断开常闭触点再闭合常开触点；手指松开，常开触点和常闭触点先后复位。

按钮由按钮帽、复位弹簧、桥式触点和外壳等组成。图 1-23 所示为典型的按钮结构和外形图。

在机床电气设备中，常用的按钮有 LA-18、LA-19、LA-20、LA-25 系列。其中最常用的是一个常开触点和一个常闭触点，最多有 6 个常开触点或者 6 个常闭触点。

按钮型号的含义如图 1-24 所示。其中结构型式代号的含义为：K—开启式；S—防水式；J—紧急式；X—旋钮式；H—保护式；F—防腐式；Y—钥匙式；D—带灯按钮。

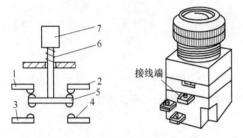

图 1-23　典型的按钮结构和外形图

1、2—常闭触点　3、4—常开触点
5—桥式触点　6—复位弹簧　7—按钮帽

图 1-24　按钮型号含义

按钮的图形符号、文字符号及实物图片如图 1-25 所示。

（2）行程开关

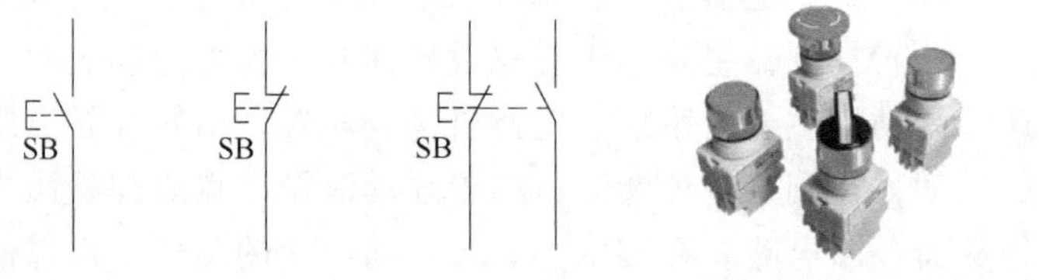

在生产机械中，常需要控制某些运动部件的行程，或运动一定行程使其停止，或在一定行程内自动返回或自动循环。这种控制机械行程的方式叫"行程控制"或"限位控制"。例如，在电梯的控制电路中，利用行程开

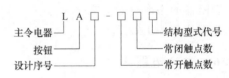

a) 起动按钮　　b) 停止按钮　　c) 复合按钮　　d) 不同类型按钮实物图片

图 1-25　按钮的符号及实物图片

关来控制开关轿门的速度、自动开关门的限位，轿厢的上、下限位保护。在机床和起重机械中，用以控制其行程，进行终端限位保护。

行程开关是利用运动部件的行程位置实现控制的电器元件，常用于自动往返的生产机械中，按结构不同可分为直动式、滚轮式、微动式。行程开关的结构、工作原理与按钮相同，区别是行程开关不靠手动而是利用运动部件上的挡块碰压而使触点动作，有自动复位和非自动复位两种。

常用的行程开关有 LX10、LX21、JLXK1 等系列。行程开关的图形、文字符号及实物图片如图 1-26 所示。

（3）接近开关

接近开关是一种非接触式检测装置，也就是当检测物体接近它的工作面达到一定距离时，不论检测物体是运动的还是静止的，接近开关都会自动地发出物体接近而"动作"的信号，而不像机械式行程开关那样需施

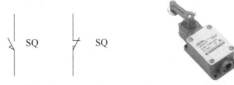

a) 常开触点　　b) 常闭触点　　c) 某型号单滚轮式行程开关实物图片

图 1-26　行程开关的符号及实物图片

以机械力，因此，接近开关又称为无接触行程开关。

接近开关不仅能代替有触点行程开关来完成行程控制和限位保护，还可用于高频计数、测速、液面控制、检测零件尺寸、加工程序的自动衔接等。由于它具有工作稳定可靠、寿命长、重复定位精度高以及能适应恶劣工作环境等特点，使用领域广泛。

接近开关按其工作原理分类有高频振荡型、电容型、感应电桥型、永久磁铁型、霍尔效应型等，其中高频振荡型最为常用。高频振荡型接近开关的电路由振荡器、晶体管放大器和输出器 3 部分组成。其基本工作原理是：当有金属物体进入以稳定频率振荡的高频振荡器的线圈磁场时，由于该物体内部产生涡流损耗，使振荡回路电阻增大，引起能量损耗增大，导致振荡减弱直至终止，开关输出控制信号。

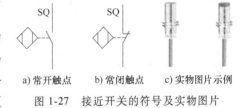

a) 常开触点　　b) 常闭触点　　c) 实物图片示例

图 1-27　接近开关的符号及实物图片

接近开关的符号和实物图片如图 1-27 所示。

1.2　电气控制线路

1.2.1　电气控制线路基础

1. 电气控制线路的功能

用导线将电动机、电器、仪表等电气元件按一定的要求和方法连接起来，实现某种控制功能的线路，称为电气控制线路，又称电气控制电路。这些控制线路无论是简单还是复杂，一般都是由一些基本控制环节组成，在分析电路原理和判断其故障时，一般都是从这些基本控制环节入手。因此，掌握基本电气控制线路，对分析复杂电气控制线路的工作原理及电气设备维护是非常必要的。

可以用图的形式来表示电气控制线路的组成、工作原理及安装、调试、维修方面的技术要求。在电气控制线路图上用不同的图形符号来表示各种电器元件，用不同的文字符号来进一步说明图形符号所代表的电器元件的基本名称、用途、主要特征及编号等。图形符号仅需用示意图形绘制，不需要精确比例。电气控制线路图应根据简明易懂的原则，根据电气控制线路需求，参照我国颁布的 GB/T 4728 等系列标准进行绘制。

电气控制线路图中的文字符号，分为基本文字符号和辅助文字符号。基本文字符号有单字母符号和双字母符号。单字母符号表示电气设备、装置和元件的大类，一共有 23 类。如 K 为继电器类元件这一大类；双字母符号由一个表示大类的单字母与另一个表示器件某些特

性的字母组成，如 KT 表示继电器类器件中的时间继电器，KM 表示继电器类器件中的接触器。

辅助文字符号用来表示电气设备、装置和元器件以及电路的功能、状态和特征。如"L"表示限制，"RD"表示红色等。辅助文字符号也可以放在表示种类的单字母符号之后组成双字母符号，如"SP"表示压力传感器等。辅助文字符号还可以单独使用，如"ON"表示接通、"M"表示中间线、"PE"表示保护接地等。

2. 电气控制线路图的分类

电气控制线路图一般包括电气原理图、接线图和电气设备安装图等。

（1）电气原理图

电气原理图根据通过电流的大小可分为主电路和控制电路，此外还有辅助电路。主电路是电气控制线路中强电流通过的部分，是由电动机以及与它相连接的电气元件（如组合开关、接触器的主触点、热继电器的热元件、熔断器等）组成的线路，一般为从供电电源到电动机或线路末端的电路。控制电路是由按钮、继电器和接触器的吸引线圈和辅助触点等组成。辅助电路中通过的电流较小，包括控制电路、照明电路、信号电路、保护电路及联锁电路。

电气原理图是根据生产机械的工作原理而绘制的，具有结构简单、层次分明、易阅读等特点，适于分析生产机械的工作过程和状态，便于研究和分析电路的工作原理等优点。在各种生产机械的电气控制中，无论在设计部门或生产现场都得到了广泛的应用。

原理图并不按元器件的实际位置来绘制，而是根据工作原理绘制的。在原理图中，一般根据各个元器件在电路中所起的作用，将其画在不同的位置上，而不受实物位置所限。有些不影响电路工作的元器件，如插接件、接线端子等，大多可略去不画。原理图中所表示的状态，除非特别说明外，一般是按未通电时的状态画出的。

（2）接线图

接线图表明电气设备各控制单元内部元器件之间的接线关系，是实际安装接线的依据。接线图是按元器件实际布置的位置绘制的，同一元器件的各部件是画在一起的。它能表明生产机械上全部元器件的接线情况、连接的导线、管路的规格、尺寸等。

（3）电气设备安装图

电气设备安装图是用规定的图形符号，按各元器件相对位置绘制的实际接线图，仅用来表示电气设备和元器件的位置、配线方式、接线方式等，而不明显表示电气动作原理，主要用于安装接线、线路的检查维修和故障处理。图中的元器件、设备多用实际外形图或简化的外形图，供安装时参考。电气设备安装图包括电器位置图和电气互连图。

电器位置图详细绘制出电气设备零件的安装位置。图中各电气元件的代号应与有关电路图对应的元器件代号相同，在图中往往留有 10% 以上的备用面积及导线管（槽）的位置，以供改进设计时用。

电气互连图是用来表明电气设备各单元之间的连接关系。它清楚地表示了电气设备外部元件的相对位置及它们之间的电气连接，是实际安装接线的依据，在具体施工和检修中能够起到电气原理图所起不到的作用，因此在生产现场中得到了广泛应用。

3. 电气控制线路的绘制方法与实例

（1）电气原理图绘制

电气原理图绘制时，一般采用经验设计法。经验设计法没有固定模式，通常先用一些典型线路环节拼凑起来实现某些基本要求，然后根据生产工艺要求逐步完善其功能，并加以适当的联锁与保护环节。由于是靠经验进行设计的，因而灵活性很大。这种设计方法比较简单，但要求设计人员熟悉大量的典型控制线路。在设计过程中往往还要经过多次反复的修改才能使线路符合设计的要求。即使这样，所得出的方案也不一定是最佳方案。

电气原理图绘制时应遵循以下原则：

1）电气控制线路根据电路通过的电流大小可分为主电路和控制电路。主电路包括从电源到电动机的电路，是强电流通过的部分，画在原理图的左侧或上方。控制电路是通过弱电流的电路，一般由按钮、电器元件的线圈、接触器的辅助触点、继电器的触点等组成，画在原理图的右侧或下方。

2）电气原理图中，所有电气元件的图形、文字符号必须采用国家规定的统一标准。

3）采用电气元件展开图的画法。同一电气元件的各部件可以不画在一起，但需用同一文字符号标出。若有多个同一种类的电气元件，可在文字符号后加上数字序号，如 KM1、KM2 等。

4）所有按钮、触点均按没有外力作用和没有通电时的原始状态画出。例如，对于接触器、电磁式继电器等是指其线圈未加电压，触点未动作；对于控制器按手柄处于零位时的状态画；对按钮、行程开关触点按不受外力作用时的状态画。

5）控制线路的分支线路，原则上按照动作先后顺序排列，两线交叉连接时的电气连接点须用黑点标出。

6）原理图上应尽可能减少线条和避免线条交叉。根据图面布置需要，可以将图形符号旋转 90°、180°或 45°绘制。

一般来说，原理图的绘制要求层次分明，各电气元件以及它们的触点安排要合理，并保证电气控制线路运行可靠，节省连接导线，便于施工、维修。

（2）电气原理图绘制实例

三相异步电动机在生产生活中被广泛使用，根据设备运行对电动机工作的要求，结合原理图绘制的基本规范，绘制了如图 1-28 所示的三相异步电动机正反转控制原理图。该原理图包括主回路和控制回路，清楚地标明了设备的控制逻辑。该电路的工作原理见 1.2.3 节。

该图划分为 6 个图区，图区的编号写在图的下部，以便于检索电气线路，方便阅读电气原理图。图的上方设有用途栏，用文字注明该栏对应电路或元器件的功能，从而利于理解原理图各部分的功能及全电路的工作原理。有些原理图把编号和用途栏合并在一起，放在图的上面。还有些原理图纵向也分区，这样用横、纵向坐标能更准确标明元器件位置，便于从元器件表来检索图样。

KM1 下方 3 列数字表示位置索引，其含义是，左侧 3 个数字表示主触点位于图区 2，中间数字表示常开辅助触点位于图区 5，最右侧数字表示常闭辅助触点位于图区 6。KM2 下方数字符号含义同理。中间继电器的触点索引一般用 2 列表示，左列表示常开触点所在图区位置，右列表示常闭触点所在图区位置。FR 下的技术数据标注含义是：热继电器动作电流值范围（4.5~7.2A）和整定值（6.8A）。

原理图上所有元器件都有编号，导线都标了线号。一般线号编制可参考如下规则：

1）主回路线号用字母和数字组合，控制回路用数字为主。控制线路回路编号由 3 位或

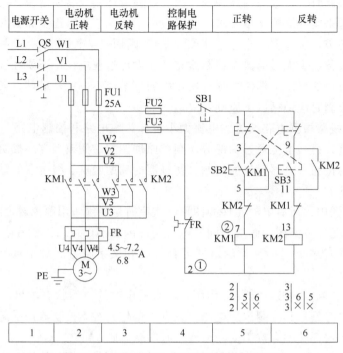

图 1-28　三相异步电动机正反转控制原理图

3 位以下的数字组成，每位可以定义不同含义。例如，图 1-28 中，主回路线号 W1、V1 和 U1。控制回路中用了线号 1、3、5 等。

2）一般直流回路正极回路的线路按奇数顺序标号，经过降压元件时按偶数的顺序标号。交流类似。例如，图中②处线号为 7，经过 KM1 这个降压元件后，①处线号为 2。

3）"等电位"的原则标注。"等电位"指电气控制线路回路中接在一点上的所有导线具有同一电位，需用相同的线号。例如，由于 SB2 和 KM1 并联，并和 KM2 一端连接，这 3 点是等电位的，因此，只用一个线号 5。

此外，三相电源自上而下编号为 L1、L2、和 L3，经电源开关后出线依次编号为 W1、U1 和 V1，每经过一个元器件的接线桩编号递增，如 W1、U1 和 V1 递增后为 W2、U2 和 V2。

（3）电气安装接线图绘制

1）绘制原则。

绘制电气安装接线图应遵循以下原则：

① 所有电气元件图形应按实物，尽可能依对称原则绘制。各电气元件应按实际位置绘制在图样上，且同一电器的各元件根据其实际结构，使用与原理图相同的图形符号画在一起，并用点画线框上。

② 各电气元件均应注明与电气控制原理图上一致的文字符号及接线编号。

③ 一律用细实线绘制，应清楚地标示出各电气元件的接线关系和接线走向。

④ 同一控制盘上的电气元件可直接连接；盘内元器件与外部元器件连接时，必须通过接线端子（板）。控制盘后配线的接线图应按控制盘翻转后的方位绘制电气元件，以便施工

配线，但触点方向不能倒置。

⑤ 在接线图中应标出项目的相对位置、项目代号、端子间的电气连接关系等；清楚地标注配线导线的型号、规格、截面积和颜色等。

⑥ 接线板上的各接点按接线号顺序排列，并将动力线、交流控制线、直流控制线等分类排开。

详细的内容可参照国家标准 GB/T 6988.1—2008。

2）接线图实例分析。

图 1-29 所示为三相异步电动机正反转控制接线图。该图清楚地说明了电源进线、按钮板、电动机与接线端子的直接连接关系。根据设计规范，这里电源进出线、按钮进出线都经过接线端子板，且端子板上各接点按接线号顺序排列，并将动力线、交流控制线分类排列。导线走向相同的进行合并用线束表示，到达接线端子板或电气元件的连接点时再分别画出。该控制接线图上电气元件编号、线号等都与原理图是一致的，例如，接线图上 KM1 线圈的端子上标了线号 2 和 7，原理图上也是 2 和 7。

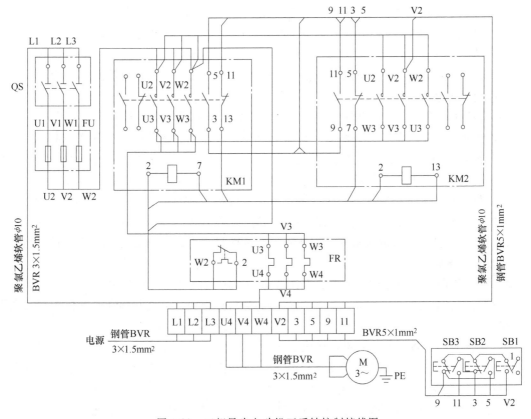

图 1-29　三相异步电动机正反转控制接线图

按钮板上安装有 SB1、SB2 和 SB3 共 3 个按钮，根据原理图要求，在接线图上 SB1 与 SB2、SB3 有一端相连，线号标为 1，SB2 与 SB3 有两端相连，3 个按钮的引出端线号 9、11、3、5、V2 通过 $5 \times 1 mm^2$ 导线接至接线端子板。图中还标明了所采用的连接导线的型号、根数、截面积。例如，"BVR5×1mm²"表示聚氯乙烯绝缘软电线，有 5 根横截面积为 1mm² 的导线。而动力电缆电流大，选择了 1.5mm² 的导线。

实际的继电器或接触器可能有多对辅助触点，例如，有 2 对常开触点，但接线图中没有给出元件上的常开节点号，因此，接线工人实际接线时，会自行决定选哪对常开触点。有些电气原理图上会标明电气元件的节点号，用元件名加节点号作为线号，这样接线工人就必须按照指定的元件节点号接线。

在实践中，不同技术人员对于线号有不同的标注方法。一些电气制图软件如 Eplan 等，可以做到人工放置线号位置，然后由软件自动按照一定规则来生成线号，系统也能自动放置线号位置、自动生成线号或辅助编号。不管采用哪种方式，要确保线号的唯一性和精确性，便于接线、检修和维护。

目前，各类电气图的绘制已从利用 CAD 转向 Eplan Electronic 等专用的电气设计软件。

4. 电气控制线路的阅读

阅读电气控制线路图的方法主要有查线读图法和逻辑代数法。

（1）查线读图法

查线读图法又称直接读图法或跟踪追击法。查线读图法是按照线路根据生产过程的工作步骤依次读图，查线读图法应按照以下步骤进行。

1）了解生产工艺与执行电器的关系：在分析电气控制线路之前，应该熟悉生产机械设备的工艺情况，充分了解生产机械要完成哪些动作及这些动作之间又有什么联系；然后进一步明确生产机械的动作与执行电器的关系，必要时可以画出简单的工艺流程图，为分析电气控制线路提供方便。

2）分析主回路：在分析电气线路时，一般应先从电动机着手，根据主回路中有哪些控制元件的主触点、电阻等大致判断电动机是否有正反转控制、制动控制和调速要求等。

3）分析控制回路：通常对控制电路按照由上往下或由左往右的顺序依次阅读，可以按主电路的构成情况，把控制回路分解成与主电路相对应的几个基本环节，一个环节一个环节地分析，然后把各环节串起来。首先，记住各信号元件、控制元件或执行元件的原始状态；应该选择按动某主令电器，看电路元件动作及这个动作导致的其他元件动作、元件触点的状态变化，最终对被控设备的运行状态的影响。在读图过程中，特别要注意相互的联系和制约关系，直至将电路全部看懂为止。

4）分析联锁与保护环节：出于安全性考虑，生产机械的控制回路中还设置了一系列电气保护和必要的电气联锁。在电气控制线路图的分析过程中，电气联锁和电气保护环节也不能遗漏。

5）分析辅助电路：辅助电路包括执行元件的工作状态显示、电源显示、参数测定、照明和故障报警等。这部分电路具有相对独立性，起辅助作用但又不影响主要功能。辅助电路中很多部分均受控于电路中的控制元件。

此外，对于复杂的电路图，在读图时可以先化整为零，分成不同的功能模块，将每一个模块看懂；然后将功能相关的模块联系起来，对整个电路综合分析。

查线读图法的优点是直观性强，容易掌握，因而得到了广泛采用。其缺点是分析复杂线路时容易出错，叙述也较长。

（2）逻辑代数法

逻辑代数法又称间接读图法，是通过对电路的逻辑表达式的运算来分析控制线路的，其关键是正确写出电路的逻辑表达式。

在继电器-接触器控制线路中逻辑代数规定如下：

继电器、接触器线圈得电状态为"1"，失电状态为"0"；

继电器、接触器控制的按钮触点闭合状态为"1"，断开状态为"0"。

例如，图 1-1 的主电路的逻辑表达式为

$$KM = \overline{SB1} \cdot (KM+SB2)$$

其中，·表示逻辑"与"，+表示逻辑"或"，$\overline{X}$ 表示 X 的逻辑非。

逻辑代数法读图的优点是，各电气元件之间的联系和制约关系在逻辑表达式中一目了然。通过对逻辑函数的具体运算，一般不会遗漏或看错电路的控制功能。而且采用逻辑代数法后，方便对电气线路采用计算机辅助分析。该方法的主要缺点是，对于复杂的电气线路，其逻辑表达式烦琐冗长。

1.2.2　电气控制的基本控制环节

异步电动机起、停、保护电气控制线路应用广泛，也是最基本的控制线路。以三相交流异步电动机和由其拖动的机械运动系统为被控对象，通过由接触器、熔断器、热继电器和按钮等所组成的控制装置对其进行控制，该典型控制线路如图 1-30 所示，它能实现对电动机起动、停止的自动控制，并具有必要的保护功能。

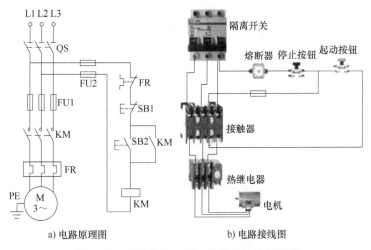

a) 电路原理图　　　　　　　b) 电路接线图

图 1-30　简单的起、停、保护电气控制线路

1. 起-停电动机和自锁环节

（1）起动电动机

合上隔离开关 QS，按起动按钮 SB2 时，接触器 KM 的吸引线圈得电，KM 主触点闭合，电动机起动。同时，KM 常开辅助触点闭合，当松手断开 SB2 按钮后，KM 吸引线圈继续保持通电，故电动机不会停止。需要注意的是 QS 仅起隔离电源的作用，它不能直接起动电动机 M。

（2）停止电动机

按停止按钮 SB1 时，接触器 KM 的吸引线圈失电，KM 主触点断开，电动机失电停转。同时，KM 辅助触点断开，消除自锁电路。

（3）自锁

电路中接触器 KM 的辅助常开触点并联于起动按钮 SB2 称为自锁环节。自锁环节是由命令它通电的主令电器的常开触点与本身的常开触点相并联组成，这种由接触器（继电器）本身的触点来使其线圈长期保持通电的环节称为自锁环节。自锁环节在电气控制线路广泛使用，在 PLC 控制系统的控制软件编程时，也常用自锁节点。

（4）线路保护环节

1）短路保护：通过熔断器 FU1 和 FU2 的熔体熔断来切断电路。

2）过载保护：通过热继电器 FR 实现。

3）欠电压与失电压保护：通过接触器 KM 的自锁触点来实现。

2. 互锁控制

互锁控制是指生产机械或自动生产线不同的运动部件之间互相制约，又称为联锁控制。例如，数控设备上的电动机不可能同时正反转，因此需要加联锁使正转运行时反转不可能起动，反之亦然。要求甲接触器动作时，乙接触器不能动作，则需将甲接触器的常闭触点串联在乙接触器的线圈电路中。如图 1-28 所示，在互锁控制中，需要当 KM1 动作后不允许 KM2 动作，则将 KM2 的常闭触点串联于 KM1 的线圈电路中，KM1 的常闭触点串联于 KM2 的线圈电路中。除了采用硬件触点互锁，在 PLC 控制系统的控制软件编程时，控制逻辑也会增加软件互锁。

3. 顺序控制

在使用多台电动机为动力装置的生产设备中，有时需按一定的顺序控制电动机的起动和停止。如 X62W 型万能铣床要求主轴电动机起动后，进给电动机才能起动工作，而加工结束时，要求进给电动机先停车之后主轴电动机才能停止。图 1-31 所示为两台电动机顺序起动的控制线路。

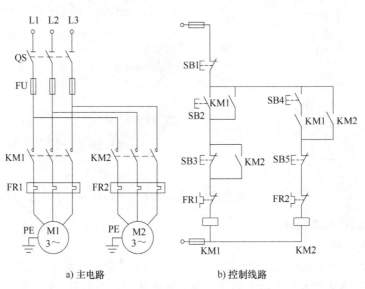

a) 主电路   b) 控制线路

图 1-31　两台电动机顺序起动控制线路

这里采用一种分析控制线路的"动作序列图"法来分析该电路的工作原理。该方法用图解方式来说明控制线路中各元件的动作状态、线圈的得电与失电状态等。动作图符号规定如下：

1）用带有"×"或"√"作为上角标的线圈的文字符号来表示元件线圈的失电或得电状态；

2）用带有"+"或"-"作为上角标的文字符号来表示元件触点的闭合或断开。

下面用"动作序列图"法来分析图 1-31 所示的顺序控制线路的工作过程：

按下 SB2⁺→KM1$^\vee$→KM1⁺主触点闭合，M1 起动。

↘→KM1⁺辅助常开触点闭合，自锁。

↘按下 SB4⁺→KM2$^\vee$→KM2⁺主触点闭合，M2 起动。

↘→KM2⁺辅助常开触点闭合，自锁。

可见，M2 必须在 M1 先起动之后才可以起动，如果 M1 不工作，M2 就无法工作。这里 KM1 的辅助常开触点起到两个作用：一是构成自锁环节，保证其自身的连续运行；二是作为 KM2 得电的先决条件，实现顺序控制。

M1 和 M2 都起动之后，要让 M2 先停，M1 后停，可如下操作：

按下 SB5⁻→KM2×→KM2⁻主触点断开，M2 停止运转。

↘按下 SB3⁻→KM1×→KM1⁻主触点断开，M1 停止运转。

按下SB5⁻→KM2×┬→KM2⁻主触点断开，M2停止
　　　　　　　└→按下SB3⁻→KM1×→KM1⁻主触点断开，M1停止

若 M2 不停止，按下 M1 的停止按钮 SB3，由于 KM2 与 SB3 并联，M1 也不停止。

M1 和 M2 都起动之后，要使它们同时停止运行，可如下操作：

按下 SB1⁻→KM1×→KM1⁻主触点断开，M1 停止运转。

↘→KM2×→KM2⁻主触点断开，M2 停止运转。

按下SB1⁻┬→KM1×→KM1⁻主触点断开，M1停止
　　　　　└→KM2×→KM2⁻主触点断开，M2停止

当 M1 意外停机（例如过电流保护停机）时，则两台设备将同时停机。若 M1 故障停机，则 M2 不停机。至于电动机故障时，两个电动机该如何停机，根据需求，把热继电器的触点放在控制线路不同部分就可以实现。

通过上述例子可以看出，顺序控制线路的控制规律是：将控制先起动电动机的接触器辅助常开触点串接于控制后起动电动机的接触器线圈电路中，将控制先停止电动机的接触器常开辅助触点与控制后停止电动机的停止按钮并联。

4. 长动控制和点动控制

长动是指按了起动按钮后，电动机起动后就一直运行，直到按停止按钮才停止。点动的含义是当按下起动按钮后，电动机起动运转，松开按钮时，电动机就停止转动，即点一下，动一下，不点则不动。

点动控制与长动控制的区别主要在自锁触点上。点动控制线路没有自锁触点，由点动按钮兼起停止按钮作用，因而点动控制不需另设停止按钮。与此相反，长动控制线路，必须设有自锁触点，并另设停止按钮。图 1-32a 是最基本的点动控制线路。按下点动按钮 SB，KM 闭合，电动机起动运行；松开 SB 按钮，电动机断电停止转动。这种线路不能实现连续运行，只能实现点动控制。

　　图 1-32b 是采用中间继电器 KA 实现点动与长动的控制线路。按下长动按钮 SB2，继电器 KA 得电，它的常开触点闭合，使接触器 KM 得电，电动机长动运行，只有按下停止按钮 SB1 时，电动机才断电停转。按下点动按钮 SB3，电动机起动运行；松开按钮 SB3，电动机断电，停止转动。图 1-32c 是使用复合按钮 SB3（图中虚线表明）实现点动和长动控制，按下 SB2 长动按钮时 KM 得电，同时 SB3 常闭触点实现自锁；按下 SB3 点动按钮 KM 得电但无自锁，松开 SB3 就停止。

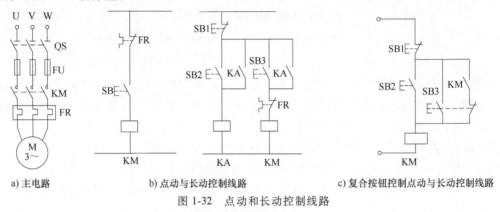

a) 主电路　　　　　　　b) 点动与长动控制线路　　　　　c) 复合按钮控制点动与长动控制线路

图 1-32　点动和长动控制线路

1.2.3　三相异步电动机的正反转控制线路

1. 用按钮互锁的三相异步电动机正反转控制线路

　　在生产和生活中，常要求电动机能实现正反转。如洗衣机的正反转，电梯的升降等。由三相异步电动机原理可知，若将电动机的三相电源进线中的任意两相对调而保持另外一相不变，即可使电动机改变转向。

　　图 1-33b 为用接触器互锁的正反转控制线路。主电路中，中间相电源保持不变，两侧电源调换了相序。KM1 接通时，电动机正转，KM2 接通时，电动机反转。为了防止 KM1 和 KM2 同时接通导致电源短路，用它们的常闭触点进行了互锁。该控制线路做正反向切换控制时，必须首先按下停止按钮 SB1，然后再反向起动，因此，它是"正—停—反"控制方式。

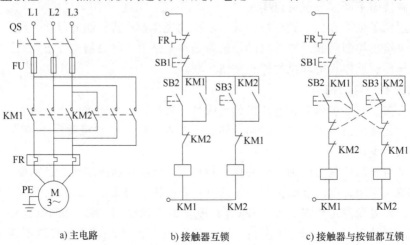

a) 主电路　　　　　　　b) 接触器互锁　　　　　　c) 接触器与按钮都互锁

图 1-33　三相异步电动机的正反转控制线路

　　在一些场合需要直接实现正反转的切换控制，即当电动机处于正转状态时，无需按下停止按钮而直接按下反转起动按钮，电动机停止正转并进行反转。只要在接触器互锁正反转控制线路的基础上增加复合按钮机械互锁，即通过双重互锁实现上述控制要求，其控制线路如图 1-33c 所示。该电路的动作原理与用接触器互锁的正反转控制线路基本相似，但把起停按钮换成了复合按钮。当电动机正转时，直接按下反转按钮 SB3，首先使串接在正转控制线路中的反转按钮 SB3 的常闭触点断开，正转接触器 KM1 的线圈断电，接触器 KM1 释放，其主触点断开，电动机断电；接着反转按钮 SB3 的常开触点闭合，且正转接触器 KM1 常闭触点接通，导致反转接触器 KM2 的线圈得电，接触器 KM2 吸合，其主触点闭合，电动机反向运转。同理，由反转运行转换成正转运行时，也无需按下停止按钮 SB1，而直接按下正转按钮 SB2 即可。

　　这种控制线路的优点是操作方便。但是，当已断电的接触器释放的速度太慢，而操作按钮的速度又太快，且刚通电的接触器吸合的速度也较快时，即已断电的接触器还未释放，而刚通电的接触器却吸合时，则会产生短路故障。因此，单用按钮互锁的正反转控制线路还不太安全可靠。

2. 用转换开关控制的三相异步电动机正反转控制线路

　　除采用按钮、接触器控制三相异步电动机正反转运行外，还可采用转换开关或主令控制器等实现三相异步电动机的正反转控制。

　　图 1-34 是用转换开关控制的三相异步电动机正反转控制线路。转换开关属组合开关类型，这里的转换开关有正转、停止和反转 3 个操作位置，是靠手动完成正反转操作的。欲改变电动机的转向时，必须先把手柄扳到"停止"位置，待电动机停下后，再把手柄扳至所需位置，以免因电源突然反接，产生很大的冲击电流，致使电动机的定子绕组受到损坏。

　　这种控制线路的优点是所用电器少、简单；缺点是在频繁换向时，操作人员劳累、不方便，且没有欠电压和失电压保护。因此，在被控电动机的容量小于 5.5kW 的场合，有时才采用这种控制方式。

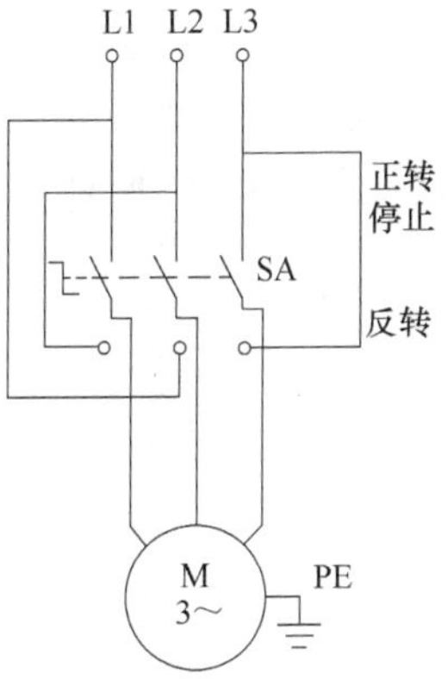

图 1-34　用转换开关控制的三相异步电动机正反转控制线路

1.2.4　三相异步电动机的减压起动控制

　　通常对较小容量的三相异步电动机均采用直接起动方式，起动时将电动机的定子绕组直接接在交流电源上，电动机在额定电压下直接起动。对于大、中容量的电动机，因起动电流较大，一般应采用减压起动方式，以防止过大的起动电流引起电源电压的波动，影响其他设备的正常运行。减压起动方式是指在起动时将电源电压降低到一定的数值后再施加到电动机定子绕组上，待电动机的转速接近同步转速后，再使电动机回到电源电压下运行。

　　常用的减压起动方式有星-三角减压起动（在 2.3 节介绍）、自耦变压器减压起动、定子串电阻（或电抗）减压起动、软起动（固态减压起动器）、延边三角形减压起动等。目前，星-三角减压起动和软起动两种方式应用最广泛。

　　定子绕组串电阻（或电抗）减压起动是在三相异步电动机的定子绕组电路中串入电阻（或电抗），起动时，利用串入的电阻（或电抗）起减压限流作用，待电动机转速升到一定值时，将电阻（或电抗）切除，使电动机在额定电压下稳定运行。由于定子绕组电路中串入的电阻要消耗电能，所以大、中型电动机常采用串电抗器的减压起动方法，它们的控制线路是一样的。

1. 时间继电器控制的串电阻减压起动控制

时间继电器控制的串电阻减压起动控制线路的原理图如图 1-35 所示，起动时只需按一次起动按钮，从起动到全压运行由时间继电器自动完成。

图 1-35a 所示控制线路工作原理如下：欲起动电动机，先合上电源开关 QS，然后用"动作序列图"法来分析：

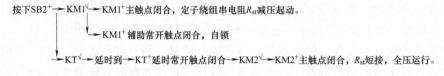

采用该控制线路，在电动机运行时，接触器 KM1、KM2 和时间继电器 KT 线圈内都通有电流。为了避免这一缺点，可改进为图 1-35b 所示的控制线路。

读者可以自行分析图 1-35b 所示控制线路工作原理。当电动机全压运行时，只有接触器 KM2 接入电路，KM1 和时间继电器 KT 的线圈都失电。

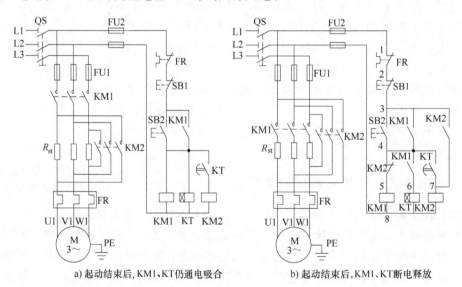

a) 起动结束后，KM1、KT 仍通电吸合   b) 起动结束后，KM1、KT 断电释放

图 1-35　时间继电器控制的串电阻减压起动控制线路的原理图

2. 自耦变压器减压起动控制线路

自耦变压器减压起动控制线路中，电动机起动电流是通过自耦变压器的减压作用实现的。在电动机起动时，定子绕组上的电压是自耦变压器的二次端电压，待起动完成后，自耦变压器被切除，定子绕组重新接上额定电压，电动机在全电压下进入稳态运行。

图 1-36 为自耦变压器减压起动控制线路。起动时，合上电源开关 QS，按下起动按钮 SB2，接触器 KM1 和时间继电器 KT 的线圈通电，KT 瞬时常开触点闭合自锁，接触器 KM1

主触点闭合，电动机定子绕组经自耦变压器接至电源并减压起动。时间继电器经过一段延时后，其延时常闭触点断开，使接触器 KM1 线圈断电，KM1 主触点断开，从而将自耦变压器从电网上切除；KT 延时常开触点闭合，使接触器 KM2 线圈通电，电动机直接接入电网全压运行，完成整个起动过程。

与串电阻减电压起动相比较，在同样的起动转矩时，自耦变压器减压起动对电网的电流冲击小、功率损耗小；但其结构相对较为复杂，价格较贵，而且不允许频繁起动。因此，这一方法主要用于起动容量大的电动机。起动转矩可以通过改变抽头的连接位置得到改变。

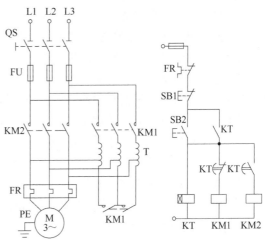

图 1-36　自耦变压器减压起动控制线路

3. 固态减压起动器

固态减压起动器是一种集电动机软起动、软停车、轻载节能和多种保护功能于一体的新颖的电动机控制装置。它可以实现交流异步电动机的软起动、软停止功能，同时还具有过载、断相、过电压、欠电压、过热等多项保护功能，是传统减压起动装置最理想的更新换代产品。

固态减压起动器由电动机的起停控制装置和软起动控制器组成。其核心部件是软起动控制器，它是由功率半导体器件和其他电子元器件组成的。软起动控制器的主要结构是一组串接于电源与被控电动机之间的三相反并联晶闸管及其电子控制线路，利用晶闸管移相控制原理，控制三相反并联晶闸管的导通角，使被控电动机的输入电压按不同的要求而变化，从而实现不同的起动功能。起动时，使晶闸管的导通角从零开始，逐渐前移，电动机的端电压从零开始，按预设函数关系逐渐上升，直至达到满足起动转矩而使电动机顺利起动，再使电动机全电压运行。

1.2.5　三相异步电动机的调速控制

异步电动机调速常用来改善机械装置的调速性能和简化机械变速装置。三相异步电动机的转速公式为

$$n = \frac{60f_1}{p}(1-s)$$

式中　s——转差率；

　　　f_1——电源频率，单位为 Hz；

　　　p——定子绕组的极对数。

由上式可得三相异步电动机的调速方法：改变电动机定子绕组的极对数 p、改变电源频率 f_1、改变转差率 s。改变 s 又可分为绕线转子电动机在转子电路串接电阻调速、绕线转子电动机串级调速、异步电动机交流调压调速和电磁离合器调速。现对几种常用的异步电动机断续调速控制线路进行介绍。

1. 三相笼型异步电动机的单绕组变极调速

改变极对数，可以改变电动机的同步转速，也就改变了电动机的转速。一般的三相笼型

异步电动机极对数是不能随意改变的，为此，必须选用双速或多速电动机。由于电动机的极对数是整数，所以这种调速方法是有极的。变极对数调速，原则上对笼型异步电动机和绕线转子异步电动机都适用，但对绕线转子异步电动机而言，如要改变转子极对数使之与定子极对数一致，则其结构相当复杂，故一般不采用这种方法。而笼型异步电动机的转子极对数具有与定子极对数 p 相等的特性，因而只要改变定子极对数就可以了，所以变极对数仅适用于三相笼型异步电动机。由于单绕组变极双速异步电动机是变极调速中最常用的一种形式，所以下面仅以单绕组变极双速异步电动机为例进行分析。

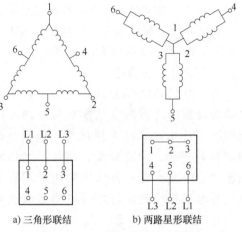

a) 三角形联结　　　b) 两路星形联结

图 1-37　4/2 极双速异步电动机定子绕组接线示意图

图 1-37 是一台 4/2 极的双速异步电动机定子绕组接线示意图。要使电动机在低速时工作，只需将电动机定子绕组的 1、2、3 三个出线端接三相交流电源，而将 4、5、6 三个出线端悬空，此时电动机定子绕组为三角形联结，如图 1-37a 所示，磁极为 4 极，同步转速为 1500r/min。要使电动机高速工作，只需将电动机定子绕组的 4、5、6 三个出线端接三相交流电源，而将 1、2、3 三个出线端连接在一起，此时电动机定子绕组为两路星形（又称双星形）联结，如图 1-37b 所示，磁极为 2 极，电源频率为 50Hz 时的同步转速为 3000r/min。

必须注意，从一种接法改为另一种接法时，为使变极后电动机的转向不改变，应在变极时把接至电动机的 3 根电源线对调其中任意 2 根，一般的单绕组变极都是这样。这里介绍采用时间继电器控制的单绕组双速异步电动机控制线路，其控制线路原理图如图 1-38 所示。图中 SA 是组合开关，开关 SA 扳到中间位置"2"时，电动机处于停止状态。把 SA 扳到"1"的档位是开低速，接触器 KM1 线圈得电，其主触点闭合，电动机定子绕组连成三角形，电动机低速运转。把 SA 扳到"3"的档位可开高速，此时时间继电器 KT 线圈首先得电动作，KT 常开瞬时触点闭合，接触器 KM1 线圈得电，其主触点闭合使电动机定子绕组连成三角形，电动机先以低速启动。一段延时后，时间继电器 KT 动作，其常闭延时断开触点延时断开，接触器 KM1 线圈失电，KM1 主触点断开，KT 的常开延时闭合触点闭合，使接触

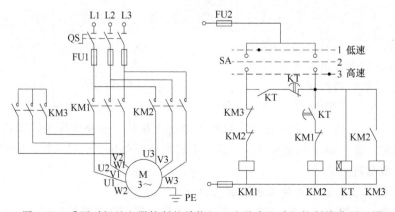

图 1-38　采用时间继电器控制的单绕组双速异步电动机控制线路原理图

器 KM2 线圈先吸合，然后 KM3 线圈得电吸合，KM2 和 KM3 主触点先后闭合，使电动机定子绕组连成双星形，电动机以高速运转。

2. 变转差率调速

调压调速是异步电动机调速系统中比较简便的一种，就是改变定子外加电压来改变电机在一定输出转矩下的转速。调压调速目前主要通过调整晶闸管的触发延迟角来改变异步电动机端电压进行调速。这种调速方式仅用于小容量电动机。

转子串电阻调速是在绕线转子异步电动机转子外电路上接可变电阻，通过对可变电阻的调节来改变电动机机械特性斜率实现调速。电动机转速可以有级调速，也可以无级调速，其结构简单，价格便宜，但转差功率损耗在电阻上，效率随转差率增加等比下降，故这种方法目前一般不被采用。

电磁调速是在笼型异步电动机和负载之间串接电磁转差离合器（电磁耦合器），通过调节电磁转差离合器的励磁来改变转差率进行调速。这种调速系统结构适用于调速性能要求不高的较小容量传动控制场合。

串级调速就是在绕线转子异步电动机的转子侧引入控制变量，如附加电动势来改变电动机的转速进行调速。基本原理是在绕线转子异步电动机转子侧通过二极管或晶闸管整流桥，将转差频率交流电变为直流电，再经可控逆变器获得可调的直流电压作为调速所需的附加直流电动势，将转差功率变换为机械能加以利用或使其反馈回电源而进行调速。

1.2.6　三相异步电动机的制动控制

三相异步电动机从切断电源到安全停止转动，由于惯性的关系总要经过一段时间，影响劳动生产率。在实际生产中，为了实现快速、准确停车，缩短时间，提高生产效率，对要求停转的电动机强迫其迅速停车，必须采取制动措施。

三相异步电动机的制动方法有机械制动和电气制动两种。机械制动是利用机械装置使电动机迅速停转。常用的机械装置是电磁抱闸，抱闸装置由制动电磁铁和闸瓦制动器组成。机械制动可分为断电制动和通电制动。制动时，将制动电磁铁的线圈切断或接通电源，通过机械抱闸制动电动机。电气制动方法有反接制动、能耗制动、发电制动和电容制动等。

1. 反接制动控制线路

反接制动是一种电气制动方法，通过改变电动机电源电压相序使电动机制动。由于电源相序改变，定子绕组产生的旋转磁场方向也与原方向相反，而转子仍按原方向惯性旋转，于是在转子电路中产生相反的感应电流。转子要受到一个与原转动方向相反的力矩的作用，从而使电动机转速迅速下降，实现制动。

在反接制动时，转子与定子旋转磁场的相对速度接近于两倍同步转速，所以定子绕组中的反接制动电流相当于全电压直接起动时电流的两倍。为避免对电动机及机械传动系统产生过大冲击，一般在 10kW 以上电动机的定子电路中串接对称电阻或不对称电阻，以限制制动转矩和制动电流，这个电阻称为反接制动电阻，如图 1-39 所示为定子电路中串接对称电阻的情况。

反接制动的关键是采用按转速原则进行制动控制。因为当电动机转速接近零时，必须自动地将电源切断，否则电动机会反向起动。采用速度继电器来检测电动机的转速变化，当转速下降到接近零时，由速度继电器自动切断电源。

图 1-39 电路的工作过程如下：首先合上刀开关 QS，按下起动按钮 SB2→接触器 KM1 通

电→电动机 M 起动运行→速度继电器 KS 常开触点闭合，为制动作准备。制动时按下停止按钮 SB1→KM1 断电→KM2 通电（KS 常开触点尚未打开）→KM2 主触点闭合，定子绕组串入限流电阻 R 进行反接制动→转速 $n \approx 0$ 时，KS 常开触点断开→KM2 断电，电动机制动结束。

反接制动的优点是制动效果好，其缺点是能量损耗大，由电网供给的电能和拖动系统的机械能全部都转化为电动机转子的热损耗。

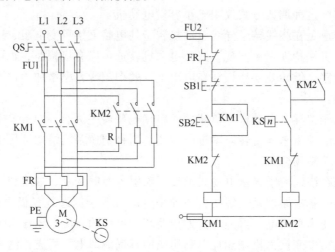

图 1-39　单向运行的三相异步电动机反接制动控制线路

2. 能耗制动控制线路

能耗制动是一种应用广泛的电气制动方法，如图 1-40 所示。三相异步电动机能耗制动时，切断定子绕组的交流电源后，在定子绕组任意两相通入直流电流，形成一固定磁场，与旋转着的转子中的感应电流相互作用产生制动转矩，因此电动机转速迅速下降，从而达到制动的目的。制动结束后，必须及时切除直流电源。

起动时，按下 SB2→接触器 KM1 通电→电动机 M 起动运行。KM1 与 KM2 互锁，接触器 KM2 和时间继电器 KT 不得电。

能耗制动线路工作原理分析如下：

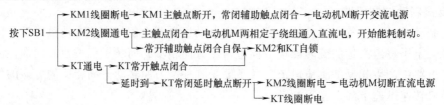

考虑到时间继电器 KT 线圈断线或机械卡住故障时，要断开接触器 KM2 的线圈通路，使电动机定子绕组不至于长期接入直流电源，为此，在 KT 线圈自锁回路中串入 KT 的常开触点。

从能量角度看，能耗制动是把电动机转子运转所存储的动能转变为电能，且又消耗在电动机转子的制动上，与反接制动相比，能量损耗少、制动停车准确。所以，能耗制动适用于电动容量大、要求制动平稳和起动频繁的场合。能耗制动需要整流设备。

还可以对图 1-40 进行改进，在控制线路中取消时间继电器 KT，改用速度继电器 KS，用 KS 的常开触点代替 KT 延时断开的常闭触点。其工作原理读者可自行分析。

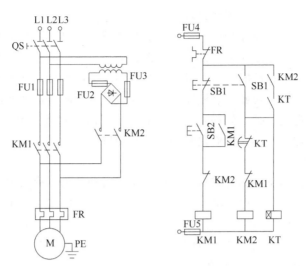

图 1-40　按时间原则控制的单向能耗制动控制线路

1.2.7　电气控制系统的保护环节

电气控制系统除了能满足生产机械加工工艺要求外，还应保证设备长期、安全、可靠地运行，因此，保护环节是所有电气控制系统不可缺少的组成部分。保护环节不仅可以保护电动机、电网、电气设备及人身安全，而且可以有效地防止事故扩大造成更严重的后果。电气控制系统常用的保护环节包括短路、过载、过电流、过电压、失电压等。此外，在某些场合还存在位置保护、超速保护和非电量（温度、压力和流量等）保护。

1. 短路保护

绝缘损坏、负载短接、接线错误等故障，都可能产生短路现象而使电气设备损坏，短路的瞬时故障电流可达到额定电流的几倍到几十倍。短路保护要求具有瞬动特性，即要求在很短时间内切断电源。常用的短路保护电器有熔断器和断路器等。

2. 过载保护

过载是指电动机长期超额定负载运行，运行电流大于其额定电流，但超过额定电流的倍数通常在 1.5 倍以内。若工作电流长时间超过额定电流，会引起绕组过热，温度超过允许值，导致绝缘材料变脆、寿命缩短，严重时还会使电动机损坏。

引起过载的原因很多，如负载的突然增加、断相运行以及电网电压降低等。过载保护要求保护电器具有反时限特性，即根据电流过载倍数的不同，其动作时间是不同的，它随着电流的增加而减少。

热继电器是最常用的过载保护元件。由于热惯性的原因，它不受电动机短时过载冲击电流或短路电流的影响而瞬时动作，所以在使用热继电器作过载保护的同时，还必须有短路保护。作短路保护的熔断器熔体的额定电流不能大于 4 倍热继电器发热元件的额定电流。

3. 过电流与欠电流保护

（1）过电流保护

直流电动机和三相绕线转子异步电动机在起动、制动时，如果限流电阻被短接，将会形成很大的起动或制动电流。此外，负载过大也会导致电流增加。过大的电流可能会使电动机和生产设备损坏，需将其电流限制在允许过载的范围内。

过电流保护是区别于短路保护的另一种电流型保护。过电流保护常用过电流继电器来实现。过电流继电器的特点是动作电流值比短路保护的小，一般不超过 2.5 倍额定电流，或者起动电流的 1.2 倍。当电动机电流超过过电流继电器的整定值时，继电器动作，使串接于控制线路中的常闭触点断开，切断控制线路，使电动机脱离电源，达到保护的目的。

短路、过载、过电流保护虽然都是电流型保护，但由于故障电流、动作值和保护特性、保护要求以及使用元件的不同，它们之间是不能互相取代的。

（2）欠电流保护

所谓欠电流保护是指被控制线路电流低于整定值时动作的一种保护。欠电流保护通常是由欠电流继电器来实现的。欠电流继电器线圈串联在被保护电路中，正常工作时吸合，一旦发生欠电流时释放以切断电源。其线圈在线路中的接法同过电流继电器一样，但串联在控制线路中的触点应采用常开触点，并与时间继电器的常闭延时断开触点相并联。

4. 零电压、欠电压与过电压保护

（1）零电压保护

在电动机运行中，电源电压因某种原因消失，那么在电源电压恢复时，如果电动机自行起动，将可能造成生产设备损坏或人身伤害事故。为了防止在电网失电又恢复供电时电动机自行起动的保护称作零电压保护（失电压保护）。

常用的零电压保护是由自复式按钮和接触器（继电器）的自锁触点实现的。当电网断电时，接触器（继电器）线圈失电，触点复位，切断控制电路和主电路。当电网恢复供电时，若不重新按下起动按钮，电动机不会自行起动。

（2）欠电压保护

当电动机正常运行时，电源电压过低将引起电器释放，造成控制线路工作不正常，甚至产生事故；如果电源电压过低而电动机负载不变，则会造成电动机电流增大，引起电动机发热，严重时甚至烧坏电动机；电源电压过低还会引起电动机转速下降，甚至停转。因此，当电源电压降到允许值以下时，及时切断电源的保护行为称为欠电压保护。

通常采用欠电压继电器来实现欠电压保护。由于当电网电压降低到额定电压 85% 以下时，接触器触点将自动复位，从而切断控制电路和主电路，因此，在大多数控制线路中无需另加欠电压继电器，接触器本身兼有欠电压保护功能。

（3）过电压保护

电磁铁、电磁吸盘等大电感负载及直流电磁机构、直流继电器等，在通断时会产生较高的感应电动势，较高的感应电动势易使工作线圈绝缘击穿而损坏。因此，必须采用适当的过电压保护措施。通常可以采用专门的电磁式过电压继电器与接触器配合来进行过电压保护，其线圈和触点的接法与欠电压继电器相同。

5. 弱磁保护

直流电动机起动时，如果磁场太弱，电动机的起动电流会很大；直流电动机运行时，如果磁场减弱或消失，电动机会迅速升速，甚至"飞车"。这种情况下采用的保护称弱磁保护。弱磁保护元件一般采用欠电流继电器，通过把欠电流继电器串入电动机励磁回路来实现。当磁场太弱或降低太多时，欠电流继电器线圈释放，其触点通过联锁关系切断控制电动机电枢回路的接触器线圈电路，使接触器释放，从而切断电动机电源，使电动机停转。

6. 电气控制系统保护环节汇总

图 1-41 所示为电气控制系统常用的保护环节的汇总，图中用转换开关 SA 代替了起停及正反转等按钮。图中各电器元件所起的保护作用分别是：

短路保护——熔断器 FU1 和 FU2；

过载保护——热继电器 FR；

过电流保护——过电流继电器 KI1、KI2；

零电压保护——中间继电器 KA；

欠电压保护——欠电压继电器 KV；

互锁保护——通过 KM1 和 KM2 互锁触点实现。

当然，实际应用中并不是每个保护环节全部需要，但短路保护、过载保护、零电压保护一般是必要的。

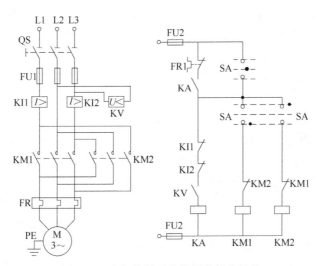

图 1-41　电气控制系统常用的保护环节

1.2.8　电气控制系统与电气控制线路设计

1. 电气控制系统设计的基本内容

电气控制系统设计包括以下基本内容：

1）拟定电气设计的技术条件（任务书）：电气设计的技术条件是整个电气设计的主要依据，通常以设计技术任务书的形式表示，由有关设计人员根据设备的总体技术方案讨论决定。在任务书中，除了要说明所设计的机电设备的名称、型号、用途、工艺过程、技术性能、传动参数以及现场工作条件外，还必须对供电、电力拖动、电气控制、操作条件等进行明确。

2）选择并确定电气传动形式与控制方式：设备的电气传动方案要根据设备的结构、传动方式、调速指标、负载特性以及对起动、制动和正反向的要求来确定。

3）确定电动机容量、结构型式和型号：电动机是机电设备的主要动力器件，在选择电动机时，首先是选择合适的功率；另外，电动机的转速、电压、结构型式等的选择也要综合考虑。电动机功率的正确选择很重要，功率过大，设备投资大，同时电动机欠载运行，使效率和功率因数降低，造成浪费；相反，功率过小，电动机过载运行，过热使寿命降低或者不能充分发挥设备的效能。

4）设计电气控制线路：电气控制线路的设计是在传动形式及控制方案选择的基础上进行的，是传动形式与控制方案的具体化。电气控制线路根据用途的不同可能会有其特殊的要求，设计时所要遵循的一般的要求如下。

① 满足生产机械的要求，能按要求的工艺顺序准确而可靠地工作。

② 控制线路的结构应尽量简单。

③ 利于操作，方便调整，容易检修。

④ 有故障保护环节，各机构间及电气元件间有必要的联锁，即使发生误操作也不会产生重大事故。

5）选择电气元件，制定电动机和电气元件明细表。

6）画出电动机、执行电磁铁、电气控制部件以及检测元件的总布置图。

7）设计电气柜、操作台、电气安装板及非标准电器和专用安装零件。

8）绘制安装图和接线图。

9）编写设计计算说明书和使用说明书。

2. 电气控制线路设计

（1）电气控制线路的设计方法

电气控制线路的设计方法有两种。一是经验设计法，二是逻辑设计法。在具体设计时，无论选用什么方法，首先必须调查、熟悉和掌握设备的工艺要求，再与机械、液压等控制要求结合起来综合考虑，才能进行每一个控制环节的设计，最后把所有的控制环节连成一个有机的整体，经过进一步完善和校正，这样，一个完整的电气控制线路便设计成功。工业生产中，机械设备种类繁多，但其电气控制系统设计原则和方法是基本相同的。

例如，设计一台机床，首先要明确该机床的技术要求，拟定总体技术方案，然后才能进行设计工作。设计工作包括机械设计和电气设计两个主要部分。电气设计通常是和机械设计同时进行的，即进行一体化设计。一台先进的机床其结构和使用效能与其电气自动化程度有着十分密切的关系。因此，对于机械设计人员来说，除了能对机床的电气控制线路进行分析外，还必须能在此基础上，对一般机床电气控制线路进行设计。

（2）电气控制线路设计的基本原则

1）满足机械设备、生产工艺对控制系统的功能和性能要求：电气控制线路的设计是从设备及生产工艺要求出发的，必须能实现所要求的控制功能，系统的性能指标也要符合设计需求。

2）具有较高的可靠性和安全性：生产设备或工艺过程可能要长期工作，控制线路的故障会影响生产，造成企业生产异常，引起经济损失。因此，电气控制系统必须能长期、可靠、稳定地工作。另外，对于生产中的异常，甚至设备故障，系统要有足够的安全保障，防止事故发生，减少事故损失。

要实现高可靠性，除了科学合理设计常规控制和保护环节及选用可靠成熟的电气控制线路外，电气元件的选择、电气设备安装和接线等也十分重要。在投运前，要进行充分的测试，尽早发现问题。

3）具有较高的经济性：电气系统的设计要具有较高的经济性，从而使得系统具有足够的竞争力。提高经济性，可以从简化电路设计、减少元件的数量、减少线路长度、降低安装复杂度等方面出发。

4）操作使用和维修方便：电气设备应力求维修方便，使用安全。电气元件应留有备用触点，必要时应留有备用电气元件，以便检修、改接线用，为避免带电检修应设置隔离电器。控制机构应操作简单、便利，能迅速而方便地由一种控制形式转换到另一种控制形式，例如由手动控制转换到自动控制。

（3）控制线路设计中应注意的问题

1）为了便于设备维护、管理及使用，尽量选用相同型号、相同规格的电器。

2）尽量缩短连接导线的数量和长度。设计控制线路时，应合理安排各电器的位置，考虑到各个元件之间的实际接线，要注意电气柜、操作台和限位开关之间的连接线。

如图 1-42 所示，起动按钮 SB1 和停止按钮 SB2 装在操作台上，继电器 KA1 和 KA2 装在电气柜内。操作台和电气柜是分开放置的。图 1-42a 所示的接线不合理，该设计的接线就需要由电气柜引出 4 根导线（见图中圆圈序号，另外电源线也是从电气柜引出的）到操作台的按钮上。对图 1-42a 图进行修改，KA2 常闭触点和 KA1 的线圈直接连接，起动按钮 SB1 和停止按钮 SB2 直接连接，如图 1-42b 所示。这样，只需要从电气柜内引 3 根导线到操作台上，节省了 1 根导线。

3）控制线路中应尽量减少电器的触点数。控制线路中触点数越少、线路越简单，可靠性也越高。在简化、合并触点的过程中，主要是合并同类性质的触点。如图 1-43 所示，图 1-43b 将两个线路中同一触点合并，比图 1-43a 在电路上少了 1 对触点。但在合并时要注意，触点的额定电流应大于合并后的总电流。

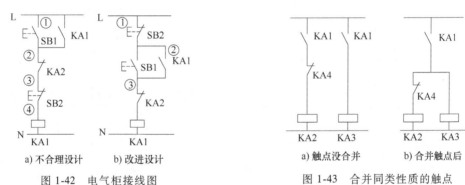

图 1-42　电气柜接线图　　　　　图 1-43　合并同类性质的触点

4）各接触器、继电器等控制电器的线圈应接于电源的同一侧，而各电器的触点接于电源的另一侧。这样，当某些电器的触点发生短路时，也不致引起电源的短路，有利于安全，而且接线也方便。

5）避免发生触点"竞争"与"冒险"现象。通常我们分析控制回路的电器动作及触点的接通和断开，都是静态分析，没有考虑其动作时间。实际上，由于电磁线圈的电磁惯性、机械惯性、机械位移量等因素，通断过程中总存在一定的固有时间（几十毫秒到几百毫秒），这是电气元件的固有特性，其延时通常是不确定的。"竞争"通常指在电气控制线路中某一控制信号作用下，电路从一个状态转换到另一个状态时，常有几个电器的状态发生变化，由于电气元件总有一定的固有动作时间，往往会发生不按预定时序动作的情况，触点争先吸合，发生振荡。"冒险"通常指由于电气元件固有的释放时间，会出现电气开关器件不按照预定的逻辑顺序动作的情况。

如图 1-44 所示的由通电延时型时间继电器组成的反身关闭电路。按下起动按钮 SB2，当时间继电器 KT 定时时间到，时间继电器 KT 的延时断开常闭触点断开后，时间继电器 KT 线圈失电，经 T_s 秒延时断开的常闭触点恢复闭合，而 KT 的瞬时常开触点经 T_1 秒才动作，变为断开状态。如果 $T_s > T_1$，电路能反身关闭，如图 1-44c 所示的时序逻辑图；如果 $T_s < T_1$，则 KT 线圈再次得电，如此反复，如图 1-44d 所示的时序逻辑图。只要在此电路中增加中间继电器 KA 就可以避免这种问题，如图 1-44b 所示的改进电路。

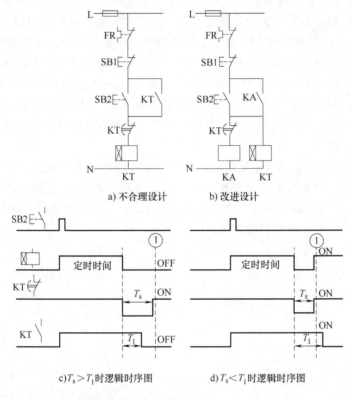

图 1-44　电气控制线路中的"竞争"与"冒险"

为了避免这种情况发生，应尽量避免许多电器依次动作才能接通另一个电器的控制线路；防止电路中因电气元件固有特性引起配合不良的后果出现；若不可避免，则应将产生"竞争"与"冒险"现象的触点加以区分、联锁隔离或采用多触点开关分离。

6）尽量减少电器不必要的通电时间，使电气元件在必要时通电，不必要时尽量不通电，不仅可以节约电能，而且有利于延长电器使用寿命。如图 1-35b 所示的时间继电器控制的串电阻减压起动控制线路就是这样的一个例子。

7）正确连接电器的线圈。在交流控制电路中不能串联接入两个电器的线圈，即使外加电压是两个线圈额定电压之和，也是不允许的。若需两个电器同时动作时，其线圈应该并联连接。

8）在控制线路中应避免出现寄生电路。在电气控制线路的动作过程中，意外接通的电路叫寄生电路（或假电路）。寄生电路可使电路在某些情况下误动作，或产生电器的振动，造成能源无谓的消耗。

较多的书都以图 1-45a 所示的具有指示灯和热继电器保护的电动机正反转控制电路为例来说明寄生电路。在 FR 不动作时，能完成正反向起动、停止和信号指示；当正转时，若热继电器 FR 动作时，线路就出现了寄生电路，KM1 仍然吸合。FR 保护作用没有体现。同理，若反转时 FR 动作也有寄生电路出现。

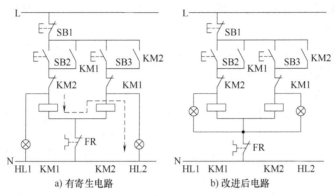

图 1-45　电气控制线路寄生电路分析

在分析这样的电路时，有人会认为寄生电路出现后，KM2 线圈通电，会引起触点吸合，最终导致 KM1 和 KM2 交替通断，形成振荡。但实际上 KM2 的触点是不会吸合的。根据接触器的工作特性，一般通电瞬间的起动电流是正常吸持电流的 10 倍左右。显然，寄生电路中负载多，电流较小，该电流形成的磁场强度不足以让接触器电磁机构动作，使得 KM2 触点吸合。

寄生电路的出现，多是不正确的电路设计造成的。在设计电气控制线路时，严格按照"线圈、能耗元件下边接电源（交流接零线，直流接负极），上边接触点"的原则，降低产生寄生回路的可能性；还应注意消除两个电路之间产生联系的可能性。对于该例子，可把 FR 的常闭触点与 SB1 直接串联，或者用接触器的常开触点控制指示灯。也可按照图 1-45b 所示的线路图接线。由于指示灯中流过的电流很小，对接触器线圈的分流可忽略，不会影响接触器的吸合。

3. 电气控制线路设计实例

这里以氧化沟工艺污水处理厂的堰门（WEIR）控制为例，来说明设备的电气控制线路设计。堰门的作用是实现氧化沟的进水及排水控制。通过进水堰门把污水分配到对应的氧化沟中，出水堰门把氧化沟处理好的污水排出到消毒工段。堰门打开时，可以进水或排水，堰门关闭时，禁止进水或排水。

（1）堰门电气控制方式

由于堰门是可以开启和关闭的，因此，可以通过电动机带动减速机，驱动堰门上、下直线运动。可以选择一台三相交流异步电动机拖动减速机。开堰门时，电动机正转，减速机带动堰门向下运动，当运动到下限位时，电动机停止；关堰门时，电动机反转，减速机带动堰门向上运动，当运动到上限位时，电动机停止。即还需要增加 2 个限位开关来确定堰门的上、下限位。

（2）堰门的控制要求

1）当电气控制柜上堰门转换开关处于"手动"档位时，现场电气箱上可以进行短时工作的点动控制，即可以点动开、关堰门；

2）电气控制柜上堰门转换开关处于"打开"档位时，能手动开堰门；

3）电气控制柜上堰门转换开关处于"关闭"档位时，能手动关堰门；

4）电气控制柜上堰门转换开关处于"0"档位时，能停止堰门动作；

5）电气控制柜上堰门转换开关处于"自动"档位时，堰门的控制由 PLC 根据生产工艺自动打开、关闭堰门。

6）堰门的运行、故障及高、低位等要通过指示灯在电气柜进行指示。

（3）堰门的电气控制线路设计

1）由于升、降堰门由一个电动机正、反转控制，堰门的运动还受到接近开关限位信号控制，因此，该电动机的控制线路是以互锁为特征的典型电动机正、反转控制线路。

2）由于堰门的工作方式较多，因此，要确定转换开关的触点及其接线方式。由于主控制线路采用 AC 220V，而 PLC 的输入和输出模块采用 DC 24V，因此，控制线路要包括两个部分。根据控制要求，转换开关有 7 个档位，包括"打开""手动""自动"和"关闭"4 个动作档位及 3 个"0"档位。4 个动作档位切换时都要经过"0"档位。

3）确定该电气控制线路的电气元件型号规格、数量等。每个堰门控制使用了 2 个交流接触器、1 个交流断路器、1 个热继电器、2 个 DC 24V 中间继电器、5 个 DC 24V 指示灯、1 个转换开关、2 个按钮开关、2 个接近开关。具体型号参数、电缆和辅件这里省略。

4）进行电气控制线路的详细设计，具体如图 1-46 所示。由于某污水处理厂有 18 台堰门，其控制方式完全相同，因此图样中元件名称是"元件号-堰门号"。图中给出了 1 号堰门（W1）的电气控制线路。端子号也按照同样的方式命名。

图中，KM1-W1、KM2-W1 是堰门控制电动机的正反转控制接触器。正转时堰门下降，反转时堰门上升。SQ1-W1 是堰门下限位接近开关，用该开关的常闭触点接 KA1-W1 中间继电器线圈，即只要堰门没有达到下限位，KA1-W1 线圈一直接通，一旦到达该限位位置，则 KA1-W1 线圈断电，接触器 KM1-W1 线圈断电，电动机停止运行。堰门关闭的原理同上述分析。

以下分析电气控制柜上堰门转换开关 SA1-W1 处于不同档位时，线路的工作原理。

① 处于"打开"档位时，转换开关触点 1、2 接通，可以在电气柜手动打开堰门。

② 处于"手动"档位时，触点 3、4 接通，可以在现场通过点动按钮 SB1-W1 打开堰门，点动按钮 SB2-W1 关闭堰门。

③ 处于"自动"档位时，触点 5、6 接通，这时 PLC 可以控制 KA4-W1 中间继电器来打开堰门，控制 KA5-W1 来关闭堰门。电气控制线路中开、关堰门控制没有用 KA4-W1 和 KA5-W1 进行互锁，是因为 PLC 控制线路中对这两个中间继电器进行了互锁，类似图 1-49 中的 KM2 和 KM3 的互锁。在"自动"档位时，触点 9、10 也接通，这个信号是送到 PLC 的 DI 端子，即 PLC 获得堰门的远程控制权限，可以对堰门进行自动控制。该信号也常称为"远控允许"。由于该对触点不接入堰门控制的 AC 220V 线路中，而是送入到 PLC 的 DI 端子，因此，该对触点不能和转换开关的其他触点连接。从这里的控制线路也可以看出，只要 SA1-W1 开关不置于"自动"档位，即使 KA4-W1 或 KA5-W1 接通，该自动控制线路也是断

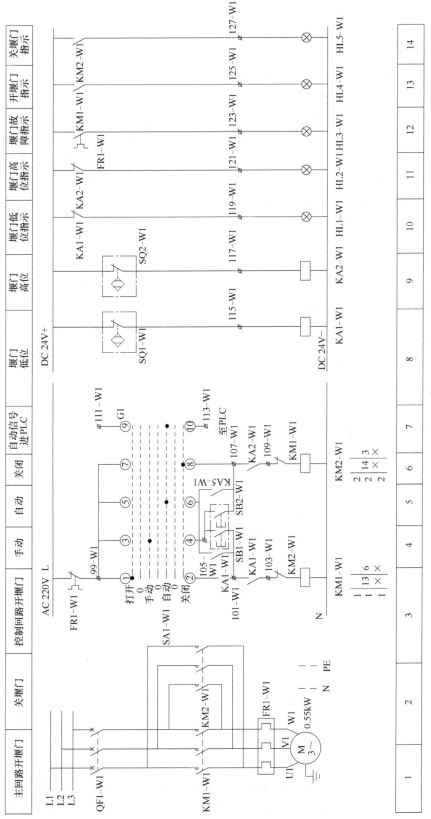

图 1-46　污水处理厂堰门电气控制线路原理图

开的。可见，硬件控制线路设计的重要性，即使 PLC 或上位机上堰门控制有误操作，电气控制线路也能防止误操作对现场设备的影响。

④ 处于"关闭"档位时，转换开关触点 7、8 接通，可以在电气柜手动关闭堰门。

SB1-W1、SB2-W1、SQ1-W1、SQ2-W1 都是位于现场，因此图中加了点画线框。指示灯的控制线路比较简单，这里就不再分析了。

电气线路设计时，一般现场的手动操作优先，这里设计为控制柜 SA-W1 置"手动"档位现场才能手动开、关堰门是考虑到防止现场误操作把污水排出。

需要说明的是，该控制线路包括了手动控制和 PLC 控制，两种控制方式都可以独立工作。一般手动控制主要是在设备调试或 PLC 故障时用。PLC 控制的电气线路图中没有给出。实际的 PLC 控制系统，接触器的辅助触点、热继电器的辅助触点及接近开关的高、低位信号都要接入到 PLC 的 DI 端子中，PLC 的 DO 输出控制 KA4-W1 和 KA5-W1 的线圈，就可以实现对堰门的自动控制。

（4）总体校核设计线路

控制线路设计完毕，最后必须经过总体校核，因为经验设计往往会考虑不周而存在不合理之处或有进一步简化的可能。主要校核内容有：是否满足拖动要求与控制要求、触点使用是否超出允许范围、电路工作是否安全可靠、联锁保护是否考虑周到以及线路是否有进一步简化的可能等。

由于该控制线路较简单，如图 1-46 所示的线路原理图是满足设计要求的，也符合电气控制线路设计规范要求。

1.3　继电器-接触器控制与 PLC 控制

1.3.1　继电器-接触器控制

1. 继电器-接触器控制系统及其特点

在工业、农业、交通、物流服务等行业，广泛存在各类机械设备的电气控制，其典型特征是以各类电动机作为动力。因此，掌握电气控制技术很重要。

电气控制主要指通过电气自动控制方式来控制生产过程。电气控制线路是把各种有触点的接触器、继电器以及按钮、行程开关等电气元件，用导线按一定方式连接起来组成的控制线路。电气控制线路能够实现对电动机或其他执行电器的起停、正反转、调速和制动等运行方式的控制，以实现机械设备或生产自动化，满足生产工艺的要求。由于电气控制系统主要是由大量继电器、接触器等控制电器构成，因此通常也称为继电器-接触器控制系统。

继电器-接触器控制系统的优点是电路图较直观形象，装置结构简单，价格便宜，抗干扰能力强。继电器-接触器控制系统适合一些简单设备或过程的控制。在 PLC 等数字化控制方式产生之前，复杂过程的控制也依赖继电器-接触器控制系统。继电器-接触器控制系统可以单独安装在设备现场，也可以用电气柜集中安装。

随着工业生产规模越来越大，以及用户需求个性化程度的提高，迫使企业生产线要能进行柔性制造。而传统的继电器-接触器控制系统采用固定接线形式，只能满足特定的生产工艺要求。工业生产过程迫切需要与这种新型生产方式和生活方式相适应的控制系统。

在 20 世纪 60 年代出现了半导体逻辑器件，特别是随着大规模集成电路和计算机技术的快速发展，为开发和制造一种新型的数字控制装置替代传统的模拟式控制打下了基础，PLC 控制在此背景下就诞生了。

2. 继电器-接触器控制系统实现方式

这里以三相异步电动机的星-三角减压起动为例，来说明继电器-接触器控制的实现方式。在后面将给出其 PLC 控制方式，以使读者对两种控制方式有初步的理解。

凡是正常运行时定子绕组接成三角形的笼型异步电动机，常可采用星-三角减压起动方法来限制起动电流。星-三角减压起动控制线路如图 1-47 所示。

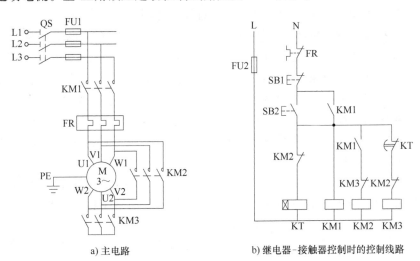

a) 主电路　　　　　　b) 继电器-接触器控制时的控制线路

图 1-47　星-三角减压起动的继电器-接触器控制

当合上刀开关 QS 后，按下起动按钮 SB2，接触器 KM1、KM3 及通电延时型时间继电器 KT 的线圈通电，并由 KM1 的常开辅助触点自锁。此时，主电路中电动机绕组首端 U1、V1、W1 接入三相电源，末端 U2、V2、W2 被短接，形成星形联结。这时电动机每相绕组承受的电压为额定电压的 $1/\sqrt{3}$，起动电流（线电流）只有三角形联结时的 1/3。

当电动机转速升高到一定值时，时间继电器 KT 延时动作，其延时断开触点断开，KM3 线圈断电，其主触点断开；同时 KM2 线圈通电，其常闭辅助触点断开，使 KT 断电。为防止 KM2 与 KM3 同时通电造成主电路短路，KM2 与 KM3 的常闭辅助触点进行了互锁。KM2 接通后，其主触点闭合，将 U1 与 W2，V1 与 U2，W1 与 V2 连在一起形成三角形联结，如图 1-48 所示。此时电动机绕组承受全部额定电压，即全压运行。在此线路中，KT 仅在起动时得电，处于动作状态；起动结束后，KT 处于失电状态。

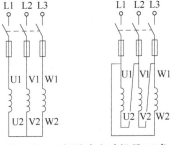

图 1-48　三相异步电动机星-三角减压起动时三相定子绕组接法

三相笼型异步电动机星-三角减压起动具有投资少、线路简单的优点。但是起动转矩只有直接起动时的 1/3，因此它只适用于空载或轻载起动的场合。

1.3.2 PLC 控制技术

PLC 控制方式的出现，只是改变了传统继电器-接触器控制系统的控制回路实现方式，用软件逻辑代替硬件逻辑，设备控制的主回路仍然保留，控制回路仍然需要一些低压电器。

在 PLC 出现的初期，为了使得当时的电气工程师和维护人员能熟悉这种新型的控制方式，在软件逻辑的实现上主要采用与继电器逻辑有一定相似性的梯形图编程语言。梯形图编程语言的一些图形编程元素也和继电器-接触器控制系统有一定的对应关系。随着 PLC 应用领域不断扩展，信息技术不断发展，以及受到高级编程语言熏陶的年青一代电气工程师的成长，PLC 的编程方式和规范性与 PLC 产生时已有天壤之别。

这里仍以三相异步电动机的星-三角减压起动为例，采用 PLC 控制来实现。即通过下面介绍的 PLC 控制线路及程序，结合图 1-47a 所示的主回路，来完成电机的星-三角减压起动。

选用罗克韦尔型号为 2080-LC50-24QWB 的 PLC，该 PLC 有 24 个数字量输入和输出，输出是继电器类型，工作电源是 DC 24V，软件编程环境是 CCW 软件 V12.0。

PLC 控制系统的接线图如图 1-49 所示。其中停止信号 SB1 用其常闭触点作为第 1 路数字量输入（I-00），启动信号 SB2 用其常开触点作为第 2 路数字量输入（I-01）。两个按钮都是点动（无自保）。用热继电器 FR 的常开触点作为第 3 路数字量输入（I-02）。数字量输出的第 3 路（O-02）控制继电器 KM1，第 4 路（O-03）控制继电器 KM2，第 5 路（O-04）控制继电器 KM3。为了防止 KM2 和 KM3 同时接通，在 PLC 输出控制线路也进行了互锁。

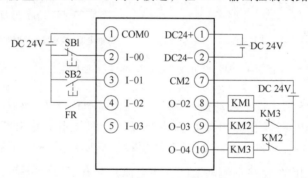

图 1-49　三相异步电动机星-三角减压起动的 PLC 控制线路

完成了 PLC 的控制系统硬件配置后，再编写其控制程序。为了便于记忆和对照，这里 I-00 的别名是 SB1，I-01 的别名是 SB2，I-02 的别名是 FR；O-02 的别名是 KM1，O-03 的别名是 KM2，O-04 的别名是 KM3。程序如图 1-50 所示。其中 bStart 是局部变量，可以理解为一个中间继电器。这里为了程序可读性强，增加了该变量。KT 延时设为 5s。

当然，这里的程序是简化了，实际系统中，可以再把 KM2、KM3 辅助触点信号接入 PLC 中，一方面指示设备状态，另一方面用这两个信号进行互锁。控制线路中，也可以把 FR 再接入，以加强保护。对于实际的工业生产，电动机的运行除了可工作于手动方式外，还能通过 PLC 进行自动控制。

另外，这里的 PLC 控制线路中，使用的低压电器工作电源是 DC 24V 的，而一般继电器-接触器控制线路多使用 AC 220V 的低压电器，这也是两者的不同。一般 PLC 控制线路中，多使用 DC 24V 的低压电器。

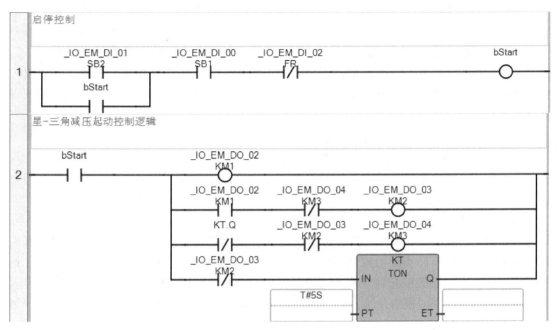

图 1-50　三相异步电动机星-三角减压起动的 PLC 控制程序

1.3.3　继电器-接触器控制与 PLC 控制比较

1. 相同点

继电器-接触器控制系统和 PLC 控制系统的相同点主要表现在都可以实现对各类生产过程的逻辑控制，满足工业现场的生产要求。PLC 控制系统可以看作是继电器-接触器控制系统的发展和替代产品，属于新一代数字化的控制设备。无论继电器-接触器控制系统还是 PLC 控制系统都需要使用低压电器设备构成主电路与控制电路。

2. 不同点

（1）控制功能实现方式

继电器-接触器控制系统利用中间继电器、时间继电器、接触器及各类主令电器的机械触点的串联、并联及延时滞后动作等组合形成控制逻辑。硬件接线方式就决定了其能完成的控制任务。一旦系统构成后，想改变或增加功能都很困难。系统完成后，要进行升级或扩展也很困难。

而 PLC 控制系统采用软件来实现各种逻辑功能。中间继电器、定时器、计数器等以寄存器形式存储，且存储空间容量大。一旦要更改控制逻辑，只需修改程序即可。PLC 控制电路外围接线少，且复杂的串联、并联接线少。除了控制逻辑，PLC 控制系统更改定时器、计数器等各类参数也非常容易。由于采用晶振，PLC 的计时精度远远高于各类时间继电器。

（2）工作方式

继电器-接触器控制系统通电时，控制线路中各继电器同时处于受控状态，即该吸合的都应吸合，不该吸合的都因受某种条件限制不能吸合，它属于并行工作方式。而 PLC 控制逻辑的执行一般是周期性循环扫描，各种逻辑、数值输出的结果都是按照在程序中的前后顺序计算得出的，属于串行工作方式。

继电器-接触器控制系统控制逻辑是依靠触点的机械动作实现控制，工作频率低，触点的开闭动作一般在几十 ms 级。另外，机械触点有抖动现象。而 PLC 控制系统是由程序指令控制存储器状态变化，属于无触点控制，速度快，一般一条用户指令的执行时间在 μs 级，且不会出现抖动。因此，PLC 控制系统的性能更加强大，工作更加可靠。当然，由于 PLC 控制系统的输出最终作用于接触器等低压电器，这些低压电器的机械特性有时还会影响到设备动作。

（3）硬件配套、使用方便性与适应性

继电器-接触器控制系统采用硬件接线实现逻辑控制，因此，随着控制任务的复杂，其所使用的低压电器数量更多，需要的辅助触点也更多，系统接线更加复杂，占用的空间更大，发热大，功耗也大。

而 PLC 控制系统由于是通过软件来实现逻辑控制，可以选择微型、小型、中大型 PLC。针对具体的主机系统，还可以选择各种扩展模块，因此 PLC 控制系统可以用于几个控制点到几万个控制点的不同类型的应用中，适应性极强。由于采用软件实现逻辑控制，PLC 控制系统可以减少大量的中间继电器和时间继电器，再加上 PLC 设备体积小巧，因此，PLC 与外围电器设备构成的控制系统占用空间小。由于低压电器数量大大减少，因此 PLC 控制系统发热也少，功耗也低。

PLC 的配线比继电器控制系统的配线要少得多，可以省下大量的配线和附件，减少大量的安装接线工时和各种费用；PLC 有很强的带负载能力，可以直接驱动一般的电磁阀和交流接触器。

此外，PLC 控制系统不仅可以用于逻辑控制，也能用于模拟量多的过程控制等领域。而继电器-接触器控制系统几乎不具备模拟量的处理能力。

（4）可靠性和可维护性

继电器-接触器控制系统中使用大量的机械触点，硬件接线多，线路复杂；触点开闭时容易受到电弧的损坏，且有机械磨损，寿命短，所以可靠性较差，维护工作量大。而 PLC 控制系统采用微电子技术，大量的开关动作由无触点的半导体电路来完成，体积小、寿命长、可靠性高，外部线路简单，维护工作量小。

PLC 采取了一系列硬件和软件抗干扰措施，具有很强的抗干扰能力，平均无故障时间达到数万小时以上，可以直接用于环境恶劣的工业现场。PLC 还配有自检功能和工具软件，动态地监控程序的执行和自身软、硬件的工作状态和故障情况。用户还可以在程序中编写故障处理程序，为现场调试和维护提供了方便。而继电器-接触器控制系统由于属于分立元件的模拟系统，对系统的检测、维护和调试耗时、耗力，成本高昂。

（5）通信与联网能力

PLC 控制系统一般都配置多种通信接口，用于与现场总线设备、其他 PLC 站、DCS 系统、编程计算机或上位机通信。因此，PLC 控制系统本身联网，可以构成大型分布式系统，能实现对大型生产过程的控制；PLC 主机可以和现场 PLC 远程 I/O 站通信，构成分布式应用，节省大量电缆；PLC 还可以和触摸屏或上位机通信，实现本地或远程监控。总之，PLC 强大的联网和通信能力，可以确保实现控制分散、集中管理等功能。而继电器-接触器控制系统属于模拟式控制，较难进行集中监控和管理。目前，依赖网络与通信技术，PLC 控制系统已能实现远程的维护和调试。

复习思考题

1. 常用的低压电器有哪些？它们的主要作用各是什么？

2. 单相交流电磁铁的短路环断裂或脱落后，在工作中会出现什么现象？为什么？

3. 交流接触器在衔铁吸合前的瞬间，为什么在线圈中会产生很大的冲击电流，而直流接触器会不会出现这种现象？为什么？

4. 线圈电压为 220V 的交流接触器，误接入 380V 交流电源会发生什么问题？为什么？

5. 从接触器的结构上，如何区分是交流还是直流接触器？

6. 中间继电器和接触器有何异同？在什么条件下可以用中间继电器代替接触器起动电动机？

7. 电动机的起动电流很大，当电动机起动时，热继电器会不会动作？为什么？

8. 既然在电动机的主电路中装有熔断器，为什么还要装热继电器？装有热继电器是否就可以不装熔断器？为什么？

9. 是否可用过电流继电器作电动机的过载保护？为什么？

10. 电器控制线路常用的保护环节有哪些？各采用什么电气元件？

11. 试设计电气控制线路，要求：第一台电动机起动 10s 后，第二台电动机自动起动，运行 5s 后，第一台电动机停止，同时第三台电动机自动起动，运行 15s 后，全部电动机停止。

12. 设计一个小车运行的控制线路，小车由异步电动机拖动，其动作程序如下：

1）小车从原点开始前进，到达终点后自动停止；

2）在终点停留 2min 后自动返回原点停止；

3）要求在前进或后退途中任意位置都能停止或起动。

13. 设计一个双速电动机控制线路，要求如下：

1）分别用两个按钮控制电动机的低速和高速起动，用一个总停按钮控制电动机停止；

2）高速起动时，应先低速运行一段时间后自动切换到高速运行；

3）应有必要的保护环节。

14. 继电器接触器控制与 PLC 控制有和异同？

第2章 工厂自动化与过程自动化

2.1 工业生产中的自动化技术与工业控制系统

2.1.1 工业自动化技术及其应用与发展

广义的工业自动化是机器设备或生产过程在不需要人工直接干预的情况下，按预期的目标实现测量、控制、监控与管理的信息处理过程。实现工业自动化的软硬件设备构成了完整的工业控制系统。由于工业生产行业众多，因而存在化工过程自动化、电厂自动化、电力自动化、农业自动化、矿山自动化、纺织自动化、冶金自动化、机械自动化、港口码头自动化、楼宇自动化、物流仓储自动化等面向不同行业的自动化系统。

早期的工业自动化系统都采用模拟式设备，且控制技术落后，因此自动化水平低。计算机技术出现后，迅速在商业、办公、通信等领域得到应用，产生了商业自动化、办公自动化和通信自动化。将计算机与自动化技术相结合，用于机器设备、生产加工过程的自动化控制，产生了工业计算机控制系统，标志工业自动化进入了数字化时代。现有的工业自动化系统都是基于计算机的，因此把工业计算机控制系统简称为工业控制系统（Industrial Control System，ICS）。

工业自动化与用于科学计算、一般数据处理和事务处理等领域的计算机系统有较多的不同，其中最大的不同之处在于工业控制系统的控制对象是具体物理对象，因此，会对物理对象产生影响和作用。工业控制系统的运行状态直接关系到被控物理对象的稳定性和安全性，不仅影响产量和质量，甚至还会影响到机器设备、人员和环境的安全。按照目前最新的技术术语，工业控制系统属于信息物理系统（Cyber Physical System，CPS），这也更加明确地表明了工业自动化系统的本质特征。

工业自动化技术的发展包括工业控制理论与技术的发展及工业控制系统/装备的发展两个方面。控制理论的发展经历了经典控制、现代控制，目前处于智能控制阶段。工业控制系统/装备的发展经历了模拟控制、数字式分布式控制，目前处于工业互联网阶段。工业控制系统是各种工业控制理论与技术实施的物理载体与依托平台，而先进的控制理论与技术利用控制系统平台资源，把理论转换为生产力，提升了工业控制水平。工业自动化的发展历程实际上是工业控制理论与工业控制系统相互结合解决工业生产过程自动化与信息化问题的过程，融合程度越深，工业自动化带来的经济和社会效益越高。

工业控制领域制造商众多，像西门子、ABB、施耐德电气等大型自动化公司，其业务一般覆盖工厂自动化和过程自动化；而三菱电机、发那科、罗克韦尔自动化、汇川等公司，其业务主要是工厂自动化；艾默生过程管理、霍尼韦尔、横河电机、浙大中控等公司主要业务是过程自动化。市场上数量众多的中、小自动化公司（倍福、研华、台达、亚控科技）其产品是面向特定行业或生产某类自动化软硬件设备。

近年来，我国的自动化公司（如汇川、浙江中控技术、和利时等）在技术实力、产品功能和性能等硬实力和产品品牌、服务水平等软实力上发展很快，特别是近几年，我国自动化领域聚焦"卡脖子"问题，持续不断进行技术攻关，在不少关键行业实现了自动化系统的国产替代，为确保我国关键基础设施的安全运行发挥了重要作用。

除了大量工业生产行业，还存在水和污水、电力、燃气等公共设施，隧道、公路、桥梁、码头等交通基础设施；邮电机房、电信基站等通信基础设施；地铁、道路信号、铁路等交通运输设施；仓储、物流等服务性行业。这些行业也大量使用各类控制系统。这类被控对象通常具有测控点分散的特性，不少使用专有的控制设备。但从控制系统结构和功能看，属于监控与数据采集（SCADA）系统。

2.1.2　工业生产行业分类及其对应的工业控制系统

工业生产是创造社会财富、满足人们生产生活物质需求的最主要方式。由于产品种类千差万别，因此，工业生产行业及相关的企业众多。为了提高产品产量与质量，减少人工劳动，不同行业都在使用自动化系统解决其生产运行自动化问题。由于不同行业生产加工方式有不同的特点，导致工业控制系统也有鲜明的行业特性。以图 2-1 所示的化工生产过程和汽车生产线为例，读者可以看到其中的明显不同。而这种生产特点的不同，对于控制系统执行器的影响表现在：在化工厂这样的过程工业，大量使用的执行器是图 2-2a 所示的气动调节阀；而在汽车生产线等离散制造业，大量使用的执行器是图 2-2b 所示的变频器与变频电机和图 2-2c 所示的伺服控制器与伺服电动机。

a) 化工生产　　　　　　　　　　　　　　　　b) 汽车生产线

图 2-1　化工生产过程和汽车生产线

a) 调节阀　　　　　　b) 变频器与变频电机　　　　　　c) 伺服控制器与伺服电动机

图 2-2　不同行业典型的执行机构

生产过程特点不同，其对自动化系统的要求自然也有所不同，有时甚至差别很大。显然，面对不同行业的不同生产特点和控制要求，不能只有一种工业控制系统解决方案。从工业控制系统的发展来看，各类工业控制系统产生之初都依附一定的行业，从而产生了面向行业的各类工业控制系统解决方案。以制造业为例，根据制造业加工生产的特点，主要可以分为离散制造业、过程制造工业和兼具连续与离散特点的间歇过程（如制药、食品、饮料、精细化工等）。通常，工业界把离散制造业控制称作工厂自动化（Factory Automation，FA），把过程工业控制称作过程自动化（Process Automation，PA），也称为流程自动化或工业自动化。工厂自动化系统的典型结构是将各种加工自动化设备和柔性生产线连接起来，配合计算机辅助设计（CAD）和计算机辅助制造（CAM）系统，在中央计算机统一管理下协调工作，使整个工厂生产实现综合自动化。而过程自动化系统则是对连续生产过程进行分散控制、集中管理和调度，克服各类扰动，保证被控变量在设定值附近波动，实现生产过程的稳定、优化、安全和绿色运行，为企业创造最大的效益。

由于行业的不同，工业控制装备也有显著的差异，例如，在离散工业，最早产生的数字化自动化装置是可编程逻辑控制器；而过程工业最早产生的数字化装置是可编程调节器，以及后来的集散控制系统。工业控制系统/装备的发展深受计算机技术、网络通信技术的影响，具有较好的软件工程、通信技术知识对于学好自动化，特别是控制系统编程与网络通信十分重要。

2.1.3　工厂自动化系统

1. 离散制造业特点及工厂自动化系统特征

工厂自动化主要用于离散制造业，因此，有必要了解离散制造业及其对应的工厂自动化系统的特点。

典型的离散制造业主要从事单件、批量生产及适合于面向订单的生产组织方式。其主要特点是原料或产品是离散的，即以个、件、批、包、捆等作为单位，多以固态形式存在。代表行业是机械加工、电子元器件制造、汽车、服装、家电和电器、家具、烟草、五金、医疗设备、玩具、建材及物流等。

离散制造业的主要特点是：

1）离散制造企业生产周期较长，产品结构复杂，工艺路线和设备配置非常灵活，临时插单现象多，零部件种类繁多。

2）面向订单的离散制造业的生产设备布置不是按产品而通常按照工艺进行布置的。

3）所用的原材料和外购件具有确定的规格，最终产品是由固定个数的零件或部件组成，形成非常明确和固定的数量关系。

4）通过加工或装配过程实现产品增值，整个过程不同阶段产生若干独立完整的部件、组件和产品。

5）因产品的种类变化多，非标产品较多，要求设备和操作人员必须有足够灵活的适应能力。

6）通常情况下，由于生产过程可分离，订单的响应周期较长，辅助时间较多。

7）物料从一个工作地到另一个工作地的转移主要使用机器传动。

由于离散制造的上述生产特点，其控制系统也具有下述特征：

1）检测的参数多数为数字量信号（如起动、停止、位置、运行、故障），模拟量主要是电类信号（电压、电流）和位移、速度、加速度等。执行机构多是变频器及伺服机构等。

控制方式多表现为逻辑与顺序控制、运动控制。

2）工厂自动化被控对象通常时间常数比较小，属于快速系统，其控制回路数据采集和控制周期通常小于 1ms，因此，用于运动控制的现场总线其数据实时传输的响应时间在几百μs，使用的现场总线多是高速总线，如 EtherCAT 和 Powerlink 等。

3）单元级设备大量使用数控机床，各类运动控制器也被广泛使用，PLC 是使用最广泛的通用控制器。人机界面在生产线上也被大量使用，帮助工人进行现场操作与监控。

4）生产多在室内进行，现场电磁、粉尘、振动等干扰多。

2. 工厂自动化系统

（1）工厂自动化的主要控制技术——运动控制

运动控制（Motion Control）通常是指在复杂条件下将预定的控制方案、规划指令等转变成期望的机械运动，实现机械运动精确的位置控制、速度控制、加速度控制、转矩或力的控制。

运动控制器可看作控制电动机运行方式的专用控制器。例如，电动机由行程开关控制交流接触器而实现电动机拖动物体在上限位、下限位之间来回运行，或者用时间继电器控制电动机按照一定时间规律正反转。运动控制在机器人和数控机床领域内的应用要比在专用机器中的应用更复杂。

按照使用动力源的不同，运动控制主要可分为以电动机作为动力源的电气运动控制、以气体和流体作为动力源的气液控制和以燃料（煤、油等）作为动力源的热机运动控制等。其中电动机在现代化生产和生活中起着十分重要的作用，所以在这几种运动控制中，电气运动控制应用最为广泛。

电气运动控制是由电动机拖动发展而来的，电力拖动或电气传动是以电动机为对象的控制系统的通称。运动控制系统多种多样，但从基本结构上看，一个典型的现代运动控制系统的硬件主要由上位机、运动控制器、功率驱动装置、电动机、执行机构和传感器反馈检测装置等部分组成。

在离散制造行业，主要的控制器分为专用与通用控制产品。其中机床、纺织机械、橡塑机械、印刷机械和包装机械行业主要使用专用的运动控制器。而在生产流水线、组装线及其他一些工厂自动化领域，主要使用通用型的控制器，最典型的产品就是可编程序控制器（PLC）。传统的 PLC 厂商也开发了相应的运动控制模块，从而在一个 PLC 上可以集成逻辑顺序控制、运动控制及少量过程控制回路。

（2）工厂自动化的主要控制装备

1）继电器-接触器控制系统。生产机械的运动需要电动机的拖动，即电动机是拖动生产机械的主体。但电动机的起动、调速、正反转、制动等的控制需要控制系统来实现。用继电器、接触器、按钮、行程开关等电气元件，按一定的接线方式组成的机电传动（电力拖动）控制系统就称作继电器-接触器控制系统。该系统结构简单，价格便宜，能满足一般生产工艺要求。

继电器-接触器控制系统属于典型的分立元件模拟式控制方式。在大量单体设备的控制，特别是手动控制中广泛使用。即使使用了 PLC 等计算机控制代替了继电器-接触器构成的逻辑控制方式，但仍然要使用大量电气元件作为其外围辅助电路或构成手动控制。

2）专用数控系统。在离散制造业，数控机床是最核心的加工装备，被称为工业母机。

而数控系统（Numerical Control System, NCS）及相关的自动化产品主要是为数控机床配套。数控系统装备的机床大大提高了零件加工的精度、速度和效率。这种数控的工作母机是国家工业现代化的重要表征和物质基础之一。

目前，在数控技术研究应用领域主要有两大阵营：一个是以日本发那科（FANUC）和德国西门子为代表的专业数控系统厂商；另一个是以山崎马扎克（MAZAK）和德玛吉（DMG）为代表的自主开发数控系统的大型机床制造商。

数控系统是配有接口电路和伺服驱动装置的专用计算机系统，根据计算机存储器中存储的控制程序执行部分或全部数值控制功能，通过利用数字、文字和符号组成的数字指令来实现一台或多台机械设备动作的控制。

一个典型的闭环数控系统通常由控制系统、伺服驱动系统和测量系统三大部分组成。控制系统主要部件包括总线、CPU、电源、存储器、操作面板和显示屏、位控单元、数据输入/输出接口和通信接口等。控制系统能按加工工件程序进行插补运算，发出控制指令到伺服驱动系统；测量系统检测机械的直线和回转运动位置、速度，并反馈到控制系统和伺服驱动系统，来修正控制指令；伺服驱动系统将来自控制系统的控制指令和测量系统的反馈信息进行比较和控制调节，控制伺服电动机，由伺服电动机驱动机械按要求运动。

3）通用型控制系统。离散制造业除了设备加工外，还存在大量的设备组装任务，如汽车组装线、家用电器组装线等。对于这类生产线的自动化控制系统，以 PLC 为代表的通用型控制器占据了垄断地位。生产线工业控制系统普遍采用 PLC 与组态软件构成上、下位机结构的分布式系统。根据生产流程，生产线上可以配置多个现场 PLC 站，还可配置触摸屏人机界面。在中控室配置上位机监控系统，实现全厂的监控与管理。上位机还能与工厂的 MES 及 ERP 组成大型综合自动化系统。

4）工业机器人。在现代企业的组装线上，大量使用机械臂或机器人。其典型应用包括焊接、刷漆、组装、采集和放置（例如包装、码垛和 SMT）、产品检测和测试等。这些工作的完成都要求高效性、持久性、快速性和准确性。ABB、库卡（被中国美的公司收购）、发那科和安川四大厂家是目前全球最主要的工业机器人制造商。

工业机器人由主体、驱动系统和控制系统 3 个基本部分组成。主体即机座和执行机构，包括臂部、腕部和手部，有的机器人还有行走机构。驱动系统包括动力装置和传动机构，用以使执行机构产生相应的动作。控制系统是按照输入的程序对驱动系统和执行机构发出指令信号，并进行控制。

工业机器人控制系统的主要任务就是控制工业机器人在工作空间中的运动位置、姿态和轨迹、操作顺序及动作的时间等。要求具有编程简单、软件菜单操作、友好的人机交互界面、在线操作提示和使用方便等特点。

2.1.4　过程自动化系统

1. 过程工业生产特点和过程自动化系统特征

过程自动化主要用于过程（流程）工业，因此，有必要了解过程工业及其对应的工业自动化系统的特点。

过程工业一般是指通过物理上的混合、分离、成型或化学反应使原材料增值的行业，其重要特点是物料在生产过程多是连续流动的，常常通过管道进行各工序之间的传递，介质多为气体、液体或气液混合。过程工业具有工艺过程相对固定、产品规格较少、批量较大等特点。过程工业典型行业有：石油、化工、冶金、发电、造纸、建材等。

过程工业的主要特点是：

1）设备产能固定，计划的制定相对简单，常以日产量的方式下达，计划也相对稳定。

2）对配方管理要求很高，但不像离散制造企业有准确的材料表（BOM）。

3）工艺固定，按工艺路线安排工作中心。工作中心是专门生产有限的相似的产品，工具和设备为专门的产品而设计，专业化特色较显著。

4）生产过程中常常出现联产品、副产品、等级品。

5）过程工业通常流程长，生产单元和生产关联度高。

6）石油、化工等生产过程多具有高温、高压、易燃、易爆等特点。

由于过程工业的上述生产特点，其控制系统也具有下述特点：

1）检测的参数以温度、压力、液位、流量及分析参数等模拟量为主，数字量为辅；执行机构以调节阀为主，开关阀为辅；控制方式主要是定值控制，以克服扰动为主要目的。

2）过程工业被控对象通常时间常数比较大，属于慢变系统，其控制回路数据采集和控制周期通常在 100~1000ms，因此，一般过程工业所用的现场总线的数据传输速率较低。

3）生产多在室外进行，对测控设备防水、防爆、防雷等级要求较高。

4）生产过程的控制自动化程度较高，对于安全等级要求较高。该行业广泛使用集散控制系统和各类安全仪表系统。

2. 过程自动化控制系统

（1）过程自动化控制系统及其发展

一般认为，过程自动化的发展经历了基地式气动仪表控制系统、电动单元组合式模拟仪表控制系统、集中式数字控制系统、分散型智能仪表控制系统、集散控制系统和现场总线控制系统的发展历程。从控制设备使用看，可以分为仪表控制和计算机控制；从控制结构看，可以分为集中式控制和分散型控制；从信号类型看，可分为模拟式控制和数字式控制。

1）常规仪表控制系统：20 世纪 60 年代开始，工业生产的规模不断扩大，对自动化技术与装置的要求也逐步提高，过程工业开始大量采用单元组合仪表。为了满足定型、灵活、多功能等要求，还出现了组装仪表，以适应比较复杂的模拟和逻辑规律相结合的控制系统需要。随着计算机的出现，计算机数据采集、直接数字控制（DDC）及计算机监控等各种计算机控制方式应运而生，但由于多种原因没能成为主流。此外，传统的模拟仪表逐步数字化、智能化和网络化。特别是各种计算机化的可编程调节器取代了传统的模拟式仪表，不仅实现了分散控制，而且以可编程的方式实现了各种简单和复杂控制策略。可编程调节器还能与上位机联网，实现了集中监控和管理，大大简化了控制室的规模，提高了工厂自动化水平和管理水平，在大型过程工业中得到了广泛应用。

2）集散控制与现场总线控制系统：随着生产规模的扩大，不仅对控制系统的 I/O 处理能力要求更高，而且随着信息量的增多，对于集中管理的要求也越来越高，控制和管理的关系也日趋密切。计算机技术、通信技术和控制技术的发展，使得开发大型分布式计算机控制系统成为可能。终于，通过通信网络连接管理计算机和现场控制站的集散控制系统（Distributed Control System，DCS）在 1975 年被研制出来。DCS 采用分散控制、集中操作、分级管理、分而自治和综合协调的设计原则，自下而上可以分为若干级，如过程控制级、控制管理级、生产管理级和经营管理级等，满足了大规模工业生产过程对于工业控制系统的需求，成为主流的工业过程控制系统。由于现场总线的发展，现场总线控制系统也被开发，并在大型过程工业中得到应用。

（2）过程自动化控制系统主要仪表与装置

过程自动化中存在大量简单和复杂的控制回路，且以模拟量为主。基本控制回路包括控制器、执行器、检测仪表和被控对象等四个部分。其中控制器可以是控制仪表，也可以是 PLC 或 DCS 的现场控制站；执行器主要是气动调节阀和一些开关阀；检测仪表主要包括温度、压力、物位和流量等过程参数仪表和一些成分参数分析仪表。

（3）过程自动化控制系统主要控制策略

过程自动化控制系统的主要控制策略有单回路控制、前馈控制、前馈-反馈控制、比值控制、均匀控制、串级控制、分程控制、解耦控制等简单、复杂控制和预测控制等先进控制。通常要根据被控过程的特点，合理选择控制策略，整定控制参数。

2.2　工业控制系统组成

尽管工业控制系统包括工厂自动化、工业自动化等各种类型，设备种类千差万别，形状、大小各不相同，但一个完整的工业控制系统总是由硬件和软件两大部分组成，当然还包括机柜、操作台等辅助设备。传感器和执行器等现场仪表与装置也是整个工业控制系统的重要组成部分。

2.2.1　硬件组成

1. 上位机系统

现代的工业控制系统的上位机多数采用服务器、工作站或 PC 兼容计算机。在工业控制系统产生早期使用的专用计算机已经不再采用。这些计算机的配置随着 IT 技术的发展而不断发展，硬件配置不断增强，操作系统也不断升级。目前艾默生 DeltaV 集散系统、横河电机 Centum 集散系统、霍尼韦尔 PKS 等集散控制系统的上位机系统（服务器、工程师站、操作员站）都建议配置经过厂家认证的 DELL 工作站或服务器，以确保软硬件的兼容性。

不同厂家的工业控制系统在上位机层次上配置差别很小，多数都是 Windows+Intel 这样的通用系统架构。读者对于通用计算机系统的组成及其原理较为熟悉，这里就不详细介绍了。

2. 现场控制站（下位机）

现场控制站虽然实现的功能比较接近，但却是不同类型的工业控制系统差别最大之处，现场控制站的差别也决定了相关的 I/O 及通信等存在的差异。现场控制站硬件一般由中央处理单元（CPU 模块）、输入/输出接口单元、通信模块、机架、扩展插槽和电源等模块组成，如图 2-3 所示。

对于像 DCS 这样用于大型工业生产过程的控制器，通常还会采取冗余措施。这些冗余包括 CPU 模块冗余、电源模块冗余、通信模块冗余及 I/O 模块冗余等。

（1）中央处理单元

中央处理单元（CPU 模块）是现场控制站的控制中枢与核心部件，其性能决定了现场控制器的性能，每套现场控制站至少有一个 CPU 模块。和我们所见的通用计算机上的 CPU 不同，现场控制站的中央处理单元不仅包括 CPU 芯片，还包括总线接口、存储器接口及有关控制电路。控制器上通常还带有通信接口，典型的通信接口包括 USB、串行接口（RS-232、RS-485 等）及工业以太网。这些接口主要是用于编程或与其他控制器、上位机通信。

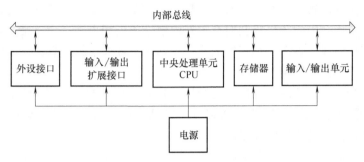

图 2-3　现场控制站的组成

CPU 模块是现场控制站的控制与信号处理中枢，主要用于实现逻辑运算、数字运算、响应外设请求，还协调控制系统内部各部分的工作，执行系统程序和用户程序。控制器的工作方式与控制器的类型和厂家有关。如对于 PLC，就采用扫描方式工作，每个扫描周期用扫描的方式采集由过程输入通道送来的状态或数据，并存入规定的寄存器中，再执行用户程序扫描，同时，诊断电源和 PLC 内部电路的工作状态，并给出故障显示和报警（设置相应的内部寄存器参数数值）。CPU 主频和内存容量是 PLC 最重要的参数，它们决定着 PLC 的工作速度、I/O 数量、软元件容量及用户程序容量等。

控制器中的 CPU 多采用通用的微处理器，也有采用 ARM 系列处理器或单片机。中、大型 PLC，如施耐德的 Quantum 系列、罗克韦尔 ControlLogix 系列、通用电气的 Rx7i、3i 系列 PLC（已被艾默生收购）多采用 Intel Pentium 系列的 CPU，微型及小型 PLC 多采样单片机，如三菱电机 FX_{2N} 系列 PLC 使用的微处理器是 16 位的 8096 单片机。通常情况下，最新一代的现场控制站 CPU 模块，其采用的 CPU 芯片要落后个人计算机芯片至少两代，即使这样，这些 CPU 对于处理任务相对简单的控制程序来说已足够了。

与一般的计算机系统不同，现场控制站的 CPU 模块通常都带有存储器，其作用是存放系统程序、用户程序、逻辑变量和其他一些运行信息。控制器中的存储器主要有只读存储器（ROM）和随机存储器（RAM）。ROM 存放控制器制造厂家写入的系统程序，并永远驻留在 ROM 中，控制器掉电后再上电，ROM 内容不变。RAM 为可读写的存储器，读出时其内容不被破坏，写入时，新写入的内容覆盖原有的内容。控制器中配备有掉电保护电路，当掉电后，锂电池为 RAM 供电，以防止掉电后重要信息的丢失。一般的控制器新买来的时候，锂电池的电源插头是断开的，用户如果要使用，需要把插头插上。除此之外，控制器还有 EPROM、EEPROM 等。通常调试完成后不需要修改的程序可以放在 EPROM 或 EEPROM 中。

控制器产品样本或使用说明书中给出的存储器容量一般是指用户存储器。存储器容量是控制器的一个重要性能指标。存储器容量大，可以存储更多的用户指令，能够实现对复杂过程的控制。存储空间的使用情况一般可以通过厂家的编程软件查看。

除了 CPU 自带的存储器，为了保存用户程序和数据，目前不少 PLC，如西门子、三菱电机的中大型 PLC 还可采用 SD 卡等外部存储介质。

（2）输入/输出（I/O）接口单元

输入/输出接口单元是控制器与工业过程现场设备之间的连接部件，是控制器的 CPU 接受外界输入信号和输出控制指令的必经通道。输入单元和各种传感器、电气元件触点等连接，把工业现场的各种测量信息送入到控制器中。输出单元与各种执行设备连接，应用程序的执行结果改变执行设备的状态，从而对被控过程施加调节作用。输入/输出接口单元直接与工业现场设备连接，因此，要求它们有很好的信号适应能力和抗干扰能力。通常，I/O 单元会配置各种信号调理、隔离、锁存等电路，以确保信号采集的可靠性、准确性，保护工业控制系统不受外界干扰的影响。

由于工业现场信号种类的多样性和复杂性，控制器通常配置有各种类型的输入/输出单元（模块）。根据变量类型，I/O 单元可以分为模拟量输入模块、数字量输入模块、模拟量输出模块、数字量输出模块和脉冲量输入模块等。

数字量输入和输出模块的点数通常为 4、8、16、32、64。数字量输入、输出模块会把若干个点（如 8 点）组成一组，即它们共用一个公共端。

模拟量输入和输出模块的点数通常为 2、4、8、16 等。有些模拟量输入支持单端输入与差动输入两种方式，对于一个差动输入为 8 路的模块，设置为单端输入时，可以接入 16 路模拟量信号。对于模拟量采样要求高的场合，有些模块具有通道隔离功能。

用户可以根据控制系统信号的类型和数量，并考虑一定 I/O 冗余量的情况下，来合理选择不同点数的模块组合，从而节约成本。

1）数字量输入模块：通常可以按电压水平对数字量模块分类，主要有直流输入模块和交流输入模块。直流输入单元的工作电源主要有 24V 及 TTL 电平。交流输入模块的工作电源为 220V 或 110V，一般当现场节点与 I/O 端子距离远时采用。一般来说，如果现场的信号采集点与数字量输入模块的端子之间距离较近，就可以用 24V 直流输入模块。根据作者的工程经验，如果电缆走线干扰少，120m 之内完全可以用直流模块。数字量输入模块多采用光电耦合电路，以提高控制器的抗干扰能力。

在工业现场，特别是在过程工业中，对于数字输入信号，会采用中间继电器隔离，即数字量输入模块的信号都是从继电器的触点传来。对于继电器输出模块，该输出信号都是通过中间继电器隔离和放大，才和外部电气设备连接。因而，在各种工业控制系统中，直流输入/输出模块被广泛使用，交流输入/输出模块则使用较少。

2）数字量输出模块：按照现场执行机构使用的电源类型，可以把数字量输出模块分为直流输出（继电器和晶体管）和交流输出（继电器和晶闸管）。

继电器输出模块有许多优点，如导通压降小，有隔离作用，价格相对较便宜，承受瞬时过电压和过电流的能力较强等。但其不能用于频繁通断的场合。对于频繁通断的感性负载，应选择晶体管或晶闸管输出类型。

开关量输出模块在使用时，一定要考虑每个输出点的容量（额定电压和电流）、输出负载类型等。如在温控中，若采用固态继电器，则一定要配晶体管输出模块。

3）模拟量输入模块：模拟量信号是一种连续变化的物理量，如电流、电压、温度、压力、位移、速度等。工业控制中，要对这些模拟量进行采集并送给控制器的 CPU 模块处理，必须先对这些模拟量进行模数（A/D）转换。模拟量输入模块就是用来将模拟量信号转换成控制器所能接收的数字量信号的。生产过程的模拟量信号是多种多样的，类型和参数大小也不相同，因此，一般在现场先用变送器把它们变换成统一的标准信号（如 4~20mA 的直流电流信号），然后再送入模拟量输入模块将模拟量信号转换成数字量信号，以便 PLC 的 CPU 进行处理。模拟量输入模块一般由滤波、模数（A/D）转换、光电耦合器等部分组成。光电耦合器有效防止了电磁干扰。对多通道的模拟量输入模块，通常设置多路转换开关进行通道的切换，且在输出端设置信号寄存器。

此外，由于工业现场大量使用热电偶、热电阻测温，因此，控制设备厂家都生产相应的模块。热电偶模块具有冷端补偿电路，以消除冷端温度变化带来的测量误差。热电阻的接线方式有二线、三线和四线 3 种。通过合理的接线方式，可以减弱连接导线电阻变化的影响，提高测量精度。

选择模拟量输入模块时，除了要明确信号类型外，还要注意模块（通道）的精度、转换时间等是否满足实际数据采集系统的要求。

传感器/测量仪表有二线制和四线制之分，因而这些仪表与模拟量模块连接时，要注意仪表类型是否与模块匹配。通常，PLC 中的模拟量模块同时支持二线制或四线制仪表。信号类型可以是电流信号，也可以是电压信号（有些产品要进行软硬件设置，接线方式会有不同）。如西门子的 S7-300 系列 PLC 的部分模拟量模块支持电压、电流及热电阻等外部输入信号，对于不同的外部传感器信号源，需要采取不同的硬件接线方式，并且要对模块的硬件和软件进行设置。DCS 的模拟量输入模块对于信号的限制更大。例如，某些型号模拟量模块与外部仪表连接时，即使这类仪表是二线制的，也不能外接工作电源，而必须由模拟量模块的每个通道为现场仪表供电。采用外部电源供电的仪表，不论二线制还是四线制，与模拟量模块连接时，必须选用支持外部供电规格的模块。

4）模拟量输出模块：现场的执行器，如电动调节阀、气动调节阀等都需要模拟量来控制，所以模拟量输出模块的任务就是将计算机计算的数字量转换为可以推动执行器动作的模拟量。模拟量输出模块一般由光电耦合器、数模（D/A）转换器和信号驱动等环节组成。

模拟量输出模块输出的模拟量可以是电压信号，也可以是电流传号。电压或电流信号的输出范围通常可调整，如电流输出，可以设置为 0~20mA 或 4~20mA。由于电流输出衰减小，所以一般建议选电流输出，特别是当输出模块与现场执行器距离较远时。不同厂家的输出模块设置方式不同，有些需要通过硬件进行设置，有些需要通过软件设置，而且电压输出或电流输出时，外部接线也可能不同，这需要特别注意。通常，模拟量输出模块的输出端要外接 24V 直流电源，以提高驱动外部执行器的能力。

（3）通信接口模块

通信接口模块包括与上位机通信接口模块及与现场总线设备通信接口模块两类。这些接口模块有些可以集成到 CPU 模块上，有些是独立的模块。如横河的 Centum VP 等型号 DCS 的 CPU 模块上配置有 2 个以太网接口，一个用于连接上位机，一个用于连接另外一个 CPU 模块构成冗余方式。对于 PLC 系统，CPU 模块上通常还会配置有串行通信接口。这些接口通常能满足控制站编程及上位机通信的需求。但由于用户的需求不同，因此各个厂家，特别是 PLC 厂家，都会配置独立的以太网等不同类型通信模块。

对于现场控制站来说，由于目前广泛采用现场总线技术，因此，现场控制站还支持各种类型的总线接口通信模块，典型的包括 FF、Profibus-DP、ControlNet 等。由于不同厂家通常支持不同的现场总线，因此，总线模块的类型还与厂商或型号有关。如罗克韦尔自动化公司就有 DeviceNet 和 ControlNet 模块，三菱电机公司有 CC-Link 模块，ABB 公司有 ARCNET 网络接口和 CANopen 接口模块，施耐德电气公司有 Modbus 接口模块等。DCS 厂家主要配备 FF 总线接口和 Profibus-DP 总线接口通信模块，以连接现场的检测仪表和执行器。

一般大型流程企业通常除了使用 DCS，还会使用多种类型的 PLC（这些控制系统通常随设备一起供货），为了实现全厂监控，要求 DCS 能与 PLC 通信，所以一般 DCS 上还会配置 Modbus 通信模块。在具有安全仪表的工厂，一般 DCS 也要配置通信模块（一般是 Modbus），以读取安全仪表系统信息，从而在中控室的操作员站显示。

（4）智能模块与特殊功能模块

所谓智能模块就是由控制器制造商提供的一些满足复杂应用要求的功能模块。这里的智能表明该模块具有独立的 CPU 和存储单元，如专用温度控制模块或 PID 控制模块，它们可以检测现场信号，并根据用户的预先组态进行工作，把运行结果输出给现场执行设备。

特殊功能模块还有用于条形码识别的 ASCII/BASIC 模块，用于运行控制、机械加工的高速计数模块、单轴位置控制模块、双轴位置控制模块、凸轮定位器模块和称重模块等。

这些智能与特殊功能模块的使用，不仅可以有效降低控制器处理特殊任务的负荷，也加快了对特殊任务的响应速度和增强了执行能力，从而提高了现场控制站的整体性能。

（5）电源模块

所有的现场控制站都要独立可靠地供电。现场控制站的电源包括给控制站设备本身供电的电源及控制站 I/O 模块的供电电源两种。除了一体化的 PLC 等设备，一般的现场控制站都有独立的电源模块，这些电源模块为 CPU 等模块供电。有些产品需要为模块单独供电，有些只需要为电源模块供电，电源模块通过底板为 CPU 及其他模块供电。一般的 I/O 模块连接外部负载时都要再单独供电。

电源类型有交流电源（AC 220V 或 AC 110V）或直流电源（常用为 DC 24V）。虽然有些电源模块可以为外部电路提供一定功率的 24V 的工作电源，但一般不建议这样用。

（6）底板、机架或框架

从结构上分，现场控制站可分为固定式和组合式（模块式）两种。固定式控制站包括 CPU、I/O、显示面板、内存块、电源等，这些元素组合成一个不可拆卸的整体。模块式控制站包括 CPU 模块、I/O 模块、电源模块、通信模块、底板或机架，这些模块可以按照一定规则组合配置。虽然不同产品的底板、机架或框架型式不同，甚至叫法不一样，但它们的功能是基本相同的。不同厂家对模块在底板的安装顺序和数量有不同的要求，如电源模块与 CPU 模块的位置通常是固定的，CPU 模块通常不能放在扩展机架上等。

在底板上通常还有用于本地扩展的接口，即扩展底板通过接口与主底板通信，从而确保现场控制站可以安装足够多的各种模块，具有较好的扩展性，适应系统规模从小到大的各种应用需求。

2.2.2 软件组成

1. 上位机系统软件

上位机系统的软件包括服务器、工作站上的系统软件和各种应用软件。早期部分 DCS 采用 UNIX 等作为操作系统，目前基本都采用 Windows 单机或服务器版操作系统。

上位机系统等应用软件包括系统组态软件、控制软件、操作管理软件、通信配置软件、诊断软件、批量控制软件、实时/历史数据库、资产管理软件等。通常 DCS 只要安装厂家提供的集成软件包就可以了，而 SCADA 等系统要根据系统功能要求配置相应的应用软件包。

2. 现场控制站软件

施耐德电气公司的 Quantum 系列 PLC、罗克韦尔自动化公司的 ControlLogix 系列 PLC 和艾默生过程管理公司的 DeltaV 数字控制系统的现场控制站的操作系统都采用 VxWorks。Vx-Works 操作系统是美国 WindRiver 公司于 1983 年设计开发的一种嵌入式实时操作系统。早在 Windows 风行之前，VxWorks 及 QNX 等就已是十分出色的实时多任务操作系统。VxWorks 具有可靠性高、实时性强、可裁减性等特点。并以其良好的持续发展能力、高性能的内核以及友好的用户开发环境，在嵌入式实时操作系统领域占据一席之地。在通信、军事、航空、航天等高精尖技术及实时性要求极高的领域广泛应用。美国的 F-16 和 FA-18 战斗机、B-2 隐形轰炸机和爱国者导弹甚至火星探测器上也使用了 VxWorks。

以可编程自动化控制器（PAC）为代表的现场控制站以开放性为其特色之一，因而多采用 Windows CE 作为操作系统。大量的消费类电子产品和智能终端设备也选用 Windows CE 作为操作系统。此外，不少厂家对 Linux 进行裁剪，作为其开发的控制器的操作系统，如德国 Wago 750 等。

控制站上的应用软件是控制系统设计开发人员针对具体的应用系统要求而设计开发的。通常，控制器厂家会提供软件包以便于技术人员开发针对具体控制器的应用程序。目前，这类软件包主要基于 IEC 61131-3 标准。有些厂商软件包支持该标准中的所有编程语言及规范，有些是部分支持。该软件包通常是一个集成环境，提供了系统配置、项目创建与管理、应用程序编辑、在线和离线调试、应用程序仿真、诊断及系统维护等功能。

为了便于应用程序开发，软件包提供了大量指令给用户调用，主要包括以下类别：

1）运算指令：包括各种逻辑与算术运算。

2）数据处理指令：包括传送、移位、字节交换、循环移位等。

3）转换指令：包括数据类型转换、码类型转换以及数据和码之间的类型转换。

4）程序控制指令：循环、结束、顺序、跳转、子程序调用等。

5）其他特殊指令。

除了上述指令，编程系统还提供了大量的功能块或程序，主要包括：

1）通信功能块：包括以太网通信、串行通信及现场总线通信等功能块。

2）控制功能块：包括 PID 及其变种等各种功能块。

3）其他功能块：包括 I/O 处理、时钟、故障信息读取、系统信息读写等功能块。

此外，用户还可以自定义各种功能块，以满足行业应用的需要，同时增加软件的可重用性，也有利于知识产权的保护。

目前，不少自动化厂家都在不断提高软件的集成度，把上位机软件、下位机软件及通信组态等功能逐步融合，以简化系统应用软件的开发。如罗克韦尔自动化公司 CCW 编程软件就集成了 PLC 编程和人机界面的组态功能。用户可以分别把程序下载到 PLC 和人机界面中。西门子发布的博途（Portal）就是一款典型的全集成自动化软件，它采用统一的工程组态和软件项目环境，几乎适用于所有自动化任务。借助该全集成软件平台，用户能够快速、直观地开发和调试自动化系统。特别是博途在控制参数、程序块、变量、消息等数据管理方面，所有数据只需输入一次，大大减少了自动化项目的软件工程组态时间，降低了成本。

2.2.3　辅助设备

工业控制系统除了上述硬件和软件外，还有机柜、操作台等辅助设备。机柜主要用于安装现场控制器、I/O 端子、隔离单元、电源等设备。而操作台主要用在中控室，用于上位机系统的操作和管理用。操作台一般由显示器、键盘、开关、按钮和指示灯等构成。操作员通过操作台可以了解与控制整个系统的运行状态，而且在紧急情况下，可以实施紧急停车等操作，确保安全生产。目前一些厂家都推出了融合多媒体、大屏幕显示等技术的操作更加友好的专用操作台。

现代工业控制系统还会配置有视频监控系统，有些监控设备也会安装在操作台上或通过中控室的大屏幕显示，以加强对重要设备与生产过程的监控，进一步提高生产运行和管理水平。由于视频监控系统与工业生产控制的关联度较小，在实践中，视频监控系统的设计、部署和维护都是独立于工业控制系统的。

2.3　工业控制系统中的现场控制器

无论哪种类型的工业控制系统，其核心功能实现均依赖于现场的控制器，因此对工业现场的主要控制器进行概述性介绍。这些控制器既包括通用的控制器，如可编程调节器、智能仪表、可编程控制器等，也包括面向行业的专用控制器。

1. 可编程调节器与智能仪表

（1）可编程调节器

可编程调节器（PC），又称单回路调节器（Single Loop Controller，SLC）、智能调节器、数字调节器等。它主要由微处理器单元、过程 I/O 单元、面板单元、通信单元、硬手操单元和编程单元等组成，在过程工业特别是单元级设备控制中曾被广泛使用。常用的一些可编程调节器见如图 2-4 所示。

可编程调节器实际上是一种仪表化了的微型控制计算机，它既保留了仪表面板的传统操作方式，易于为现场人员接受，又发挥了计算机软件

图 2-4　常用的可编程调节器

编程的优点，可以方便灵活地构成各种过程控制系统。与一般的控制计算机不同，可编程调节器在软件编程上使用一种面向问题的语言（Problem Oriented Language，POL）。这种 POL 组态语言为用户提供了几十种常用的运算和控制模块，不仅能完成简单的四则运算和函数运算，而且通过控制模块的组态可实现复杂的控制算法，例如 PID、串级、比值、前馈、选择、非线性、程序控制等。由于这种系统组态方式简单易学，便于修改与调试，因此，极大地提高了系统设计的效率。可编程调节器具有的断电保护和自诊断等功能提高了其可靠性。利用可编程调节器的现场回路控制功能，以及其自带的通信接口与上位机通信，可以构成集散控制系统。不过，由于传统的可编程调节器价格较贵，目前已基本被新型的带控制功能的无纸记录仪及智能仪表等所取代。

（2）智能仪表

智能仪表可以看作是功能简化的可编程调节器。它主要由微处理器、过程 I/O 单元、面

板单元、通信单元、硬手操单元等组成。常用的一些
智能仪表如图 2-5 所示。

与可编程调节器相比，智能仪表不具有编程功
能，其只有内嵌的几种控制算法供用户选择，典型的
有 PID、模糊 PID 和位式控制。用户可以通过按键设
置与调节有关的各种参数，如输入通道类型及量程、

图 2-5　常用的智能仪表

输出通道类型、调节算法及具体的控制参数、报警设置、通信设置等。智能仪表也可选配通
信接口，从而与上位计算机构成分布式监控系统。

我国有众多的智能仪表生产商，智能仪表配合触摸屏甚至 PLC 的自动化解决方案，在
小型装置和生产过程的控制中得到广泛应用。

2. PLC 与可编程自动化控制器

PLC 是计算机技术和继电逻辑控制概念相结合的产物，其低端产品为常规继电逻辑控
制的替代装置，而高端为一种高性能的工业控制计算机。关于 PLC，本书后面章节会详细
介绍。

可编程自动化控制器（Programmable Automation Controller，PAC）是将 PLC 强大的实时
控制、可靠、坚固、易于使用等特性与 PC 强大的计算能力、通信处理、广泛的第三方软件
支持等结合在一起而形成的一种新型的控制系统。一般认为 PAC 系统应该具备以下一些主
要的特征和性能：

1）提供通用开发平台和单一数据库，以满足多领域自动化系统设计和集成的需求。

2）一个轻便的控制引擎，可以实现多领域的功能，包括：逻辑控制、过程控制、运动
控制和人机界面等。

3）允许用户根据系统实施的要求在同一平台上运行多个不同功能的应用程序，并根据
控制系统的设计要求，在各程序间进行系统资源的分配。

4）采用开放的模块化的硬件架构以实现不同功能的自由组合与搭配，减少系统升级带
来的开销。

5）支持 IEC 61158 现场总线规范，可实现基于现场总线的高度分散的工厂自动化。

6）支持事实上的工业以太网标准，可以与工厂的 MES、ERP 等系统集成。

PAC 产品主要有两类，一类是传统的工控厂家和 RTU 厂家把其高端控制器称为 PAC，
典型的如罗克韦尔自动化的 ControlLogix5000、艾默生的 PACSystems RX3i/7i（从 GE 收购）
和施耐德的 Quantum 等。此外，就是一些中小公司的产品，主要是采用基于 PC 技术开发，
包括德国倍福的 CX 系列嵌入式控制器、研华公司的 ADAM-5510EKW 和泓格科技的 PAC-
7186EX 等。图 2-6 所示分别为研华、鸿格科技和倍福的 PAC 产品。

图 2-6　几种 PAC 产品

PLC、PAC 和基于 PC 的控制设备是目前几种典型的工控设备，PLC 和 PAC 从坚固性和可靠性上要高于 PC，但 PC 的软件功能更强。一般认为，PAC 是高端的工控设备，其综合功能更强，当然价格也比较贵。例如倍福公司采用基于 PC 的控制技术的 PAC 产品，使用高性能的现代处理器（ARM、AMD、Intel）将 PLC、可视化、运动控制、机器人技术、安全技术、状态监测和测量技术集成在同一个控制平台上，可提供具有良好开放性、高度灵活性、模块化和可升级的自动化系统，全面提升智慧工厂的智能水平。当独立使用 PLC 或 PC 不能提供很好的解决方案时，使用该类产品是一个较好的选择。

3. 远程终端单元

远程终端单元（Remote Terminal Unit，RTU）是安装在远程现场用来监测和控制远程现场设备的智能单元设备。它是伴随着分布式控制需求而发展起来的现场控制站。RTU 将测得的状态或信号转换成数字信号以向远方发送，同时还将从中央计算机发送来的数据转换成命令，实现对设备的远程监控。早期的 RTU 产品只具有数据采集功能，控制功能依赖中央计算机。RTU 的发展独立于 PLC，有许多工业控制厂家生产各种形式的 RTU，不同厂家的RTU 通常自成体系，即有自己的组网方式和编程软件。目前，RTU 与 PLC 的差别越来越小。

与常用的工业控制设备 PLC 相比，RTU 具有如下特点：

1）同时提供多种通信端口和通信机制。RTU 产品往往在设计之初就预先集成了多个通信端口，包括以太网和串口（RS-232/RS-485）。这些端口满足远程和本地的不同通信要求，包括与中心站建立通信，与智能设备（流量计、报警设备等）以及就地显示单元和终端调试设备建立通信。通信协议多采用 Modbus RTU、Modbus ASCII、Modbus TCP/IP、DNP3 等标准协议，具有广泛的兼容性。

2）提供大容量程序和数据存储空间。RTU 一个重要的产品特征是能够在特定的存储空间连续存储/记录数据，这些数据可标记时间标签。当通信中断时 RTU 能就地记录数据，通信恢复后可补传和恢复数据。

3）高度集成的、更紧凑的模块化结构设计。紧凑的、小型化的产品设计简化了系统集成工作，适合无人值守站或室外应用的安装。高度集成的电路设计增加了产品的可靠性，同时具有低功耗特性，简化了备用供电电路的设计。

4）更适应恶劣环境应用的品质。PLC 要求环境温度在 0~55℃，安装时不能放在发热量大的元件下面，四周通风散热的空间应足够大。为了保证 PLC 的绝缘性能，空气的相对湿度应小于 85%（无凝露）。RTU 产品就是为适应恶劣环境而设计的，通常产品的设计工作环境温度为 -40~60℃。某些产品具有 DNV（船级社）等认证，适合船舶、海上平台等潮湿环境应用。

RTU 产品有鲜明的行业特性，不同行业产品在功能和配置上有很大的不同。RTU 最主要的应用是在电力系统，在其他需要遥测、遥控的领域，如在油田、油气输送、水利等行业也得到了广泛应用。图 2-7a 所示为在油田监控等领域用的 RTU，图 2-7b 所示为电力系统常用的 RTU。

a) 油气行业常用一体化与模块式RTU　　　　　　　　　b) 电力行业用RTU

图 2-7　不同行业常用的 RTU

在电力自动化中，还有更加专门的现场终端设备，包括馈线终端设备（FTU）、配变终端设备（TTU）和开闭所终端设备（DTU）等。

目前，主要的 RTU 产品有美国 SIXNET 公司的 VersaTRAK IPm、SiteTRAK RTU、RemoteTRAK RTU 等系列产品；MOX 公司的 OC、Unity 和 IoNix 控制器；艾默生过程控制有限公司的 ROC800、FB107；OPTO 22 公司的 OPTOMUX 及 SNAP 等。ABB、西门子、横河等大型自动化厂商也有 RTU 产品。国产 RTU 产品主要有北京安控科技股份有限公司的 Super E40、E50；北京华迅通信电子技术公司的 eNET 无线 RTU 等。

4. 总线式工控机

随着计算机设计的日益科学化、标准化与模块化，一种总线系统和开放式体系结构的概念应运而生。总线即是一组信号线的集合，一种传送规定信息的公共通道。它定义了各引线的信号特性、电气特性和机械特性。按照这种统一的总线标准，计算机厂家可设计制造出若干具有某种通用功能的模板，而系统设计人员则根据不同的生产过程，选用相应的功能模板组合成自己所需的计算机控制系统。

这种采用总线技术研制生产的计算机控制系统就称为总线式工控机。图 2-8 为其系统组成示意图，在一块无源的并行底板总线上，插接多个功能模板。除了构成计算机基本系统的 CPU、RAM/ROM 和人机接口板外，还有 A/D、D/A、DI、DO 等数百种工业 I/O。其中的接口和通信接口板可供选择，其选用的各个模板彼此通过总线相连，均由 CPU 通过总线直接控制数据的传送和处理。

图 2-8　典型总线式工业控制计算机主板与主机

这种系统结构具有的开放性方便了用户的选用，从而大大提高了系统的通用性、灵活性和扩展性。而模板结构的小型化，使之机械强度好，抗振动能力强；模板功能的单一，则便于对系统故障进行诊断与维修；模板的线路设计布局合理，即由总线缓冲模块到功能模块，再到 I/O 驱动输出模块，使信号流向基本为直线，这都大大提高了系统的可靠性和可维护性。另外在结构配置上还采取了许多措施，如密封机箱正压送风、使用工业电源、带有 Watchdog 系统支持板等。

总线式工控机具有小型化、模板化、组合化、标准化的设计特点，能满足不同层次、不同控制对象的需要，又能在恶劣的工业环境中可靠地运行，因而，其应用极为广泛。我国工控领域总线式工控机主要有 3 种系列：Z80 系列、8088/86 系列和单片机系列。

5. 专用控制器

随着微电子技术与超大规模集成技术的发展，计算机技术的另一个分支——超小型化的单片微型计算机（Sing Chip Microcomputer，单片机）诞生了。它抛开了以通用微处理器为核心构成计算机的模式，充分考虑到控制的需要，将 CPU、存储器、串并行 I/O 接口、定时器/计数器，甚至 A/D 转换器、脉宽调制器、图形控制器等功能部件全都集成在一块大规模集成电路芯片上，构成了一个完整的具有相当控制功能的微控制器，也称片上系统（SoC）。

除了单片机，以 ARM（Advanced RISC Machine）架构为代表的精简指令集（RISC）处理器以及 DSP、FPGA 等微型控制与信号处理设备发展也十分迅速。基于单片机、ARM、

DSP 和 FPGA 开发的专用控制器不仅在各类工业生产、电网、仪器仪表、机器人、军事装备、航空航天、高铁等领域得到了极为广泛的应用，在消费类电子产品，如家用电器、移动通信、多媒体设备、电子游戏上也得到大量应用。与通用控制器相比，专用控制器通常面向特种行业或设备，属于定制开发产品。

除了上述定制开发的专用控制器，在楼宇自动化领域，DDC（直接数字控制）控制器也可看作行业专用控制器。西门子、霍尼韦尔、江森自控及和欣控制都有从控制器到监控软件的全套解决方案。

6. 运动控制器

在运动控制系统，大量使用运动控制器。除了采用 PLC 及配套的运动控制器这类通用运动控制器外，还有基于 PC 的运动控制卡和嵌入式一体化运动控制器。

运动控制卡是基于 PC 总线，插在 PC 上的 PCI/PCIE 插槽。利用高性能 DSP 及大规模可编程器件（FPGA）等硬件，具有脉冲输出、脉冲计数、数字输入、数字输出、D/A 输出等接口，可以实现高精度的运动控制（多轴直线、圆弧插补，运动跟随，PWM 控制等）。基于 PC 的运动控制卡包括集中式和分布式结构。

把计算机、运动控制、逻辑控制、现场网络和人机组态结合在一起可构成一体化可编程自动化控制器（PAC）运动控制平台，有些厂家把该类产品也称为嵌入式运动控制器或网络式运动控制器等。该类产品包括工业 PC（ARM 或 X86）或嵌入式控制器、I/O 模块、通信接口、人机界面等硬件和定制化的应用软件开发环境。软件开发环境通常符合 IEC 61131-3 标准，提供多种编程语言，满足不同编程语言习惯的用户需求。在运动控制上，一般支持点位和连续轨迹，多轴同步，直线、圆弧、螺旋线、空间直线插补等运动模式，可以自由设定加减速、S 形曲线平滑等参数。还提供系统 API 函数，用户可以通过高级语言编程，使得控制系统具备丰富的扩展能力。德国倍福、上海柏楚电子、深圳固高等厂家在该市场有较高的占有率。

7. 安全控制器

不同的应用场合发生事故后其后果不一样，一般通过对所有事件发生的可能性与后果的严重程度及其他安全措施的有效性进行定性的评估，从而确定适当的安全等级。目前 IEC-61508 将过程安全所需要的安全完整性水平划分为 4 级，从低到高为 SIL1 ~ SIL4。为了实现上述一定的安全完整性水平，需要使用安全仪表系统（Safety Instrumentation System，SIS），该系统也称为安全联锁系统（Safety Interlocking System）。该系统是常规控制系统之外的侧重功能安全的系统，保证生产的正常运转、事故安全联锁。安全仪表系统包括传感器、逻辑运算器和最终执行元件，即检测单元、控制单元和执行单元。SIS 可以监测生产过程中出现的或者潜伏的危险，发出告警信息或直接执行预定程序，防止事故的发生、降低事故带来的危害及其影响。安全仪表系统的核心是安全控制器，在实际应用中，可以采用独立的控制单元，也可以采用集成的安全控制方式。

罗克韦尔自动化的 GuardLogix 集成安全控制系统具有标准 ControlLogix 系统的优点，并提供了支持 SIL 3 安全应用项目的安全功能。GuardLogix 安全控制器提供了集成安全控制、离散控制、运动控制、驱动控制和过程控制功能，并且可无缝连接到工厂范围信息系统。使用 EtherNet/IP 或 ControlNet 网络，可实现 GuardLogix 控制器之间的安全互锁，还可通过 EtherNet/IP 或 DeviceNet 网络连接现场设备。

德国希马（HIMA）、美国 TRICONEX（被施耐德收购）是全球最著名的安全仪表生产商。各个主要的 PLC 厂商也生产安全型 PLC。主要 DCS 厂商也有安全仪表系统。

8. 边缘控制器

近年来，随着 IT 与 OT 的融合需求不断增加，以及云计算、大数据的兴起，传统的如图 2-9a 所示的数据采集、传输与处理方案不能很好满足这些新的需求。在数据源附近具有更强的数据处理、控制、人机界面、通信和信息安全等功能，且易于部署、升级和维护的新的解决方案逐步出现，其典型架构如图 2-9b 所示。这类解决方案不仅克服了传统解决方案的不足，也避免了工业数据传输到云平台时出现的通信瓶颈、信息安全和实时处理能力不足等问题。

图 2-9　两类从边缘到云的解决方案

新型解决方案的核心是边缘控制器（edge controller），它满足工业现场使用环境要求，集 PLC（包含本地和远程 I/O）、PC（包含人机界面）、工业网关（包含部分信息安全功能）、机器视觉、设备联网等功能于一体，实现多重控制（过程控制、逻辑控制、运动控制）、数据采集与发布、实时运算、数据库连接及与云端连接，并成为 IT 与 OT 融合的重要桥梁。

目前，美国 Opto22 公司的 groov EPIC、中国台湾研华公司的 WISE-5580 边缘控制器等产品都得到了应用。贝加莱公司根据用户的不同需求，推出了 3 类边缘控制器产品。

2.4　几类典型工业控制系统

根据目前国内外文献介绍，可以把工业控制系统分为两大类，即集散控制系统（DCS）和监控与数据采集（SCADA）系统。由于同属于工业计算机控制系统，因此，从本质上看，两种工业控制系统有许多共性的地方，当然也存在不同点。随着现场总线技术和工业以太网的发展，逐步出现了完全基于现场总线和工业以太网的现场总线控制系统（Fieldbus Control System，FCS）。传统的 DCS 和 SCADA 系统也能更好地支持总线设备。

2.4.1　集散控制系统

集散控制系统产生于 20 世纪 70 年代末。它适用于测控点数多而集中、测控精度高、测控速度快的工业生产过程（包括间歇生产过程）。DCS 有其自身比较统一、独立的体系结构，具有分散控制和集中管理的功能。DCS 测控功能强、运行可靠、易于扩展、组态方便、操作维护简便，但系统的价格相对较贵。目前，集散控制系统已在石油、石化、电站、冶金、建材、制药等领域得到了广泛应用，是最具有代表性的工业控制系统之一。随着企业信息化的发展，特别是 IT 与 OT 的融合，集散控制系统已成为综合自动化系统的基础信息平台，是实现综合自动化的重要保障。依托 DCS 强大的硬件和软件平台，各种先进控制、优化、故障诊断、调度等高级功能得以运用在各种工业生产过程，提高了企业效益，促进了节能降耗和减排。这些功能的实施，同时也进一步提高了 DCS 的应用水平。

　　DCS 产品种类较多，但从功能和结构上看总体差别不太大。图 2-10 所示为罗克韦尔自动化的 PlantPAx 集散控制系统结构图。当然，由于不同行业有不同的特点以及使用要求，DCS 的应用体现出明显的行业特性，如电厂要有 DEH（数字电液调节系统）和 SOE（事件顺序记录）功能；石化工厂要有选择性控制；水泥厂要有大纯滞后补偿控制等。通常，一个最基本的 DCS 应包括 4 个大的组成部分：一个现场控制站、至少一个操作员站、一个工程师站（也可利用一台操作员站兼做工程师站）和一个系统网络。有些系统中要求有一个可以作为操作员站的服务器。

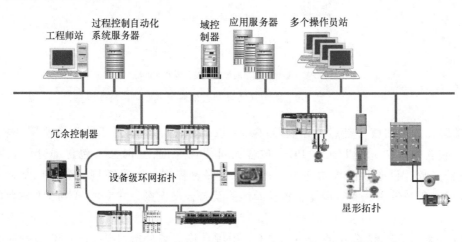

图 2-10　罗克韦尔自动化 PlantPAx 集散控制系统结构图

　　DCS 的系统软件和应用软件组成主要依附于上述硬件。现场控制站上的软件主要完成各种控制功能，包括回路控制、逻辑控制、顺序控制以及这些控制所必需的现场 I/O 处理；操作员站上的软件主要完成运行操作人员所发出的各个命令的执行、图形与画面的显示、报警的处理、对现场各类检测数据的集中处理等；工程师站软件则主要完成系统的组态功能和系统运行期间的状态监视功能。按照软件运行的时间和环境，可将 DCS 软件划分为在线的运行软件和离线的应用开发工具软件两大类，其中控制站软件、操作员站软件、各种功能站上的软件及工程师站上在线的系统状态监视软件等都是运行软件，而工程师站软件（除在线的系统状态监视软件外）则属于离线软件。实时和历史数据库是 DCS 中的重要组成部分，对整个 DCS 的性能都起重要的作用。

　　目前，DCS 产品种类较多，特别是一些国产的 DCS 发展很快，在一定的领域也有较高的市场份额。主要的国外 DCS 产品有罗克韦尔自动化的 Plant PAx、霍尼韦尔公司的 Experion PKS、艾默生过程控制有限公司的 DeltaV 和 Ovation、Foxboro 公司的 I/A、横河公司的

Centum、ABB 公司的 IndustrialIT 和西门子公司的 PCS7 等。国产 DCS 厂家主要有北京和利时、浙江中控和上海新华控制等。

DCS 的应用具有较为鲜明的行业特性，通常某类产品在某个行业有很大的市场占有率，而在另外的行业可能市场份额较低。如艾默生过程控制有限公司的 Ovation 主要运用在电站自动化领域，而 DeltaV 主要运用在石化工业，在该行业的主要产品还有浙江中控的 DCS 和横河公司的 Centum 系列产品。

目前，在数字化转型和智能制造时代，DCS 的技术与架构也面临较大挑战。西门子推出了 PCS7 neo 系统，与其主流的 PCS7 并行发展。PCS neo 依然使用现有 PCS 7 成熟的硬件，但工程组态和运行界面都是基于 Web。

此外，由于 DCS 的开放性较差等原因，一些国际组织持续推动开放自动化系统标准和规范的制定，为新一代自动化系统开发奠定了基础，适应智能制造对自动化系统的多方面诉求。

2.4.2　监控与数据采集系统

1. SCADA 系统概述

SCADA 是英文 "Supervisory Control And Data Acquisition" 的简称，翻译成中文就是 "监控与数据采集"，有些文献也简略为监控系统。从其名称可以看出，其包含两个层次的基本功能：数据采集和监控，其中数据采集是基础。一般来讲，SCADA 系统特指远程分布式计算机测控系统，主要用于测控点十分分散、分布范围广泛的生产过程或设备的监控。通常情况下，测控现场是无人或少人值守。SCADA 系统综合利用了计算机技术、控制技术、通信与网络技术，完成了对测控点分散的各种过程或设备的实时数据采集，本地或远程的自动控制，以及生产过程的全面实时监控，并为安全生产、调度、管理、优化和故障诊断提供必要和完整的数据及技术支持。

2. SCADA 系统组成

SCADA 系统作为生产过程和事务管理自动化最为有效的计算机软硬件系统之一，它包含 3 个部分：第一个是分布式的数据采集系统，也就是通常所说的下位机；第二个是过程监控与管理系统，即上位机；第三个是数据通信网络，包括上位机网络系统、下位机网络以及将上、下位机系统连接的通信网络。典型的 SCADA 系统的结构如图 2-11 所示。SCADA 系统的这 3 个组成部分的功能不同，但三者的有效集成则构成了功能强大的 SCADA 系统，完成对整个过程的有效监控。SCADA 系统广泛采用 "管理集中、控制分散" 的集散控制思想，因此，即使上、下位机通信中断，现场的测控装置仍然能正常工作，确保系统的安全和可靠运行。以下分别对这 3 个部分的组成、功能等作介绍。

（1）下位机系统

下位机一般来讲都是各种智能节点，这些下位机都有自己独立的系统软件和由用户开发的应用软件。该节点不仅可完成数据采集功能，而且还能完成设备或过程的直接控制。这些智能采集设备与生产过程各种检测与控制设备结合，实时感知设备各种参数的状态及各种工艺参数值，并将这些状态信号转换成数字信号，通过各种通信方式将下位机信息传递到上位机系统中，并且接受上位机的监控指令。典型的下位机有远程终端单元（RTU）、可编程序控制器（PLC）及近年才出现的 PAC 和智能仪表等。

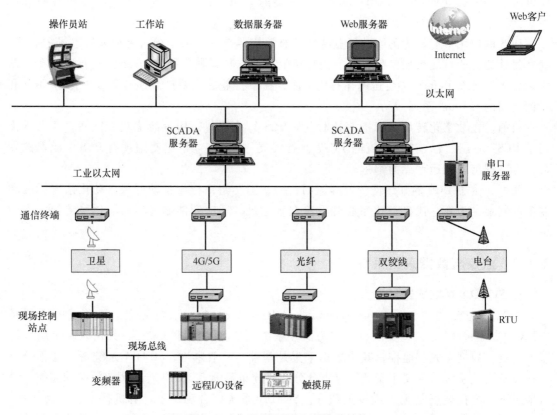

图 2-11　典型的 SCADA 系统的结构

（2）上位机系统（监控中心）

1）上位机系统组成：国外文献常称上位机为"SCADA Server"或主终端单元（Master Terminal Unit）。上位机系统通常包括 SCADA 服务器、工程师站、操作员站、Web 服务器等，这些设备通常采用以太网联网。实际的 SCADA 系统上位机系统到底如何配置还要根据系统规模和要求而定，最小的上位机系统只要有一台 PC 即可。根据可用性要求，上位机系统还可以实现冗余，即配置两台 SCADA 服务器，当一台出现故障时，系统自动切换到另外一台工作。上位机通过网络，与在测控现场的下位机通信，以各种形式（如声音、图形、报表等方式）显示给用户现场信息，以达到监视的目的。同时数据经过处理后，告知用户设备的状态（报警、正常或报警恢复），这些处理后的数据可能会保存到数据库中，也可能通过网络系统传输到不同的监控平台上，还可能与别的系统（如 MIS、GIS）结合形成功能更加强大的系统；上位机还可以接受操作人员的指令，将控制信号发送到下位机中，以达到远程控制的目的。

对结构复杂的 SCADA 系统，可能包含多个上位机系统。即系统除了有一个总的监控中心外，还包括多个分监控中心，如对于西气东输监控系统这样的大型系统而言，就包含多个地区监控中心，它们分别管理一定区域的下位机。采用这种结构的好处是系统结构更加合理，任务管理更加分散，可靠性更高。每一个监控中心通常由完成不同功能的工作站组成一个局域网，工作站包括 SCADA 服务器、操作员站、工程师站、OPC 服务器、实时数据库等。

2）上位机系统功能：通过完成不同功能计算机及相关通信设备、软件的组合，整个上位机系统可以实现如下功能。

① 数据采集和状态显示：SCADA 系统的首要功能就是数据采集，即首先通过下位机采集测控现场数据，然后上位机通过通信网络从众多的下位机中采集数据，进行汇总、记录和显示。通常情况下，下位机不具有数据记录功能，只有上位机才能完整地记录和保存各种类型的数据，为各种分析和应用打下基础。上位机系统通常具有非常友好的人机界面，人机界面可以各种（图形、图像、动画、声音等）方式显示设备的状态和参数信息、报警信息等。

② 远程监控：SCADA 系统中，上位机汇集了现场的各种测控数据，这是远程监视、控制的基础。由于上位机采集数据具有全面性和完整性，监控中心的控制管理也具有全局性，能更好地实现整个系统的合理、优化运行。特别是对许多常年无人值守的现场，远程监控是安全生产的重要保证。远程监控的实现不仅表现在管理设备的开、停及其工作方式，如手动还是自动，还可以通过修改下位机的控制参数来实现对下位机运行的管理和监控。

③ 报警和报警处理：SCADA 系统上位机的报警功能对于尽早发现和排除测控现场的各种故障，保证系统正常运行起着重要作用。上位机上可以以多种形式显示发生故障的名称、等级、位置、时间及报警信息的处理或应答情况。上位机系统可以同时处理和显示多点同时报警，并且对报警的应答做记录。

④ 事故追忆和趋势分析：上位机系统的运行记录数据（如报警与报警处理记录、用户管理记录、设备操作记录、重要的参数记录与过程数据的记录）对于分析和评价系统运行状况是必不可少的。对于预测和分析系统的故障，快速地找到事故的原因并找到恢复生产的最佳方法是十分重要的，这也是评价一个 SCADA 系统其功能强弱重要的指标之一。

⑤ 与其他应用系统的结合实现综合自动化功能：工业控制的发展趋势就是管控一体化，也称为综合自动化。按目前流行的说法是 IT（信息技术）与 OT（操作技术）的融合。IT 主要是企业的信息系统，实现人员、财务、销售等信息管理自动化。OT 主要包括企业调度、生产计划与排产、物流等 MES 功能以及底层的监控功能，因此，SCADA 系统属于 OT 的主要组成部分。为了实现 IT 与 OT 的融合，要求企业全部信息的纵向和横向交换，这也要求 SCADA 系统是开放的系统，可以为上层应用提供各种信息，也可以接收上层系统的调度、管理和优化控制指令。

（3）通信网络

通信网络实现 SCADA 系统的数据通信，是 SCADA 系统的重要组成部分。与一般的过程监控相比，通信网络在 SCADA 系统中起的作用更为重要，这主要因为 SCADA 系统监控的过程大多具有地理分散的特点，如无线通信机站系统的监控。在一个大型的 SCADA 系统，包含多种层次的网络，如设备层总线和现场总线；在控制中心有以太网；而连接上、下位机的通信形式更是多样，既有有线通信，也有无线通信，有些系统还有微波、卫星等通信方式。

3. SCADA 系统的应用

在电力系统中，SCADA 系统应用最为广泛，技术发展也最为成熟。它作为能量管理系统（EMS）的一个最主要的子系统，有着信息完整、效率高、能正确掌握系统运行状态、可加快决策、能帮助快速诊断出系统故障状态等优势，现已经成为电力调度不可缺少的工具。它对提高电网运行的可靠性、安全性与经济效益，减轻调度员的负担，实现电力调度自动化与现代化，提高调度的效率和水平发挥着不可替代的作用。电力 SCADA 系统的典型功能是实现中心调度室对发电厂和变电站进行遥测、遥信、遥调与遥控等。

SCADA 系统在油气采掘与长距离输送中占有重要的地位，系统可以对油气采掘过程、油气输送过程进行现场直接控制、远程监控、数据同步传输记录，监控管道沿线及各站控系统的运行状况。在油气远距离输送中，各站场的站控系统和阀室作为管道自动控制系统的现场控制单元，除完成对所处站场的监控任务外，同时负责将有关信息传送给调度控制中心并接受和执行其下达的命令，并将所有的数据记录存储。除此基本功能外，新型的 SCADA 系统集成了对传输管道的泄漏检测、系统模拟、水击超前保护等功能。一些重要行业的 SCADA 系统，如西气东输 SCADA 系统，其结构如图 2-12 所示，在数据通信上还采取有线通信与无线通信互为备份，SCADA 调度中心与现场分中心、现场控制站的数据通信加密等。

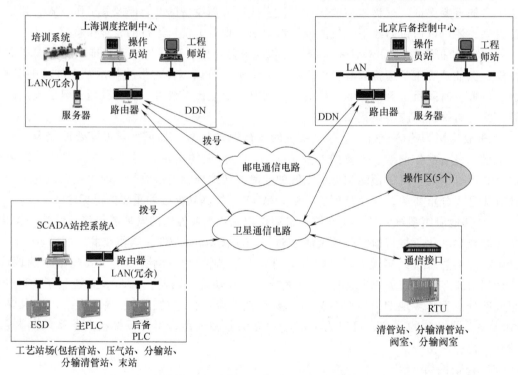

图 2-12　西气东输 SCADA 系统总体结构图

不同的行业在应用了 SCADA 系统后，可以取得良好的社会和经济效益，因此它获得了广泛的应用，目前 SCADA 系统的主要应用领域有：

1) 楼宇自动化——开放性能良好的 SCADA 系统可作为楼宇设备运行与管理子系统，监控房屋设施的各种设备，如门禁、电梯运营、消防系统、照明系统、空调系统、水工、备用电力系统等的自动化管理。

2) 生产线管理——用于监控和协调制造业生产线上各种设备正常有序的运营和产品数据的配方管理。

3) 无人工作站系统——用于集中监控无人看守系统的正常运行，这种无人值班系统广泛分布在以下行业：无线通信基站、电力系统配电网、铁路系统道口及其信号管理领域、交通基础设施领域（公路、隧道、桥梁、机场和码头）、石油和天然气等各种管道监控领域、城市水电气监控和调度领域、物流配送领域等。

4）机器人、机械臂控制系统——用于监视和控制机器人的生产作业。

5）其他生产行业——如大型轮船生产运营、粮库质量和安全监测、设备维修、故障检测、高速公路流量监控和计费系统等。

2.4.3　现场总线控制系统

随着通信技术和数字技术的不断发展，逐步出现了以数字信号代替模拟信号的总线技术。1984 年，现场总线的概念得到正式提出。IEC（International Electrotechnical Commission，国际电工委员会）对现场总线（Fieldbus）的定义为：现场总线是一种应用于生产现场，在现场设备之间、现场设备和控制装置之间实行双向、串行、多节点的数字通信技术。以现场总线为支撑，产生了全数字的新型控制系统——现场总线控制系统（Fieldbus Control System，FCS）。FCS 用开放、标准通信协议，克服了传统 DCS 封闭的缺陷；另一方面在现场智能设备的支持下，把 DCS 的集中与分散相结合的系统结构转变为全分布式结构，把控制功能彻底下放到现场。图 2-13 较好说明了这种变化，其中 IS 表示隔离设备。图 2-13b 中的测量、执行器等设备与传统模拟控制中的不同，是具有总线接口的数字化设备，内嵌 PID 等功能模块，支持回路组态。

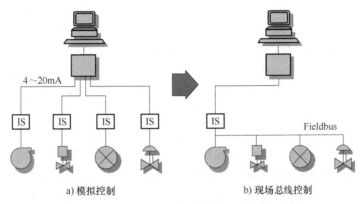

a）模拟控制　　　　　　　　　b）现场总线控制

图 2-13　控制回路的模拟控制与现场总线控制

FCS 具有如下显著特性：

（1）互操作性与互用性

互操作性是指实现互联设备间、系统间的信息传送与沟通，可实行点对点、一点对多点的数字通信。而互用性则意味着不同生产厂家的性能类似的设备可进行互换而实现互用。

（2）智能化与功能自治性

它将传感测量、补偿计算、工程量处理与控制等功能分散到现场设备中完成，仅靠现场设备即可完成自动控制的基本功能，并可随时诊断设备的运行状态。

（3）系统结构的高度分散性

现场设备本身具有较高的智能特性，有些设备具有控制功能，因此可以使得控制功能彻底下放到现场，现场设备之间可以组成控制回路，从根本上改变了现有 DCS 控制功能仍然相对集中的问题，实现彻底的分散控制，简化了系统结构，提高了可靠性。

（4）对现场环境的适应性

作为工厂网络底层的现场总线工作在现场设备前端，是专为在现场环境工作而设计的，它可支持双绞线、同轴电缆、光缆、射频、红外线、电力线等，能采用两线制实现供电与通信，并可满足本质安全防爆要求等。

FCS 的实施主要依赖现场仪表、执行器等具有现场总线接口。目前在过程工业主要的现场总线是 FF 总线和 Profibus-PA。由于具有现场总线接口的仪表价格比普通模拟仪表价格贵，维护要求和传统仪表也有所不同。从 FCS 应用实践看，FCS 在抗干扰差、通信速率慢等问题。现代的 DCS 更加开放，不仅支持传统的模拟仪表，而且也能较好地支持各类现场总线设备（通常 DCS 都可配置现场总线接口的通信模块），因此，目前工业自动化领域的主要控制系统还是 DCS。

2.4.4　几种控制系统的比较

SCADA 系统和 DCS 的共同点表现在：

1）两种具有相同的系统结构。从系统结构看，两者都属于分布式计算机测控系统，普遍采用客户机/服务器模式。具有控制分散、管理集中的特点。承担现场测控的主要是现场控制站（或下位机），上位机侧重监控与管理。

2）通信网络在两种类型的控制系统中都起重要的作用。早期 SCADA 系统和 DCS 都采用专有协议，目前更多的是采用国际标准或事实的标准协议。

3）下位机编程软件逐步采用符合 IEC 61131-3 标准的编程语言，编程方式逐步趋同。

然而，SCADA 系统与 DCS 也存在不同，主要表现在：

1）DCS 是产品的名称，也代表某种技术，DCS 是有专门厂家生产的成套系统；而 SCADA 更侧重功能和集成，在市场上找不到一种公认的 SCADA 产品（虽然很多厂家宣称自己有类似产品）。可以根据监控要求从市场上采购各种自动化产品而构造满足客户要求的 SCADA 系统。正因为如此，SCADA 系统的构建十分灵活，可选择的产品和解决方案也很多。

2）DCS 具有更加成熟和完善的体系结构，系统的可靠性等性能更有保障，而 SCADA 系统是用户集成的，因此，其整体性能与用户的集成水平紧密相关，通常要低于 DCS。

3）应用场合不同。DCS 主要用于控制精度要求高、测控点集中的过程工业，如石油、化工、冶金、电站等工业过程。而 SCADA 系统特指远程分布式计算机测控系统，主要用于测控点十分分散、分布范围广泛的生产过程或设备的监控。一般来说，不少 SCADA 系统的应用对现场设备的控制要求低于 DCS。有些 SCADA 应用中，只要求进行远程的数据采集而没有现场控制要求。总的来说，由于历史的原因，不同行业在选择控制系统时有一定的传承性和稳定性。即在制造业的控制中，还是 SCADA 解决方案，而过程控制系统首选 DCS。

4）应用程序开发与调试有所不同，主要体现在：

① DCS 中变量不需要两次定义。由于 DCS 中上位机（服务器、操作员站等）、下位机（现场控制器）软件集成度高，特别是有统一的实时数据库，因此，变量只要定义一次，在控制器回路组态中就可用，在上位机人机界面等其他地方也可以用。而 SCADA 系统中同样一个 I/O 点，比如现场的一个电机设备故障信号，在控制器中要定义一次，在组态软件中还要定义一次，同时还要要求两者之间做映射（即上位机中定义的地址要与控制器中存储器

地址一致），否则，上位机中的参数状态与控制器及现场不一致。

② DCS 控制器中的功能块与人机界面的面板（Faceplate）通常成对。例如，在控制器中组态一个 PID 回路后，在人机界面组态时可以直接根据该回路名称调用一个具有完整的 PID 功能的人机界面面板，面板中参数自动与控制回路中的一一对应，如图 2-14 所示。而 SCADA 系统中用户必须在人机界面组态软件中自行设计这样的面板，同时把面板中的数据与控制器中的功能块数据进行关联，整个设计过程较为烦琐和费时。

③ DCS 具有更多的面向模拟量控制的功能块。由于 DCS 主要面向模拟量较多的应用场合，各种类型的模拟量控制较多。为了便于组态，DCS 开发环境中具有更多的面向过程控制的功能块。而不同的 SCADA 系统其 I/O 变量类型分布不一致，通常情况下，数字量点数会更多一些，下位机处理顺控逻辑更方便。

④ 组态语言有所不同。DCS 编程主要是图形化的编程方式，如西门子 PCS7 用 CFC、罗克韦尔自动化使用功能块图等。而 SCADA 系统中梯形图和 ST 等编程语言使用最多。当然，编写顺控程序时，DCS 中也用 SFC 编程语言，这点与 SCADA 系统中下位机编程是一样的。

⑤ 调试环境不同。DCS 应用软件组态和调试时有一个相对统一的环境，在该环境中，可以方便地进行硬件组态、网络组态、控制器应用软件组态、人机界面组态及进行相关的调试，而 SCADA 系统整个功能的实现相对分散。

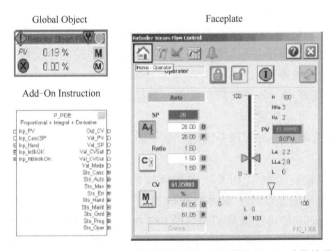

图 2-14　罗克韦尔自动化的 PlantPAx 集散控制系统中的增强型 PID 功能块及其控制面板

SCADA 系统、DCS 与 PLC 的不同主要表现在：

1）DCS 具有工程师站、操作员站和现场控制站，SCADA 系统具有上位机（包括 SCA-DA 服务器和客户机）和下位机，而 PLC 没有上位机功能，属于现场控制器的范畴，其主要功能就是现场控制。常选用 PLC 作为 SCADA 系统的下位机设备，因此，可以把 PLC 看作是 SCADA 系统的一部分。PLC 也可以集成到 DCS 中，成为 DCS 的一部分。从这个角度来说，PLC 与 DCS 和 SCADA 是不具有可比性的。

2）系统规模不同。PLC 可以用在控制点数从几个到上万个点的领域，因此，其应用范围极其广泛。而 DCS 或 SCADA 系统主要用于规模较大的过程，否则其性价比就较差。此外，在顺序控制、逻辑控制与运动控制领域，PLC 被广泛使用。然而，随着技术的不断发展，各种类型的控制系统相互吸收并融合其他系统的特长，DCS 与 PLC 在功能上不断增强，具体地说，DCS 的逻辑控制功能在不断增强，而 PLC 连续控制的功能在不断增强，两者都广泛吸收了现场总线技术的优点，因此它们的界限也在不断地模糊。

2.5　PLC 概述

2.5.1　PLC 的产生与发展

1. PLC 的产生

在工业设备或生产过程中，存在大量的开关量顺序控制问题，它们要求按照逻辑条件进行顺序动作，在异常情况下，可以根据逻辑关系进行联锁保护。一方面，这些功能是通过气动或继电器-接触器控制系统来实现的。这类系统的主要问题是难以实现复杂逻辑控制，不适应柔性生产的需要，可靠性差，维护复杂。随着现代制造业的快速发展，市场竞争的日趋激烈，产品更新换代步伐的加快，这种传统的控制方式已经远远不能满足企业要求。另一方面，在 20 世纪 60 年代出现了半导体逻辑器件，特别是大规模集成电路和计算机技术的快速发展，为开发和制造一种新型的控制装置取代传统的电气控制系统打下了基础。1968 年美国通用汽车公司（GM）向全世界提出了研制新型逻辑顺序控制装置的标书，共有 10 条要求，其核心内容可以归纳为以下几点：

1）控制功能通过软件实现，从而可以方便对系统功能的修改及系统规模的扩展。这一点实际上是新型控制装置最核心的特征，它也标志着以数字控制系统取代模拟控制系统，实现制造业控制方式的一场革命。

2）适应工业现场环境，易于安装、使用、替换和维护。

3）驱动能力强，可靠性高。

4）方便与其他智能设备与管理系统进行数字通信。

5）性价比高。

1969 年美国数字设备公司（DEC）根据该技术要求，开发了首台可编程逻辑控制器 PDP-14，并在通用汽车的生产线上获得成功应用，这宣告了一种新型的数字控制设备的产生。其后，美国 Modicon 公司也推出了同名的 084 控制器。1971 年日本研制出型号为 DCS-8 的第一台 PLC；德国于 1973 年研制出其第一台 PLC。我国于 1977 年研制出第一台具有实用价值的 PLC。在 PLC 的发展历史上，日本、德国和美国等西方国家是主要的 PLC 产品生产和制造强国。

2. PLC 的定义

1987 年 2 月国际电工委员会（IEC）在其颁布的 PLC 标准草案的第三稿中对 PLC（可编程序控制器）做了如下定义：可编程序控制器是一种专门为在工业环境下应用而设计的数字运算操作的电子装置。它采用一类可编程的存储器，用于存储其内部程序，执行逻辑运算及顺序运算、定时、计数与算术操作等面向用户的指令，并通过数字或模拟式的输入/输出控制各种类型的机械或生产过程。PLC 及其有关外部设备都应该按易于与工业控制系统形成一个整体、易于扩展其功能的原则而设计。

3. PLC 的发展

在 PLC 产生之初，由于当时的元器件条件及计算机发展水平制约，多数 PLC 主要由分立元件和中小规模集成电路组成，只能完成简单的逻辑控制及定时、计数功能。20 世纪 70 年代初微处理器出现后，很快被引入到 PLC 中，使 PLC 增加了运算、数据传送及处理等功能，成为真正具有计算机特征的工业数字控制装置。

20 世纪 70 年代中末期，PLC 进入实用化发展阶段，计算机技术已全面引入 PLC 中，使其功能发生了飞跃。更高的运算速度、更小的体积、更可靠的工业抗干扰设计、模拟量运算、PID 功能及极高的性价比奠定了它在现代工业中的地位。20 世纪 80 年代初，PLC 呈现高速度、高性能、产品系列化等特点，在先进工业国家中获得广泛应用，标志 PLC 步入成熟阶段。

20 世纪 80 年代至 90 年代中期，是 PLC 发展最快的时期，年增长率一直保持为 30% ~ 40%。在这时期，PLC 在处理模拟量能力、数字运算能力、人机接口能力和网络能力得到大幅度提高，PLC 逐渐进入过程控制领域，在某些应用上取代了在过程控制领域处于统治地位的 DCS。

20 世纪末期，PLC 的发展特点是更加适应于现代工业的需要。从控制规模上来说，这个时期发展了大型机和超小型机；从控制能力上来说，诞生了各种各样的特殊功能单元，用于压力、温度、转速、位移、称重等各类控制场合；从产品的配套能力来说，产生了各种人机界面单元、通信单元，使得 PLC 应用系统配套更加容易。

在 21 世纪，由于计算机软硬件技术、通信技术、现场总线技术、嵌入式系统等快速发展，为 PLC 的发展提供了极大的技术支撑，使得 PLC 的处理速度更快、联网能力更强、模拟控制功能增强、故障检测与处理能力提高，同时，编程语言更加标准化，较好地适应了智能制造对现场控制器的需求。

2.5.2　PLC 的工作原理

1. 循环扫描工作模式

PLC 采用独特的循环扫描技术来工作。当 PLC 投入运行后，其工作过程一般分为 3 个阶段，即输入采样、用户程序执行和输出刷新。整个过程执行一次所需要的时间称为扫描周期。在整个运行（RUN）期间，PLC 的 CPU 以一定的扫描速度重复执行上述 3 个阶段，如图 2-15 所示。

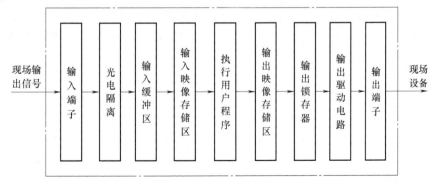

图 2-15　PLC 运行时扫描工作过程

（1）输入采样阶段

在输入采样阶段，PLC 以扫描方式依次地读入所有输入状态和数据，并将它们存入输入映象存储区相应的单元内。输入采样结束后，转入用户程序执行和输出刷新阶段。在这两个阶段中，即使输入状态和数据发生变化，输入映象存储区中相应单元的状态和数据也不会改变，只有在下一个扫描周期才可能把该状态读入。因此，如果输入是脉冲信号，则该脉冲信号的宽度必须大于一个扫描周期，才能保证在任何情况下，该输入均能被读入。

（2）用户程序执行阶段

在用户程序执行阶段，PLC 总是按由上而下的顺序依次地扫描用户程序。以梯形图程序为例，在扫描每一条指令时，又总是先扫描梯形图左边的由各触点构成的控制线路，并按先左后右、先上后下的顺序对由触点构成的控制线路进行逻辑运算，然后根据逻辑运算的结果，刷新该逻辑线圈在系统 RAM 存储区中对应位的状态（即内部寄存器变量）；或者刷新该输出线圈输出映象区存储中对应位的状态（即输出变量）。在用户程序执行过程中，输入点在输入映象存储区内的状态和数据不会发生变化，而其他输出点和软设备在输出映象区或系统 RAM 存储区内的状态和数据都有可能发生变化，而且排在上面的梯形图，其程序执行结果会对排在下面的凡是用到这些线圈或数据的梯形图起作用；相反，排在下面的梯形图，其被刷新的逻辑线圈的状态或数据只能到下一个扫描周期才能对排在其上面的程序起作用。因此，在梯形图程序中，双线圈输出通常是被禁止的。当然在顺序功能图中，同一个输出是可以反复在动作中使用的。

（3）输出刷新阶段

当扫描用户程序结束后，PLC 就进入输出刷新阶段。在此期间，CPU 按照输出映象存储区内对应的状态和数据刷新所有的输出锁存电路，再经输出电路驱动相应的执行设备，从而改变被控过程的状态。

实际上，PLC 在工作中，除了执行上面与用户程序有关的 3 步外，还要处理一些其他任务，包括运行监控、外设服务及通信处理等。运行监控是通过设置一个俗称"看门狗"（Watchdog）的系统监视定时器实现的，它监视扫描时间是否超过规定的时间。正常情况下，PLC 在每个扫描周期都对该系统监视定时器进行复位操作。当程序出现异常或系统故障时，PLC 就可能在一个扫描周期对该定时器复位，而当定时器达到计时设定值时，就发出报警信号，停止 PLC 的执行。当然，PLC 的故障或报警信号类型很多，并不是只要有故障 PLC 就立即停止运行。可以配置 PLC 的运行参数，当出现非严重的故障时，可以只发出报警信号而不停止 PLC 的运行。外设服务是让 PLC 可接受编程器对它的操作，或通过接口向输出设备（如打印机）输出数据。通信处理是实现 PLC 与 PLC、计算机、其他工业控制装置或智能部件间信息交换的。

PLC 的扫描周期还包括自诊断、通信等，因此一个扫描周期等于自诊断、通信、输入处理、用户程序执行、输出刷新等所有时间的总和。当 PLC 的 CPU 在停止（STOP）状态时，只执行自诊断和通信服务（有些产品可以定义在 STOP 状态时执行的任务）。

正因为如此，PLC 的工作速度（或扫描时间）成为衡量 PLC 性能的一个重要参数。CPU 速度快、执行指令时间短，PLC 的任务处理能力就越强，系统实时性就越高。

2. 中断工作方式

显然，PLC 的循环扫描工作方式是有一定不足的，即在输入扫描后，系统对新的输入状态的变化缺乏足够的快速响应能力。为了提高 PLC 对这类事件的处理能力，一些中型 PLC 在以扫描方式为主要的程序处理方式的基础上，又增加了中断方式。其基本原理与计算机中断处理过程类似。当有中断请求时，操作系统中断目前的处理任务，转向执行中断程序，待中断程序处理完成后，又返回运行原来的程序。当有多个中断请求时，系统会按照中断的优先级进行排队后顺序处理。

PLC 的中断处理方法有几种：

1）外部输入中断——设置 PLC 部分输入点作为外部输入中断源，当外部输入信号发生变化后，PLC 立即停止执行，转向执行中断程序。对于这种中断处理方式，要求将输入端设置为中断非屏蔽状态。

2）外部计数器中断——即 PLC 对外部的输入信号进行计数，当计数值达到预定值时，系统转向执行中断程序。

3）定时器中断——当定时器的定时值达到预定值时，系统转向处理中断程序。

PLC 对中断程序的执行只有在中断请求被接受时才执行一次，而用户程序在每个扫描周期都要被执行。

2.5.3　PLC 的功能特点

PLC 之所以得到快速的发展和广泛的应用，是与其如下特点分不开的：

（1）可靠性高，抗干扰能力强

只有具有高运行可靠性和强抗干扰能力的产品才能被接受和广泛应用，这与工业生产过程"安全至上"原则是一致的。PLC 在设计、生产和制造上采用了许多先进技术，以适应恶劣的工作环境，确保长期、可靠、稳定与安全运行。软件上，PLC 强大的自诊断功能有利于提高其稳定运行能力。

（2）产品丰富、适用面广

没有一种控制器有 PLC 这么丰富的产品及相应的配套外围设备可供用户选择。从系统规模看，大、中、小、微型的 PLC 产品可以满足各种规模的应用要求，控制系统 I/O 点数可以从几点到几万点。从系统功能看，除了传统的逻辑和顺序控制外，现代 PLC 大多具有较强的数学运算能力，可用于各种模拟量控制领域。近年来出现了各种面向特定应用的功能模块，如运动控制、温度控制、称重等极大地扩展了 PLC 的应用范围。大量的配套设备，如各种人机界面（触摸屏）等，可与 PLC 组成各种满足工业现场使用的控制系统。

（3）易操作性

PLC 的易操作性表现在多个方面。从安装来看，非常适合与各种电器配套使用。从编程来看，编程语言丰富多样，易于为工程技术人员接受。从系统功能的修改来看，只要修改应用软件，就可以实现功能的改变。从扩展性能看，它可以根据系统的规模不断扩展，既可以作为主控设备，也可以作为辅控系统与 DCS 等协同工作。

（4）易于实现机电一体化

现代的 PLC 产品体积小、功能强、抗干扰性好，很容易装入机械内部，与仪表、计算机、电气设备等组成机电一体化系统。

2.5.4　PLC 的应用

PLC 是因为工厂自动化的需要而产生的，因此传统上通过气动或电气控制系统来实现的大量逻辑控制系统很快被 PLC 所取代。随着网络化技术的普及和现场总线的发展，PLC

的应用从单机控制扩展到网络化控制系统，控制规模从设备级到车间级和厂级；随着 PLC 功能的不断增强和产品的不断丰富，其应用领域也从传统的机械、汽车、轻工、电子扩展到钢铁、石化、电力、建材、交通运输、环保及文化娱乐等各个行业。

根据控制过程的要求和特点，PLC 使用范围可归纳到以下几类：

（1）开关量的逻辑控制

这是 PLC 最基本、最广泛的应用领域，它取代传统的继电器电路，实现逻辑控制、顺序控制，既可用于单台设备的控制，也可用于多机群控及自动化流水线。如电梯、注塑机、印刷机、订书机械、组合机床、磨床、包装生产线、电镀流水线等。

（2）运动控制

PLC 可以用于圆周运动或直线运动的控制。从控制机构配置来说，早期直接用于开关量 I/O 模块连接位置传感器和执行机构，现在一般使用专用的运动控制模块。如可驱动步进电动机或伺服电动机的单轴或多轴位置控制模块。世界上各主要 PLC 厂家的产品几乎都有运动控制功能，广泛用于各种机械、机床、机器人、电梯等场合。

（3）过程控制

与制造业不同，在工业生产过程中，其典型的测控变量，如温度、压力、流量、物位等都是连续变化的模拟量。传统上，PLC 并不擅长处理模拟量，特别是对模拟量进行数学运算及 PID 控制。为了扩展 PLC 处理模拟量的能力，PLC 的制造商在硬件模块上增加了实现模拟量和数字量之间相互转换的 A/D 及 D/A 模块，在指令系统中增加了模拟量处理指令和 PID 控制指令，从而把 PLC 的应用领域扩展到传统上由集散控制系统或智能仪表占据的过程控制领域。当然，在模拟量多的过程工业，采用集散控制系统还是要比 PLC 更合适。

（4）数据处理

现代 PLC 具有数学运算（含矩阵运算、函数运算、逻辑运算）、数据传送、数据转换、排序、查表、位操作等功能，可以完成数据的采集、分析及处理。

近年来，随着机器视觉、机器人应用的普及，PLC 与这些设备的有效协同进一步促进了 PLC 在智能制造中的应用。

2.5.5　主要的 PLC 产品及其分类

1. 主要的 PLC 产品

由于 PLC 应用范围非常广泛，全世界众多的厂商生产出了大量的产品。目前主要的 PLC 制造商有美国罗克韦尔自动化（Rockwell Automaiton）及艾默生（Emerson），日本欧姆龙（Omron）、三菱电机（Mitsubishi）、富士（Fuji）及松下（National），德国西门子（Siemens）和倍福（Beckhoff），法国施耐德电气（Schnider Electric）等。这些产品虽然各自都具有一定的特性，其外形或结构尺寸也不一样，但功能上大同小异。按照结构形式和系统规模的大小，可以对 PLC 进行分类。按照结构形式，可以分为一体式和模块式；按照系统规模（或 I/O 点）及内存容量，可以分为微型、小型、中型和大型。

所谓微型是指 I/O 点数小于 64 点，小型机的 I/O 点数在 65~256 点，中型机的 I/O 点数在 257~1024 点，大型机的 I/O 点数在 1025~4096 点，超大型机器指 I/O 点数大于 4096 点。需要指出的是这里 I/O 点数一般是指数字量点。每种型号的 PLC 对于模拟量输入和输出点数，特别是 PID 控制回路数都有一定的限制。

在实际的应用中，微型和小型机用量极大，而中型和大型机用得相对较少，超大型机的用量最少。PLC 的这种应用现状，一方面与各种需要一定控制功能的单体设备数量庞大有关，另一方面是因为当控制系统 I/O 点数小于 256 时，采用集散控制系统的性价比较低，而 PLC 具有较大的优势。

2. PLC 的典型结构

（1）一体式 PLC

一体式 PLC 把实现 PLC 所有功能所需要的硬件模块，包括电源、CPU、存储器、I/O 及通信接口等组合在一起，物理上形成一个整体，如图 2-16a 所示。

a) 一体式 PLC(Micro850)　　　　　　　b) 模块式 PLC(A-B ControlLogix)

图 2-16　两种典型组成结构的 PLC

这类产品的一个显著特点就是结构非常紧凑，功能相对较弱，特别是模拟量处理能力。这类产品主要针对一些小型设备或单台设备，如注塑机等的控制。一体式 PLC 用量极大，占到了控制器市场的 75% 以上。

由于受制于尺寸，这类产品的 I/O 点数比较少。市场上主要的一体式 PLC 产品有：A-B 公司 Micro800 系列和 MicroLogix 系列、西门子的 S7-1200 和 S7-200SMART，三菱电机的 FX3U 和 FX5U 等。对于某一类产品，可以根据基本控制器的 I/O 点数来分。如 A-B 公司的型号为 2080-LC50-48AWB 的产品就是一个具有 28 个数字量输入和 20 个数字量输出共 48 个点的一体式 PLC，产品名称为 Micro850。

为了扩展系统的 I/O 处理能力和系统功能，这类一体式的系统也采用模块式的方式来加以扩展。这些扩展模块包括数字量扩展模块、模拟量扩展模块、特殊功能模块以及通信扩展模块等。随着现场总线技术的发展，一体式的 PLC 也支持现场总线模块。扩展模块通过专用的接口电缆与主机或前一级的模块连接。

（2）模块式 PLC

所谓模块式 PLC，顾名思义，就是指把 PLC 的各个功能组件单独封装成具有总线接口的模块，如 CPU 模块、电源模块、输入模块、输出模块、输入和输出模块、通信模块、特殊功能模块等，然后通过底板把模块组合在一起构成一个完整的 PLC 系统。这类系统的典型特点就是系统构建灵活，扩展性好，功能较强。典型的产品如图 2-16b 所示，有 A-B 公司的 ControlLogix、西门子的 S7-300 和 S7-1500 系列、施耐德电气的 M580 系列、艾默生公司的 Rx3i 及三菱电机的 Q 系列等。

3. 罗克韦尔自动化公司 PLC 及其他自动化产品

罗克韦尔自动化公司总部位于美国威斯康星州密尔沃基市，是世界上最大的专注于工业自动化与信息化的跨国公司，主要提供动力、控制和信息技术解决方案。其旗下品牌包括艾伦 - 布拉德利 Allen-Bradley（A-B）的控制产品和工程服务以及罗克韦尔软件 Rockwell Software 开发的工控软件。

目前，A-B 的 PLC 和 PAC 的产品覆盖从微型到大型系列，支持运动控制、顺序控制、过程控制和安全控制等，可以通过网络组成更加复杂和大型的应用系统。其主要控制产品包括小型和微型 PLC、大型 PAC、安全控制器和集散控制系统等。

罗克韦尔自动化公司的微型 PLC 产品包括 SLC500 系列、Micro800 系列、MicroLogix 系列和 Pico 系列。其中 Micro800 系列包括 Micro800~Micro870。Micro800 系列和 MicroLogix 系列产品相当于西门子 S7-200SMART 和 S7-1200，而 Pico 系列产品则相当于西门子 LOGO!。

罗克韦尔自动化公司可编程自动化控制器包括 FlexLogix、CompactLogix、ControlLogix 和 SoftLogix 等系列产品。ControlLogix 是该平台的最大的系统，和西门子的 S7-400 相当。

罗克韦尔自动化公司安全控制器包括 Logix 集成安全产品 GuradLogix、小型安全控制器 SmartGuard 和 GuardPLC 安全控制系统。

此外，罗克韦尔自动化公司还生产 PlantPAx 过程自动化系统，该系统以基于国际标准的系统架构为基础，实现了过程控制、先进控制、过程安全、数据库管理的全方位过程自动化控制系统。该系统还利用了集成架构元件，实现了多策略控制以及与罗克韦尔自动化公司智能电机控制产品组合的集成。

复习思考题

1. 试举例说明计算机控制系统组成包括哪几个部分，其作用各是什么？
2. 工业控制系统经历了哪些发展过程？主要的控制器有哪些？各自有何特点？
3. 工厂自动化与过程自动化是什么含义？有何异同？
4. 如何理解工业控制理论与工业控制系统之间的关系？
5. 集散控制系统、监控与数据采集系统的异同点有哪些？
6. PLC 有哪些主要特点？其组成是什么？
7. 为何说在智能制造时代 PLC 仍然是不可替代的现场控制器？
8. PLC 程序执行的过程是什么？与一般的事件驱动程序相比有何特点？
9. 罗克韦尔自动化公司的 Logix 平台主要有哪些产品，其各自适用领域是什么？

第 3 章 Micro800 PLC 硬件

3.1 Micro800 PLC

3.1.1 Micro800 PLC 概述

1. Micro800 PLC 特性

罗克韦尔自动化 Micro800 PLC 属于其产品系列的微型（Micro）控制器，从 2011 年开始推出，主要包括 810、820、830、850 和最新的 870 等。该系列 PLC 用于经济型单机控制，逐步替代罗克韦尔 MicroLogix 系列微型控制器。根据基座中 I/O 点数的不同，这种经济的微型控制器具有不同的配置，从而满足用户的不同需求。Micro800 PLC 共用编程环境、附件和功能性插件。该系列高端产品的主要竞争对手是西门子 S7-1200 和三菱电机 FX5U 等微型 PLC。Micro800 PLC 产品特征见表 3-1。

表 3-1 Micro800 PLC 产品特征

属性	Micro810	Micro820	Micro830	Micro850	Micro870
数字量点数	12	20	10/16/24/48	24/48	24
嵌入式通信端口	USB 2.0（选配）		USB 2.0（非隔离型）		
			RS-232/RS-485 非隔离型复用串行端口		
		10/100 Base T 以太网端口（RJ-45）		10/100 Base T 以太网端口（RJ-45）	
基本模拟量 I/O 通道数	可将 4 个 DC 24V 的数字量输入共享为 0~10V 模拟量输入		功能性插件模块	功能性插件模块和扩展 I/O	
	—	1 个 0~10V 模拟量输出			
功能性插件模块数量	0	2	2/2/3/5	3/5	3/5
最大数字量 I/O 点数	12	35	26/32/48/88	132/192	304
扩展 I/O 支持	—	—	—	所有扩展 I/O 模块	
支持的附件或功能性插件类型	· 带有备份存储模块的液晶显示器 · USB 适配器	2080-REMLCD 及除 2080-MEMBAK-RTC 外的所有功能性插件模块	所有功能性插件模块		
电源	嵌入式 AC 120/240V 和 DC 12/24V	基本单元内置了 24V 直流电源,此外还提供可选的外部 120/240V 交流电源			
基本指令速度	2.5μs	0.30μs			
最小扫描/循环时间	<0.25ms	<4ms	<0.25ms		
软件	Connected Components Workbench(CCW)				

2022 年罗克韦尔自动化又推出了新的 Micro850/870 PLC 目录 2080-Lx0E，通过附加的 DNP3 和扩展 DF1 通信选项简化配置，支持更快的数据传输，上传和下载性能分别提高了

23% 和 40%；通过存储器模块中新的密码设置/验证和用户项目加密/解密功能提高系统安全性。不过新的硬件需要 CCW 编程软件 V 20.01 以上版本的支持。

作为 Micro800 系列中最小的产品，Micro810 PLC 为 12 点型，带有两个 8 A 和两个 4 A 输出，无需使用外部继电器。Micro810 具有嵌入式智能继电器功能块，可通过 1.5″（1.5 英寸，1 英寸≈2.54 厘米）液晶显示屏和键盘配置。功能块包括继电器开/关定时器、日时间、周时间和年时间，适用于需要可编程定时器和照明控制的应用。也可以使用 CCW 软件通过 USB 编程端口下载程序来进行编程。

Micro820 PLC 采用 20 点配置，并有 6 种型号可供选择。具有嵌入式以太网端口和嵌入式非隔离型 RS-232/RS-485 复用串行端口。Micro820 PLC 专用于小型单机及远程自动化项目。

Micro830 是灵活且具备简单运动控制功能的微型 PLC。该控制器可支持多达 5 个功能性插件模块，其灵活性可满足各种单机控制应用的需求，主要特性包括：

（1）不同的控制器类型共享相同的外形尺寸和附件

1）外形尺寸取决于基座中内置的 I/O 点数：10、16、24 或 48。

2）使用 48 点型号时最多达 88 个数字量 I/O 和 20 个模拟量输入。

（2）可在 24V 直流输出型号上实现最多 3 轴的运动控制

多达 3 个 100kHz 脉冲序列输出（PTO），可实现与步进电机和伺服控制器的低成本接线；多达 6 个 100kHz 高速计数器（HSC）输入；通过运动控制功能块支持轴运动。

（3）嵌入式通信

具有用于程序下载的 USB 端口，此外，非隔离型端口（RS-232/RS-485），Modbus RTU 协议支持，可用于与人机界面、条形码阅读器和调制解调器通信。

Micro850 控制器是一种新型经济型一体化控制器，具有嵌入式输入和输出。Micro850 PLC 通过功能性插件模块和扩展 I/O 模块实现理想的个性化定制和灵活性。与 Micro830 PLC 相比，它增加了以下特性：

1）比 Micro830 具有更多 I/O 及更高性能模拟量 I/O 处理能力，可以适应大型单机应用。

2）嵌入式以太网端口，可实现更高性能的连接。

3）EtherNet/IP 协议支持（仅限服务器模式），用于 CCW 软件编程和人机界面连接等。

4）高速输入中断。

5）支持多达 4 个 Micro850 扩展 I/O 模块，最多达 132 个 I/O 点（使用 48 点型号）。

Micro870 PLC 专为较大的单机应用而设计，标配大容量存储器，可容纳更多模块化程序及用户自定义功能块。嵌入式运动控制功能支持至多 2 轴运动，TouchProbe 指令能够记录轴的位置，比使用中断更加精确。此外，Micro870 PLC 能通过 EtherNet/IP、串行接口和 USB 接口在各类网络中与其他设备通信。Micro870 PLC 的特点主要有：

1）最多支持 8 个扩展 I/O 模块和 304 个离散量 I/O 点。

2）通过 EtherNet/IP 轻松地为设备编程及连接至 HMI。

3）通过客户端消息传递实现符号寻址，轻松地控制驱动器及与其他控制器通信。

4）存储器容量高达 280KB，支持的编程步数多达 20000 步。

2. Micro800 PLC 型号与技术参数

Micro800 PLC 的产品目录号如图 3-1 所示。从该目录号可以知道主机类型、I/O 点数、输入和输出类型及电源类型等信息。

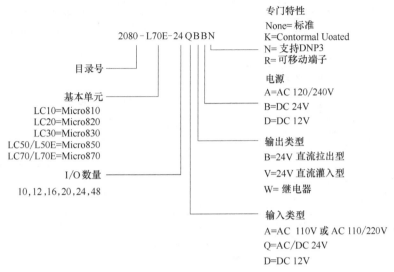

图 3-1　Micro800 PLC 产品目录号

表 3-2 为 Micro850 PLC 输入和输出数量及类型，这对于控制器选型是必不可少的。其他型号的 PLC 的技术参数，可以参考罗克韦尔自动化网站上的技术资料。

表 3-2　Micro850 PLC 输入和输出数量及类型

产品目录号	输入		输出			PTO 支持	HSC 支持
	AC 120V	DC/AC24V	继电器	24V 灌入型	24V 拉出型		
2080-LC50-24AWB	14		10				
2080-LC50-24QBB		14			10	2	4
2080-LC50-24QVB		14		10		2	4
2080-LC50-24QWB		14	10				4
2080-LC50-48AWB	28		20				
2080-LC50-48QBB		28			20	3	6
2080-LC50-48QVB		28		20		3	6
2080-LC50-48QWB		28	20				6

用户选型时，除了要关注 I/O 点数，包括数字量输入、数字量输出及 HSC 支持、PTO 支持外，还需要注意数字量输入和输出的类型。对于模拟量，要注意信号的种类（电流或电压，单极性或双极性）、分辨率、采样速率、通道隔离等是否满足要求。

对于 PLC 单机控制的应用系统，在进行设备配置时，要根据需求综合考虑控制器、人机界面、变频与伺服、安全控制等相关设备选型。对于 PLC 的选型，首先确定系统对各种类型 I/O 点的要求以及通信需求等，然后确定主控制器模块，接着确定功能性插件，最后确定扩展模块。待这些确定后可以确定 PLC 电源模块。

Micro850 系列主机点数为 48 点 PLC 的输入技术参数见表 3-3，Micro850 PLC 的输出技术参数见表 3-4。

表 3-3 Micro850 48 点 PLC 输入技术参数

属性	2080-LC50-48AWB	2080-LC50-48QWB/2080-LC50-48QVB/2080-LC50-48QBB	
	120V 交流输入	高速直流输入（输入 0~11）	标准直流输入（输入 12 及以上）
输入数量	28	12	16
输入组与背板隔离	DC 1950V，持续 2s DC 150V 工作电压（IEC 2 类强化绝缘）	DC 720V，持续 2s DC 50V 工作电压（IEC 2 类强化绝缘）	
电压类别	AC 110V	24V DC 灌入型/拉出型	
工作电压范围	最大 AC 132V,60Hz	DC 16.8~26.4V/65℃（149℉） DC 16.8~30.0V/30℃（86℉）	DC 10~26.4V/65℃（149℉） DC 10~30.0V/30℃（86℉）
最大断态电压	AC 20V	DC 5V	
最大断态电流	1.5mA	1.5mA	
最小通态电流	5mA/AC 79V	5.0mA/DC 16.8V	1.8mA/DC 10V
标称通态电流	12mA/AC 120V	7.6mA/DC 24V	6.15mA/DC 24V
最大通态电流	16mA/AC 132V	12.0mA/DC 30V	
标称阻抗	2kΩ/50Hz 10kΩ/60Hz	3kΩ	3.74kΩ
IEC 输入兼容性	类型 3		
最大浪涌电流	AC 250mA/120V	—	
输入频率（最大值）	63Hz	—	

表 3-4 Micro850 PLC 输出技术参数

属性	2080-LC50-24QWB、2080-LC50-24AWB	2080-LC50-24QVB,2080-LC50-24QBB	
	继电器输出	高速输出（输出 0~1）	标准输出（输出 2 及以上）
输出数量	10	2	8
最小输出电压	DC 5V,AC 5V	DC 10.8V	DC 10V
最大输出电压	DC 125V,AC 265V	DC 26.4V	DC 26.4V
最小负载电流	10mA		
最大连续负载电流	不同电压不一样,需参考手册	100mA（高速运行） 1.0A/30℃ 0.3A/65℃（标准运行）	1.0A/30℃ 0.3A/65℃（标准运行）
每点的浪涌电流	不同电压不一样,需参考手册	30℃下每 1s 内 4.0A 的浪涌电流持续 10ms；65℃下每 2s 内 4.0A 的浪涌电流持续 10ms	
每个公共端的最大电流	5A	—	—
最长接通时间/关断时间	10ms	2.5μs	0.1ms 1ms

3.1.2 Micro800 PLC 硬件特性

1. Micro800 PLC 及其扩展配置

Micro800 PLC 可以在单机控制器的基础上，根据控制器类型的不同，进行功能扩展。

Micro850 PLC 最大可容纳 2~5 个功能性插件模块，额外支持 4 个扩展 I/O 模块。使得其 I/O 点最高达到 132 点。图 3-2 所示为 48 点主机 PLC 加上电源附件、功能性插件和扩展 I/O 模块后的最大配置情况。与其他一体式 PLC 不同，Micro850 控制器主机不带电源，需要另外根据主机及扩展模块的功率要求选择外部电源模块（如 2080-PS120-240VAC）。电源等级为 DC 24V 类型的数字量输入和输出模块也需要外接电源，通常，为这些设备另外配接电源模块以驱动负载，PLC 的电源模块只作为 PLC 本身的工作电源。为了抑制干扰，在有些应用场合，PLC 工作电源模块的 AC 220V 进线要经过隔离变压器。

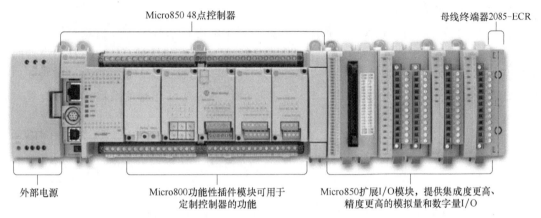

图 3-2　Micro850 主控制器及其扩展配置

2. Micro850 PLC 主机

（1）Micro850 PLC 主机组成

虽然 Micro850 PLC 和其他厂家微型 PLC 一样，可以外扩模块，但传统上，这类控制器仍然属于一体式微型控制器，因此，其硬件结构包括一体式主机和扩展部分。其 48 点的控制器主机外形如图 3-3 所示。控制器组成详细说明及其状态指示分别见表 3-5 和表 3-6。

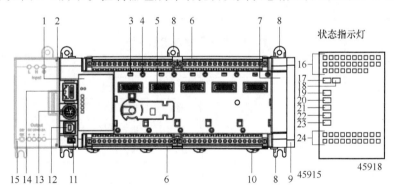

图 3-3　Micro850 48 点 PLC 和状态指示灯

PLC 上的状态指示灯，可以帮助用户更好地了解 PLC 的工作状态和一些外部信号状态，这些状态指示灯含义如下：

1）输入状态：若熄灭表示输入未通电；点亮表示输入已通电（端子状态）。

2）电源状态：熄灭表示无输入电源或电源出现错误；绿灯表示电源接通。

3）运行状态：熄灭表示未执行用户程序；绿灯常亮表示正在运行模式下执行用户程

序；绿灯闪烁表示存储器模块传输中。

4）故障状态：熄灭表示未检测到故障；红灯常亮表示控制器出现硬件故障；红灯闪烁表示检测到应用程序故障。

5）强制状态：熄灭表示未激活强制条件；琥珀色表示强制条件已激活。

6）输出状态：熄灭表示输出未通电；点亮表示输出已通电（逻辑状态）。

7）模块状态：常灭表示未上电；绿灯闪烁表示待机；绿灯常亮表示设备正在运行；红灯闪烁表示次要故障（主要和次要可恢复故障）；红灯常亮表示主要故障（不可恢复故障）；绿灯红灯交替闪烁表示自检。

在 PLC 的运行、调试和维护工作中，要充分利用状态指示灯的外部信息。例如，对于 PLC 的 DO 输出，即使外部不接负载，如果程序运行或通过强制使其有输出，且相应点的指示灯是亮的，即表示该输出状态正常。如果该路输出带了负载，而负载不动作，则需要检查外部负载的接线，而不是检查程序。当然，PLC 的状态信息也可通过编程软件来查看。通过编程软件可以看到 PLC 内部更多的信息。

表 3-5　控制器组成详细说明

序号	说　明	序号	说　明
1	状态指示灯	9	扩展 I/O 插槽盖
2	可选电源插槽	10	DIN 导轨安装锁销
3	插件锁销	11	模式开关
4	插件螺丝孔	12	B 型连接器 USB 端口
5	40 针高速插件连接器	13	RS-232/RS-485 非隔离式组合串行端口
6	可拆卸 I/O 端子块	14	RJ-45 EtherNet/IP 连接器（带嵌入式黄色和绿色 LED 指示灯）
7	右侧盖	15	可选交流电源
8	安装螺丝孔/安装脚		

表 3-6　控制器状态指示说明

序号	说　明	序号	说　明
16	输入状态	21	故障状态
17	模块状态	22	强制状态
18	网络状态	23	串行通信状态
19	电源状态	24	输出状态
20	运行状态		

（2）通信接口

1）USB 接口：Micro800 PLC 具有一个 USB 接口，可将标准 USB A 公头对 B 公头电缆作为控制器的编程电缆。

2）串行接口：Micro800 PLC 上还有一个嵌入式串行端口（无隔离），可以使用该串行端口进行编程，所有嵌入式串行端口电缆长度不得超过 3m。串行通信状态可通过串行通信指示灯反映，若灯熄灭，表示 RS-232/RS-485 无通信；若绿灯常亮表示 RS-232/RS-485 上有通信。

3）嵌入式以太网：对于 Micro850 PLC，可通过其自带的 10/100 Base-T 端口（带嵌入式绿色和黄色 LED 指示灯）使用任何标准 RJ-45 以太网电缆将其连接到以太网，实现网络编程和通信。LED 指示灯用于指示以太网通信发送和接收状态。以太网端口引脚映射如图 3-4 所示，网络状态指示说明见表 3-7。

触点编号	信号	方向	主要功能
1	TX+	OUT	发送数据+
2	TX−	OUT	发送数据−
3	RX+	IN	差分以太网接收数据+
4			端接
5			端接
6	RX−	IN	差分以太网接收数据−
7			端接
8			端接
屏蔽		·	框架地

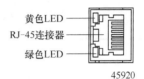

黄色LED
RJ-45连接器
绿色LED

45920

黄色LED指示有链接(黄色常亮)或无链接(熄灭)。

绿色LED指示有活动(绿色闪烁)或无活动(熄灭)。

图 3-4 以太网端口引脚映射

表 3-7 网络状态指示说明

序号	状态	说　　明
1	常灭	未上电，无 IP 地址。设备电源已关闭，或设备已上电但无 IP 地址
2	绿灯闪烁	无连接。IP 地址已组态，但没有连接以太网应用
3	红灯闪烁	连接超时（未接通）
4	红灯常亮	IP 重复。设备检测到其 IP 地址正被网络中另一设备使用。此状态只有启用了设备的重复 IP 地址检测（ACD）功能才适用
5	绿灯红灯交替闪烁	自检。设备正在执行上电自检（POST）。执行 POST 期间，网络状态指示灯变为绿灯和红灯交替闪烁

（3）控制器的安装

1）DIN 导轨的安装：在 DIN 导轨上安装模块之前，使用一字螺丝刀向下撬动 DIN 导轨锁销，直至其到达不锁定位置。先将控制器 DIN 导轨安装部位的顶部挂在 DIN 导轨中，然后按压底部直至控制器卡入 DIN 导轨，最后将 DIN 导轨锁销按回至锁定位置。

2）面板的安装：首先将控制器按在要安装的面板上，确保控制器与外部设备保持正确间距，以利于其散热和通风，减少外部干扰。通过安装螺丝孔和安装脚标记钻孔，然后取下控制器。在标记处钻孔，最后将控制器放回并进行安装。

（4）控制器外部接线

Micro850 可编程序控制器有 12 种型号，不同型号的控制器的 I/O 配置不同。下面以 48 点产品目录号分别为 2080-LC30-48QVB/2080-LC30-48QBB/2080-LC50-48QVB/2080-LC50-48QBB 控制器为例，介绍 Micro850 PLC 的输入输出端子及其信号模式。

1）输入输出端子：上述主机为 48 点 PLC 的外部接线如图 3-5 和图 3-6 所示。在接线时要按照要求接线。输入、输出端子中的公共端（COM）一般都是内部短接的，即用户不需

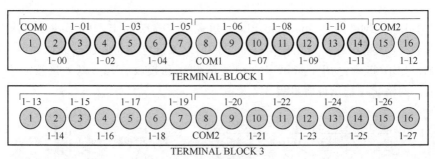

图 3-5　PLC 输入端子块

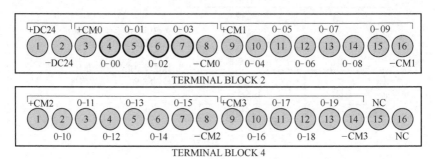

图 3-6　PLC 输出端子块

要用导线在端子上把它们连接。

2）输入输出类型：在工业现场，有些外设（如接近开关）需要开关电源供电，由于接近开关有 NPN 型和 PNP 型，因此，对电源的极性接法要求不同。而接近开关要和 PLC 的数字量输入连接，因此，要考虑电流的方法。同样，对于使用 PLC 的数字量输出驱动发光二极管等外设，也要考虑电流方向。PLC 的数字量输入和输出模块有"Sink"（灌入）或"Source"（拉出）类型。所谓的灌入或拉出，是针对 I/O 口而言的，如果电流是向 I/O 口流入，称为灌入，如果电流是从 I/O 口流出则称拉出。有些厂家也称"Sink"为"漏型"，"Source"为"源型"。当然不是所有的情况下都要考虑模块的灌入型和拉出型。当外设对电流方向没有要求时，就可以不考虑。例如，在工业现场，出于电气隔离的考虑，会把所有的开关量信号都通过继电器进行隔离，再把继电器的触点与 PLC 的数字量输入连接，这时选用哪种类型都可以。另外，如果负载是继电器，也不用考虑（当继电器线圈通断状态带 LED 指示时，就需要考虑连接方式了，否则继电器线圈接通工作时，LED 指示灯却不亮）。

　　Micro850 PLC 的数字量输入和输出可分为灌入型和拉出型（这仅针对数字量输入，对模拟量输入没有灌入型和拉出型之分）。

3.2　Micro800 PLC 功能性插件及其组态

3.2.1　Micro800 PLC 功能性插件模块

1. Micro800 PLC 功能性插件模块概述

Micro800 PLC 通过尺寸紧凑的功能性插件模块改变基本单元控制器的"个性"，扩展嵌入式 I/O 的功能而不会增加控制器所占的空间，同时还可以增强通信功能，利用第三方产品合作伙伴的专长，开发各种功能模块，提升控制器功能，并与控制器更紧密地集成。功能性插件的灵活性能够充分地为 Micro820/830/850/870 PLC 所用。

在 CCW 编程软件版本 10.00 及更高版本中，当 Micro820/830/850 PLC 为 V10 及更高版本，或者 Micro870 PLC 为 V11 或更高版本时，可将插件模块配置为可选，即如果配置了该模块，而实际运行时没有该模块，则控制器不报故障；若配置为必须，则报故障。在 CCW 编程软件的硬件组态窗口中单击"插件模块"就可以进行设置。

功能性插件包括数字（离散）、模拟、通信和各种专用（特殊）类型的模块，具体型号及参数说明见表 3-8。除了 2080-MEMBAK-RTC 功能插件外，所有其他的功能性插件模块都可以插入到 Micro820/830/850/870 PLC 的任意插件插槽中。

表 3-8　Micro800 PLC 功能性插件模块的技术规范

模块	类型	说　明
2080-IQ4	离散	4 点，DC 12/24V 灌入型/拉出型输入
2080-IQ4OB4	离散	8 点，组合型，DC 12/24V 灌入型/拉出型输入 DC 12/24V 拉出型输出
2080-IQ4OV4	离散	8 点，组合型，DC 12/24V 灌入型/拉出型输入 DC 12/24V 灌入型输出
2080-OB4	离散	4 点，DC 12/24V 拉出型输出
2080-OV4	离散	4 点，DC 12/24V 灌入型输出
2080-OW4I	离散	4 点，交流/直流继电器输出
2080-IF2	模拟	2 通道，非隔离式单极电压/电流模拟量输入
2080-IF4	模拟	4 通道，非隔离式单极电压/电流模拟量输入
2080-OF2	模拟	2 通道，非隔离式单极电压/电流模拟量输出
2080-TC2	专用	2 通道，非隔离式热电偶模块
2080-RTD2	专用	2 通道，非隔离式热电阻模块
2080-MEMBAK-RTC	专用	存储器备份和高精度实时时钟
2080-TRIMPOT6	专用	6 通道微调电位计模拟量输入
2080-SERIALISOL	通信	RS-232/RS-485 隔离式串行端口

2. Micro820/830/850/870 PLC 功能性插件模块特性

（1）离散型功能性插件

这些模块将来自用户设备的交流或直流通/断信号转换为相应的逻辑电平，以便在处理器中使用。只要指定的输入点发生通到断和断到通的转换，模块就会用新数据更新控制器。离散型功能性插件功能较简单，比较容易使用。

（2）模拟型功能性插件

2080-IF2 或 2080-IF4 功能性插件能够提供额外的嵌入式模拟量 I/O，2080-IF2 最多可增加 10 个模拟量输入，而 2080-IF4 最多可增加 20 个模拟量输入，并提供 12 位分辨率。它们的输入技术参数见表 3-9。

表 3-9　　2080-IF2、2080-IF4 主要输入技术参数

属性	2080-IF2	2080-IF4
非线性度(满量程的百分比)	±0.1%	
可重复性	±0.1%	
整个温度范围内的模块误差−20~65℃(−4~149℉)	电压:±1.5% 电流:±2.0%	
输入通道组态	通过组态软件屏幕或用户程序	
现场输入校准	不需要	
扫描时间	180ms	
输入组与总线的隔离	无隔离	
通道与通道的隔离	无隔离	
最大电缆长度	10m	

2080-OF2 功能性插件能够提供额外的嵌入式模拟量 I/O,它最多可增加 10 个模拟量输出,并提供 12 位分辨率。这些功能性插件可在 Micro820/830/850/870 PLC 的任意插槽中使用,不支持带电插拔(RIUP)。模拟型功能性插件的最大电缆长度只有 10m,因此,这种插件主要适用于单机控制中,而不适用于工业生产中,因为后者通常传感器或执行器到控制器输入输出模块端子的距离要远远超过 10m。

2080-IF4 与传感器的接线图如图 3-7 所示。电压变送器或电流变送器与模块连接时都不需要外接电源,而由模块内部电源向有关的端子供电。2080-OF2 与外部负载的接线图如图 3-8 所示。电压负载或电流负载与模块连接时都不需要外接电源,而由模块的端子供电。

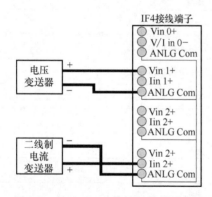

图 3-7　2080-IF4 功能性插件端子接线

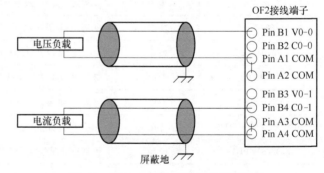

图 3-8　2080-OF2 功能性插件端子接线

对于不同的输入输出信号类型,模拟型功能性插件模块除了要在软件中进行相应设置外,在端子接线时也是不一样的,这点要十分注意。

(3)专用型功能性插件

1)非隔离式热电偶和热电阻功能性插件模块 2080-TC2 和 2080-RTD2:这些功能性插件模块(2080-TC2 和 2080-RTD2)能够在使用 PID 时,帮助实现温度控制。这些功能性插件可在 Micro820/830/850/870 PLC 的任意插槽中使用。不支持带电插拔。

2080-TC2 双通道功能性插件模块支持热电偶测量。该模块可对 8 种热电偶传感器(分度号为 B、E、J、K、N、R、S 和 T)的任意组合中的温度数据进行数字转换和传输,模块随附的外部 NTC 热敏电阻能提供冷端温度补偿。通过 CCW 编程组态软件,可单独为各个输

入通道组态特定的传感器、滤波频率。该模块支持超范围和欠范围条件报警，即对于所选定的传感器，当通道温度输入低于正常温度范围的最小值，则模块将通过 CCW 编程组态软件的全局变量报告欠范围错误；如果通道读取高于正常温度范围的最大值，则报告超范围错误。欠范围和超范围错误报告检查并非基于 CCW 编程组态软件的温度数据计数，而是基于功能性插件模块的实际温度（℃）或电压。

2080-RTD2 模块最多可支持两个通道的热电阻测量应用。该模块支持二线和三线热电阻传感器接线。它对模拟量数据进行数字转换，然后再在其映像表中传送转换的数据。该模块支持与最多 11 种热电阻传感器的任意组合相连接。通过 CCW 编程组态软件，可对各通道单独组态。组态为热电阻输入时，模块可将热电阻读数转换成温度数据。和 2080-TC2 一样，该模块也支持超范围和欠范围报警处理。

为了增加抗干扰能力，提高测量精度，2080-TC2 和 2080-RTD2 模块使用的所有电缆必须是屏蔽双绞线，且屏蔽线必须短接到控制器端的机架地。建议使用 22AWG（American Wire Gauge）导线连接传感器和模块。为获取稳定一致的读数，传感器应外包油浸型热电阻保护套管。

热电偶和热电阻功能性插件完成了模/数转换后，把转换结果存储在全局变量中。

2）存储器备份和高精度实时时钟功能性插件模块 2080-MEMBAK-RTC：该插件可生成控制器中项目的备份副本，并增加精确的实时时钟功能而无需定期校准或更新。它还可用于复制/更新 Micro820/830/850/870 应用程序代码。但是，它不可用作附加的运行时程序或数据存储。该插件本身带电源，因此只可将其安装在控制器最左端的插槽（插槽 1）中。该插件支持带电热插拔。

3）Micro800 系列 6 通道微调电位计模拟量输入功能性插件模块 2080-TRIMPOT6：该插件可增加 6 个模拟量预设以实现速度、位置和温度控制。此功能性插件可在 Micro830/Micro850 PLC 的任意插槽中使用，不支持带电热插拔（RIUP）。

（4）通信型功能性插件

2080-SERIALISOL RS-232/RS-485 隔离式串行端口功能性插件模块支持 CIP Serial（仅 RS-232）、Modbus RTU（仅 RS-232）以及 ASCII（仅 RS-232）协议。不同于 Micro800 PLC 的嵌入式串口，该端口是电气隔离的，非常适合连接噪声设备（如变频器和伺服驱动器）及长距离电缆通信。使用 RS-485 时最长距离为 1000m。

3.2.2　Micro800 PLC 功能性插件组态

1. 功能性插件组态步骤

以下步骤使用带 3 个功能性插件插槽的 Micro850 48 点 PLC 来说明组态过程。本示例中采用 2080-RTD2 和 2080-TC2 功能性插件模块。

1）启动 CCW 编程组态软件，并打开 Micro850 项目。在项目管理器窗口中，右键单击 Micro850 并选择"打开"，将显示"控制器属性"界面。

2）要添加 Micro800 PLC 功能性插件，可通过以下两种方式实现：

① 右键单击想要组态的功能性插件插槽，然后选择功能性插件，如图 3-9 所示。

② 右键单击控制器属性树中的功能性插件插槽，然后选择想要添加的功能性插件，如图 3-10 所示。

上述操作完成后，设备组态窗口中的设备图形显示界面和控制器属性界面都将显示所添加的功能性插件模块，如图 3-11 所示。

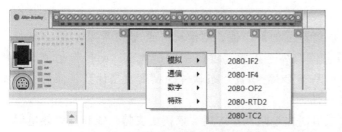

图 3-9　在设备图形界面添加功能性插件

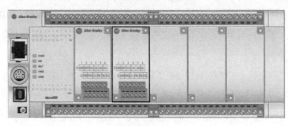
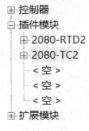

图 3-10　在控制器属性界面添加功能性插件

a) 控制器图形界面　　　　　　　　　　　　b) 控制器属性

图 3-11　添加 2 个功能性插件后的控制器

3）单击 2080-RTD2 或 2080-TC2 功能性插件模块，设置组态属性。

① 将插件模块配置为可选。选中插件模块，单击鼠标右键，在右侧配置窗口进行设置。其中第一个插件模块是必需的，后面的插件模块是可选的。可使用 PLUGIN_INFO 指令验证可选插件模块是否存在。

② 为 2080-TC2 指定通道 0 的"热电偶类型"和"数据更新速率"。通道 1 的"热电偶类型"为 E 型和"数据更新速率"为 12.5Hz。通道 0 的热电偶为默认的"K 型"传感器类型，默认数据更新速率为 16.7Hz，如图 3-12a 所示。

a) 设置2080-TC2通道参数

b) 设置2080-RTD2通道参数

图 3-12　温度测量功能性插件通道设置

③ 为 2080-RTD2 指定"热电阻（RTD）类型"和"数据更新速率"。热电阻的默认传感器类型为 100 Pt 385，默认数据更新速率为 16.7Hz，如图 3-12b 所示。

④ 2080-IF2 或 2080-IF4 是常用的模拟量模块。2080-IF2 的组态如图 3-13 所示。该模块的电流输入是 0~20mA，对应的数字量是 0~65535。若传感器是 4~20mA 标准信号，需要进行零点处理。

图 3-13　设置 2080-IF2 通道参数

2. 功能性插件错误处理

功能性插件在使用过程中会出现错误，可以根据其错误代码，进行初步的处理或恢复操作。部分功能性插件模块可能的错误代码及其处理措施见表 3-10。

表 3-10　Micro800 PLC 功能性插件模块的错误代码列表

错误代码	说　明	建议的措施
在以下 4 个错误代码中，z 表示功能性插件模块的插槽编号。如果 z=0，则无法识别插槽编号		
0xF0Az	功能性插件 I/O 模块在运行过程中出现错误	执行下列一项操作： • 检查功能性插件 I/O 模块的状态和运行情况； • 对 Micro800 控制器循环上电
0xF0Bz	功能性插件 I/O 模块组态与检测到的实际 I/O 组态不匹配	执行下列一项操作： • 更正用户程序中的功能性插件 I/O 模块组态，使其与实际的硬件配置相匹配； • 检查功能性插件 I/O 模块的状态和运行情况； • 对 Micro800 控制器循环上电； • 更换功能性插件 I/O 模块
0xF0Dz	对功能性插件 I/O 模块上电或移除功能性插件 I/O 模块时，发生硬件错误	执行以下操作： • 在用户程序中更正功能性插件 I/O 模块组态； • 使用一体化编程组态软件构建并下载该程序； • 使 Micro800 控制器进入运行模式
0xF0Ez	功能性插件 I/O 模块组态与检测到的实际 I/O 组态不匹配	执行以下操作： • 在用户程序中更正功能性插件 I/O 模块组态； • 使用一体化编程组态软件构建并下载该程序； • 使 Micro800 控制器进入运行模式

3.2.3　2080-IF2 模块用于温度采集示例

某温度测控系统配置了热电阻进行温度采集，Pt100 热电阻为三线制，温度变送器为二线制仪表，两者配接进行信号采集。其中测温范围为 $-50\sim150$℃，温度变送器输出为 $4\sim20$mA。假设所用 PLC 为 Micro820，在该 PLC 的第一个插件模块位置插入 2080-IF2，设置该模块的通道 0 为电流输入，对全局变量的通道 0（_IO_P1_AI_00）分配别名"AI0"，定义全局变量 M820Temp 保存转换后的温度，其他变量都是变量变换所需要的局部变量，这些变量的第一个字母是小写英文字母 l。然后分别用 ST 语言与梯形图进行编程。

（1）ST 语言程序

```
1  lReal_AI0:= ANY_TO_REAL(_IO_P1_AI_00);
2  (* 0-20mA的数字量是0-65535；4-20ma对应-50-150度，即4mA对应50度，0-20ma就对应-100到150*)
3  M820Temp:= lReal_AI0 /65535.0*250.0-100.0;
```

这里为了读者看清变换过程，使用了 2 句 ST 语言，实际上，用 1 句 ST 语言程序就可实现。

（2）梯形图程序

该温度采集程序还可以通过梯形图来编写，如图 3-14 所示。梯形图程序实现的功能也是先前介绍的一系列数学变换。从上述 ST 语言编写的程序和梯形图程序的对比可以看出，用 ST 语言编写数学变换的程序是多么的简洁。关于编程语言的详细介绍和程序设计技术，可参考本书的第 4 和第 6 章。

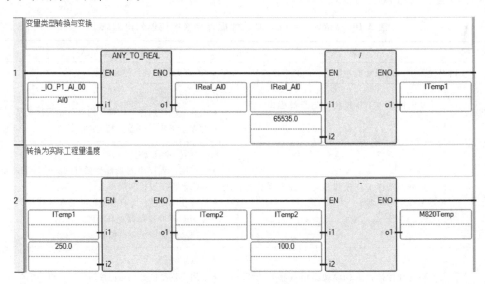

图 3-14　Micro800 控制器实现温度采集程序

3.3　Micro800 PLC 扩展模块及其组态

3.3.1　Micro800 PLC 扩展模块

1. Micro800 PLC 扩展模块概述

Micro820/830/850/870 PLC 支持扩展模块。扩展模块牢固地卡在控制器右侧，带有便于安装、维护和接线的可拆卸端子块；高集成度数字量和模拟量 I/O 减少了所需空间；隔离型的高分辨率模拟量、RTD 和 TC（分辨率高于功能性插件模块）具有更好的性能。可以将最多 4 个扩展 I/O 模块以任何组合方式连接至 Micro850 PLC，只要这些嵌入式、插入式和扩展离散 I/O 点的总数小于或等于 132。Micro800 PLC 扩展模块如图 3-15 所示。Micro800 PLC 扩展模块的技术规范见表 3-11。

图 3-15　Micro800 PLC 扩展模块

表 3-11　Micro800 PLC 扩展模块的技术规范

扩展 I/O 模块		
类别	产品目录号	描　　　　述
数字量 I/O	2085-IQ16	16 点数字量输入，DC 12/24V，灌入型/拉出型
	2085-IQ32T	32 点数字量输入，DC 12/24V，灌入型/拉出型
	2085-OV16	16 点数字量输出，DC 12/24V，灌入型
	2085-OB16	16 点数字量输出，DC 12/24V，拉出型
	2085-OW8	8 点继电器输出，2A
	2085-OW16	16 点继电器输出，2A
	2085-IA8	8 点 AC 120V 输入
	2085-IM8	8 点 AC 240V 输入
	2085-OA8	8 点 AC 120/240V 输出
模拟量 I/O	2085-IF4	4 通道模拟量输入，0~20mA，-10~+10V，隔离型，14 位
	2085-IF8	8 通道模拟量输入，0~20mA，-10~+10V，隔离型，14 位
	2085-OF4	4 通道模拟量输出，0~20mA，-10~+10V，隔离型，12 位
专用	2085-IRT4	4 通道 RTD 以及 TC，隔离型，±0.5℃
母线终端器	2085-ECR	终端盖板

　　扩展模块也可配置为可选。即如果配置为可选，而实际运行时没有该模块则控制器不报故障；如配置为必须，则控制器要报故障。在 CCW 编程软件的硬件组态窗口中鼠标单击"扩展模块"就可进行设置。

2. 离散（数字）量扩展 I/O 模块

　　Micro820/830/850/870 PLC 离散量扩展 I/O 模块是用于提供开关检测和执行的输入输出模块。离散量扩展模块主要包括：2085-IA8、2085-IM8、2085-IQ16 和 2085-IQ32T。离散量扩展 I/O 模块在每个输入/输出点都有一个黄色状态指示灯，用于指示各点的通/断状态。

3. 模拟量扩展 I/O 模块

（1）模拟值与数字值转换

2085-IF4 和 2085-IF8 模块分别支持 4 路和 8 路输入通道，而 2085-OF4 支持 4 路输出通道。各通道可组态为电流或电压输入/输出，默认情况下组态为电流模式。

为了更好地了解模拟量模块的信号转换，需要了解以下几个概念：

1）原始/比例数据：向控制器显示的值与所选输入成比例，且缩放成 A/D 转换器位分辨率所允许的最大数据范围。例如，对于电压范围是 -10~10V 的用户输入数据二进制值范围是 -32，768~32，767，此范围覆盖来自传感器的 -10.5~10.5V 满量程范围。

2）工程单位：模块将模拟量输入数据缩放为所选输入范围的实际电流或电压值。工程单位的分辨率是 0.001V 或 0.001 mA 每计数。

3）范围百分比：输入数据以正常工作范围的百分比形式显示。例如，DC 0~10V 相当于 0~100%。也支持高于和低于正常工作范围（满量程范围）的量值。

4）满量程范围。

① 有效范围为 0~20mA 信号的满量程范围值是 0~21mA。

② 有效范围为 4~20mA 信号的满量程范围值是 3.2~21mA。

③ 有效范围为 -10~10V 信号的满量程范围值是 -10.5~10.5V。

④ 有效范围为 0~10V 信号的满量程范围值是 -0.5~10.5V。

（2）输入滤波器

对于输入模块 2085-IF4 和 2085-IF8，可以通过输入滤波器参数指定各通道的频率滤波类型。输入模块使用数字滤波器来提供输入信号的噪声抑制功能。移动平均值滤波器减少了高频和随机白噪声，同时保持最佳的阶跃响应。频率滤波类型影响噪声抑制，如下所述。用户需要根据可接受的噪声和响应时间选择频率滤波类型为：50/60Hz 抑制（默认值）、无滤波器、2 点移动平均值、4 点移动平均值和 8 点移动平均值。

（3）过程级别报警

当模块超出所组态的各通道上限或下限时，过程级别报警将发出警告（对于输入模块，还提供附加的上上限报警和下下限报警）。当通道输入或输出降至低于下限报警或升至高于上限报警时，状态字中的某个位将置位。所有报警状态位都可单独读取或通过通道状态字节读取。

对于输出模块 2085-OF4，当启用锁存组态时，可以锁存报警状态位。它也可以单独组态各通道报警。

（4）钳位限制和报警

对于输出模块 2085-OF4，钳位会将来自模拟量模块的输出限制在控制器所组态的范围内，即使控制器发出超出该范围的输出。此安全特性会设定钳位上限和钳位下限。模块的钳位确定后，当从控制器接收到超出这些钳位限制的数据时，数据便会转换为该限值，但不会超过钳位值。在启用报警时，报警状态位还会置位。还可以在启用锁存组态时，锁存报警状态位。

例如，某个应用可能会将模块的钳位上限设为 8V，钳位下限设为 -8V。如果控制器将对应于 9V 的值发送到该模块，模块仅会对螺丝端子施加 8V 电压。模块可以对每个通道组态钳位限制（钳位上限/下限）、相关报警及其锁存。

3.3.2　Micro800 PLC 扩展模块组态

1. 添加扩展 I/O 模块

1）在项目管理器窗口中，右键单击 Micro850 并选择"打开"，或者鼠标双击"Micro850"，Micro850 项目界面随即在中央窗口中打开，且 Micro850 PLC 的图形副本位于第一层，控制器属性位于第二层，输出框位于最后一层。

2）单击 Micro850 项目 Micro850 PLC 最右侧的扩展模块位置（图 3-16 中①处），单击鼠标右键，会弹出菜单（②），选择数字类型的 2085-IQ32T 模块（③），则该模块会被插入到扩展模块 1 的位置。在控制器图标下面的扩展模块下会出现刚才插入的模块（④）。

按照同样的方式，在扩展模块 2 位置插入 2085-IF4，在扩展模块 3 位置插入 2085-OB16，在扩展模块 3 位置插入 2085-IRT4。

需要注意的是，最后安装的扩展模块后需要安装 2085-ECR 终端盖板（母线终端器），否则系统会报错误。

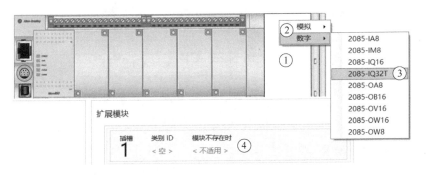

图 3-16　Micro850 PLC 扩展模块

至此完成了 4 个扩展模块的添加。模块添加完成后的控制器硬件如图 3-17 所示。在控制器属性窗口中可以看到扩展插槽上的控制器名称及其位置。

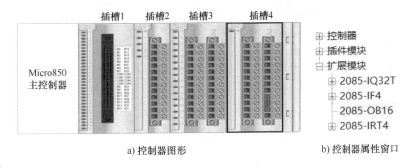

a) 控制器图形　　　　b) 控制器属性窗口

图 3-17　添加 4 个扩展模块后的控制器硬件

除了上述方法外，还可以在控制器属性界面的窗口中，选中"扩展模块"，把该文件夹打开后，可以看到 4 个插槽，会显示已经插入的模块以及还是空闲的插槽。选中希望安装扩展模块的插槽，鼠标单击右键，会弹出模拟与数字菜单，单击三角标志还会进一步弹出相应

的模拟量或数字量模块，选中希望添加的模块，
就完成了模块的插入过程，如图 3-18 所示。

　　所有的模块配置好后，要计算一下整个 PLC
硬件的功率需求，选择合适的开关电源给 PLC
供电。

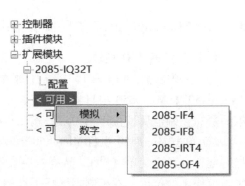

图 3-18　从控制器属性界面添加"扩展模块"

2. 编辑扩展 I/O 模块

（1）2085-IQ32T 属性配置

2085-IQ32T 是 32 位晶体管输出模块，可以设
置的属性参数很少，只有接通断开的时间可以调
整，如图 3-19 所示。

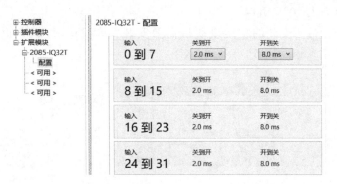

图 3-19　2085-IQ32T 属性配置窗口

（2）2085-IF4 属性配置

2085-IF4 是一个 4 路模拟量输入模块，在如图 3-20 所示的属性配置窗口中，可以对 4
个通道单独进行设置。设置的参数包括：

图 3-20　2085-IF4 属性配置窗口

1）信号类型，该模块可以输入的信号包括以下电流和电压共 4 种类型：

① 0~20mA 电流和 4~20mA 电流。

② DC 0~10V 和 DC −10~10V。

默认模式为 4~20mA 电流。

2）通道是否启用，若启用通道，可定义信号范围（类型）、数据格式和滤波器配置。

3）警报限制：包括上限报警和下限报警。

4）数据格式等。包括原始/比例数据、工程单位或范围百分比三种。参数具体说明见前一节。

（3）2085-OB16 属性设置

2085-OB16 是一个 16 个通道的继电器输出模块，没有参数可以设置。

（4）2085-IRT4 属性设置

2085-IRT4 是一个 4 路热电偶输入模块。属性配置窗口如图 3-21 所示。可以设置的参数包括热电偶的类型、单位、数据格式、滤波参数等。具体可以见前一节。

图 3-21　2085-IRT4 属性配置窗口

3. 删除和更换扩展 I/O 组态

控制器扩展模块配置好后，还可以进行编辑，包括删除、更换等。读者尝试删除插槽 2 中的 2085-IF4 和插槽 3 中的 2085-OB16。然后分别使用 2085-OW16 和另一个 2085-IQ32T 模块替换插槽 2 和 3 中的模块。该操作可以用两种方式完成，即在控制器设备图形界面上完成，或在控制器属性界面完成。首先选中相应插槽预删除的模块，然后执行删除操作，再用先前介绍的添加扩展模块的方法添加所需要的模块。

3.3.3　功能性插件模块与扩展 I/O 模块的比较

对于 Micro820/830/850/870 PLC 的功能性插件与扩展 I/O 模块，从先前的介绍来看，似乎是可以互相替代的。但实际上，两者在性能等特点上还是有一定不同的。表 3-12 所示为两种类型的模块比较。用户在使用时，可以根据表格中有关的参数结合应用需求合理确定选用功能性模块还是扩展 I/O 模块或它们的组合。

表 3-12　功能性插件与扩展 I/O 模块的比较

序号	属性	功能性插件	扩展 I/O 模块
1	接线端子	不可拆卸	可拆卸
2	输入隔离	不隔离	隔离
3	模拟量转换精度	12 位,1%精度;1degC（TC/RTD）	14 位,12 位（输出）时 0.1%; 0.5degC（TC/RTD）
4	滤波时间	固定 50/60Hz	可设置
5	I/O 模块密度	2~4 点	4~32 点
6	尺寸大小	不增加原有尺寸	会增加原有尺寸
7	不同的模块种类	隔离串口,内存备份模块, RTC,支持第三方模块等	交流输入/输出模块

3.4　CIP 及 Micro800 PLC 网络结构

3.4.1　CIP 及 Micro800 PLC 支持的通信方式

1. CIP 概述

通用工业协议（Common Industrial Protocol，CIP）是一种为工业应用开发的应用层协议，被工业以太网（EtherNet/IP）、控制网（ControlNet）、设备网（DeviceNet）3 种网络所采用。3 种 CIP 的网络模型和 ISO/OSI 参考模型对照如图 3-22 所示。可以看出，3 种类型的协议在各自网络底层协议的支持下，CIP 用不同的方式传输不同类型的报文，以满足它们对传输服务质量的不同要求。

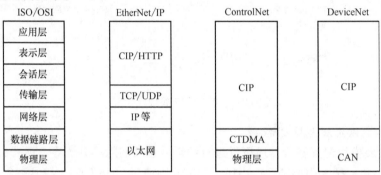

图 3-22　3 种 CIP 的网络模型和 ISO/OSI 参考模型对比示意图

相对而言，采用 CIP 的 CIP 网络功能强大、灵活性强，并且具有良好的实时性、确定性、可重复性和可靠性。CIP 网络功能的强大，体现在可通过一个网络传输多种类型的数据，完成了以前需要两个网络才能完成的任务。其灵活性体现在对多种通信模式和多种 I/O 数据触发方式的支持。由于 CIP 具有介质无关性，即 CIP 作为应用层协议的实施与底层介质无关，因而可以在控制系统和 I/O 设备上灵活实施这一开放协议。

2. Micro820/830/850/870 PLC 支持的通信方式

Micro820/830/850/870 PLC 通过嵌入式 RS-232/RS-485 串行端口以及任何已安装的串行端口功能性插件模块支持以下串行通信协议：

- Modbus RTU 主站和从站（支持 RS-232/RS-485）；
- CIP Serial 服务器（仅 RS-232）；
- ASCII（仅 RS-232）。

新增加的 CIP Serial 为串口带来了一些与 EtherNet/IP 相同的功能，即基于与 EtherNet/IP 相同的 CIP，但是却通过 RS-232 串行端口实现。CIP Serial 的两个主要的应用介绍如下。

（1）通过串口连接到终端 Panel View Component（PVC）

该方式与 Modbus 通信相比，易用性显著改善，且与通过 EtherNet/IP 在 PVC 中以标签化方式引用变量的功能基本相同。当然，默认的串行通信速率为 38400bit/s 时，与 Modbus RTU 相比，性能稍差。

（2）利用串口将远程调制解调器连接到 CCW 编程软件

此外，嵌入式以太网通信通道允许 Micro 820/850/870 PLC 连接到由各种设备组成的局域网，而该局域网可在各种设备间提供 10Mbit/s/100Mbit/s 的传输速率。

3. CIP 通信直通

在任何支持通用工业协议（CIP）的通信端口上，Micro820/830/850/870 控制器都支持直通。支持的最大跳转数目为 2。跳转被定义为两个设备之间的中间连接或通信链路。在 Micro850 PLC 中，跳转通过 EtherNet/IP 或 CIP Serial 或 CIP USB 实现。

（1）USB 到 EtherNet/IP

用户可通过 USB 从 PC 上下载程序到控制器 1。同样，可以通过 USB 到 EtherNet/IP 将程序下载到控制器 2 和控制器 3。从 USB 到 EtherNet/IP 的跳转如图 3-23 所示。

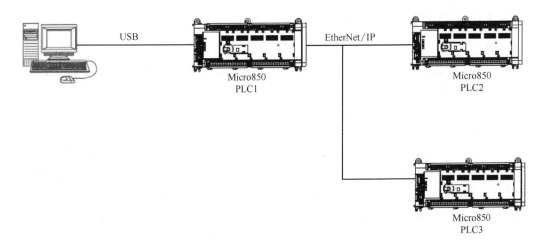

图 3-23　从 USB 到 EtherNet/IP 跳转示意图

（2）EtherNet/IP 到 CIP Serial

从 EtherNet/IP 到 CIP Serial 的跳转如图 3-24 所示。Micro800 PLC 不支持 3 个跳转（例如，EtherNet/IP→CIP Serial→EtherNet/IP）。

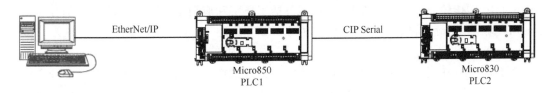

图 3-24　从 EtherNet/IP 到 CIP Serial 跳转示意图

4. CIP Symbolic 服务器

任何符合 CIP 的接口都支持 CIP Symbolic，其中包括以太网（EtherNet/IP）和串行端口（CIP Serial）。该协议能够使人机界面软件或终端设备轻松地连接到 Micro830/850/870 PLC。Micro850 控制器最多支持 16 个并行 EtherNet/IP 服务器连接。Micro830/850/870 PLC 均支持的 CIP Serial 使用 DF1 全双工协议，该协议可在两个设备之间提供点对点连接。协议中结合了数据透明性（美国国家标准协会 ANSI - X3.28-1976 规范子类别 D1）和带有嵌入式响应的双向同步传输（子类别 F1）。Micro800 PLC 通过与外部设备之间的 RS-232 连接支持该协议，这些外部设备包括运行 RSLinx Classic 软件、PVC 终端的计算机（防火墙版本 1.70 及更高版本）或者通过 DF1 全双工支持 CIP Serial 的其他控制器，例如带有嵌入式串行端口的 ControlLogix 和 CompactLogix 控制器。通过 CIP Symbolic 寻址，用户可访问除系统变量和保留变量之外的任何全局变量。

5. ASCII 通信

ASCII 提供了到其他 ASCII 设备的连接，例如条码阅读器、电子秤、串口打印机和其他智能设备。通过配置 ASCII 驱动器的嵌入式或任何插入式串行 RS-232 端口，便可使用 ASCII。有关详细信息可参见 CCW 编程软件在线帮助。

3.4.2　EtherNet/IP 工业以太网

1. 概述

EtherNet/IP 工业以太网具有许多优点，比如由其组成的系统兼容性和互操作性好，资源共享能力强，可以很容易地实现控制现场的数据与信息系统上的资源共享；数据的传输距离长、传输速率高；易与 Internet 连接，低成本、易组网，与计算机、服务器的连接十分方便，受到了广泛的技术支持。

2003 年 ODVA 组织将 IEEE 1588 精确时间同步协议用于 EtherNet/IP，制定了 CIP Sync 标准以进一步提高 EtherNet/IP 的实时性。该标准要求每秒由主控制器广播一个同步化信号到网络上的各个节点，要求所有节点的同步精度准确到 μs 级。为此，芯片制造商增加一个"加速"线路到以太网芯片，从而将性能改善到 $0.5\mu s$ 的精度。由此可见，CIPsync 可以看作是 CIP 的实时扩展。

Modbus 协议中迄今没有协议来完成功能安全、高精度同步和运动控制等，而 EtherNet/IP 有 CIP Safety、CIP Sync 和 CIP Motion 来完成上述功能。目前，施耐德电气也加入 ODVA 并作为核心成员来推广 EtherNet/IP，这有利于促进 EtherNet/IP 更加广泛的应用。

2. EtherNet/IP 协议模型及协议内容

EtherNet/IP 像其他的 CIP 网络（ControlNet、DeviceNet）一样，也遵从 OSI 七层模型。EtherNet/IP 在传输层以上执行 CIP，CIP 帧包括用户层和应用层。数据包的其余部分是 EtherNet/IP 帧，CIP 帧通过它们在以太网上传输。其网络结构如图 3-25 所示。

（1）物理层

在 EtherNet/IP 中，物理层主要为它提供了物理的电气、机械等特性描述。EtherNet/IP 在物理层和数据链路层使用 IEEE 802.3 标准的以太网技术。EtherNet/IP 网络采用有源星形拓扑结构，所有设备以点对点的方式直接与交换机建立连接。星形拓扑结构的优势在于可以同时支持 10Mbit/s 和 100Mbit/s 的节点设备。因此，可以在网络中混合使用 10Mbit/s 和 100Mbit/s 的节点设备，以太网交换机都能与它们进行通信。另外星形拓扑结构使得节点设备间的连线更为简捷，为故障诊断和后期维护带来方便。

EtherNet/IP 采用同轴电缆、双绞线和光纤作为传输介质。使用双绞线的传输距离为 100m，其中，10Base-T 用于 10Mbit/s 网段的连接；100Base.TX 用于 100Mbit/s 网段连接和快速以太网运行。光纤为长距离传输提供了解决方案，它的传输距离为 2000m，其中 10Base-FL 用于 10Mbit/s 连接；100Base-FX 用于 100Mbit/s（快速以太网）连接；1000Base-

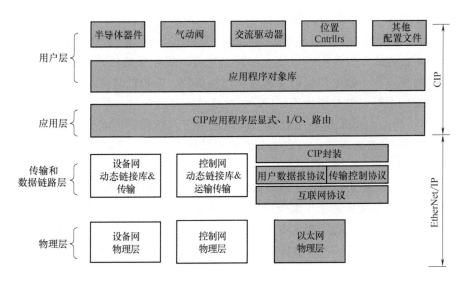

图 3-25　EtherNet/IP 的网络结构

SX 用于 1Gbit/s 连接。

（2）数据链路层

IEEE 802.3 规范也作为 EtherNet/IP 数据链路层上设备间传输数据包的标准。以太网使用 CSMA/CD（带冲突检测的载波监听多路访问）机制来解决通信介质的竞争。当节点想传送数据时，它先侦听网络，如果侦听到两个或更多个节点之间的冲突，此节点要停止传送并等待一个随机时间后重试。此随机时间由标准的二进制指数回退（Binary Exponential Back-off，BEB）算法来决定。在达到 10 次碰撞后，此随机时间固定在 1023 个时隙，在 16 次碰撞之后，节点不再试图传送并向节点微处理器报告传送失败，由更高层协议决定是否重试。

（3）网络层和传输层

在网络层和传输层，EtherNet/IP 利用 TCP/IP 在一个或多个设备之间发送信息。在这些层中，所有 CIP 网络使用封装技术封装标准 CIP 报文。CIP 定义了显式报文和隐式报文两种报文类型。由于 CIP 报文被封装到 TCP/IP 报文中，这样，通过使用 TCP/IP，EtherNet/IP 能够发送显式报文。由于 TCP 是一种面向连接的、点对点传输机制。这种机制提供数据流控制、分裂重组以及报文应答功能，能实现可靠的数据传输。因此，EtherNet/IP 使用 TCP 传输显式报文，这些显式报文通常为组态、诊断和事件数据，而 UDP 主要用来传输 I/O 数据等实时性要求高的隐式报文。

（4）应用层

EtherNet/IP 的应用层协议为 CIP。CIP 是一个端到端的面向对象的协议，提供了工业设备和高级设备之间进行协议连接的数据通信机制。CIP 主要由对象模型、通信机制、通信对象、服务、设备描述、对象库等部分组成，每一部分都对应着相应的功能实现。CIP 中的节点访问都是通过对象来完成的。

CIP 分为 3 个类型，包括 UCMM 未连接报文管理器（Unconnected Messaging），Class3 连接报文管理器（Connected Messaging）和 Class1 实时连接报文管理器（Connected Real-time

Transfer)。通过 TCP/IP 传输到应用层的数据由 UCMM 或者 Class3 协议来管理，而通过 UDP/IP 传输到应用层的数据则是通过 Class1 协议来管理。UCMM 协议是客户端与服务器端未建立连接的传输方式，需要由客户端发起数据传输，服务器端对此采取响应，接收数据。这种传输方式的优点在于数据传输前无需建立连接机制，但相较其他两类协议，传输的效率比较低，同时支持多对多的数据传输。Class3 协议是客户端和服务器端的定时传输方式，传输机制与 UCMM 相似，但传输效率较高，比较适用于对传输时间苛刻的 I/O 数据。Class1 传输则基于生产者/消费者模式，可支持多点收发数据的并行，传输效率较高，同样适用于 I/O 数据的实时传输。

CIP 数据发送之前要完成封装，即将其封装到 TCP（UDP）帧中。CIP 报文的通信分为无连接的通信和基于连接的通信。无连接的报文通信是 CIP 定义的最基本的通信方式。CIP 数据包所请求的服务属性决定了报文首部的内容，如隐式报文其报头是源地址和目的地址，而显式报文其报头是标识符 CID。这种方式使得 CIP 数据包通过 TCP 或 UDP 传输并能够由接收方解包。

3. EtherNet/IP 的生产者/消费者（Pruducer/Consumer）模式

源/目的通信模式中，每个报文都要指定源和目的，属于点对点通信。而生产者/消费者（Pruducer/Consumer）模式中，数据之间的关联不是由具体的源、目的地址联系起来，而是以生产者和消费者的形式提供，该模式下，数据被分配一个唯一的标识，每一个数据源一次性地将数据发送到网络上，允许网络上所有节点同时从一个数据源存取同一数据或选择性地读取这些数据，因此数据的传输达到了最优化，避免了浪费带宽，提高了系统的通信效率，能够很好地支持系统的控制、组态和数据采集。需要说明的是，EtherNet/IP 的隐式报文采用生产者/消费者模式，而显示报文采用传统的源/目的通信模式。

生产者/消费者通信模式中，生产者与消费者之间不直接相互通信，数据是通过缓存区进行交换的，即生产者与消费者也不产生直接的依赖关系。当一方发生变化时，另一方则无需做相应的变动，节省了网络资源。假如生产者在短时间内发出了大量的数据，缓存区也能够将这些数据存储，消费者无需在短时间内接收大量的信息而造成数据阻塞。同时缓存区也能够很好地对网络异常进行调整，使得系统在发生阻塞的时候消费者和生产者仍能独立的工作，不会造成长时间的等待，不影响操作时间。

4. EtherNet/IP 的数据封装

EtherNet/IP 规范为 CIP 提供了承载服务，在发送 CIP 数据包之前必须对其进行封装。EtherNet/IP 的报文封装如图 3-26 所示。所有封装好的信息是通过 TCP（UDP）端口 0XAF12（44818）来传送的，也适合于其他支持 TCP/IP 的网络。

EtherNet 报文 （14字节）	IP 报文 （20字节）	TCP 报文 （20字节）	CIP 报文 封装	CRC

图 3-26 EtherNet/IP 的报文封装

这里以罗克韦尔自动化的 CCW 编程软件与 Micro850 控制器的通信为例来对 CIP 报文封装进行简单的说明。CCW 编程软件与控制器在线连接，在 CCW 编程软件上可以强制控制器中的数字量变量。CCW 编程软件作为客户机［这里用的是 VM（虚拟机）］，控制器作为服务器。客户机的 IP 地址为 192.168.1.75，控制器的 IP 地址为 192.168.1.6。为简单起见，CCW 编程软件的在线连接程序中只有 3 个变量，别名分别是 TESTDO1、TESTDO2 和 TESTSTOP。运行 Wireshark，启动 CCW 编程软件的在线监控，从 Wireshark 抓的 2 帧数据包如图 3-27a 所示。客户机首先在网络中以 ARP 广播方式发出一个建立显示连接的请求报文，当服务器发现发给自己时（IP 地址与自己的相符），他的 UCMM 就以广播方式发送一个包含 CID 的未连接报文，服务器收到并得到 CID 后，客户机与服务器的显示连接就建立了。从后续的报文看，网络中没有 UDP 报文，显然，两者之间是 TCP 而非 UDP 通信，即服务器与客户机间建立的确实是显式连接。

```
129 7.392494    VMware_e6:d7:80   Rockwell_9a:48:0e   ARP        42 Who has 192.168.1.6? Tell 192.168.1.75
130 7.393678    Rockwell_9a:48:0e  VMware_e6:d7:80    ARP        64 192.168.1.6 is at f4:54:33:9a:48:0e
```

a) ARP 广播方式建立显式连接

b) 客户机读服务器中变量/别名的报文

图 3-27　Wireshark 抓包分析 EtherNet/IP 报文

由于客户机中 CCW 编程软件处于在线监控状态，因此，客户机定时发起读别名的请求（Requst），而每发出一个读 1 个别名的请求，控制器就会响应。对于客户机读 TESTDO1 请求的数据包，Wireshark 抓取的数据帧截图如图 3-27b 所示。CIP 数据包一共 64 字节，其中 CIP 报头是 24 字节，CIP 命令相关数据是 40 字节。CIP 报头包括命令字、数据长度、Session handle、状态代码、发送方上下文和选项标志等。需要注意的是 CIP 数据包的字节顺序，如发送单元数据请求命令字 0x7000，实际是 0x0070，即高低字节要调换一下。

图 3-28 细化了 CIP 数据包的内容，可以更清楚地了解 CIP 的内容，如服务是 0x52，请求路径大小是 5 个字（0x05）等。这里还能看到要读取的控制器变量/别名 TESTDO1 等。当然，要完全弄清协议的细节，还需要参考相关的标准和厂商的信息。

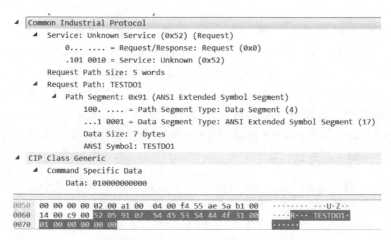

图 3-28 Wireshark 抓包分析 CIP 报文

3.4.3 Micro800 PLC 网络结构

1. 基于串行通信的控制器网络结构

这种基于串行通信的控制器网络结构如图 3-29 所示。Micro850 PLC 作为主控制器，通过 RS-232/RS-485 串行设备通信和终端设备（如条码扫描、仪表、GPRS 等）通信，也可通过 RS-485 总线与变频器或伺服等其他串行设备通信。上位机可以通过串行通信或以太网与控制器通信。上位机还可以通过 USB 接口下载终端程序。当然，由于控制器上串行接口的限制，当需要多个串口时，可以添加串行通信功能性插件。Micro800 PLC 通过串口进行 Modbus 通信时，可作为主站或从站。通过以太网进行 Modbus TCP 通信时，

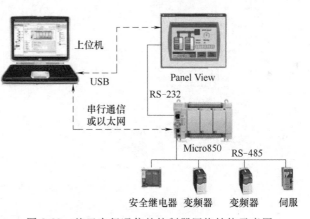

图 3-29 基于串行通信的控制器网络结构示意图

可作为客户机或服务器。以太网通信时最多支持 16 个以太网设备。

2. 基于 EtherNet/IP 的控制器网络结构

传统的工业控制网络包括设备层、控制层和监控层三个层级，采用设备网（DeviceNet）、控制网（ControlNet）和以太网把设备联网，实现信息交换。不同自动化厂家，采用不同的网络协议来构建这样的控制器网络。罗克韦尔自动化与之对应的控制系统结构如图 3-30 所示。为了实现这样的结构，PLC 上除了配置以太网接口外，还必须配置 DeviceNet 接口模块和 ControlNet 接口模块。显然，这种分层结构及与之对应的不同类型的总线协议虽然曾促进了工业自动化系统的信息化，但是，由于现场总线种类太多，多种现场总线互不兼容，导致不同公司的控制器之间、控制器与远程 I/O 及现场智能单元之间在实时数据交换上还存在很多障碍，同时异构总线网络之间的互联成本也较高。

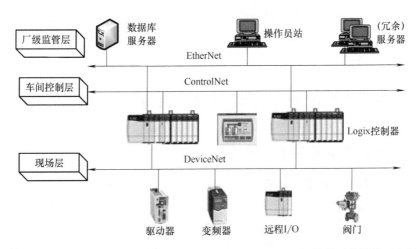

图 3-30　基于设备网、控制网和以太网三层网络结构的工业控制系统结构示意图

工业以太网具有价格低廉、稳定可靠、通信速率高、软硬件产品丰富、应用广泛以及技术成熟等优点，已成为最受欢迎的通信网络之一。为了适应工业现场的应用要求，各种工业以太网产品在材质的选用、产品的强度、适用性、互操作性、可靠性、抗干扰性、本质安全性等方面都不断做出改进。特别是为了满足工业应用对网络可靠性的要求，各种工业以太网的冗余功能也应运而生。为了满足工控系统对数据通信的实时性要求，多种应用层实时通信协议被开发。目前 Modbus TCP、ProfiNet、Ethernet/IP 等应用层协议的工业以太网已经得到广泛支持，基于上述协议的各种类型控制器、变频器、编码器、远程 I/O 等已大量面世，以工业以太网为统一网络的工业控制系统集成方案已成熟并在实践中得到成功应用。

图 3-31 为基于 EtherNet/IP 工业以太网的工业控制系统结构示意图。该系统摒弃了传统的控制网和设备网，全部采用工业以太网设备，实现 EtherNet/IP 一网到底。第三方设备可以通过网关连接到 EtherNet/IP 网络上。这种采用一种网络的系统结构的好处是整个控制系统网络更加简单，设备种类减少，从厂级监控层到现场层的数据通信更加直接。

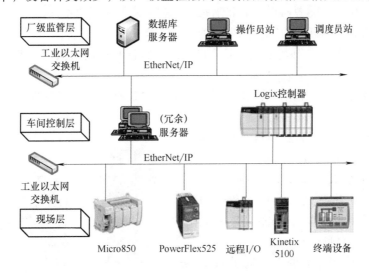

图 3-31　基于 EtherNet/IP 工业以太网的工业控制系统结构示意图

在这个网络里，罗克韦尔自动化的所有支持 EtherNet/IP 的控制器（Micro800 系列、SLC 系列、Logix 系列等）、伺服驱动器、变频器、人机界面、按钮与指示灯等都可以实现以太网通信。

3.5　Micro800 PLC 配套的变频和伺服设备

3.5.1　Power Flex 520 系列变频器特性

1. Power Flex 520 系列变频器概述

变频器是应用变频技术与微电子技术，通过改变电机工作电源的频率和幅度的方式来控制交流电动机的电力传动器件。Power Flex 520 系列变频器包括 PF525 和 PF523 两款产品，是罗克韦尔自动化的新一代交流变频器产品。它将各种电机控制选项、通信、节能和标准安全特性组合在一个高性价比变频器中，适用于从单机到简单系统集成的各类应用。

Power Flex 520 系列变频器支持 RS-485（DSI）协议，可配合罗克韦尔自动化外围设备高效工作。另外，还支持某些 Modbus 功能进行简单的联网。Power Flex 520 系列变频器可在 RTU 模式下使用 Modbus 协议实现 RS-485 网络上的多点连接。

以 Power Flex 525 为例，其具有以下特性：

- 功率额定值及电压等级（100~600V）涵盖广泛。
- 采用创新的可拆卸模块化设计，允许安装和配置同步完成，显著提高了生产率。
- EtherNet/IP 嵌入式端口支持无缝集成到 Logix 环境和 EtherNet/IP 网络。选配的双端口 EtherNet/IP 卡提供更多的连接选项，包括设备级环网（DLR）功能。
- 使用简明直观的软件来简化编程，借助标准 USB 接口加快变频器配置速度。
- 动态 LCD 人机接口模块支持多国语言，并提供描述性 QuickView 动文本功能。
- 提供针对具体应用（例如传送带、搅拌机、泵机等）的参数组，使用 AppView 工具更快地启动、运行变频器，使用 CustomView 工具定义自己的参数组。
- 通过节能模式、能源监视功能和永磁电机控制降低能源成本。
- 使用嵌入式安全断开扭矩功能来保护人员安全。
- 可承受高达 50℃ 的环境温度；具备电流降额特性和控制模块风扇套件，工作温度最高可达 70℃。
- 电机控制范围广，包括压频比、无传感器矢量控制、闭环速度矢量控制和永磁电机控制。

2. Power Flex 520 系列变频器硬件及其配置

Power Flex 520 系列变频器由一个电源模块和一个控制模块组成，如图 3-32 所示。此外，该系列变频器还有嵌入式 EtherNet/IP 适配器、DeviceNet 适配器、双端口 EtherNet/IP 适配器和 Profibus 适配器供用户选配。

Power Flex 525 变频器的 I/O 端子如图 3-33 所示。要根据产品使用手册，了解这些端子的作

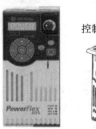
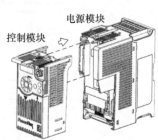

图 3-32　Power Flex 520 正面及其结构组成图

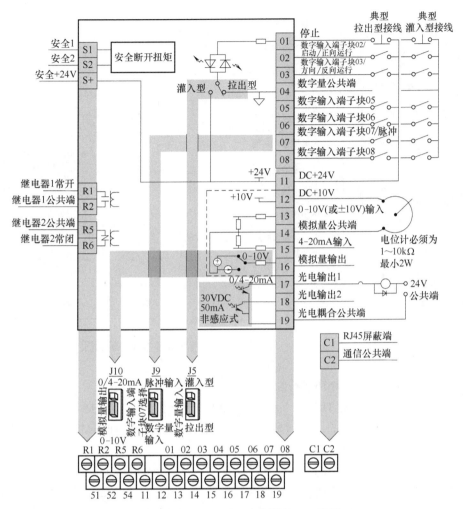

图 3-33　Power Flex 525 变频器的 I/O 端子

用及其使用，进行正确的配线，同时，所配置的参数也要与硬件匹配。

要配置变频器以特定方式运行，必须设置某些变频器参数。存在 3 种参数类型：

➤ ENUM：ENUM 参数支持从两个或多个选项中进行选择。每个选项都以一个编号表示。

➤ 数值参数：这些参数具有单个数值。

➤ 位参数：位参数具有 5 个位，每个位都与功能或条件有关。如果该位为 0，则功能关闭或条件为假。如果该位为 1，则功能启用或条件为真。

Power Flex 520 系列变频器要设置的参数可以分为：基本显示组、基本编程组、端子块组、通信组、逻辑组、高级显示组、高级程序组、网络组、已修改组、故障和诊断组、AppView 和 CustomView 组等。参数组的详细含义需参考用户手册。

可以通过以下几种方式设置变频器的参数：

1）通过变频器的集成键盘和显示屏进行参数设置。Power Flex 520 系列变频器的显示屏前面板如图 3-34 所示。通过键盘，除了可完成一系列参数设置，还可以手动操作变频器，

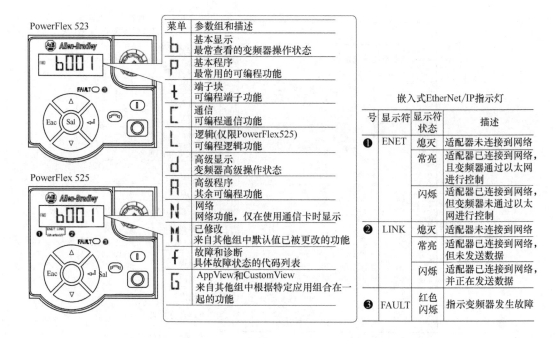

图 3-34　Power Flex 520 系列变频器前面板和参数组示意图

实现启、停变频器及改变速度和运行方向等操作。

2）通过 Power Flex 4 类 HIM（人机接口模块）进行配置。HIM 是与变频器的 DSI（驱动串行接口）连接进行通信的。变频器的串行通信参数可通过集成面板设置。该模块需要另外购买。

3）通过以太网接口对变频器参数进行设置。对于 Micro800 PLC，可使用 CCW 编程软件，通过以太网接口与变频器通信，完成参数配置。在进行以太网通信前，要配置以太网参数。该参数可以通过集成键盘设置，也可以通过 DHCP/BOOTP 工具根据变频器的 MAC 地址来设置。

此外 Power Flex 520 系列变频器有一个连接到 PC 的 USB 端口，可用于升级变频器固件或上传/下载参数配置。无需给控制模块上电，只需使用 USB B 型电缆将 Power Flex 520 系列变频器连接到 PC。连接后，PC 中将显示变频器，其中包含两个文件：GUIDE. pdf 和 F52XUSB. exe。GUIDE. pdf 文件中包含相关产品文档和软件下载地址的链接；F52XUSB. exe 文件是用于快速升级固件或上传/下载参数配置的应用程序。双击 PF52XUSB. exe 文件启动 USB 实用工具应用程序，随后将显示主菜单。用户可根据程序说明操作程序，完成升级固件或上传/下载配置数据等任务。

3. Power Flex 525 变频器使用步骤与安全注意事项

变频器不同于一般的弱电自动化设备，若使用不当，可能导致人身伤害和/或设备损坏。因此只有熟悉交流变频器及其相关机械结构的合格人员才能规划或实施系统的安装、启动和后续维护，并且在使用过程中，应该严格按照使用说明，遵守安全规范。

一般来说，变频器出厂默认参数值允许通过键盘控制变频器，用户无需编程即可直接通过键盘实现启动、停止、方向更改和速度控制。但用户实际使用的需求是不同的，因此要使用 Power Flex 520 系列变频器，需要按照以下步骤进行操作。

（1）接通变频器电源之前的操作

1）断开机器电源并将其上锁。

2）验证断路装置上的交流电路电源是否处于变频器的额定值范围内。

3）如更换变频器，应确认当前变频器的产品目录号，确认变频器上安装的所有选件。

4）确认数字量控制电源均为 24V。

5）检查接地、接线、连接和环境兼容性。

6）确认已根据控制接线图正确设置灌入型/拉出型跳线。默认控制方案为拉出型。"停止"端子应连接跳接，以便通过键盘或通信启动。如果将控制方案更改为灌入型，则必须移除 I/O 端子 01 和 11 上的跳线，并将其安装到 I/O 端子 01 和 04 之间。

7）按应用要求进行 I/O 接线。

8）对电源输入和输出端子接线。

9）确认所有输入都已连接到正确的端子并已安全固定。

10）收集并记录电机铭牌和编码器或反馈设备信息，确认电机连接。

① 电机是否与负载（包括齿轮箱）非耦合。

② 应用要求电机朝哪个方向旋转。

11）确认变频器的输入电压，确认变频器是否位于接地系统上，确保 MOV 跳线处于正确位置。

（2）接通变频器电源后的操作

1）将变频器和通信适配器复位到出厂默认设置。

2）配置与电机相关的基本程序参数。

3）完成变频器的自整定过程。

4）确认变频器和电机按指定方式运行，包括：

① 确认存在"停止"输入，否则变频器将无法启动。如果将 I/O 端子 01 用作停止输入，则必须移除 I/O 端子 01 和 11 之间的跳线。

② 确认变频器正在从正确的位置接收速度基准值，且基准值标定正确。

③ 确认变频器正在正确接收启动和停止命令。

④ 确认输入电流平衡。

⑤ 确认电机电流平衡。

5）使用 USB 实用程序保存变频器设置备份。

变频器使用过程中，一定要注意安全。首先要确保接线正确，根据统计资料，变频器使用中出现问题多数情况下都是硬件接线不正确造成的。另外，Power Flex 520 系列变频器包括高压电容，变频器断电后，需等待 3min 以确保直流母线电容器已放电。3min 后，验证交流电压 L1、L2、L3，以确保已断开与主电源的连接。测量 DC-和 DC+母线端子间的直流电压，以验证直流母线已放电至 0V。测量 L1、L2、L3、T1、T2、T3 DC-和 DC+端子对地的直流电压，并用电压表测量端子间电压，直至电压放电至 0V。放电过程可能需要几分钟才能使电压降至 0V。LED 变暗并不能表示电容器已放电至安全电压水平。

Micro800 控制器与 PF525 变频器用于运动控制的案例见本书 6.5 节。

3.5.2　Kinetix 3 伺服驱动器及其网络结构

1. Kinetix 3 组件级伺服驱动器概述

Kinetix 3 组件级伺服驱动器是罗克韦尔自动化为小型低轴数应用提供的一种经济实用的运动控制解决方案。Kinetix 3 伺服驱动器能够对应用进行适当等级的控制，具有可供下载的配置软件和自动电机识别功能，令运动控制简单易行而又成本低廉。该驱动器是功率小于1.5kW、瞬时转矩在 12.55N·m 以下的小型机器的合适选择。驱动器外形小巧，功率范围较窄，可用于分度台、医疗器械制造、轻工业、实验室自动化设备和半导体加工等领域。

Kinetix 3 伺服驱动器特性有：

1）单轴解决方案，适用于复杂程度较低的运动控制应用，可与 PLC 一起用，也可不与PLC 一起用。

2）灵活的控制命令接口，包括数字量 I/O、模拟量、预设速度和脉冲串命令。

3）通过串行通信或数字量 I/O 最多可对 64 点执行分度控制。

4）AC 170~264V（200V 级别）单相或三相电源。

5）用户可用 Ultraware 软件对 Series A 类型的 Kinetix 3 驱动器进行配置；用 CCW 编程软件（V6.0 以上）对 Series B 类型的 Kinetix 3 驱动器（V3.005 及以上版本）进行配置。配置前要用专门的 USB 电缆连接计算机和 Kinetix 3。

6）可与装有 RSLogix 500 软件的 MicroLogix1100/1400 控制器配套使用，也可以和装有CCW 编程软件的 Micro830/850/870 控制器配套使用。

2. Kinetix 3 组件级伺服驱动系统典型硬件配置

（1）系统组成

一个完整的 Kinetix 3 伺服驱动系统包含以下必需组件：

1）一个 2071-Axxxx 伺服驱动器；

2）一台旋转电机、直线电机或线性执行机构；

3）一条电机电源和电机反馈电缆；

4）一块 2071-TBMF 分线板（配合散头引线反馈电缆使用）。

Kinetix 3 伺服驱动系统还可搭载以下可选组件：

1）一块 2071-TBIO 分线板，用于控制接口（可接 24 针）；

2）一条 2090-DAIO-D50xx 分接电缆（可接 50 针）；

3）Bulletin 2090 控制和配置串行电缆；

4）Bulletin 2090-XXLF-TCxxx 交流电路滤波器。

（2）系统硬件配置

Kinetix 3 组件级伺服驱动器硬件接口和指示灯如图 3-35 所示。用户可以通过面板组态其参数，对其进行基本的功能操作和测试，也可通过其七段码指示了解其状态。

采用 Kinetix 3 组件级伺服驱动器可以构建典型的运动控制系统，该系统的典型硬件配置如图 3-36 所示。罗克韦尔自动化有完整的硬件产品、配件和软件支持，以完成复杂度较低的运动控制任务。在设计具体的运动控制系统时，用户需要针对具体的应用需求，选配合适的伺服驱动器、伺服电机、执行机构和配件，完成硬件配置和连接，进行参数设置，编写控制程序。罗克韦尔自动化提供了大量 Kinetix 3 组件类用户自定义功能模块和运动控制指

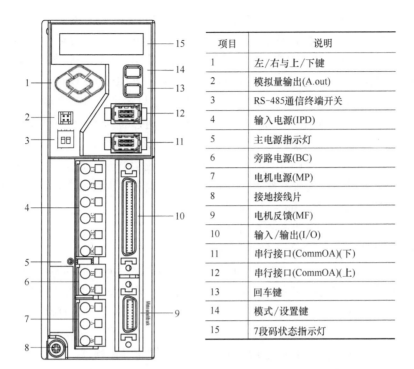

项目	说明
1	左/右与上/下键
2	模拟量输出(A.out)
3	RS-485通信终端开关
4	输入电源(IPD)
5	主电源指示灯
6	旁路电源(BC)
7	电机电源(MP)
8	接地接线片
9	电机反馈(MF)
10	输入/输出(I/O)
11	串行接口(CommOA)(下)
12	串行接口(CommOA)(上)
13	回车键
14	模式/设置键
15	7段码状态指示灯

图 3-35　Kinetix 3 组件级伺服驱动器硬件接口和指示灯

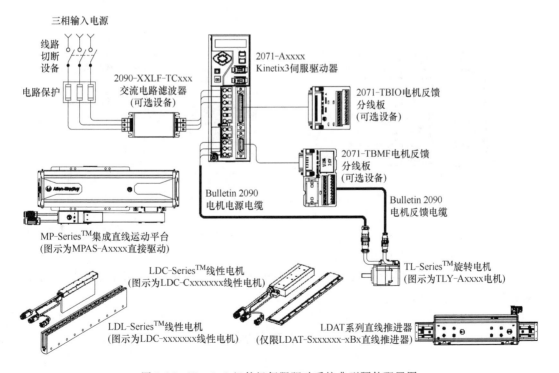

图 3-36　Kinetix 3 组件级伺服驱动系统典型硬件配置图

令，十分便于应用软件的开发。

以采用 CCW 编程软件配置伺服驱动器为例，其具体配置过程包括：

1）首先通过 Kinetix 3 的面板配置其设备地址（Pr0.07）和串行通信参数（Pr0.09）。这里需组态为 RS-485 类型，协议为 Modbus-RTU；用 1203-USB 电缆连接计算机和伺服驱动器，安装 USB 的驱动，生成虚拟串口（假设是 COM3）；在 RSLink Classic 中增加 COM3 串口驱动（假设名称是 AB_DF1-1），并配置串行通信参数与 Kinetix 3 硬件设备中组态的参数一致。检验 RSLink Classic 中是否生成 AB DSI 的驱动；通过名称为 AB_DF1-1 的驱动把 CCW 编程软件与 Kinetix 3 驱动器连接，成功后会弹出 Kinetix 3 配置窗口。

2）在配置窗口中用向导（Wizards）对伺服驱动器的参数进行配置。在 CCW 编程软件中，使用 5 步即可完成轴的生成及配置，在运行中可以监视主要的参数。

3）配置伺服驱动器的 Modbus-RTU 通信参数。

详细的配置过程可以参考相关的手册。

3. Kinetix 3 组件级伺服驱动系统典型通信配置

Kinetix 3 除了可以通过硬接线方式通过 Micro830/850/870 PLC 的 PTO 信号进行控制外，还可通过串行通信进行控制。作为低成本的伺服控制器，Kinetix 3 不支持以太网通信，只有串行通信接口。图 3-37 所示为 Micro830/850/870 PLC 通过串行通信模块（2080-SERIALI-SOL）与 Kinetix 3 通信的连接方式。若有多台 Kinetix 3，可以利用伺服控制器上的串行接口级连，组成串行通信网络。对于通过 RS-485 网络连接的伺服控制器，要对每个伺服控制器设置不同的地址（Pr0.07），并设置同样的 Modbus 通信参数。通过 Modbus-RTU 通信，最多可以实现对 3 个轴执行索引定位控制。

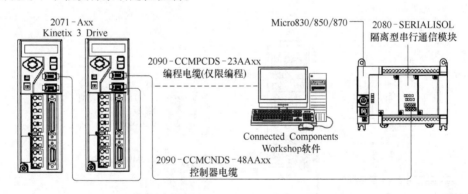

图 3-37　Kinetix 3 组件级伺服驱动系统典型通信配置

这里要强调的是，CCW 编程软件（V6.0 以上版本）只能对 Series B 类型且版本号是 V3.005 及以上的 Kinetix 3 驱动器进行配置。

关于 Kinetix 3 及其使用的详细知识，读者可以到罗克韦尔自动化网站查阅相关的技术资料和手册。

复习思考题

1. 请上网查阅资料，比较罗克韦尔自动化 Micro850 PLC、西门子 S7-1200 及三菱 FX5U 的差异。

2. Micro800 PLC 有何特点?

3. Micro850 PLC 功能性插件与扩展模块相比有何异同。

4. Micro850 PLC 支持的通信方式有哪些?

5. 为何目前工业以太网的应用在 I/O 层越来越多?

6. 上网查阅 CIP 的主要内容。还有哪些工业以太网协议,其各自的主要应用领域是什么?

7. CIP 采用的生产者/消费者通信模式有何特点?

8. 什么是隐式报文? 什么是显式报文? 各用于什么数据的传输。

第4章 PLC编程语言与CCW编程软件

4.1 PLC编程语言标准IEC 61131-3

4.1.1 传统PLC编程语言的不足

由于PLC的I/O点数可以从十几点到几千甚至上万点，因此其应用范围极广。由于市场较大，众多的厂家生产各种类型的PLC产品或为之配套，因此PLC大量用于从小型设备到大型生产制造系统的控制，成为用量最大的一类控制器设备。由于大量的厂家在PLC的生产、开发上各自为政，造成PLC产品从软件到硬件的兼容性很差。在编程语言上，从低端产品到高端产品都支持的就是梯形图，它虽然遵从了广大电气自动化人员的专业习惯，具有易学易用等特点，但也存在许多难以克服的缺点。虽然一些中、高端的PLC还支持其他一些编程语言，但总体上来讲，传统的以梯形图为代表的PLC编程语言存在许多不足之处，主要表现在以下方面：

1) 梯形图语言规范不一致。虽然不同厂家的PLC产品都可采用梯形图编程，但各自的梯形图符号和编程规则均不一致，各自的梯形图指令数量及表达方式相差较大。

2) 程序可复用性差。为了减少重复劳动，现代软件工程特别强调程序的可重复使用性，而传统的梯形图程序很难通过调用子程序实现相同的逻辑算法和策略的重复使用，更不用说同样的功能块在不同的PLC之间使用。

3) 缺乏足够的程序封装能力。一般要求将一个复杂的程序分解为若干个不同功能的程序模块。或者说，人们在编程时希望用不同的功能模块组合成一个复杂的程序，但梯形图编程难以实现程序模块之间具有清晰接口的模块化，也难以对外部隐藏程序模块的内部数据从而实现程序模块的封装。

4) 不支持数据结构。梯形图编程不支持数据结构，无法实现将数据组织成如Pascal、C语言等高级语言中的数据结构那样的数据类型。对于一些复杂控制应用的编程，它几乎无能为力。

5) 程序执行具有局限性。由于传统PLC按扫描方式组织程序的执行，因此整个程序的指令代码完全按顺序逐条执行，这对于要求即时响应的控制应用（如执行事件驱动的程序模块），具有很大的局限性。

6) 对顺序控制功能的编程，只能为每一个顺控状态定义一个状态位，因此难以实现选择或并行等复杂顺控操作。

7) 传统的梯形图编程在算术运算处理、字符串或文字处理等方面均不能提供强有力的支持。

由于PLC硬件上的不兼容和传统编程语言的不足，影响了PLC技术的应用和发展。PLCopen国际组织作为独立于生产商和产品的全球性机构，致力于提高控制软件编程方法、效率、规范，还积极推动 IEC 61131-3 标准在 PLC 市场的应用。

4.1.2　IEC 61131-3 标准的产生

IEC 61131-3 是 IEC 组织制定的 PLC 国际标准 IEC 61131 的第三部分，是第一个为工业自动化控制系统的软件设计提供标准化编程语言的国际标准。该标准得到了世界范围的众多厂商的支持，但又独立于任何一家公司。该标准是 IEC 工作组在合理地吸收、借鉴世界范围的各 PLC 厂家的技术和编程语言等的基础之上，形成的一套编程语言国际标准。

IEC 61131-3 国际标准得到了包括美国罗克韦尔自动化公司、德国西门子公司等世界知名大公司在内的众多厂家的共同推动和支持，它极大地提高了工业控制系统的编程软件质量，从而也提高了采用符合该规范的编程软件编写的应用软件的可靠性、可重用性和可读性，提高了应用软件的开发效率。它定义的一系列图形化编程语言和文本编程语言，不仅对系统集成商和系统工程师的编程带来很大的方便，而且对最终用户同样也带来很大的好处。它在技术上的实现是高水平的，有足够的发展空间和变动余地，能很好地适应未来的进一步发展。IEC 61131-3 标准最初主要用于可编程序控制器的编程系统，但由于其显著的优点，目前在过程控制、运动控制、基于 PC 的控制和 SCADA 系统等领域也得到越来越多的应用。总之，IEC 61131-3 国际标准的推出，创造了一个控制系统的软件制造商、硬件制造商、系统集成商和最终用户等多赢的结局。

截至 2017 年 6 月，IEC 61131 标准共由 9 部分组成，我国等同采用了该标准，发布了 GB/T 15969 系列国家推荐标准，如 GB/T 15969.3—2017 对应 IEC 61131-3。在这 9 个部分中，IEC 61131-3 是 IEC 61131 标准中最重要、最具代表性的部分。

IEC 61131-3 的制定背景是：一方面 PLC 在标准的制定过程中正处在其发展和推广应用的鼎盛时期，而编程语言越来越成为其进一步发展和应用的瓶颈之一；另一方面，PLC 编程语言的使用具有一定的地域特性，在北美和日本，普遍运用梯形图语言编程；在欧洲，则使用功能块图和顺序功能图编程；在德国和日本，又常常采用指令表对 PLC 进行编程。为了扩展 PLC 的功能，特别是加强它的数据与文字处理以及通信能力，许多 PLC 还允许使用高级语言（如 BASIC、C）编程。同时，计算机技术特别是软件工程领域有了许多重要成果。因此，在制定标准时就要做到兼容并蓄，既要考虑历史的传承，又要把现代软件的概念和现代软件工程的机制应用于新标准中。

自 IEC 61131-3 正式公布后，它获得了广泛的接受和支持。首先，国际上各大 PLC 生产厂家都宣布其产品符合该标准，在推出其编程软件新产品时，遵循该标准的各种规定。其次，许多稍晚推出的 DCS 产品，或者 DCS 的更新换代产品，也遵照 IEC 61131-3 的规范提供 DCS 的编程语言，而不像以前每个 DCS 生产厂家都搞自己的一套编程软件产品。再次，以 PC 为基础的控制作为一种新兴控制技术正在迅速发展，大多数基于 PC 的控制软件开发商都按照 IEC 61131-3 的编程语言标准规范其软件产品的特性。最后，正因为有了 IEC 61131-3，才真正出现了一种开放式的 PLC 的编程软件包（如 OpenPCS、CoDesys、MultiProg 等），它不具体地依赖于特定的 PLC 硬件产品，这就为 PLC 的程序在不同机型之间的移植提供了可能。

4.1.3　IEC 61131-3 标准的特点

IEC 61131-3 允许在同一个 PLC 中使用多种编程语言，允许程序开发人员对每一个特定的任务选择最合适的编程语言，还允许在同一个控制程序中不同的软件模块用不同的编程语言编制，以充分发挥不同编程语言的应用特点。标准中的多语言包容性很好地正视了 PLC 发展历史中形成的编程语言多样化的现实，为 PLC 软件技术的进一步发展提供了足够的技术空间和自由度。

IEC 61131-3 的优势还在于它成功地将现代软件的概念和现代软件工程的机制和成果用于 PLC 传统的编程语言。IEC 61131-3 的优势具体表现在以下几方面：

1）采用现代软件模块化原则，主要内容包括：

① 编程语言支持模块化，将常用的程序功能划分为若干单元，并加以封装，构成编程的基础。

② 模块化时，只设置必要的、尽可能少的输入和输出参数，尽量减少交互作用和内部数据交换。

③ 模块化接口之间的交互作用均采用显式定义。

④ 将信息隐藏于模块内，对使用者来讲只需了解该模块的外部特性（即功能、输入和输出参数），而无需了解模块内算法的具体实现方法。

2）IEC 61131-3 支持自顶而下（Top Down）和自底而上（Bottom Up）的程序开发方法。自顶而下的开发过程是用户首先进行系统总体设计，将控制任务划分为若干个模块，然后定义变量和进行模块设计，编写各个模块的程序。自底而上的开发过程是用户先从底部开始编程，例如先导出功能和功能块，再按照控制要求编制程序。无论选择何种开发方法，IEC 61131-3 所创建的开发环境均会在整个编程过程中给予强有力的支持。

3）IEC 61131-3 所规范的编程系统独立于任一个具体的目标系统，它可以最大限度地在不同的 PLC 目标系统中运行。这样不仅创造了一种具有良好开放性的氛围，奠定了 PLC 编程开放性的基础，而且可以有效规避标准与具体目标系统关联而引起的利益纠葛，体现标准的公正性。

4）将现代软件概念浓缩，并加以运用。例如：数据使用 DATA_TYPE 声明机制；功能（函数）使用 FUNCTION 声明机制；数据和功能的组合使用 FUNCTION_BLOCK 声明机制。

在 IEC 61131-3 中，功能块并不只是 FBD 语言的编程机制，它还是面向对象组件的结构基础。一旦完成了某个功能块的编程，并通过调试和验证证明了它确能正确执行所规定的功能，那么，就不允许用户再将它打开，改变其算法。即使是一个功能块因为其执行效率有必要再提高，或者是在一定的条件下其功能执行的正确性存在问题，需要重新编程，只要保持该功能块的外部接口（输入/输出定义）不变，仍可照常使用。同时，许多原始设备制造厂将他们的专有控制技术压缩在用户自定义的功能块中，既可以保护知识产权，又可以反复使用，不必一再地为同一个目的而编写和调试程序。

5）完善的数据类型定义和运算限制。软件工程师很早就认识到许多编程的错误往往发生在程序的不同部分，其数据的表达和处理不同。IEC 61131-3 从源头上注意防止这类低级的错误，虽然采用的方法可能导致效率降低一点，但换来的价值却是程序的可靠性、可读性和可维护性。IEC 61131-3 采用以下方法防止这些错误发生：

① 限制功能与功能块之间互联的范围，只允许兼容的数据类型与功能块之间的互联。

② 限制运算，只可在其数据类型已明确定义的变量上进行。

③ 禁止隐含的数据类型变换。比如，实型数不可执行按位运算。若要运算，编程者必须先通过显式变换函数 REAL-TO-WORD，把实型数变换为 WORD 型位串变量。标准中规定了多种标准固定字长的数据类型，包括位串、带符号位和不带符号位的整数型（8、16、32 和 64 位字长）。

6）对程序执行具有完全的控制能力。传统的 PLC 只能按扫描方式顺序执行程序，对程序执行的其他要求，如由事件驱动某一段程序的执行、程序的并行处理等均无能为力。IEC 61131-3 允许程序的不同部分、在不同的条件（包括时间条件）下以不同的比率并行执行。

7）结构化编程。对于循环执行的程序、中断执行的程序、初始化执行的程序等可以分开设计。此外，循环执行的程序还可以根据执行的周期分开设计。

4.1.4　IEC 61131-3 标准的基本内容

IEC 61131-3 标准分为两个部分：公共元素和编程语言，如图 4-1 所示。

公共元素部分规范了数据类型定义与变量，给出了软件模型元素，并引入配置（Configuration）、资源（Resources）、任务（Tasks）和程序（Program）的概念，还规范了程序组织单元（程序、功能、功能块）和顺序功能图。

在 IEC 61131-3 中编程语言部分规范了 5 种编程语言，并定义了这些编程语言的语法和句法。这 5 种编程语言是：文本化语言 2 种，即指令表语言 IL 和结构化文本语言 ST；图形化语言 3 种，即梯形图语言 LD、功能块图语言 FBD 和连续

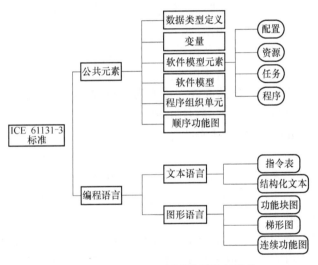

图 4-1　IEC 61131-3 标准的层次与结构

功能图 CFC。其中 CFC 是 IEC 61131-3 标准修订后新加入的，是西门子的 PCS7 过程控制系统中主要的控制程序组态语言，也是其他一些 DCS 常用的编程语言。由于要求控制设备完整地支持这 5 种语言并非易事，所以标准中允许部分实现，即不一定要求每种 PLC 都要同时具备这些语言。虽然这些语言最初是用于编制 PLC 逻辑控制程序的，但是由于 PLCopen 国际组织及专业化软件公司的努力，这些编程语言也支持编写过程控制、运动控制等其他应用系统的控制任务编程。

在 IEC 61131-3 标准中，顺序功能图 SFC 是作为编程语言的公共元素定义的。因此，许多文献也认为 IEC 61131-3 标准中含有 6 种编程语言规范，而 SFC 是其中的第 4 种图形编程语言。实际上，还可以把 SFC 看作是一种顺控程序设计技术。

一般而言，即使一个很复杂的任务，采用这 6 种编程语言的组合，是能够编写出满足控制任务功能要求的程序的。因此，IEC 61131-3 标准中的 6 种编程语言也是充分满足了控制

系统应用程序开发的需要。

以往通常中、大型 PLC 支持比较多的编程语言，而小型、微型 PLC 支持的编程语言相对较少。但目前这种趋势有一定的改变，一些小型、微型 PLC 也能支持较多的编程语言，如三菱 FX5U（C）、施耐德电气 M2＊＊系列控制器等。作为微型 PLC，Micro850 控制器的编程语言包括梯形图 LD、结构化文本 ST 和功能块图 FBD。在 4.3 节对这 3 种编程语言做介绍，然后再重点介绍顺序功能图 SFC。

4.1.5　IEC 61131 标准的不足与 IEC 61499 标准概述

由于 IEC 61131-3 只给出一个单一的集中 PLC 系统的配置机制，这显然不能适应分布式结构的软件要求。IEC 制定的 IEC 61499 标准定义了在分布式工业过程测量和控制系统（Industrial Process Measurement and Control System，IPMCS）中使用的功能块，采用基于功能块的设计方法可以显著减少为应用所开发的控制软件的数量，节省控制系统开发的时间，提高控制系统应用软件的质量、可靠性及重复利用率，使用相同类型功能块的控制系统具有良好的一致性。

IEC 61499 标准是随着系统控制功能分散化、智能化的要求出现的，特别是在现场总线出现后，可以利用现场总线节点来实现控制任务，即利用现场总线设备、智能仪器和传感器可以构建大型的复杂控制系统。这就要求控制功能可物理分散在许多设备中，不同设备中的软件通过通信网络互连起来。利用 IEC 61499 标准，由功能块实现这些软件单元，并根据标准规定进行功能块互连，可实现分布式系统的控制功能。目前一些物联网的应用中也采用 IEC 61499 进行应用软件开发。

IEC 61499 标准分为体系结构、软件工具要求、应用规则和符合行规规则 4 部分。标准定义了一个通用体系结构，并制定了功能块在分布式 IPMCS 中的应用规则。标准内容包括：各种参考模型，如系统模型、设备模型、功能块模型、管理模型等；IPMCS 中功能块的声明规则、行为规则、应用规则；管理应用、资源和设备时功能块的使用规则；设计、实现、操作和维护分布式 IPMCS 的工程支持。此体系结构以参考模型、文本语法和图形表示为基础，利用它们可以实现以下工程任务：功能块类型的规范和标准化；系统功能和元素的标准化；分布式 IPMCS 的规范化、分析和验证；分布式 IPMCS 的构造、实现、操作和维护；实现以上功能的软件工具间的信息交互。

4.2　Micro800 PLC 编程软件 CCW

4.2.1　CCW 编程软件概述

1. CCW 编程软件介绍

Micro800 系列 PLC 的设计、编程和组态软件是 Connected Components Workbench（以下简称 CCW）。该软件以成熟的罗克韦尔自动化技术和 Microsoft Visual Studio 平台为基础，集成了控制器、变频器和伺服、人机界面、安全继电器等的设计、编程和组态。为支持用户采用 CCW 编程软件开发项目应用，罗克韦尔自动化提供免费的标准软件更新以及一定限度的免费支持。在软件的"帮助"菜单中可以连接到官方网站上的官方或第三方参考程序。

虽然罗克韦尔自动化认为 CCW 编程软件符合控制系统编程软件国际标准 IEC 61131-3，但 CCW 编程软件对标准中的部分内容并不支持，如不支持不带输出的自定义功能，不支持自定义功能变量的 VAR_IN_OUT 类型，一些关键字与标准也不同等。

CCW 编程软件的优势主要体现在：

1）易于组态：单一软件包可减少控制系统的初期搭建时间。

① 通用、简易的组态方式，有助于缩短调试时间。

② 简单的运动控制轴组态。

③ 连接方便，可通过 USB 通信选择设备。

④ 通过拖放操作实现更轻松的组态。

⑤ Micro800 控制器密码增强了安全性和知识产权保护。

2）易于编程：用户自定义功能块可加快机器开发工作。

① 支持符号寻址的结构化文本、梯形图和功能块编辑器。

② 广泛采用 Microsoft 标准、IEC 61131-3 标准和标准 PLCopen 运动控制指令。

③ 通过罗克韦尔自动化及合作伙伴的示例代码以及用户自定义的功能块实现增值。

3）易于可视化：标签组态和屏幕设计可简化人机界面终端组态工作。

① 在 CCW 编程软件中集成 PanelView Component（罗克韦尔自动化人机界面终端，简称 PVC）组态与编程，可获得更佳的用户体验。

② HMI 标签可直接引用 Micro800 变量名，降低了复杂度并节省了时间。

③ 包括 Unicode 语言切换、报警消息和报警历史记录以及基本配方功能。

CCW 编程软件兼容的产品有：

① Micro800 控制器、Power Flex 变频器和 PanelView Component 图形终端。

② Kinetix Component 伺服驱动和 Guardmaster 440C 可组态安全继电器。

CCW 编程软件可运行在 Win7、Win10、Win11 和 Windows Server 等操作系统中。推荐的计算机硬件要求是英特尔 i5-3xxx 或同级别以上处理器和 8G 以上内存。该软件可以在罗克韦尔自动化官方网站注册后免费下载，现使用比较多的是 V10 版，有中文、英文等语言版本。目前最新的版本是 2022 年发布的 V20.01（直接从 V13 跳到该版本）。本书是以 V12 为准。V12 以前的版本操作界面基本一致，但 V20.01 版本的一些操作界面等和老版本有一定变化。

2. CCW 编程软件版本与控制器固件版本

CCW 编程软件包括标准版和开发版（需要授权）。开发版提供附加功能来增强用户体验，这些功能包括监视列表、用户自定义数据类型、文档管理和知识产权保护等。CCW 编程软件 V12 以上的标准版和开发版均支持 Micro800 Simulator（模拟器），但标准版模拟器保持运行模式时间仅为 10 分钟（即 10 分钟后从运行转为编程模式，此时，可以再次切换到运行模式，模拟器又可以连续运行 10 分钟，作者已亲测）。开发版可在 24 小时内保持运行模式，具有完整的开发和调试环境。开发版软件如没有安装授权文件，首次运行 7 天后转为标准版使用。

需要注意的是，CCW 编程软件有不同的版本，而 Micro800 PLC 的固件也有不同的版本，在下载 CCW 编程软件项目时，要保持两个版本的一致性。如果控制器中的固件版本低于 CCW 编程软件项目的版本，则需要升级固件版本；若控制器版本高于 CCW 工程，可把控制器固件版本降级或把 CCW 编程软件工程版本升级。在刷固件过程（升级或降级）中，要确保不能停电，通信连接正常，减少错误，否则控制器会损坏。因此，刷固件过程要特别小心或请专业人员进行。除了控制器，2711R 系列触摸屏、440C 安全继电器和 450L 光栅的固件也可刷。

CCW 编程软件的使用还依赖罗克韦尔自动化的 RSLinx 软件，其作用是提供 CCW 编程软件与 PLC 之间的通信驱动。V12 以上版本还能够通过 FactoryTalk Linx（版本 6.10 或更高，且 Listen on EtherNet/IPencapsulation ports 禁用）下载、上传、搜索应用程序和更新固件。CCW 编程软件与控制器连接前都要通过这类驱动软件来建立连接路径。安装 CCW 编程软件时会提示安装 RSLinx 软件。

3. CCW 编程软件 V12 以上版本的新特性

1）对于 Micro870 PLC，支持为较慢的模块（如模拟量模块）配置扫描间隔。通过优化扫描间隔，程序周期时间将会更短。

2）与 Studio 5000 Logix Designer 和 RSLogix 500 共享 CCW 编程软件逻辑，支持通过在任一方向上进行复制和粘贴操作来在 CCW 编程软件和 Studio 5000 Logix Designer 或 RSLogix 500 之间共享梯形图逻辑这一功能，从而实现 Studio 5000 Logix Designer 或 RSLogix 500 项目向 CCW 编程软件项目进行逻辑转换。反之亦然。

3）能在 IEC（默认）和 Logix 主题的编程环境之间灵活切换。

4）提供一种方法，以使用 ASCII 指令助记符（而不是使用 LD 语言编辑器工作区中的图形化梯形图视图）修改梯形图程序。

5）指令工具栏。它是一个标签式工具栏，显示标签式类别中的指令元素，以及将语言元素（如指令）添加到 LD 语言编辑器工作区的用法。它是对常规工作台工具箱的补充。

6）改进了包含长梯级的梯形图逻辑的视图。与 RSLogix 500 和 Studio 5000 Logix Designer 类似，梯级将单独右对齐，以便长梯级不会影响较短梯级的查看。支持新的梯形图容器属性"适应窗口宽度"。默认情况下，新创建程序的"适应窗口宽度"值为"是"，"线圈对齐"值为"否"（均为建议值）。

7）可以为 Micro820/830/850/870 PLC 导出或导入数据日志和配方。

8）提供用于指定发生硬件故障时控制器行为的选项，如停止控制器或重启控制器。

此外，CCW 编程软件中集成的人机界面开发软件 PanelView 800 DesignStation 功能改进有：

1）通过标签导入（Micro800 变量、Logix 标签）到终端中，从而改进控制器集成。

2）可在下载后远程启动应用程序，无需从终端启动应用程序。

3）通过使用标签来确定屏幕上的大小和位置，从而执行简单对象动画。

4）根据控制器标签名称自动更新终端中标签名称。

5）当导入自定义对象的时候提供选项忽略，创建或者重命名重复标签。

4.2.2　CCW 编程软件编程环境

学习编程软件首先要了解编程软件的基本组成，了解常用的功能及其实现方式，熟悉编程环境后，就可以逐步编写复杂的控制程序。

CCW 编程软件开发界面如图 4-2 所示。其主要的图形元素见表 4-1。

从其工具栏菜单结构看，主要包括文件、编辑、视图、设备、工具、通信、窗口和帮

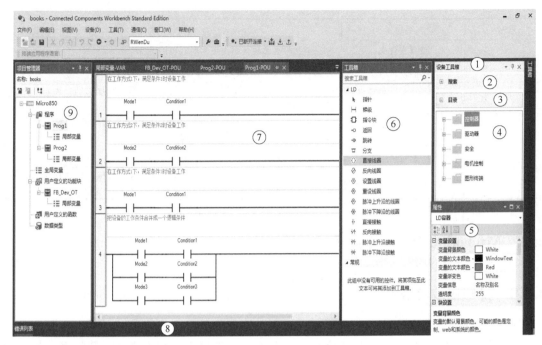

图 4-2　CCW 编程软件开发界面

助。现对这些菜单下的二级菜单及其功能做介绍。

1) 文件: 在该菜单下, 可以完成项目的新建、打开、关闭、保存和另存为等功能。此外, 还有一个导入设备菜单, 可以导入设备文件及 PVC 应用。

2) 编辑: 和一般软件的编辑功能一样, 该菜单主要用于与项目开发有关的编辑功能, 包括剪切、复制、粘贴、删除等。

3) 视图: 该菜单下, 主要包括项目组织、设备工具箱、工具箱、错误表单、输出窗口、快速提示、交叉索引浏览、文档概貌、工具条、全屏显示和属性窗口。其中的交叉索引浏览主要用于检索程序中的变量、功能和功能块等。

4) 设备: 该菜单主要用于对程序编译调试、控制器连接与程序下载或上传、控制器固件更新、安全设置及文档生成程序。其中文档生成程序可以生成整个程序或部分程序 (通过鼠标选择) 的 Word 文档, 用于程序打印等。

5) 工具: 该菜单主要包括生成打印的文档、多语言编辑、外部工具、导入和导出设置以及选项。其中"选项"中有编程环境、项目、CCW 编程软件应用、网格、IEC 语言等相关项的参数设置。

6) 通信: 该菜单主要用于编程计算机与 PLC 的通信设置。该通信功能主要依靠罗克韦尔自动化的 RSLinx 软件。

表 4-1　CCW 编程软件开发界面主要图形元素

序号	名称	说　　明
1	设备工具箱	包含"搜索"、"类型"和"工具箱"选项卡
2	搜索	显示由本软件发现的、已连接至计算机的所有设备
3	目录	包含项目的所有控制器和其他设备

序号	名称	说　　　明
4	设备文件夹	每个文件夹都包含该类型的所有可用设备
5	属性页	设置程序中变量、对象等属性
6	工具箱	包含可以添加到 LD、FBD 和 ST 程序的元素。程序类别根据用户当前使用的程序类型进行更改
7	工作区	可用来查看和配置设备以及构建程序。内容由选择的选项卡而定，并在用户向项目中添加设备和程序时添加
8	Output	显示程序构建的结果，包含成功或失败状态
9	项目管理器	包含项目中的所有控制器、设备和程序要素。用鼠标拖动程序下不同组织单元（例如 Prog1、Prog2 等）的上下位置，可以改变程序执行顺序

4.3　Micro800 PLC 编程语言

4.3.1　梯形图编程语言

1. 梯形图组成元素

梯形图语言是从继电器-接触器控制基础上发展起来的一种编程语言，其特点是易学易用。特别是对于具有电气控制背景的人而言，梯形图可以看作是继电逻辑图的软件延伸和发展。尽管两者的结构非常类似，但梯形图软件的执行过程与继电器硬件逻辑的连接是完全不同的。

IEC 61131-3 标准定义了梯形图中用到的元素，包括电源轨线、连接元素、触点、线圈、功能和功能块等。

1）电源轨线的图形元素也称为母线。它的图形表示是位于梯形图左侧和右侧的两条垂直线。在梯形图中，能流从左则电源轨线开始向右流动，经过连接元素和其他连接在该梯级的图形元素最终到达右电源轨线。

2）连接元素和状态是指梯形图中连接各种触点、线圈、功能和功能块及电源轨线的线路，包括水平线路和垂直线路。连接元素的状态是布尔量。连接元素将最靠近该元素左侧图形元素的状态传递到该元素的右侧图形元素。连接元素在进行状态的传递中遵循以下规则：

① 水平连接元素从它的紧靠左侧的图形元素开始将该图形元素的状态传递到紧靠它右侧的图形元素。连接到左电源轨线的连接元素，其状态在任何时刻都为 ON，它表示左电源轨线是能流的起点。右电源轨线类似于电气图中的零电位。

② 垂直连接元素总是与一个或多个水平连接元素连接。它由一个或多个水平连接元素在每一侧与垂直线相交组成。垂直连接元素的状态根据与其连接的各左侧水平连接元素状态的或运算结果来确定。

3）触点是梯形图的图形元素。梯形图的触点沿用电气逻辑图的触点术语，用于表示布尔变量的状态变化。触点是向其右侧水平连接元素传递一个状态的梯形元素。按静态特性分，触点可分为常开触点和常闭触点。常开触点在正常工况下触点断开，状态为 OFF；常闭触点在正常工况下触点闭合，其状态为 ON。此外，在处理布尔量的状态变化时，要用到触点的上升沿和下降沿，这也称为触点的动态特性。

4）线圈是梯形图的图形元素。梯形图的线圈也沿用电气逻辑图的线圈术语，用于表示布尔量状态的变化。线圈是将其左侧水平连接元素状态毫无保留地传递到其右侧水平连接元素的梯形图元素。在传递过程中，将左侧连接的有关变量和直接地址的状态存储到合适的布尔量中。线圈按照其特性可分为瞬时线圈（不带记忆功能）、锁存线圈（置位和复位）和跳变线圈（上升沿跳变触发或下降沿跳变触发）等。

5）指令块。梯形图编程语言支持功能、功能块和其他的指令。

2. 梯形图的执行过程

梯形图采用网络结构，一个梯形图的网络以左电源轨线到右电源轨线为界。梯级是梯形图网络结构中的最小单位。一个梯级包含输入指令和输出指令。

输入指令在梯级中执行比较、测试的操作，并根据操作结果设置梯级的状态。例如，测试梯级内连接的图形元素状态的结果为 ON，输入状态就被置 ON。输入指令通常执行一些逻辑操作、数据比较操作等。输出指令检测输入指令的结果，并执行有关操作和功能，例如，使某线圈激励等。通常输入指令与左电源轨线连接，输出指令与右电源轨线连接。

梯形图执行时，从最上层梯级开始执行，从左到右确定各图形元素的状态，并确定其右侧连接元素的状态，逐个向右执行，操作执行的结果由执行控制元素输出，直到右电源轨线。然后，进行下一个梯级的执行过程，如图 4-3 所示。

当梯形图中有分支时，同样依据从上到下、从左到右的执行顺序分析各图形元素的状态，对垂直连接元素根据上述有关规则确定其右侧连接元素的状态，从而逐个从左到右、从上到下执行求值过程。

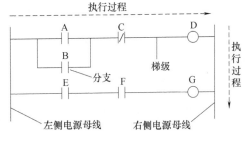

图 4-3　梯形图程序执行过程

3. CCW 编程环境中的梯形图元素

梯形图（LD）元素是用于生成梯形图编程的组件。可以将表 4-2 中列出的所有元素添加到 CCW 编程软件中的梯形图编程。

表 4-2　CCW 编程环境中的梯形图语言图形元素

元　素	描　述
梯级	表示导致线圈被激活的一组回路元素
指令块（LD）	指令包括运算符、函数和功能块（包括用户定义的功能块）
分支	两个或多个并行指令
线圈	表示输出或内部变量的赋值。在 LD 程序中，线圈表示操作
触点	表示输入或内部变量的值或函数
返回	表示功能块图输出的条件结束
跳转	表示控制梯形图执行的 LD 程序中的条件逻辑和无条件逻辑

CCW 编程软件指令集包括符合 IEC 61131-3 标准的指令块。指令块总的来说包括功能块、功能和运算符。可以将指令块的输入和输出连接到变量、触点、线圈或其他指令块的输入和输出。相对而言，LD 编程语言中支持的指令要多于 ST 语言和 FBD。

4. 梯形图编程语言编程示例

在污水处理厂及污水、雨水泵站，有一种设备叫格栅，分为粗格栅和细格栅两种，其作用是滤除漂浮在水面上的漂浮物，粗格栅去除大的漂浮物，细格栅去除小的漂浮物。格栅的控制方式有两种：

1）根据时间来控制，通常是开启一段时间、停止一段时间的脉冲工作方式。

2）根据格栅前后的液位差进行控制。液位差超过某数值时起动，低于某数值时停机。其原理是格栅停机后，污物堆积影响到污水通过，会导致格栅前后液位差增大。

现要求用 CCW 编程软件编写梯形图程序来控制格栅设备。其中两种运行方式可在中控室操作站上选择；第一种方式工作时开、停的时间可设；第二种方式工作时液位差可以设置。

格栅控制梯形图程序如图 4-4 所示。这里没有采用自定义功能块而是直接写程序，等读者学习了后续内容，掌握了自定义功能块的使用后，可以用功能块来实现。因为一个工厂有多个这样的设备，为了软件的可重用，方便程序的调试，应该用自定义功能块实现。

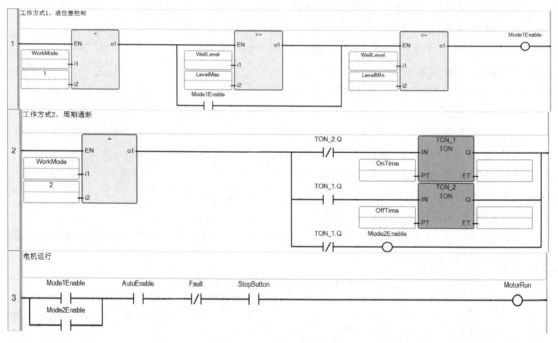

图 4-4　格栅控制梯形图程序

程序中，梯级 1 是工作方式 1 的工作条件逻辑，梯级 2 是工作方式 2 的逻辑，梯级 3 是设备总的工作程序。若程序中变量将来要与上位机通信，则需要把这类变量定义为全局变量，而其他变量可以定义为本程序中的局部变量。程序中用全局变量 "WorkMode" 表示工作方式。程序中用了两个 TON 类型的定时器，其 PT 输入参数 OnTime 和 OffTime 都是 TIME 类型，数值可以在上位机中更改。有些上位机组态软件不支持 TIME 类型，因此在 PLC 中要采用 ANY_TO_TIME 功能块进行参数类型转换，转换好的参数给这两个时间类型变量。梯级 3 中 Fault 表示设备故障信号，取过热继电器辅助触点的常开触点送入到 PLC 的 DI 通道。AutoEnable 表示远控允许信号，手动操作时，现场转换开关不在自动位置，因此该触点断开，置自动位时接通。StopButton 表示停止按钮，取按钮的常闭触点进 DI 端。

5. 梯形图编程中的多线圈输出

某些设备有手动和自动工作模式，不同的模式运行方式不一样，而且每一个时刻只可能有一种方式在工作（即被工作模式转换开关选择）。布尔变量 Mode1 和 Mode2 分别表示 2 种不同的工作模式，假设每种模式该设备的工作逻辑最终可以简化为 Condition1 和 Condition2 这两个布尔类型变量。初学者很容易会写出如图 4-5a 所示的多线圈输出程序，即一个输出变量反复作为线圈使用。由于 PLC 的扫描工作方式，这样的程序很容易导致运行时出现错误结果。对于多线圈输出，有些型号的 PLC 编译系统对这种情况会报警提示，有些会报错。Micro800 的 CCW 编程软件的编译系统对于该逻辑的编译是能够通过的，但这并不表示运行结果会是可靠的。对于梯形图编程，一定要注意包含同样输出变量的线圈只能出现一次，作为触点可以使用任意次。对于 SFC 等编程语言，则没有这个限制。

为了消除多线圈输出，可以采用图 4-5b 所示的方式编程，即把设备工作的所有逻辑归并到一起，从而输出线圈只使用一次。

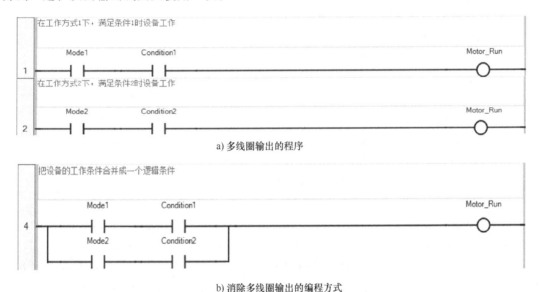

a) 多线圈输出的程序

b) 消除多线圈输出的编程方式

图 4-5 多线圈输出及其正确编程

4.3.2 结构化文本语言

1. 结构化文本编程语言介绍

结构化文本（ST）语言是高层编程语言，类似于 PASCAL 编程语言。它不采用底层的面向机器的操作符，而是采用高度压缩的方式提供大量抽象语句来描述复杂控制系统的功能。一般而言，它可以用来描述功能、功能块和程序的行为，也可以在 SFC 中描述步、动作块和转移的行为。相比较而言，它特别适合于定义复杂的功能块。这是因为它具有很强的编程能力，可方便地对变量赋值，调用功能和功能块，创建表达式，编写条件语句和迭代程序等。用结构化文本语言编写的程序格式自由，可在关键词与标识符之间的任何地方插入制表符、换行符和注释。它还具有易学易用、易读易理解的特点。

结构化文本编程语言编写的程序是结构化的，具有以下特点：

1）在结构化编程语言中，没有跳转语句，它通过条件语句实现程序的分支。

2）结构化编程语言中的语句是用"；"分割，一个语句的结束用一个分号。因此，一个结构化语句可以分成几行写，也可以将几个语句缩写在一行，只需要在语句结束用分号分割即可。分号表示一个语句的结束，换行表示在语句中的一个空格。

```
5   //注释的使用方式1，只能单行
6   (* 注释的使用方式2
7     可以多行，也可以单行。
8   *)
9   /*    注释的使用方式3
10  可以多行，也可以单行。
11  注释符号要是英文输入状态下的符号。
12  */
```

图 4-6　ST 语言程序注释方式

3）结构化文本语言的语句可以注释。ST 语言程序注释有三种，如图 4-6 所示。注释都是以不同于代码的颜色显示的，注释颜色可由用户设置。此外，一个语句中可以有多个注释，但注释符号不能套用。需要说明的是，"//"单行注释在 CCW 编程软件 V12 以上版本才支持。

4）结构化文本编程语言的基本元素是表达式。

2. CCW 编程环境中的 ST 语言主要语法

（1）主要语句类型

1）赋值语句：变量 ：=表达式；

2）功能调用：Variable_Name1 ：=FUNCTION_NAME（Input1，Input2，...）；

3）功能块调用：

① 方式 1：

FUNCTION_BLOCK_INSTANCE（Input1，Input2，...）；

Variable_Name1 ：=FUNCTION_INSTANCE. Output1；

Variable_Name2 ：=FUNCTION_INSTANCE. Output2；

② 方式 2：

FUNCTION _ BLOCK _ INSTANCE（InputParameter1：= Input1，InputParameter2：= Input2，...，OutputParameter1 => Output1，OutputParameter2 => Output2）；

罗克韦尔自动化认为方式 2 属于正式的语法规范，建议采用该方式，不推荐采用方式 1。不过，目前还是两种方式都在使用，特别是一些工程师已经习惯使用前者了。

4）选择语句：IF，THEN，ELSE，CASE...

5）迭代语句：FOR，WHILE，REPEAT...

6）控制语句：RETURN，EXIT...

由于一些梯形图指令并无对应的 ST 语言指令，例如梯形图的上升沿与下降沿。但有时可以采样变通的方式。例如，利用梯形图的 R_TRIG 功能块指令来实现。假设要获得 Input1 这个 BOOL 类型变量的上升沿，则可以用以下 ST 语言程序来实现：

R_TRIG_1（CLK：=Input1，Q =>PulseInput1）；

其中 R_TRIG_1 是 R_TRIG 功能块的实例。当 Input1 有上升沿时，PulseInput1 立刻为 ON。

（2）表达式与运算符优先级

ST 表达式由运算符/操作符及其操作数组成。操作数可以是常量（文本）、控制变量或另一个表达式（或子表达式）。对于每个单一表达式（将操作数与一个 ST 运算符合并），操作数类型必须匹配。此单一表达式具有与其操作数相同的数据类型，可以用在更复杂的表达式中。表达式中若操作数类型不匹配，必须进行类型转换。

梯形图程序如果没有跳转或子程序调用，所有程序都是按照从上到下、从左到右依次扫描执行，所有的指令没有优先级之分，而 ST 语言表达式中的运算符是有优先级的，见表4-3。

例如，模拟起保停逻辑，StartButton、StopButton 和 RunOut 都是布尔变量，以下 ST 语言程序的执行结果就不一样。

语句 1　　　RunOut：=RunOut OR StartButton AND NOT StopButton；

语句 2　　　RunOut：=（RunOut OR StartButton）AND NOT StopButton ；

语句 3　　　RunOut：=StartButton OR RunOut AND NOT StopButton；

当 StartButton 为 TRUE（脉冲），则前 2 个语句的 RunOut 都为 TRUE，即理解为点动起动按钮，设备有输出，并且自保了。当接着点动 StopButton 使其为 TRUE（脉冲）时，语句 2 的 RunOut 变为 FALSE，但语句 1 的 RunOut 仍然为 TRUE，即不能停止设备。这个现象发生就是因为运算符的优先级。根据表 4-3 所示的运算符优先级顺序，NOT>AND>XOR>OR，因此，语句 1 中一旦 RunOut 为 TRUE，根据优先级，先进行 NOT StopButton 运算，结果为FALSE，该结果再与 StartButton 进行 AND 运算，结果为 FALSE，再与 RunOut 进行 OR 运算，结果当然仍然为 TRUE。

表 4-3　ST 语言程序运算符的优先级

类型		运算符	从高到低顺序	示例
表达式计算		（ ）	1	rA：=（rB+rC）∗ rD；
结构成员/整数的位成员		.	2	bUDBit5：=UintData. 5；//UintData 第 5 位
数组成员		［ ］	2	bStateBit6：=bState［6］；//数组第 6 个元素
符号的反转		-	3	rDataB：=-rDataA；
逻辑运算	逻辑非	NOT	4	bFlagB：=NOT bFlagA；
四则运算	乘法运算	∗	5	rDataC：=rDataA ∗ rDataB；
	除法运算	/	5	rDataC：=rDataA / rDataB；
	加法运算	+	6	rDataC：=rDataA + rDataB；
	减法运算	−	6	rDataC：=rDataA − rDataB；
比较运算	大于、小于	>、<	7	bFlag：=rDataA > rDataB；
	大于等于、小于等于	> = 、< =	7	bFlag：=rDataA < =rDataB；
	等于	=	8	bFlag：=rDataA =rDataB；
	不等于	<>	8	bFlag：=rDataA <>rDataB；
逻辑运算	逻辑与	AND	9	bFlag：=bDataA AND bDataB；
	逻辑异或	XOR	10	bFlag：=bDataA XOR bDataB；
	逻辑或	OR	11	bFlag：=bDataA OR bDataB；

注：表中首字母意义，r 表示实数，b 表示布尔类型，UintData 是 32 位无符号整数。

如果把语句 1 改写成语句 3 的形式，其结果和语句 2 一样，读者可以分析。

从这个例子可以看出，在编写具有或逻辑的 ST 语言程序时，注意多用括号增加运算的优先级，确保逻辑执行结果的准确性。当然，其他的运算符优先级也要特别注意。

（3）一些编程规范

1）在 ST 编辑器中，项目按颜色显示，例如：

基本代码为黑色，关键字为粉色，数字和文本字符串为灰色，注释为绿色。

2）在活动分隔符、文本和标识符之间使用不活动分隔符可增加 ST 语言程序的可读性。ST 不活动分隔符为：空格、制表符、行结束符（可以放在程序中的任何位置）。

3）使用不活动分隔符时的准则

① 每行编写的语句不能多于一条。

② 使用 Tab 来缩进复杂语句。

③ 插入注释以提高行或段落的可读性。

4）在编写 ST 语言程序时，要特别注意中英文符号不能混，一定要用英文符号，如语句结束的"；"若写成中文"；"，则编译时会报多个错误。

3. ST 语言编程示例

（1）用 ST 语言开发自定义功能和进行功能调用

在流程工业等场合，常采用差压式流量计，其原理如式（4-1）所示，即根据差压元件前后的差压来计算管道中流体的体积流量。由于只是一个简单的计算，因此，定义一个功能就可以，而不需要使用用户定义功能块。

$$Qv = k\sqrt{\frac{2*\Delta P}{\rho}} \tag{4-1}$$

这里，用户自定义功能名是 DeltPTOQv，该功能根据式（4-1）进行计算。首先进行功能的变量定义，如图 4-7a 所示。然后用 ST 语言编写功能块代码，如图 4-7b 所示。

在项目中新建一个组织单元 userPOU，对该功能进行调用，如图 4-7c 所示。需要注意的是，这里的变量 err（字符串类型）、deltP、rou、coe 和 Qv 等都是 userPOU 中的局部变量，只是变量名与功能 DeltPTOQv 中的局部变量相同。通过在 userPOU 给 deltP、rou 和 coe 赋值，就可以得到 Qv 的具体数值。需要注意的是，局部变量名不能与全局变量名相同。

名称	别名	数据类型	方向	维度	初始	注释
DeltPTOQv		REAL	VarOutpu			功能名称，数值通过它返回
deltP		REAL	VarInput			差压
rou		REAL	VarInput			介质密度
coe		REAL	VarInput			常系数

a) 自定义功能的变量定义(局部变量)

```
1   // 根据差压计算体积流量
2   DeltPTOQv := coe*SQRT(2.0*deltP/rou);
```

b) 自定义功能的代码部分

```
1   IF deltP < 0.0 THEN          //差压判断
2       err:='差压小于0错误';    //提示错误
3   ELSE
4       Qv:=DeltPTOQv(deltP,rou,coe);//调用功能，计算流量
5   END_IF;
```

c) 在程序组织单元调用功能DeltPTOQv

图 4-7 自定义功能及其使用

（2）用 ST 语言编写求和程序

熟悉高级编程语言的工程师会喜欢用结构化文本编程语言，用该语言编写的程序比梯形图程序更加简捷。以下说明采用结构化文本编写的求 1~100 的和及阶乘的程序。首先定义变量，这里在变量定义时给变量赋了初值，如图 4-8a 所示。变量定义好后编辑代码。这里代码可以用 IF 语句实现，如图 4-8b 所示，也可以用 WHILE 语句及 FOR 循环实现，如图 4-8c 所示。用 WHILE 语句时，编译系统会提示：“危险语句，可能会阻止 PLC 循环”。然后进行程序的编译、下载和运行。读者有兴趣的话可以尝试用梯形图语言来实现上述功能，然后将两者比较，就会对不同的编程语言有更加深刻的认识，从而学会根据任务的要求选择最合适的编程语言，以简化程序的编写。

名称	别名	数据类型	维度	项目值	初始值	注释
J		INT			0	临时变量
SUM		INT			0	累加和
FACTORIAL		INT			1	阶乘值

a) 变量定义

```
1  (* 求1到100的累加和以及100阶乘的例子*)
2  IF J<100 THEN
3      J:=J+1;
4      SUM:=SUM + J; (* 计算和 *)
5      (* 计算阶乘 *)
6      FACTORIAL:= FACTORIAL*J;
7  END_IF;
```

b) 用IF语句实现的代码

```
1   //用WHILE语句
2   WHILE J<100 DO
3       J:=J+1;
4       SUM:=SUM+J;
5       FACTORIAL:=FACTORIAL*J;
6   END_WHILE;
7   //用FOR 循环语句
8   FOR J:=1 TO 100 BY 1 DO
9       SUM:=SUM+J;
10      FACTORIAL:=FACTORIAL*J;
11  END_FOR;
```

c) 用WHILE及FOR循环实现的代码

图 4-8　结构化编程语言程序示意

4.3.3　功能块图

1. 功能块图编程语言介绍

功能块图（Function Block Diagram，FBD）编程语言源于信号处理领域，是一种相对较新的编程方法，功能块图编程语言是在 IEC 61499 标准基础上诞生的。该编程方法用框图的形式来表示操作功能，类似于数字逻辑门电路的编程语言，有数字电路基础的人很容易掌握。该编程语言用类似与门、或门的方框来表示逻辑运算关系，方框的左侧为逻辑运算的输入变量，右侧为输出变量；信号也是由左向右流向的，各个功能方框之间可以串联，也可以插入中间信号。在每个最后输出的方框前面逻辑操作方框数是有限的。功能块图经过扩展，不但可以表示各种简单的逻辑操作，并且也可以表示复杂的运算、操作功能。

功能块图编程语言在欧洲比较流行，西门子公司的“LOGO!”微型可编程控制器就使用该编程语言。在德国的许多介绍 PLC 的书籍中，介绍程序例子时也多用该语言。在国内，FBD 编程语言不太流行。和梯形图及顺序功能图一样，功能块图也是一种图形编程语言。

2. 功能块图程序的组成与执行

（1）功能块图网络结构

功能块图由功能、功能块、执行控制元素、连接元素和连接组成。功能和功能块用矩形框图图形符号表示。连接元素的图形符号是水平或垂直的连接线。连接线用于将功能或功能块的输入和输出连接起来，也用于将变量与功能、功能块的输入、输出连接起来。执行元素用于控制程序的执行次序。

功能和功能块输入和输出的显示位置不影响其连接。在不同的 PLC 系统中，其位置可能不同，应根据制造商提供的功能和功能块显示参数的位置进行正确连接。

（2）功能块图的编程和执行

功能块编程语言中，采用功能和功能块编程，其编程方法类似于单元组合仪表的集成方法。它将控制要求分解为各自独立的功能或功能块，并用连接元素和连接将它们连接起来，实现所需的控制功能。

功能块图编程语言中的执行控制元素有跳转、返回和反馈等类型。跳转和返回分为条件跳转或返回及无条件跳转或返回。反馈并不改变执行控制的流向，但它影响下次求值中的输入变量。标号在网络中应该是唯一的，标号不能再作为网络中的变量使用。在编程系统中，由于受到显示屏幕的限制，当网络较大时，显示屏的一行内不能显示多个有连接的功能或功能块，这时，可以采用连接符连接，连接符与标号不同，它仅表示网络的接续关系。

3. 功能块图编程语言编程示例

假设某水箱液位采用位式（ON-OFF）方式进行控制。当实际液位测量值小于等于所设定的最小液位时，输出一个 ON 信号；当测量值大于等于最高液位时，输出一个 OFF 信号。

这样的 ON-OFF 控制在许多场合会用到。因此，可以首先编写一个 ON-OFF 控制的自定义功能块 FB_LCON，然后，在程序中调用该功能块。图 4-9a 是该功能块的变量定义，图 4-9b 是功能块本体的代码部分，图 4-9c 是用 ST 语言调用该功能块实例进行一个储罐的液位控制。程序中 TankLevel 就是来自液位传感器的液位测量值工程量，而 MinLevel 和 MaxLevel 都是控制器中的全局变量，这两个参数在上位机或终端上可以设置。MotorCon 是水泵运行控制有关的局部变量，非水泵的起动信号，因为水泵的运行还受到工作方式、是否有故障等逻辑条件限制。

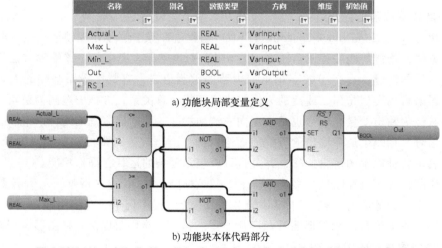

名称	别名	数据类型	方向	维度	初始值
Actual_L		REAL	VarInput		
Max_L		REAL	VarInput		
Min_L		REAL	VarInput		
Out		BOOL	VarOutput		
RS_1		RS	Var		...

a) 功能块局部变量定义

b) 功能块本体代码部分

FB_LCON_1(Actual_L:=TankLevel,Max_L:=MaxLevel,Min_L:=MinLevel,Out=>MotorCon);

c) 用ST语言调用功能块

图 4-9　功能块图编程例子

由于液体不可能同时低于最低位和高于最高位，因此功能块本体代码中用"RS"或"SR"指令块都可以（即指令块的两个输入端不可能同时为 ON）。关于 CCW 编程软件中的编程指令详见本书第 5 章或 CCW 编程软件的帮助文件。

4.3.4　顺序功能图

1. 顺序功能图基本概念

顺序功能图（Sequence Function Chart，SFC）最早由法国国家自动化促进会提出。它是一种强大的描述控制程序的顺序行为特征的图形化语言，可对复杂的过程或操作由顶到底地进行辅助开发，允许一个复杂的问题逐层地分解为步和较小的能够被详细分析的顺序，因此，该方法十分的精确、严密。

顺序功能图把一个程序的内部组织加以结构化，在保持其总貌的前提下将一个控制问题分解为若干可管理的部分。它由 3 个基本要素构成：步（Steps）、动作块（Action Blocks）和转换（Transitions）。每一步表示被控系统的一个特定状态，它与动作块和转换相联系。转换与某个条件（或条件组合）相关联，当条件成立时，转换前的上一步便处于非激活状态，而转换至的那一步则处于激活状态。与被激活的步相联系的动作块，则执行一定的控制动作。步、动作块和转换这三个要素可由任意一种 IEC 编程语言编程，包括 SFC 本身。

（1）步

用顺序功能图设计程序时，需要将被控对象的工作循环过程分解成若干个顺序相连的阶段，这些阶段就称之为"步"。例如：在机械工程中，每一步就表示一个特定的机械状态。步用矩形框表示，描述了被控系统的每一特殊状态。SFC 中的每一步的名字应当是唯一的并且应当在顺序功能图中仅仅出现一次。一个步可以是活动的，也可以是非活动的。只有当步处于活动状态时，与之相应的动作才会被执行；而非活动步不能执行相应的命令或动作（但是当步活动时，若执行的动作用动作限定符保持，则当该步非活动时，这类动作仍然持续，具体见动作限定符）。每个步都会与一个或多个动作或命令有联系。一个步如果没有连接动作或命令称为空步。它表示该步处于等待状态，等待后级转换条件为真。至于一个步是否处于活动状态，则取决于上一步及其转移条件是否满足。

（2）动作块

动作或命令在状态框的旁边，用文字来说明与状态相对应的步的内容（也就是动作或命令），用矩形框围起来，以短线与状态框相连。动作与命令旁往往也标出实现该动作或命令的电器执行元件的名称或给动作编号。一个动作可以是一个布尔变量、LD 语言中的一组梯级、SFC 语言中的一个顺序功能图、FBD 语言中的一组网络、ST 语言中的一组语句或 IL 语言中的一组指令。在动作中可以完成变量置位或复位、变量赋值、启动定时器或计算器、执行一组逻辑功能等。

动作控制功能由限定符、动作名、布尔指示器变量和动作本体组成。动作控制功能块中的限定符作用很重要，它限定了动作控制功能的处理方法，表 4-4 所示为可用的动作控制功能块限定符。当限定符是 L、D、SD、DS 和 SL 时，需要一个 TIME 类型的持续时间。需要注意的是所谓非存储是指该动作只在该步活动时有效；存储是指该动作在该步非活动时仍然有效。例如，在动作是存储的启动定时器时，则即使该步非活动了，该定时器仍然在工作；若是非存储的启动定时器，则一旦该步非活动了，该定时器就被初始化。

表 4-4　动作控制功能块的限定符及其含义

序号	限定符	功能说明（中文）	功能说明（英文）
1	N	非存储	Non-Stored
2	R	复位优先	Overriding Reset
3	S	置位（存储）	Set Stored
4	L	时限	Time Limited
5	D	延迟	Time Delayed
6	P	脉冲	Pulse
7	SD	存储和延迟	Stored and Time Delayed
8	DS	延迟和存储	Time Delayed and Stored
9	SL	存储和时限	Stored and Time Limited
10	P1	脉冲（上升沿）	Pulse Rising Edge
11	P0	脉冲（下降沿）	Pulse Falling Edge

时限（L）限定符用于说明动作或命令执行时间的长短。例如，动作冷却水进水阀打开30s，表示该阀门打开的时间是 30s。

延迟（D）限定符用于说明动作或命令在获得执行信号到执行操作之间的时间延迟，即所谓的时滞时间。

（3）转换

步的转换用有向线段表示。在两个步之间必须用转换线段相连接，即在两相邻步之间必须用一个转移线段隔开，不能直接相连。转换条件用与转换线段垂直的短划线表示。每个转换线段上必须有一个转换条件短划线。在短划线旁，可以用文字或图形符号或逻辑表达式注明转换条件的具体内容，当相邻两步之间的转换条件满足时，两步之间的转换得以实现。

（4）有向连线

有向连线是水平或垂直的直线，在顺序功能图中，起到连接步与步的作用。有向连线连接到相应转换符号的前级步是活动步时，该转换是使能转换。当转换是使能转换时，且相应的转换条件为真时，发生转换的清除或实现转换。

当程序在复杂的图中或在几张图中表示时会导致有向连线中断，应在中断点处指出下一步名称和该步所在的页号或来自上一步的步名称和步所在的页号。

2. 顺序功能图的结构形式与结构转换

（1）顺序功能图的结构形式

按照结构的不同，顺序功能流程图分为以下几种形式：单序列、选择性序列、并行序列和混合结构序列等。

1）单序列：单序列结构是顺序控制中最常见的一种流程结构，其结构特点是程序顺着工序步，步步为序地向后执行，中间没有任何的分支，如图 4-10 所示。单序列是顺序功能图编程的基础。

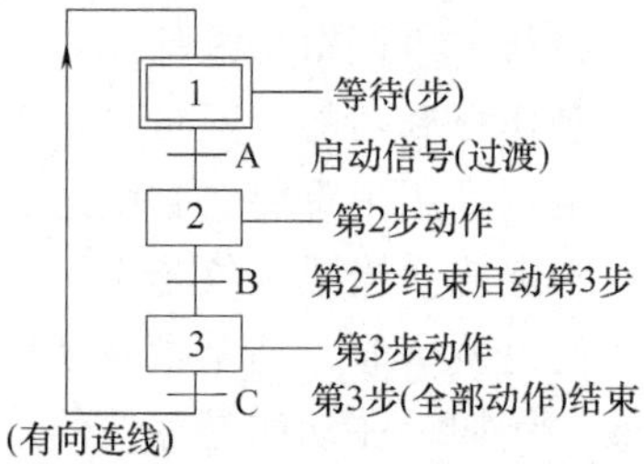

2）选择性序列：选择性序列表示如果从多个分支状态或分支状态序列中只选择执行某一个分支状态或分支状

图 4-10　单序列顺序功能流程图

态序列，则称为选择性序列，如图 4-11a 所示。选择性序列的转移条件短划线画在水平单线之下的分支上。每个分支上必须具有一个或一个以上的转移条件。

在这些分支中，如果某一个分支后的状态或状态序列被选中，当转换条件满足时会发生状态的转换。而没有被选中的分支，即使转换条件已满足，也不会发生状态的转换。需要注意的是，如果只选择一个序列，则在同一时刻与若干个序列相关的转换条件中只有一个为真，应用时应防止发生冲突。对序列进行选择的优先次序可在注明转换条件时规定。

选择性序列汇合于水平单线。在水平单线以上的分支上，必须有一个或一个以上的转移条件，而在水平单线以下的干支上则不再有转移条件。在选择性分支中，会有跳过某些中间状态不执行而执行后边的某状态的情况，这种转移称为跳步。跳步是选择性分支的一种特殊情况。在完整的顺序功能图中，会有依一定条件在几个连续状态之间的局部重复循环运行。局部循环也是选择性分支的一种特殊情况。

3）并行序列：当转换条件成立导致几个序列同时激活时，这些序列称为并行序列，如图 4-11b 所示。它们被同时激活后，每个序列活动步的进展是独立的。并行分支画在水平双线之下。在水平双线之上的干支上必须有一个或一个以上的转换条件。当干支上的转换条件满足时，允许各分支的转换得以实现。干支上的转换条件称为公共转换条件。在水平双线之下的分支上，也可以有各自分支自己的转换条件。在这种情况下，表示某分支转换得以实现除了公共转换条件之外，还必须具有的特殊转换条件。

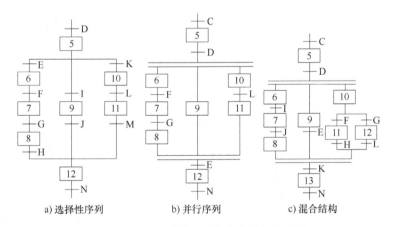

a) 选择性序列　　　　　b) 并行序列　　　　　c) 混合结构

图 4-11　几种不同序列类型的状态转移图

并行分支汇合于水平双线。转换条件短划线画在水平双线以下的干支上，而在水平双线以上的分支上则不再有转换条件。此外，还有混合结构顺序流程图，即把通常的单序列流程图、选择、并行等几种形式的流程图结合起来的情况，如图 4-11c 所示。

在用顺序功能图编程时，要防止出现不安全序列或不可达序列结构。在不安全序列结构中，会在同步序列外出现不可控制和不能协调的步调。在不可达序列结构中，可能包含始终不能激活的步。

（2）顺序功能图的结构变换

在用顺序功能图初步分析控制流程时，可能会出现如图 4-12 所示的情况，前面的状态连续地直接从汇合线转移到下一个分支线，而没有中间状态。这样的流程组合既不能直接编程，又不能采用以转换为中心的编程方法。此时，可以在流程图中插入不存在的虚设状态，如图 4-13 所示（4 个图分别与图 4-12 的 4 个图一一对应），使得顺序功能图规范化。这个状态并不影响原来的流程，但加入之后就符合 SFC 的规范要求，便于编程了。具体编程时，在这个虚设状态不完成任何动作。

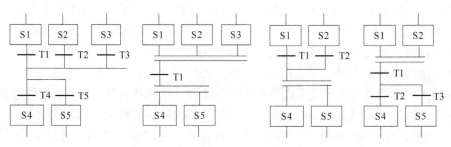

图 4-12　非典型顺序功能图结构形式

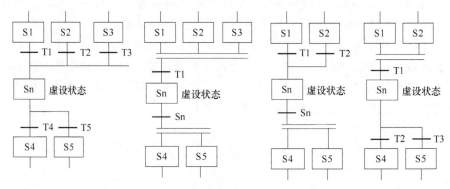

图 4-13　加入虚设状态的顺序功能图

3. 顺序功能图程序与梯形图程序的转换

有些 PLC，特别是一些小型 PLC 不支持顺序功能图编程，但在程序设计时，以顺序功能图的思路进行了分析，并且画出了其实现形式，这时可以将顺序功能图采用梯形图来实现。这种根据系统的顺序功能图设计出梯形图的方法，有时也称为顺序控制梯形图的编程方法。

图 4-14 所示为采用以转换为中心的方式把顺序功能图程序转换为梯形图程序的基本原理。在该程序中，有 3 个步（状态）、3 个转换条件和 3 个动作。在梯形图中，读者可以看到这种转换实现方式是一致的，即当每一步状态为 ON 并且向下一步转换的条件满足时，通过对本步复位（RST）和对下一步置位（SET）实现状态向下一步转换。同时在每一步激活时执行所要求的动作（包含激活定时器或计数器等，也可以不做动作）。为了避免多线圈输出，在 M0 和 M2 状态都要

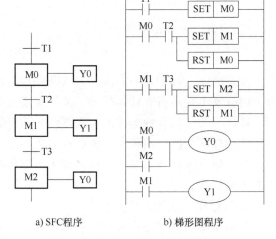

a）SFC 程序　　　b）梯形图程序

图 4-14　以转换为中心的编程方式

求输出 Y0 接通，因此，第四个梯级把 M0 和 M2 并联作为激活 Y0 的逻辑条件。对于不包含并行、选择等分支的顺序功能图的实现，常采用这种以转换为中心的方式。

此外，还可以采用"起保停"逻辑来实现 SFC 程序与梯形图程序的转换。也可以采用 ST 语言编写专门的状态转移功能块，再用梯形图等语言调用该功能块，来实现顺控功能。这部分内容在本书的第 6 章有详细介绍。

由于 CCW 编程软件不支持 SFC 语言编程，这里就给不出具体的例子了。但需要再强调的是，即使在 CCW 编程软件中编程，利用顺序功能图的思想设计顺控程序也是非常有帮助的。这也是本书在这里重点介绍顺序功能图的原因。

4.4　CCW 编程软件平台的项目建立、仿真与调试

4.4.1　用 CCW 编程软件创建项目步骤与实例

1. 用 CCW 编程软件创建项目步骤

用 CCW 编程软件创建 Micro800 项目的步骤如下：

1）创建新的项目（Project，也称工程），在项目中添加合适的控制器型号，在控制器中增加插件（Plug-in）模块和扩展（Expansion）模块，还可以增加变频、伺服、终端等设备。然后进行硬件组态。相关内容在本书的第 2 章中已做了详细介绍。

2）定义变量：变量主要包括全局变量和局部变量。通常首先要定义全局 I/O 变量，给 I/O 变量设置别名（Alias）。别名和其他编程环境中的标签类似。由于 PLC 中地址很多，而具体的 I/O 点等又不容易记忆，而且 I/O 点又和现场的各种设备是关联的，因此，用别名编程容易记忆，程序的可读性也强，且便于调试。除了 I/O 变量，还可以定义其他的全局变量。定义变量包括变量名称、别名、数据类型、维度、初始值、读写属性和注释等。

3）针对应用需求和特点，选择合适的程序设计方法和合适的编程语言进行项目开发。项目开发中，要注意多使用系统提供的功能和功能块，同时建议多使用用户自定义功能块，减少非结构化的程序，从而使程序结构上更明晰，且提高了程序的可重用性。编程时要多加注释，以便于后续调试、修改等。

4）项目的生成（Build）、下载和调试。该过程通常是一个反复的过程。项目的生成可以发现语法上的错误，这类错误一般比较容易修改。项目的调试主要发现项目中是否有逻辑错误，以及系统要求的功能是否能准确、完整地实现。为了减少现场调试工作量，建议在项目开发过程中，对于用户定义的功能、程序等多采用 CCW 编程软件的模拟器（Simulator）进行调试仿真，通过后再把项目下载到控制器中，和外部设备连接好，进行系统联调。

2. 用 CCW 编程软件创建项目实例

现以一台水泵的起停控制为例，说明如何在 CCW 编程软件中开发 Micro850 项目。这只是一个最简单的程序，但通过该过程，可以初步熟悉 CCW 编程软件和项目开发的一般步骤。

水泵或各种电机设备在工业、楼宇等领域大量使用。考虑一个可以直接起动的水泵设备，该设备有一个点动的起动和一个点动的停止按钮，电气柜有过热继电器进行保护。假设按下起动按钮后延迟 3s 再起动电机，且起动、停止和过热继电器都使用常开触点。

（1）新建项目

首先在 CCW 编程软件中新建项目，然后从设备文件夹中选择设备，如图 4-15 所示。CCW 编程软件支持多种罗克韦尔设备，这里选用 2080-LC50-48QWB，这是 Micro850 系列的设备。设备添加好后，可以在项目管理器中看到该设备，在项目下还可以看到程序、全局变量、用户定义的功能块、用户定义的函数、数据类型等几个子项目，这些是添加控制器后软件自动生成的最基础的程序设计文件，如图 4-16 所示。用户的编程都围绕着该项目下的这几个程序文件而展开。例如在程序下用户可以增加 LD、ST 或 FBD 程序，在全局变量中定义全局变量，用 LD、ST 或 FBD 语言定义用户自己的功能块以及定义新的数据类型等。

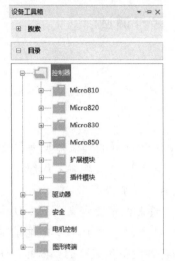

图 4-15　CCW 编程软件中的设备列表

图 4-16　选好的设备列表

双击图 4-16 中的 Micro850，就弹出如图 4-17 所示的窗口。可以在该窗口中进行硬件增加和配置，可以完成的设置包括：

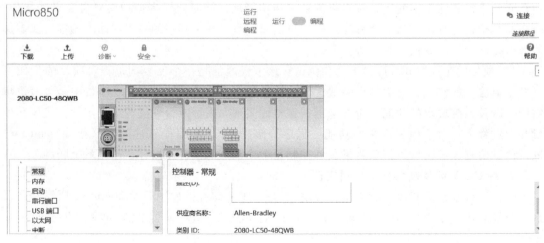

图 4-17　Micro850 设备窗口

1）控制器通用属性设置，主要是其名称和描述。

2）存储器使用，可以看到使用了多少存储空间，还有多少存储空间可用。这里的存储空间包括程序和数据。

3) 包括通用设置和与协议有关的设置，在进行程序下载等操作时要在这里进行设置。Micro850 支持 CIP 串行、Modbus RTU 和 Modbus ASCII 通信。

4) USB 端口属性观察（如果有 USB 口）。

5) 以太网设置，设置以太网地址等一系列与以太网通信有关的属性。

6) 日期和时间设置，对于一些与时间有关的应用，要在这里进行设置。

7) 中断设置，可以增加中断、设置中断类型及中断处理程序等。

8) 起动/故障设置，设置控制器起动选项以及故障时的处理方式。

9) Modbus 地址映射，当采用 Modbus 通信时，需要进行地址的映射，以实现外围软、硬件与 PLC 的正确通信。

10) 硬件编辑，可以增加功能性插件（Plug-in）模块和扩展（Expansion）模块，设置模块的参数，进行硬件组态。具体操作可参考本书的第 2 章。

11) 进行 PLC 连接、程序下载、控制程序运行等调试操作。

(2) 定义变量

编程中要用到很多变量，一般首先要定义 I/O 变量、用户自定义的数据结构及可以预先确定的变量。编程中要用的其他变量可以随时定义。这里定义了 5 个 I/O 变量及其别名，分别为：

1) Run_out 用于电机控制输出，对应 PLC 的第 20 路 DO 信号。

2) Start 用于起动电机，对应 PLC 的第 1 路 DI；Start 是点动常开信号类型。

3) Stop 用于停止电机，对应 PLC 的第 2 路 DI；Stop 是点动常开信号类型。

4) Fault_sta 表示过热继电器来的故障信号，对应 PLC 的第 3 路 DI，是常开信号类型。

5) Run_sta 表示从接触器辅助触点来的电机的运行状态反馈信号，对应 PLC 的第 4 路 DI，是常开信号类型。

进行地址映射时需要注意的是一般起始地址都从 "00" 开始编号。定义好的变量如图 4-18 所示。变量定义过程中，可以设置别名、数据类型、维度、初始值及读写属性等。为了增强程序的可读性和可维护性，建议变量别名有一定的含义，并且添加变量的注释。定义变量时，建议多用数组类型，不仅可以减少变量数量，而且便于采用循环等语句来编写程序。

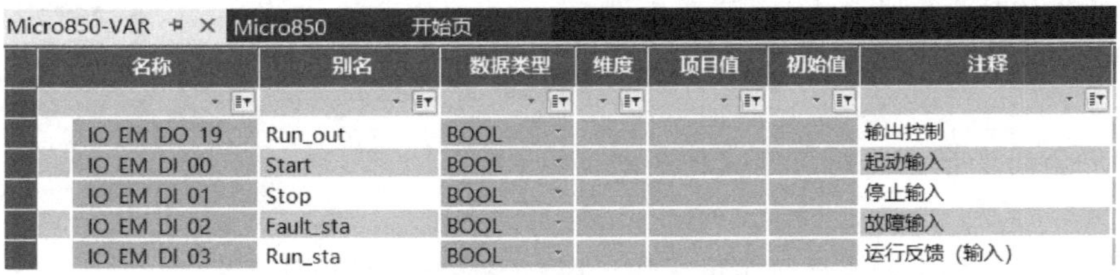

名称	别名	数据类型	维度	项目值	初始值	注释
IO EM DO 19	Run_out	BOOL				输出控制
IO EM DI 00	Start	BOOL				起动输入
IO EM DI 01	Stop	BOOL				停止输入
IO EM DI 02	Fault_sta	BOOL				故障输入
IO EM DI 03	Run_sta	BOOL				运行反馈（输入）

图 4-18　全局变量定义（别名中间空格处是_）

(3) 程序设计

这里由于程序功能比较简单，可采用经验法编程，编程语言选择 LD 语言。

在项目窗口中选中 "程序"，单击鼠标右键，选中弹出的菜单中的 "添加"，出现 3 个选项。这里选 "新建 LD：梯形图"，如图 4-19 所示。

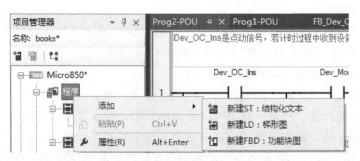

图 4-19　添加程序

正如先前介绍，Micro850 支持 3 种类型的 IEC 编程语言。实现不同功能的程序可以用不同的编程语言来编写。但 FBD 在我国用得很少，一般用户不会选用。有些用户熟悉了梯形图语言后，几乎不再用其他编程语言。这种编程习惯并不太好，ST 语言在许多方面有较大优势，目前全世界 ST 语言的用户快速增长，几乎接近梯形图编程语言。建议读者要掌握 ST 语言编程技术。

在工作区中可以编辑梯形图程序。由于梯形图属于图形化编程语言，因此，要通过一系列图形元素的增加、编辑、修改来实现梯形图程序。Micro850 中提供了梯形图编程的工具箱，工具箱中包含了编写梯形图程序所需要的各种元件，如图 4-20 所示（图中把中、英文都列出了，实际只有中文或英文）。具体编程与操作过程如下：

1）从工具箱中拖动一个常开触点到第一行梯级中（通过配置工具栏，工具栏也会显示编程元素，也可以从工具栏拖动），如图 4-21 窗口左部所示。在窗口中可以看到一个内含感叹号的用黄色填充底色的三角填充图符（图中①处），这是因为还没有给该元件赋值，即元件的操作数没有与变量关联起来。

2）松开鼠标后，会弹出一个变量选择窗口，如图 4-21 所示（V20 的变量选择窗口和 V12 版本以下的有所变化）。在变量选择窗口中，可以从以下分组的变量中选择变量：

① 用户全局变量：即用户定义的各种全局变量。

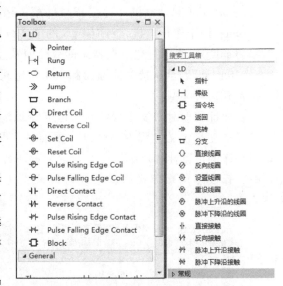

图 4-20　梯形图编程工具箱（中、英文对照）

② 局部变量：即隶属于该组织单元的、用户定义的各种局部变量。

③ 系统变量：与 PLC 系统有关的变量，如遥控变量、首次扫描等。

④ I/O 变量：即 PLC 系统中的输入和输出变量。I/O 变量也属于全局变量的一种。

⑤ 已定义的字：包括系统中已定义的字和用户自定义的字。

这里首先从 I/O 变量分组中选择"Start"变量，然后单击"确定"，这时黄色三角填充图符消失。

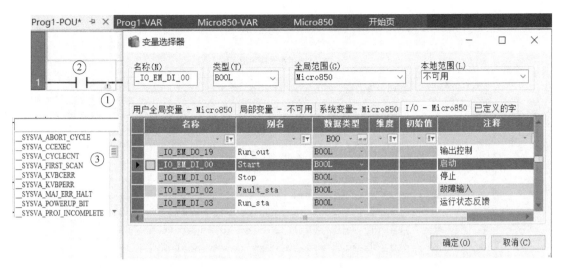

图 4-21　给梯形图中触点连接变量

如果要用的变量还没有定义，则可以单击黄色三角填充图符，进入变量编辑窗口，新增加一个变量，并把该变量定义到相应的分组中。编程中，如果只在某个程序组织单元用的变量就定义成局部变量，要与外界（如触摸屏）通信的变量必须定义成全局变量。

除了通过变量选择窗口选择变量外，还可以通过键盘输入或快捷方式输入。单击触点元件的矩形区域上部（②处），会出现变量列表框（③处），列表框中的变量包括系统变量、全局变量、局部变量等。输入首字母后，包含首字母的相关的变量会出现，可以从中选择变量，再按回车完成变量的关联；也可直接输入变量名后按回车。如果输入的变量以往没有定义，则该元件的矩形框的下部会看到黄色三角填充图符，可按先前介绍的方法对该变量进行定义。

3）按同样的方式编辑其他节点。在编辑输出线圈时，使用了一个局部变量"tmpstart"。该线圈起自保作用（因为 Start 是点动信号）。这样完成了第一个梯级的编辑，如图 4-22 所示。给第一个梯级加上注释。每个梯级的注释颜色和文字大小都是可以通过属性窗口加以设置，编辑时也可通过菜单或鼠标右键弹出菜单取消注释的显示。本书中，为了便于读者看清，把相关的颜色都设置为浅色，而非系统默认的颜色。

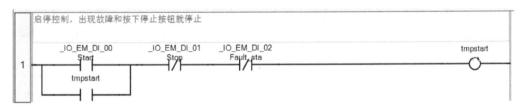

图 4-22　编辑好的第一个梯级

4）编辑第二个梯级。为了实现延时起动，这里用了一个系统提供的延时功能的指令块。从工具箱中拖动"指令块"到该梯级，如图 4-23a 所示。松开后会显示图 4-23b 所示的指令块选择窗口。选择类别中的"时间"以显示所有与时间有关的指令块。从与时间有关的功能块指令中选择"TON"，清除"EN/ENO"复选框，按"确定"退出。如果能记住指

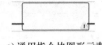

a) 通用指令块图形元素

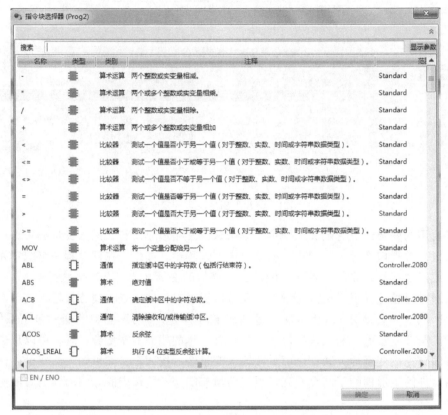

b) 指令块选择窗口

图 4-23　指令块图形元素及指令块选择窗口

令名的全部或部分，可以在图 4-23b 的"搜索"框中输入指令名的前几个字母或全名，这样可以更快地实现指令输入。

指令块的"EN/ENO"复选框的作用是对于该指令的使能控制，即可以对该输入连接逻辑变量，从而通过逻辑变量的接通或断开来控制指令的执行。

对于用户自定义的指令块，也要通过这种方式插入到程序中。即用户自定义的指令块，也会在图 4-23b 所示的指令块选择器窗口中出现。

这时我们再观察局部变量窗口，可以发现除了先前定义的局部布尔变量"tmpstart"外，又增加了一个名为"TON_1"的 TON 类型的变量，如图 4-24a 所示。如果后面还添加了该类型的指令，系统自动按序号生成该类变量，如"TON_2"和"TON_3"等。"TON_1"就是这个 TON 指令块（也称功能块指令）的一个实例。这是面向对象编程的特点，即变量和对象都要进行定义，高级编程语言也是这样。单击"TON_1"前面的"+"，可以看到其内部参数的详细列表。有时为了程序更好的可读性，可以不用系统默认的"TON_1"，而用一个有意义的名称，如这里可用"TON_Start"。

还需要给"TON_1"设置延时时间，在 TON_1 的"PT"端矩形框（内部）的上方，输入"T#3s"。然后在梯形图中增加线圈，把"TON_1"的输出端 Q 与线圈"Run_out"连接，这样完成了第 2 个梯级的输入，见图 4-24b 所示，该图中我们可以看到线圈上方的变量区既有名称"_IO_EM_DO_19"，又有别名"Run_Out"。编程时可以选择线圈或触点中变量显示方式，有 4 种形式可选（名称及别名、名称、别名、名称和配线），可以在该线圈或触点属性窗口的显示模式中选择。

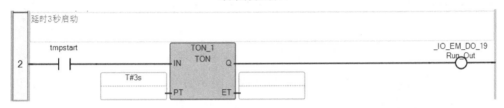

a) 局部变量窗口

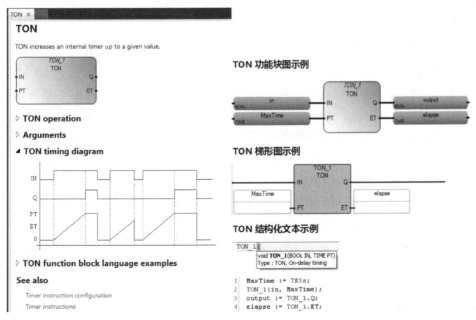

b) 编辑好的第2个梯级

图 4-24　局部变量窗口与梯形图程序

在一些应用中，通常要求时间变量可以通过触摸屏或上位机来更改，这时，就不能给 PT 赋予一个定值，而只能赋予一个 TIME 类型的全局变量了，在变量定义时可以设置一个初始值/默认值。

由于 PLC 的指令较多，用户不可能把所有指令都记下来，为此，CCW 编程软件提供了在线帮助，鼠标选中 TON 功能块，然后按"F1"键，就显示如图 4-25 所示的 TON 功能块

图 4-25　TON 功能块指令的帮助窗口

指令的帮助窗口，该窗口详细地描述了与该指令有关的参数、功能描述及使用说明等。

如果程序中有错误，则在执行生成操作时错误列表窗口会有提示，可以根据提示进行程序的修改与完善，直到生成通过为止。程序生成的结果包括警告和错误，如果程序有错误，则必须要排除。而对于警告，则不一定要进行处理。

需要说明的是，这里的示例程序中为了说明梯形图程序编辑方法，用了 2 个梯级，实际用 1 个梯级就可实现，程序如图 4-26 所示。

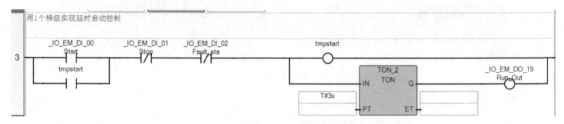

图 4-26　用 1 个梯级实现延时启动控制梯形图程序

在梯形图的编辑中，常碰到并行逻辑的处理。图 4-27 中显示了几种操作方式，以处理并行逻辑。例如，如果要复制整个并行分支，则必须选择整个分支；如要在并行分支下再添加一个分支，则选中单分支，单击鼠标右键，在弹出的菜单中选择"插入分支"，再进一步选是在分支的上方还是下方插入；如果要复制分支中的图形元素/指令，只需选中它，例如可以把_IO_EM_DI_12 这个常开触点复制到新添加的分支上。

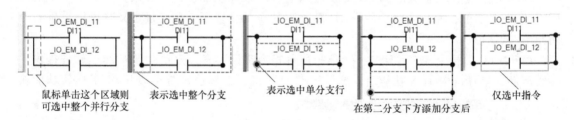

图 4-27　并行分支编辑技巧

（4）项目生成

上述程序的输入完成后，就可以进行项目生成、下载和测试了。选中项目窗口中的"Micro850"，单击鼠标右键，弹出一个菜单，从菜单中选择"生成"，则开始进行程序的编译，生成完成后，在输出窗口会显示编译结果，如图 4-28 所示。也可从主菜单"设备"下选中"生成"来进行项目生成。若有错误，可在错误列表窗口查看。和高级语言一样，有时程序中只有一个错误，但是编译时会提示一系列错误。

项目生成通过后，就可以把程序下载到控制器进行运行，具体内容见 4.4.2 节。关于利用仿真方式调试程序的内容可以参考 4.4.3 节。

4.4.2　与控制器连接、项目下载及调试

1. 建立通信连接

在下载项目之前首先要建立编程计算机与 PLC 的通信连接。这里主要介绍 USB 连接与以太网连接两种方式。其中 USB 连接比较简单。

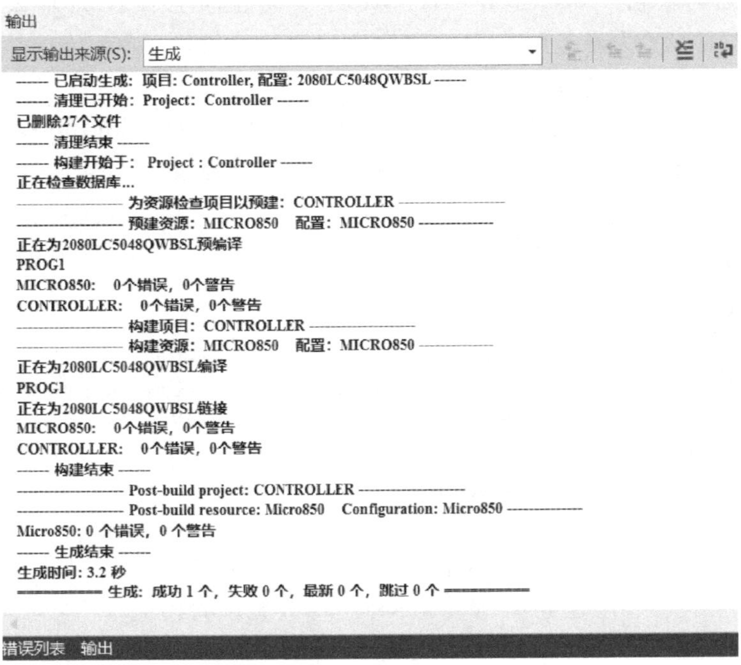

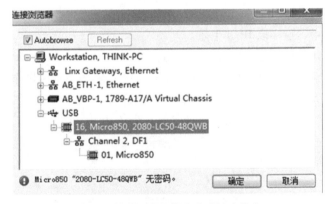

图 4-28　项目生成结果

（1）USB 通信连接组态

Micro850 PLC 有 USB 接口，可通过 USB 接口建立编程软件与控制器的通信。把 USB 电

缆分别连接到控制器和计算机的 USB 接口上，当控制器和计算机第一次连接时，连接后会自动弹出安装 USB 连接驱动窗口，选择第一个选项，单击"下一步"。USB 驱动安装成功后，即可运行 CCW 编程软件。打开一个项目，双击控制器的图标。在弹出的窗口中选择"Connect"，会弹出连接对话框，如图 4-29 所示。从对话框中选择要通过 USB 连接的控制器，从而完成了 CCW 项目与 PLC 的连接。

图 4-29　USB 驱动安装成功后的连接窗口

连接成功后，可以下载程序或监控程序的运行。

（2）以太网通信连接组态

要通过以太网与 PLC 连接，首先要配置 PLC 的 IP 地址。PLC 的 IP 设置有两种方法，分别是通过 BOOTP-DHCP 工具分配 IP 和在 CCW 编程软件中手动设定 PLC 的 IP 地址。

对于没有 USB 端口而只有网口的控制器，特别是一台新的控制器，一般首先要用 DHCP 工具来分配 IP 地址。该工具会自动扫描网络上以太网设备的 MAC 地址，然后用户可根据该控制器的 MAC 地址来分配 IP；若扫描不到，可单击"Add Relation"输入 MAC 地址，再分配 IP 地址。最后再单击"Disable BOOTP/DHCP",防止断电后 IP 地址丢失(也可通过 RSLinx Classic 软件设置为静态)。

手动设定 IP 地址的过程如下:

1) 在 CCW 编程软件编程环境中,单击"Micro850",会出现如图 4-30 所示的连接界面,在下方有下拉菜单,在"以太网"中找到"以太网设置"选项。

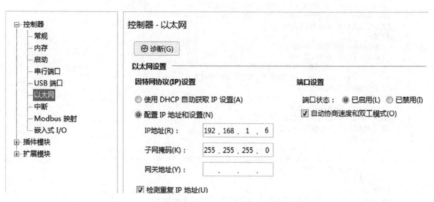

图 4-30　修改 Micro850 PLC IP 地址方法 1

2) 选中"配置 IP 地址和设置"选项,分别填入所想设置的"IP 地址"、"子网掩码"和"网关地址"。

3) 本地连接时网关地址可不填,计算机网卡 IP 地址要与 PLC 的 IP 地址设置在同一网段才可连接,即保证前三段 IPv4 码相同。例如,假设计算机网卡 IP 为 192.168.1.100,则可以设置 PLC 的 IP 为 192.168.1.6。设置好后,可以通过 USB 连接,把该配置下载到控制器中,这样该 IP 才生效。

另外,还可以在编程状态修改 IP,如图 4-31 所示。首先确保在编程状态下(①),并且编程计算机与控制器的连接通道已经建立(具体操作见后续的 RSLink Classic 添加 PLC 的以太网驱动部分)。然后修改 IP 地址(②),修改完成后,保存到控制器(③)。

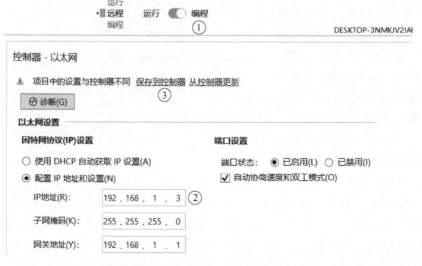

图 4-31　修改 Micro850 PLC IP 地址方法 2

　　此时，可以在操作系统的命令行窗口中输入"Ping 192.168.1.3"命令，在命令行窗口可以看到网络是否连通。如果不成功，要检查网络连接的硬件和设置等参数是否正确。

　　在完成 PLC 的 IP 地址配置后，就可以用 RSLink Classic 添加 PLC 的以太网驱动，基本步骤如下：

　　1) 打开 RSLink Classic 软件，在菜单栏找到类似于电线的图标，名为"Configure Drivers"，将其打开；

　　2) 弹出"Configure Drivers"对话框后，如图 4-32a 所示。选中图中的"Ethernet devices"，单击"Add New…"按钮；在弹出的对话框中输入驱动的名称（一般是系统默认"AB_ ETH-1"），单击"OK"按钮后则会出现如图 4-32b 所示对话框。如果系统中只有一台 PLC，则在 Host Name 中输入 IP 地址。如果有 2 台或 2 台以上以太网接口设备（控制器、变频器、触摸屏等），可以继续单击"Add New…"按钮来添加其他要连接的设备。

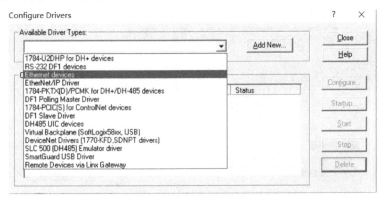

a) Configure Drivers

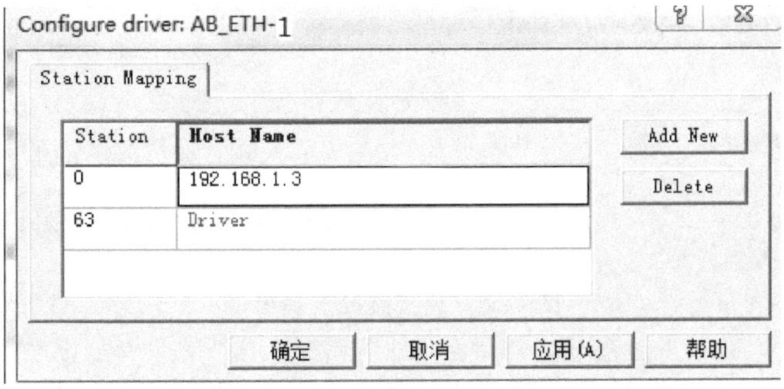

b) 输入设备IP地址

图 4-32　RSLink Classic 中建立以太网驱动

　　3) 驱动配置完成后，单击图 4-32b 中的"确定"按钮，会出现"Configured Drivers"项，在该项中会出现刚才建立好的 Ethernet/IP 驱动及其运行状态，如图 4-33 所示。

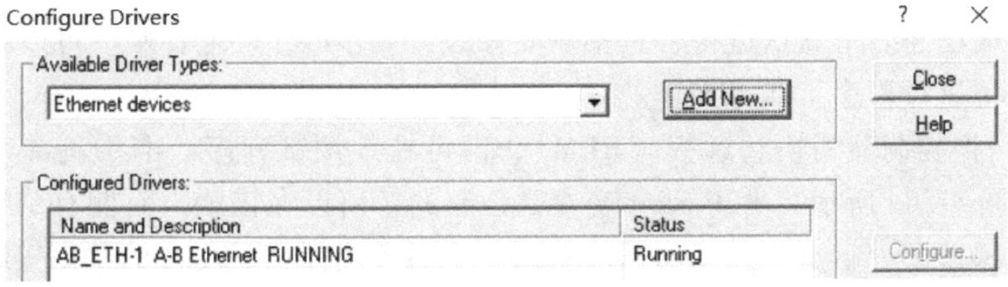

图 4-33　建立好的"Configured Drivers"

4）单击图 4-29 中的"Workstation"中"AB_ETH-1"前的"+"，也能看到该连接中的设备，显示如下文本：192.168.1.3，Micro850，2080-LC50-48QWB。

2. 下载项目与调试

在完成项目编译、通信配置等后。就可以设置计算机与 PLC 之间的连接路径并且下载项目了，具体操作如下：

1）单击图 4-34 右上角的"*连接路径* ✎"，这时会出现如图 4-35 所示的对话框，在这里双击选择连接路径。也可以在该对话框中单击"浏览"按钮，查找已经建立的连接。

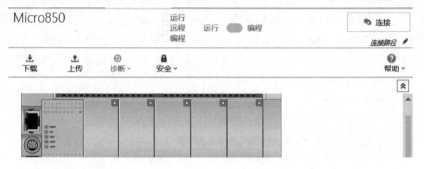

图 4-34　与 PLC 连接前状态

图 4-35　连接路径选择窗口

2）下载：确定了连接路径后，就可以在图 4-34 所示对话框进行程序的下载与上传（这时会自动进行程序编译、连接和上传或下载操作。若编译出错或驱动没配置好等，都会报错）。下载时会在对话框右下角有下载进度条提示。若操作成功，计算机与 PLC 之间状态会从断开变为已连接，设备窗口上部会如图 4-36a 所示，在该窗口中可以断开连接或把设备状态在编程与运行之间进行切换，还可以诊断控制器信息、设置密码等。

若项目以往已建立了默认连接，且不需要修改，则步骤 1）可省略，可以直接在图 4-34 窗口或利用菜单进行程序下载等操作。

3）调试：把控制器切换到远程（REM），即可在线调试程序。本示例的程序调试状态如图 4-36b 和图 4-36c 所示。由于 Start 变量是强制的，所以在该触点右侧有个锁的图标。在调试窗口中，梯形图中触点与线圈的通断状态、定时器当前值、变量的状态等都以不同的颜色动态显示，其中红色表示接通。例如，Start 被强制为 ON，其常开触点和变量别名都是红色，而 Stop 是 OFF 状态，因此，其别名是蓝色，但其常闭触点为 ON，因此是红色的。对于一些参数，例如类型为 TIME 的变量，可以改变其 PT 的值。其他一些内部触点等也可以进行强制，来帮助调试程序。

a) 连接成功且控制器处于远程运行状态

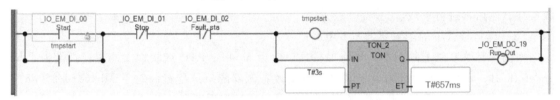

b) 定时时间没有到设定时的程序运行状态

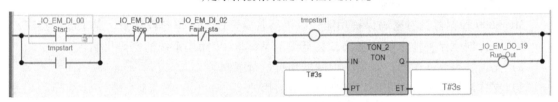

c) 定时时间到达设定时的程序运行状态

图 4-36　与 PC 连接及程序调试

程序中的所有全局变量都可以在全局变量窗口中进行监视，这样可以避免局部程序只能显示部分变量的不足。局部变量的状态可以在局部变量窗口监视。

Micro820/830/850/870 PLC 允许在运行模式下通过以下功能进行特定更改。

（1）运行模式下的更改（RMC）

对控制器固件 8.0 以上的版本，该功能允许对正在运行的项目进行逻辑修改，而无需进入远程编程模式，也无需断开与控制器的连接，从而可节省用户的时间。要实现该功能，还要求 CCW 编程软件 V12 以上开发版。其基本操作过程如下：

1）将 CCW 编程软件中的项目与 PLC 进行连接，要求 PLC 中的工程与 CCW 编程软件中的工程一致，PLC 为远程运行模式。

2）单击"设备"菜单下的"在线编辑模式（R）"右侧黑三角，如图 4-37 所示。

图 4-37　"设备"菜单

在出现的 4 个选项中，只有"在线编辑模式（R）"可选，另外 3 个都是灰色的。单击该选项后，CCW 编程软件的输出窗口会显示"正在进入运行模式更改操作完成"，这时在

CCW 编程软件中项目已变为离线状态，可以选择要修改的程序进行修改，修改完成后，可以单击"测试逻辑更改（T）"，此时 CCW 编程软件对工程进行生成。若没有问题，生成完成后，CCW 编程软件会自动连接 PLC，并切换到程序窗口，且再次回到在线编辑模式。这步也可选"丢弃未被接受的更改（D）"。

3）若上述修改符合要求，则可选"接受更改（A）"。CCW 编程软件会下载修改的内容（这个过程很快），并回到项目的在线编辑模式，这样就完成了一次运行模式下的更改。若修改不符合要求，可选择"丢弃未被接受的更改（D）"，这时 CCW 编程软件会再次对工程进行生成，结束后会自动连接 PLC，切换到程序窗口，程序恢复到更改前的状态。

运行模式下更改整个过程较费时，除非要进行不停机修改程序，否则建议离线状态下修改程序，然后再进行下载。

（2）运行模式下的配置更改（RMCC）

对固件是 9.0 以上的版本，当将串行端口设为 Modbus RTU 或将以太网端口则设为 EtherNet/IP 时，RMCC 可用于在运行模式期间更改控制器的地址配置。对于 Micro830/850/870 PLC，地址配置更改是永久性的，在控制器断电重启后将保留此更改。

3. 密码保护与程序文档创建

Micro800 控制器具有密码保护功能，以提高其安全性和知识产权保护，其主要特点有：

1）支持创建保密性很强的密码，甚至优于 Windows7 操作系统的密码机制。

2）无论是否允许访问控制器，控制器均可执行强制。

3）支持显示保护状态和用户名来确定当前用户。

4）CCW 编程软件与 PLC 的所有通信中都对密码进行加密处理。

5）无后门密码，即一旦密码丢失，则必须刷机。因此，开发人员一定要加强密码保存和管理。

CCW 编程软件还提供了项目文档创建的工具。选中项目管理器中的项目，单击鼠标右键，在弹出的菜单中选择"文档生产程序（打印）"，这时可以创造整个项目的文档，该文档包含所有的变量、程序、用户自定义模块等；若选中某个程序，则创建该程序的文档。

4.4.3 CCW 编程软件模拟器的使用

1. 创建仿真项目、建立连接和程序下载

1）创建 CCW 编程软件项目。在项目中添加设备时，要选择"2080-LC50-48QWB-SIM"这个控制器设备，表明是仿真控制器。对于已有的 CCW 编程软件项目，若选择了非仿真控制器，如果想要进行仿真，则需要把控制器更改为这个仿真控制器。可通过单击"设备"菜单下的"更改控制器…"实现。项目组态完成后，对项目进行生成，最终确保生成能够通过。

这里以图 4-38 中编好的一段程序为例，进行仿真测试。程序模拟一个水池的水位控制。当液位高于 4 米时要起动水泵，液位低于 2 米时水泵停机。当现场允许自动（程序中别名 AutoEnable）、无故障（别名 Fault）时可以运行。也可以手动起动（别名 Start）。按下停止（别名 Stop）按钮时水泵停机。水位信号来自液位传感器，量程 0～5 米的液位传感器输出 0～10V 信号，再通过 PLC 配置的一个功能性插件 2080-IF2 采集。该项目有 2 个程序，一个是梯形图程序，一个是 ST 语言程序，分别如图 4-38a、图 4-38b 所示。读者学习了后续章节后能更了解该程序。

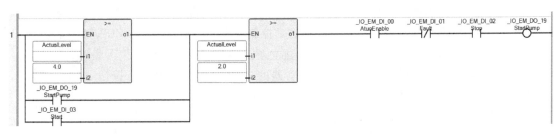

a) 梯形图程序

```
1  //把2080-IF2第一通道的模拟电压0-10V对应的0-65535转换为0-5米液位
2  ActualLevel:=ANY_TO_REAL(_IO_P1_AI_00)/65535.0*5.0;
```

b) ST语言程序

图 4-38　PLC 仿真测试项目

2）驱动配置。即配置仿真控制器的连接，在 RSLink 中驱动配置为以太网，IP 地址设为 127.0.0.1。

3）启动模拟器/仿真器。单击 CCW 编程软件"工具"菜单下的"Micro800 Simulator"选项或工具栏对应图标，启动仿真器，设置 IP 地址为 127.0.0.1，如图 4-39 的①处所示。

4）仿真器通电。单击仿真控制器的"设备"菜单下的"开启"选项（或工具栏上的电源图标），把仿真控制器通电，可以发现仿真控制器的状态指示灯"POWER"点亮，且正常时为常绿状态。单击仿真控制器左下方的"REM"或"PRG"按钮，把仿真控制器的运行模式设置在 PRG 或 REM 状态，如图 4-39 的②处所示。

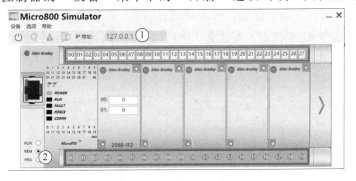

图 4-39　设置 PLC 的 IP 地址

5）建立 CCW 编程软件与仿真控制器的连接。选择先前步骤建立的驱动 AB_ETH-1，可以看到 IP 地址为 127.0.0.1 的仿真控制器，该控制器也是建立项目时所选择的控制器，如图 4-40 所示。选中该仿真控制器，然后单击"确定"按钮。

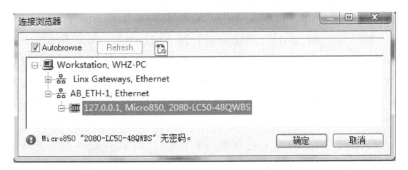

图 4-40　CCW 编程软件与仿真控制器的连接

6）项目下载到仿真控制器。连接建立成功后，出现下载/上传确认窗口，单击"下载当前项目至控制器"，就可以把项目下载到仿真控制器中。下载过程中，CCW 编程软件窗口右下角会有进度条显示下载进度。若先前已建立了连接路径，则可以直接下载项目。

7）仿真器切入运行模式。单击仿真控制器的"RUN"或"REM"按钮（远程运行），会出现如图 4-41 所示的提示对话框，表示仿真控制器只能连续运行 1 天（若是开发版提示是 10min，这个功能限制对于软件调试影响不大）。单击"确定"按钮后，仿真控制器运行。这时可以看见仿真控制器的运行指示灯是绿色常亮（图中①），表明控制器可以正常工作。若仿真控制器的故障指示灯"FAULT"状态（图中②）为红色或闪烁，表明仿真控制器有故障，这时要检查程序或各种参数配置（含硬件），排除故障，以使仿真控制器能正常工作。

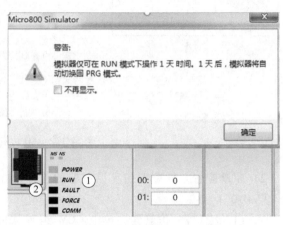

图 4-41　仿真控制器运行提示

2. 程序调试

程序下载完成后，就可调试程序了。由于调试中要强制与修改参数，因此，仿真器必须设置在 REM 状态，不能置于 RUN 状态（此状态下进行参数修改或强制会提示错误）。双击项目中的用户程序，改变仿真控制器的输入状态并进行变量强制，可以监控程序的运行逻辑。如图 4-42 所示为程序强制前的状态。

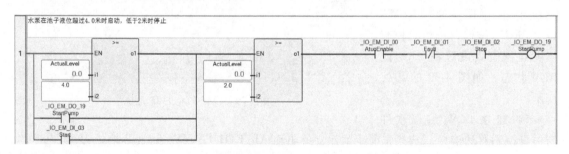

图 4-42　程序的仿真运行状态（强制前）

图 4-43 所示为完全通过 PLC 的输入面板进行操作的程序调试。在 2080-IF2 的第一个通道处输入 28000，由于液位没有达到 4.0 米，水泵不能自动起动，这时，可以进行手动起动。单击 DI 输入端子 00、02 和 03，即使得别名为 AutoEnable、Stop 和 Start 的三个 BOOL 量为 ON，这时输出 StartPump 接通，_IO_EM_DO_19 指示灯和 19 号输出端子灯亮（橘黄色）。此时，如果再次单击 03 输入端子，Start 变为 OFF，但 StartPump 仍接通，因为与 Start 并联的 StartPump 做了自保。这也属于起保停逻辑。这种方式下，起动、停止信号都可以是脉冲。

在这种调试方式下，PLC 面板上的强制（FORCE）LED 灯是灭的。全局变量监视窗口中的逻辑值等于实际值。

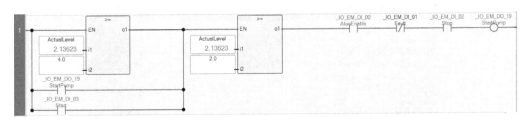

a) 手动起动水泵的程序运行状态

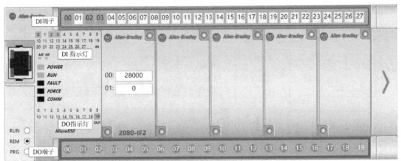

b) 仿真控制器运行模式下的状态

图 4-43　通过 PLC 面板端子进行的程序仿真调试

在程序调试中，经常要进行变量强制或修改参数值（如定时器定时值）。CCW 编程软件中强制操作原理如图 4-44 所示。对于输入通道，如图 4-44a 所示，锁定后，用强制指定值代替原来物理通道的实际物理值。对于输出通道，如图 4-44b 所示，用强制指定值送到物理通道，代替原来的物理通道的逻辑值。在变量监视器中，对于输入（模拟量、数字量等），需要把强制指定值键入到逻辑值；而对于输出，需要把强制指定值键入到实际值。

CCW 编程软件中，PLC 中的逻辑值是程序逻辑执行后的值，而实际值指的是输入通道或输出通道的值。如果某个 DO 通道逻辑执行结果是 OFF，但若测试需要想使其输出为 ON，则要执行锁定和强制，使得该通道的实际值为 ON。显然，这时逻辑值与实际值是不同的。在未锁定状态下，物理值（实际值）始终等于逻辑值。

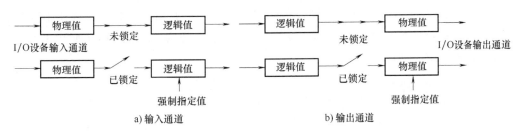

图 4-44　CCW 编程软件中的强制操作原理示意图

例如，要对 _IO_EM_DI_00 进行强制，改变其状态。这时，可以在全局变量窗口中（须是在线状态），把该变量锁定（单击变量行与锁定列相交处的方框，若方框里出现"√"，表示为锁定，再次单击"√"消失表示无锁定），如图 4-45 所示。锁定的变量在程序窗口中该变量的右侧会有锁形图标显示，如图 4-46 中的①处所示。

名称	别名	逻辑值	实际值	初始值	锁定	数据类型
IO EM DO 18		☐	✓		✓	BOOL
IO EM DO 19	StartPump	✓	✓		☐	BOOL
IO EM DI 00	AtuoEnable	✓	☐		✓	BOOL
IO EM DI 01	Fault	☐	☐		☐	BOOL
IO EM DI 02	Stop	✓	☐		☐	BOOL
IO EM DI 03	Start	✓	☐		✓	BOOL
IO EM DI 04		✓	✓		☐	BOOL

图 4-45　全局变量窗口执行锁定时 I/O 变量的强制

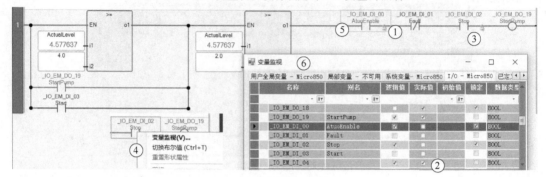

图 4-46　强制后程序的运行显示

仿真调试中，可用以下方式切换布尔变量值：

1）在非锁定状态下，直接单击图 4-47 中的仿真 PLC 的 DI 输入端子。例如，单击仿真 PLC 上侧的 04 号输入端（名称为_IO_EM_DI_04），则 04 号 DI 端子和 DI 面板上对应的 4 号 LED 指示灯亮。图 4-46 中的②处逻辑值和实际值方框里出现"√"。再次单击 04 号输入端子，则状态变为 OFF，04 端子和 DI 面板对应 LED 灯灭。

2）在锁定状态下，可以采用以下方式：

① 在程序窗口中选中该变量，单击鼠标右键，在弹出的菜单中选择"切换布尔值"，如图 4-46 中的③、④处（这里进行了截图，实际菜单在③位置）。但如果没有执行锁定，则该值会立刻恢复原来状态。

② 单击图 4-46 中⑤处常开触点，则弹出与图 4-45 类似的变量监视窗口⑥，在该窗口中，可以执行 DI 变量的锁定（勾选锁定）和强制（勾选逻辑值）等操作。程序中别名 AutoEnable 和 Stop 的两个 DI 都进行了锁定后的强制，信号都为 ON，但 PLC 面板 DI 端子和 LED 指示灯没有亮，如图 4-47 所示。

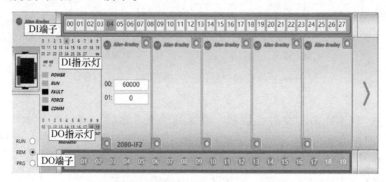

图 4-47　仿真控制器运行模式下状态

最后，在图 4-47 的 2080-IF2 模块的第一个通道处输入 60000，经过转换后得到工程量 4.577 米。由于梯形图逻辑的常开或常闭触点都接通，因此输出 StartPump 激活，该别名对应的名称为_IO_EM_DO_19，对应输出端子号 19。可以看到仿真 PLC 上 19 号 DO 端子和 DO 面板上对应的 19 号 LED 灯亮。

当 DI 输入锁定时，DI 端子和 DI 面板指示灯的状态由物理值来决定，而程序中的逻辑值是跟随强制值的。结合图 4-44 的 CCW 编程软件强制原理，会观察到以下现象：

1）单击图 4-47 中的仿真 PLC 的输入端子，即物理值发生了变化，对应的 DI 输入端子和 DI 面板 LED 灯亮，但程序中的逻辑值不变。

2）在全局变量窗口或变量监视窗口中，执行锁定状态下的输入强制，使得逻辑值为 ON，但输入端子和 DI 面板上对应的 LED 灯不亮。如本程序中的别名为 AutoEnable 和 Stop 的两个输入量状态，如图 4-46 所示中的程序，这两个变量值为 ON，但灯不亮。

当 DO 输出锁定时，输出灯的状态由强制指定值来决定。若强制为 ON 时，PLC 上的输出端子和面板上的 LED 灯都会亮。如图 4-46 中对_IO_EM_DO_18 进行了锁定强制，18 号输出端子和 DO 面板上 18 号指示灯都亮。

无论锁定还是非锁定状态下，都无法通过单击仿真 PLC 的输出端子来实现 DO 强制，改变其状态。

执行强制时，PLC 面板上的强制（FORCE）LED 灯也亮（橘黄色）。

这里给出了两种仿真调试方式，实际上，锁定方式的强制操作和面板操作并不是排斥的，可以把两者结合起来用。

通过改变程序中各个参数和状态，检查程序运行逻辑和功能是否与预期一致，这样就实现了在仿真控制器而不是物理控制器上进行程序调试的目的了，而且是在没有现场接线的情况下来测试程序。

如果仿真过程中发现程序有问题，则退出仿真，回到 CCW 编程软件中修改项目，再按上述步骤重新仿真调试。仿真结束后，关闭仿真器。

复习思考题

1. IEC 61131-3 编程语言产生的背景是什么？为何该标准会得到广泛的推广和使用？
2. IEC 61131-3 标准的主要内容是什么？
3. IEC 61131-3 标准的编程语言有哪些？
4. CCW 编程软件支持哪些编程语言？
5. 为何说顺序功能图不只是一种编程语言，更是一种程序分析方法？
6. Micro800 PLC 在仿真模式下的强制操作一般步骤是什么？

第 5 章　Micro800 PLC 指令系统

5.1　Micro800 PLC 的内存组织

为 Micro800 PLC 创建项目后，在生成（Build）时会以动态方式将内存分配为程序内存或数据内存。由于没有规定程序内存与数据内存的大小，因此，若程序内存使用少，则数据内存可使用的空间就大，从而允许用户最大限度地使用控制器内存。

Micro800 PLC 的内存可以分为数据内存、程序内存、项目内存和配置内存。数据内存保存用户定义的变量、常数和编译器产生的临时变量等；程序内存保存数据文件、程序文件和功能块文件等；项目内存保存下载的项目及其注释；配置内存保存功能性插件的配置信息。

对于数据文件，一个字等同于 16 位内存。例如：

1 个整型数据文件元素 = 1 个用户字；

1 个长字文件元素 = 2 个用户字；

1 个定时器数据文件元素 = 3 个用户字。

对于程序文件，一个字等同于一个带有一个操作数的梯形图指令。例如：

1 个 XIC 指令，其具有 1 个操作数，则占用 1 个用户字；

1 个 EQU 指令，具有 2 个操作数，则占用 2 个用户字；

1 个 ADD 指令，具有 3 个操作数，则占用 3 个用户字。

5.1.1　数据内存

Micro800 PLC 的变量分为全局变量和局部变量，其中 I/O 变量默认为全局变量。全局变量在项目的任何一个程序或功能块中都可以使用，而局部变量只能在它所在的程序中使用。不同类型的控制器 I/O 变量的类型和个数不同，I/O 变量可以在 CCW 编程软件中的全局变量中查看。I/O 变量的名字是固定的，但是可以对 I/O 变量标记别名。除了 I/O 变量以外，为了编程的需要还要建立一些中间变量，变量的类型用户可以自己选择，常用的变量数据类型见表 5-1。

表 5-1　常用的变量数据类型

数据类型	描　述	数据类型	描　述
BOOL	布尔量	LINT	长整型
SINT	单整型	ULINT、LWORD	无符号长整型
USINT、BYTE	无符号单整型	REAL	实型
INT、WORD	整型	LREAL	长实型
UINT	无符号整型	TIME	时间
DINT、DWORD	双整型	DATE	日期
UDINT	无符号双整型	STRING	字符串

在项目组织器中，还可以建立新的数据类型，用来在变量编辑器中定义数组和字，这样方便定义大量相同类型的变量。变量的命名有如下规则：

1）名称不能超过 128 个字符。

2）首字符必须为字母。

3）后续字符可以为字母、数字或者下划线字符。

数组也常常应用于编程中，要建立数组，首先要在 CCW 编程软件的项目组织器窗口中找到数据类型，双击打开后可建立一个数组的类型。如图 5-1 所示，建立数组类型的名称为 Array_A，数据类型为布尔型，数据个数为 10 的一维数组（维度一栏写 1..10）。然后打开项目组织器窗口中的全局变量，建立名为 Array_1 的数组，数据类型可选择先前自定义的 Array_A，如图 5-2 所示。同理，建立二维数组类型时，维度一栏写 1..10..10。

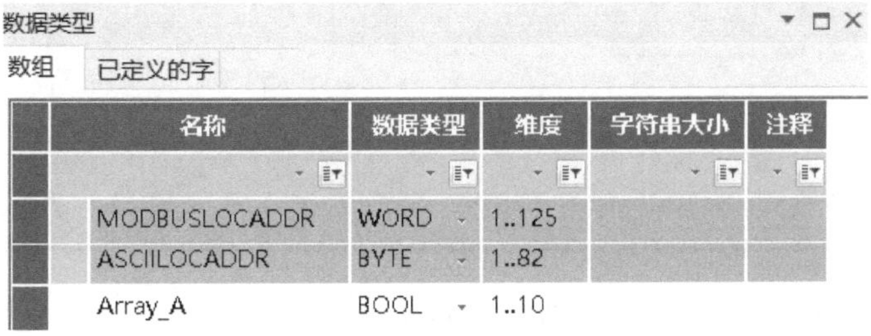

图 5-1　在数据类型中定义数组数据类型

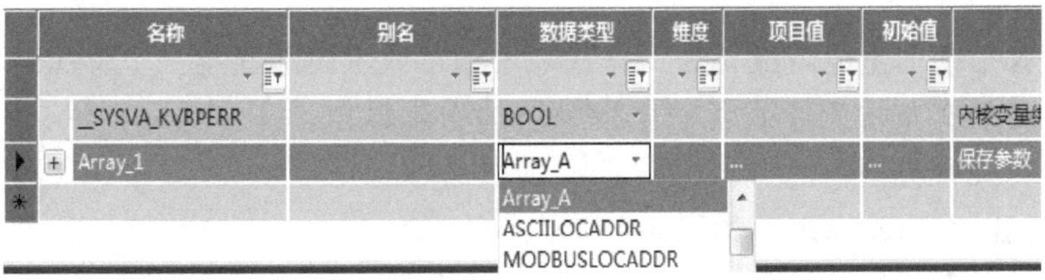

图 5-2　在全局变量中建立数组变量

5.1.2　程序内存

控制器的程序内存保存数据文件、程序文件和功能块文件。这里所说的功能块（Function Block），除了系统自身的功能块指令以外，主要是指用户根据应用需要，自己用梯形图等语言编写的完成一定任务的自定义功能块，可以在程序（Program）或者功能块中调用，相当于常用的子程序。每个功能块最多有 20 个输入和 20 个输出。Micro810 PLC 最多可以有 2000 条含一个操作数的梯级。

功能文件不使用用户内存。但由于功能执行时会与 I/O 强制相关，因此每个输入和输出的数据元素大约使用 3 个用户字。

Micro800 PLC 支持 20KB 的内存。内存可用于程序文件和数据文件。最大数据内存用量为 10KB。

5.2　Micro800 PLC 的梯形图编程元素

编辑梯形图程序时，可以从工具箱拖拽需要的指令符号到编辑窗口中使用。可以添加以下梯形图指令元素：

1. 梯级（Rungs）

梯级是梯形图的组成元素，它表示着一组电子元件线圈的激活（输出）。梯级示意图如图 5-3 所示。每个梯级都有梯级号（①）。梯级在梯形图中可以有标签（②），以确定它们在梯形图中的位置。每个梯级上面一行是注释行（③），编辑时可以显示或隐藏（单击某个梯级最左侧④处，单击鼠标右键，在弹出的菜单中选择"显示注释"）。标签和跳转指令（jumps）配合使用，以控制梯形图的执行。

图 5-3　梯级示意图

单击编辑框的最左侧，单击鼠标右键，在弹出的菜单中选择"添加标签"，输入该梯级的标签 Label1，即完成对该梯级标签的定义。

2. 线圈（Coils）

线圈也是梯形图的重要组成元素，它代表着输出或者内部变量。一个线圈代表着一个动作。它的左边必须有布尔元件或者一个指令块的布尔输出。线圈又分为以下几种类型：

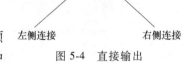

1）直接输出（Direct coil）如图 5-4 所示。

左连接件的状态直接传送到右连接件上，右连接件必须连接到垂直电源轨线上，并行线圈除外，因为在并行线圈中只有上层线圈必须连接到垂直电源轨线上，如图 5-5 所示。

图 5-4　直接输出

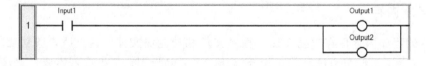

图 5-5　线圈连接示意图

2）反向输出（Reverse coil）如图 5-6 所示。

左连接件的反状态被传送到右连接件上，同样，右连接件必须连接到垂直电源轨线上，除非是并行线圈。

3）边沿输出：边沿输出包括上升沿（正沿）输出（Pulse rising edge coil）和下降沿（负沿）输出（Pulse falling edge coil），如图 5-7 所示。

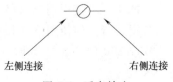

图 5-6　反向输出

对上升沿（正沿）输出，当左连接件的布尔状态由假变为真时，右连接件输出变量将被置 1（即为真），其他情况下输出变量将被重置为 0（即为假）。

对下降沿（负沿）输出，当左连接件的布尔状态由真变为假时，右连接件输出变量将被置 1（即为真），其他情况下输出变量将被重置为 0（即为假）。

a) 上升沿　　　　　　　　　　b) 下降沿

图 5-7　边沿输出

4）置位（Set coil）与复位输出（Reset coil）如图 5-8 所示。

对置位指令，当左连接件的布尔状态变为真时，输出变量将被置真。该输出变量将一直保持该状态直到复位输出（Reset coil）发出复位命令，将该变量置假。即一旦输出变量被置位后，即使其左连接件的布尔状态由真变假了，输出变量还是真。

a) 置位指令　　　　　　　　　b) 复位指令

图 5-8　置位与复位输出

对复位指令，当左连接件的布尔状态变为真时，输出变量将被置假。该输出变量将一直保持该状态直到置位输出（Set coil）发出置位命令。

3. 触点（Contacts）

触点在梯形图中代表一个输入的值或是一个内部变量，通常相当于一个开关或按钮的作用。有以下几种连接类型：

1）直接连接（Direct contact），如图 5-9 所示。左连接件的输出状态和该连接件（开关）的状态取逻辑与，即为右连接件的状态值。

2）反向连接（Reverse contact），如图 5-10 所示。左连接件的输出状态和该连接件（开关）的状态的布尔反状态取逻辑与，即为右连接件的状态值。

图 5-9　直接连接　　　　　　　　　　　图 5-10　反向连接

4. 指令块（Instruction blocks）

块（Block）元素指的是指令块，也可以是位操作指令块、功能指令块或者是功能块指令块，指令块也简称为指令。功能指令或功能块指令由一个显示指令名称和参数短名称的框表示。对于功能块指令，实例名称显示在功能块名称上方。在梯形图编辑中，可以添加指令块到布尔梯级中。加到梯级后可以随时用指令块选择器设置指令块的类型，随后相关参数将会自动陈列出来。在使用指令块时须牢记以下两点：

1）当一个指令块添加到梯形图中后，EN 和 ENO 参数将会添加到某些指令块的接口列表中。

2）当指令块是单布尔变量输入、单布尔变量输出或是无布尔变量输入、无布尔变量输出时，可以强制 EN 和 ENO 参数。可以在梯形图操作中激活允许 EN 和 ENO 参数（Enable EN/ENO）。

从工具箱中拖出块元素放到梯形图的梯级中后，指令块选择器将会陈列出来，为了缩小指令块的选择范围，可以使用分类或者过滤指令块列表，或者使用快捷键。

EN 输入：一些指令块的第一输入不是布尔数据类型，由于第一输入总是连接到梯级上，所以在这种情况下另一种叫 EN 的输入会自动添加到第一输入的位置。仅当 EN 输入为真时，指令块才执行。

ENO 输出：由于第一输出另一端总是连接到梯级上，所以对于第一输出不是布尔型输出的指令块，另一端被称为 ENO 的输出自动添加到了第一输出的位置。ENO 输出的状态总是与该指令块的第一输入的状态一致。

EN 和 ENO 参数：在一些情况下，EN 和 ENO 参数都需要。如在数学运算操作指令块中，图 5-11 所示是一个带 EN 和 ENO 参数的 "+"（加法）运算符指令的例子。

指令块使能（Enable）参数：在指令块都需要执行的情况下，需要添加使能参数。图 5-12 所示在 SUS 运算符指令块中增加了功能块使能（Enable）参数。

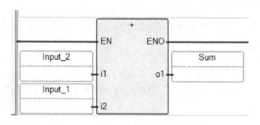

图 5-11　（加法）运算符指令块

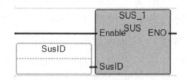

图 5-12　SUS 运算符指令块

5.3　Micro800 PLC 的指令集

CCW 编程软件的指令集包括适用于 Micro800 PLC 的、符合 IEC 61131-3 标准的指令块。指令块包括运算符指令（Operator）、功能指令（Function）和功能块指令（Function Block）三种类型。一个指令块由单个矩形表示，并且具有固定数量的输入连接点和输出连接点。一个基本指令块执行一个动作，完成一定的任务，或实现期望的功能。从简洁考虑，除了本章介绍的指令，后续章节功能和功能块后的 "指令" 2 字会省略。运算符指令完成诸如算术运算、布尔运算、比较运算或数据转换等基本逻辑操作。功能具有 1 个或多个输入参数及 1 个输出参数。但功能没有实例，这意味着它不会存储本地数据，因此本地数据通常无法在两次调用之间保存。功能可以由程序、功能或功能块加以调用。功能不能调用功能块。功能块是一个具有输入和输出参数（可以是多个）并且处理内部数据的指令块，在 CCW 中，它可以用结构化文本、梯形图或功能块图语言编写。功能块可以由程序或其他功能块加以调用。必须使用功能块的每个调用（输入）参数或返回（输出）参数的类型或唯一名称，来显式定义该功能块的接口。功能块返回参数的值因各种不同编程语言（FBD、LD、ST）而异。功能块名称和功能块参数名称最多可包含 128 个字符。功能块参数名称可用字母或下划线字符开头，后跟字母、数字和单个下划线字符。

Micro800 PLC 的指令集种类及说明见表 5-2。

表 5-2　Micro800 PLC 的指令集种类及说明

种　　类	描　　述
报警（Alarms）	超过限制值时报警
布尔运算（Boolean operations）	对信号上升沿、下降沿以及设置或重置操作
通信（Communications）	部件间的通信操作
计时器（Timer）	计时
计数器（Counter）	计数
数据操作（Data manipulation）	取平均、最大、最小值
输入/输出（Input/Output）	控制器与模块之间的输入输出操作
中断（Interrupt）	管理中断
过程控制（Process control）	PID 操作以及堆栈
套接字（Socket）	用于套接字
程序控制（Program control）	主要是延迟指令功能块
运动控制（Motion control）	对特定轴的运动进行编程和设计

1. 报警（Alarms）

（1）指令概述

报警类功能块指令只有限位报警一种，如图 5-13a 所示，其详细功能说明如下。所有的功能块指令在使用时都要定义实例，如这里的 LIM_ALRM_1 就是一个属于 LIM_ALRM 类型的实例。

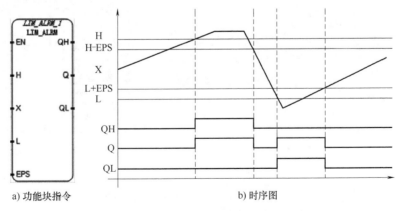

a) 功能块指令　　　　　　　　　　　　b) 时序图

图 5-13　限位报警类功能块指令及其时序图

该功能块指令用高限位和低限位限制一个实数变量。限位报警使用的高限位和低限位是 EPS 参数的一半，其参数列表见表 5-3。

表 5-3　限位报警功能块指令参数列表

参数	参数类型	数据类型	描述
EN	Input	BOOL	功能块指令使能。为真时,执行功能块指令;为假时,不执行功能块指令
H	Input	REAL	高限位值
X	Input	REAL	输入:任意实数
L	Input	REAL	低限位值
EPS	Input	REAL	滞后值(须大于零)
QH	Output	BOOL	高位报警:如果 X 大于高限位值 H 时为真
Q	Output	BOOL	报警:如果 X 超过限位值时为真
QL	Output	BOOL	低位报警:如果 X 小于低限位值 L 时为真

　　下面简单介绍限位报警功能块指令的用法。限位报警的主要作用就是限制输入,当输入超过或者低于预置的限位安全值时,输出报警信号。在本功能块中 X 端接的是实际要限制的输入,其他参数的意义可以参考上表。当 X 的值达到高限位值 H 时,功能块指令将输出 QH 和 Q,即高位报警和报警,而要解除该报警,需要输入的值小于高限位的滞后值 (H-EPS),这样就拓宽了报警的范围,使输入值能较快地回到一个比较安全的范围值内,起到保护机器的作用。对于低位报警,功能块指令的工作方式很类似。当输入低于低限位值 L 时,功能块指令输出低位报警 (QL) 和报警 (Q),而要解除报警则需输入回到低限位的滞后值 (L+EPS)。可见报警 Q 的输出综合了高位报警和低位报警。使用时可以留意该输出。该功能块指令时序图如图 5-13b 所示。

　　(2) 功能块指令调用

　　对报警指令在功能块图 (FBD) 编程语言编写的主程序、梯形图编程语言编写的主程序和结构化文本语言编写的主程序中的调用方式如图 5-14 所示。

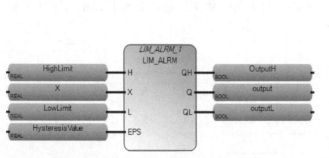

a) 功能块图编程语言编写的主程序调用LIM_ALRM实例　　　　b) 梯形图编程语言编写的主程序调用LIM_ALRM实例

```
1   HighLimit := 10.0;
2   X := 15.0;
3   LowLimit := 5.0;
4   HysteresisValue := 2.0;
5   LIM_ALRM_1(HighLimit, X, LowLimit, HysteresisValue);
6   OutputH := LIM_ALRM_1.QH;
7   OutputL := LIM_ALRM_1.QL;
8   output := LIM_ALRM_1.Q;
```

c) 结构化文本语言编写的主程序调用LIM_ALRM实例

图 5-14　程序组织单元调用 LIM_ALRM 实例

2. 布尔运算（Boolean operations）

布尔运算类功能块指令主要有以下 4 种，其描述见表 5-4。

表 5-4 布尔运算类功能块指令集

功 能 块	描 述
F_TRIG(下降沿触发)	下降沿侦测，下降沿时为真
RS(重置)	重置优先(复位优先)
R_TRIG(上升沿触发)	上升沿侦测，上升沿时为真
SR(设置)	设置优先(置位优先)

下面详细说明下降沿触发以及重置功能块指令的使用。

1）下降沿触发（F_TRIG），如图 5-15 所示。该功能块用于检测布尔变量的下降沿，其参数见表 5-5。

边缘触发在一些应用中十分有利编程，但一般来说，在程序中不要使用太多的边缘触发功能块。特别是若某些信号变化很快，而扫描周期比较长时，信号的上升或下降沿不会被扫描到，从而使程序的执行结果偏离设计意图。

表 5-5 下降沿触发功能块指令参数列表

参数	参数类型	数据类型	描 述
CLK	Input	BOOL	任意布尔变量
Q	Output	BOOL	当 CLK 从真变为假时，为真；其他情况为假

2）重置（RS），如图 5-16 所示。重置优先，其参数列表见表 5-6。

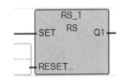

图 5-15 下降沿触发功能块指令　　　　　图 5-16 重置功能块指令

表 5-6 重置功能块指令参数列表

参数	参数类型	数据类型	描 述
SET	Input	BOOL	如果为真，置置 Q1 为真
RESET	Input	BOOL	如果为真，则置 Q1 为假(优先)
Q1	Output	BOOL	存储的布尔状态

3. 通信（Communications）

通信类功能块指令主要负责与外部设备通信，以及自身的各部件之间的联系。该类功能块指令描述见表 5-7。

表 5-7 通信类功能块指令集

功 能 块	描 述
ABL(测试缓冲区数据列)	统计缓冲区中的字符个数(直到并且包括结束字符)
ACB(缓冲区字符数)	统计缓冲区中的总字符个数(不包括结束字符)

（续）

功　能　块	描　述
ACL（ASCII 清除缓存寄存器）	清除接收传输缓冲区内容
AHL（ASCII 握手数据列）	设置或重置调制解调器的握手信号，ASCII 握手数据列
ARD（ASCII 字符读）	从输入缓冲区中读取字符并把它们放到某个字符串中
ARL（ASCII 数据行读）	从输入缓冲区中读取一行字符并把它们放到某个字符串中，包括结束字符
AWA（ASCII 带附加字符写）	写一个带用户配置字符的字符串到外部设备中
AWT（ASCII 字符写出）	从源字符串中写一个字符到外部设备中
MSG_MODBUS（网络通信协议信息传输）	发送 Modbus 信息

4. 计数器（Counter）

计数器功能块指令主要用于加减计数，其主要描述见表 5-8。

表 5-8　计数器功能块指令集

功　能　块	描　述
CTD（减计数）	减计数
CTU（加计数）	加计数
CTUD（给定加减计数）	加减计数

下面主要介绍给定加减计数（CTUD）功能块指令，如图 5-17 所示。

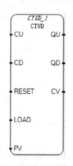

图 5-17　给定加减计数功能块指令

从 0 开始加计数至给定值，或者从给定值开始减计数至 0。其参数列表见表 5-9。

表 5-9　给定加减计数功能块指令参数列表

参数	参数类型	数据类型	描　述
CU	Input	BOOL	加计数（当 CU 是上升沿时，开始加计数）
CD	Input	BOOL	减计数（当 CD 是上升沿时，减计数）
RESET	Input	BOOL	重置命令（高级）（RESET 为真时，CV = 0 时）
LOAD	Input	BOOL	加载命令（高级）（当 LOAD 为真时，CV = PV）
PV	Input	DINT	程序最大值
QU	Output	BOOL	上限，当 CV ≥ PV 时，为真
QD	Output	BOOL	上限，当 CV ≤ 0 时，为真
CV	Output	DINT	计数结果

5. 计时器（Timer）

计时器类功能块指令主要有以下 4 种，其描述见表 5-10。

表 5-10　计时器类功能块指令集

功　能　块	描　述
TOF(延时断增计时)	延时断计时
TON(延时通增计时)	延时通计时
TONOFF(延时通延时断)	在为真的梯级延时通,在为假的梯级延时断
TP(上升沿计时)	脉冲计时

这几个指令很常用，下面详细介绍。

1）延时断增计时（TOF），如图 5-18 所示，增大内部计时器至给定值，其参数列表见表 5-11。

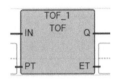

图 5-18　延时断增计时功能块指令

表 5-11　延时断增计时功能块指令参数列表

参数	参数类型	数据类型	描　述
IN	Input	BOOL	下降沿,开始增大内部计时器;上升沿,停止且复位内部计时器
PT	Input	TIME	最大编程时间,见 TIME 数据类型
Q	Output	BOOL	真:编程的时间没有消耗完
ET	Output	TIME	已消耗的时间,范围:0～1193h2m47s294ms,注意,如果该功能块使用 EN 参数,当 EN 置真时,计时器开始增时,且一直持续下去(即使 EN 变为假)

该功能块指令时序图如图 5-19 所示。从时序图可以看出，延时断功能块指令其本质就是输入断开（即下降沿）一段时间（达到计时值）后，功能块指令输出（即 Q）才从原来的通状态（1）变为断状态（0），即延时断。从图中可以看出梯级条件 IN 的下降沿才能触发计时器工作，且当计时未达到预置值（PT）时，如果 IN 又有下

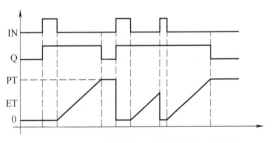

图 5-19　延时断增计时功能块指令时序图

降沿，计时器将重新开始计时。参数 ET 表示的是已消耗的时间，即从计时开始到目前为止计时器统计的时间，可以看出，ET 的取值范围是 0～PT 的设置值。输出 Q 的状态由两个条件控制，从时序图中可以看出，当 IN 为上升沿时，Q 开始从 0 变为 1，前提是原来的状态是 0，如果原来的状态是 1，即上次计时没有完成，则如果又碰到 IN 的上升沿，Q 保持原来的 1 的状态；当计时器完成计时时，Q 才恢复到 0 状态。所以 Q 由 IN 的状态和计时器完成情况共同控制。

2）延时通增计时（TON），如图 5-20 所示。增大内部计时器至给定值。其参数列表见表 5-12。

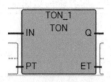

图 5-20　延时通增计时功能块指令

表 5-12　延时通增计时功能块指令参数列表

参数	参数类型	数据类型	描　述
IN	Input	BOOL	上升沿,开始增大内部计时器;下降沿,停止且重置内部计时器
PT	Input	TIME	最大编程的时间,见 TIME 数据类型
Q	Output	BOOL	真:编程的时间已消耗完
ET	Output	TIME	已消耗的时间,允许值:0~1193h2m47s294ms,注意,如果在该功能块指令使用 EN 参数,当 EN 置真时,计时器开始增计时,且一直持续下去(即使 EN 变为假)

该功能块指令时序图如图 5-21 所示。从时序图可以看出，延时通功能块指令的实质是输入 IN 导通后，输出 Q 延时导通。从图中可以看出梯级条件 IN 的上升沿触发计时器工作，IN 的下降沿能直接停止计时器计时。参数 ET 表示的是已消耗的时间，即从计时开始到目前为止计时器统计的时间，明显可以看出，ET 的取值范围也是 0~PT 的设置值。输出 Q 的状态也是由两个条件控制，从时序图中可以看出，当 IN 为上升沿时，计时器开始计时，达到计时时间后 Q 开始从 0 变为 1；直到 IN 变为下降沿时，Q 才跟着变为 0；当计时器未完成计时时，即 IN 的导通时间小于预置的计时时间，Q 将仍然保持原来的 0 状态。

3）延时通延时断（TONOFF），如图 5-22 所示。该功能块用于在输出为真的梯级中延时通，在为假的梯级中延时断，其参数列表见表 5-13。

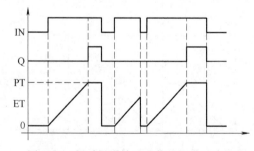

图 5-21　延时通增计时功能块指令时序图

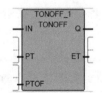

图 5-22　延时通延时断功能块指令

表 5-13　延时通延时断功能块指令参数列表

参数	参数类型	数据类型	描　述
IN	Input	BOOL	如果 IN 上升沿,延时通计时器开始计时。如果程序设定的延时通时间消耗完毕,且 IN 是下降沿(从 1 到 0),延时断计时器开始计时,且重置已用时间(ET) 如果程序延时通时间没有消耗完毕,且处于上升沿,则继续开启延时通计时器

（续）

参数	参数类型	数据类型	描　　述
PT	Input	TIME	延时通时间设置
PTOF	Input	TIME	延时断时间设置
Q	Output	BOOL	真:程序延时通时间消耗完毕,程序延时断时间没有消耗完毕
ET	Output	TIME	当前消耗的时间。允许值为 0 ~ 1193h2m47s294ms。如果程序延时通时间消耗完毕且延时断计时器没有开启,消耗时间(ET)保持在延时通的时间值(PT); 　　如果设定的关断延时时间已过,且关断延时计时器未启动,则上升沿再次发生之前,消耗时间(ET)仍为关断延时(PTOF)值; 　　如果延时断的时间消耗完毕,且延时通计时器没有开启,则消耗时间保持与延时断的时间值(PTOF)一致,直到上升沿再次出现为止; 　　注意:如果该功能块使用 EN 参数,当 EN 为真时,计时器开始增计时,且持续下去(即使 EN 被置为假)

4）上升沿计时（TP），如图 5-23 所示。在上升沿，内部计时器增计时至给定值，若计时时间达到，则重置内部计时器，其参数列表见表 5-14。

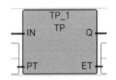

图 5-23　上升沿计时功能块指令

表 5-14　上升沿计时功能块指令参数列表

参数	参数类型	数据类型	描　　述
IN	Input	BOOL	如果 IN 上升沿,内部计时器开始增计时(如果没有开始增计时)如果 IN 为假且计时时间到,重置内部计时器。在计时期间任何改变将无效
PT	Input	TIME	最大编程时间
Q	Output	BOOL	真:计时器正在计时
ET	Output	TIME	当前消耗时间。允许值为 0 ~ 1193h2m47s294ms,注意,如果该功能块使用 EN 参数,当 EN 为真时,计时器开始增计时,且持续下去(即使 EN 被置为假)

该功能块指令时序图如图 5-24 所示。从该时序图可以看出，上升沿计时功能块指令与其他功能块指令明显的不同是其消耗时间（ET）总是与预置值（PT）相等。可以看出，输入 IN 的上升沿触发计时器开始计时，当计时器开始工作后，就不受 IN 干扰，直至计时完毕。计时器完成计时后才接受 IN 的控制，即计时器的输出值保持在当前的计时值，直至 IN 变为 0 状态，计时器才回到 0 状态。此外，输出 Q 也与之前的计时器不同，计时器

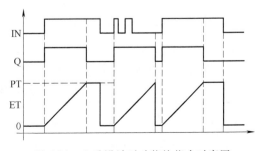

图 5-24　上升沿计时功能块指令时序图

开始计时时，Q 由 0 变为 1，计时结束后，再由 1 变为 0。所以 Q 可以表示计时器是否在计时状态。

6. 数据操作（Data manipulation）

数据操作类功能块指令主要有最大值和最小值等，其描述见表 5-15。

表 5-15　数据操作类功能块指令集

功能块	描　　述
AVERAGE(平均)	取存储数据的平均
MAX(最大值)	比较产生两个输入整数中的最大值
MIN(最小值)	计算两个输入整数中最小的数

7. 输入/输出（Input/Output）

输入/输出类功能块指令主要用于管理控制器与外设之间的输入和输出数据，详细描述见表 5-16。

表 5-16　输入/输出类功能块指令集

功　能　块	描　　述
HSC(高速计数器)	设置要应用到高速计数器上的高和低预设值以及输出源
HSC_SET_STS(HSC 状态设置)	手动设置/重置高速计数器状态
IIM(立即输入)	在正常输出扫描之前更新输入
IOM(立即输出)	在正常输出扫描之前更新输出
KEY_READ(键状态读取)	读取可选 LCD 模块中的键的状态(只限 Micro810)
MM_INFO(存储模块信息)	读取存储模块的标题信息
PLUGIN_INFO(嵌入型模块信息)	获取嵌入型模块信息(存储模块除外)
PLUGIN_READ(嵌入型模块数据读取)	从嵌入型模块中读取信息
PLUGIN_RESET(嵌入型模块重置)	重置一个嵌入型模块(硬件重置)
PLUGIN_WRITE(写嵌入型模块)	向嵌入型模块中写入数据
RTC_READ(读 RTC)	读取实时时钟(RTC)模块的信息
RTC_SET(写 RTC)	向实时时钟模块设置实时时钟数据
SYS_INFO(系统信息)	读取 Micro800 系统状态
TRIMPOT_READ(微调电位器)	从特定的微调电位模块中读取微调电位值
LCD(显示)	显示字符串和数据(只限于 Micro810)
RHC(读高速时钟的值)	读取高速时钟的值
RPC(读校验和)	读取用户程序校验和

8. 过程控制（Process control）

过程控制类功能块指令描述见表 5-17。

表 5-17　过程控制类功能块指令集

功　能　块	描　　述
DERIVATE(微分)	一个实数的微分
HYSTER(迟滞)	不同实值上的布尔迟滞

（续）

功　能　块	描　　述
INTEGRAL(积分)	积分
IPIDCONTROLLER(PID)	比例、积分、微分
SCALER(缩放)	鉴于输出范围缩放输入值
STACKINT(整数堆栈)	整数堆栈

其中迟滞（HYSTER）功能块指令如图 5-25 所示。

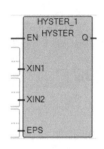

图 5-25　迟滞功能块指令

迟滞功能块指令用于上限实值滞后，其参数列表见表 5-18。

表 5-18　迟滞功能块指令参数列表

参数	参数类型	数据类型	描　　述
XIN1	Input	REAL	任意实数
XIN2	Input	REAL	测试 XIN1 是否超过 XIN2+ EPS
EPS	Input	REAL	滞后值(须大于零)
Q	Output	BOOL	当 XIN1 超过 XIN2+ EPS 且不小于 XIN2- EPS 时为真

该功能块指令的时序图如图 5-26 所示。从其时序图可以看出当功能块指令输入 XIN1 没有达到功能块指令的高预置值时（即 XIN2+EPS），功能块指令的输出 Q 始终保持 0 状态，当输入超过高预置值时，输出才跳转为 1 状态。输出变为 1 状态后，如果输入值没有小于低预置值（XIN2-EPS），输出将一直保持 1 状态，

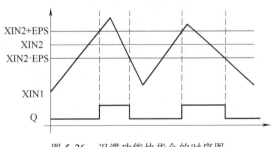

图 5-26　迟滞功能块指令的时序图

如此往复。可见迟滞功能块指令是把该指令的输出 1 的条件提高了，又把输出 0 的条件降低了。这样提高启动条件、降低停机条件在实际的应用场合中能起到保护机器的作用。

9. 套接字（Socket）

对不支持 Modbus TCP 的设备使用套接字协议进行以太网通信。套接字支持客户端、服务器、传输控制协议（TCP）和用户数据报协议（UDP）。典型应用包括与打印机、条形码读取器和个人计算机的通信。

套接字功能块指令包括 SOCKET _ ACCEPT、SOCKET _ CREATE、SOCKET _ DELETE、

SOCKET_DELETEALL、SOCKET_INFO、SOCKET_OPEN、SOCKET_READ、SOCKET_WRITE 等，为了支持套接字通信，系统还定义了 SOCKADDR_CFG 数据类型和 SOCK_STATUS 数据类型。

由于套接字功能块指令参数多，这里不进行详细介绍，感兴趣的读者可以查看相关的技术手册。

10. 程序控制（Program control）

程序控制类功能块指令主要有暂停和限幅以及停止并启动等指令，部分说明如下。

（1）暂停（SUS），如图 5-27 所示。

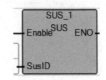

图 5-27　暂停功能块指令

该功能块指令用于暂停执行 Micro800 控制器，其参数列表见表 5-19。

表 5-19　暂停功能块指令参数列表

参数	参数类型	数据类型	描　述
SusID	Input	UINT	暂停控制器的 ID
ENO	Output	BOOL	使能输出

（2）停止并重启（TND），如图 5-28 所示。

该功能块指令用于停止当前用户程序扫描。并在输出扫描、输入扫描和内部处理后，用户程序将从第一个子程序开始重新执行。输出参数 TND 如果为真表示该功能块指令动作成功。

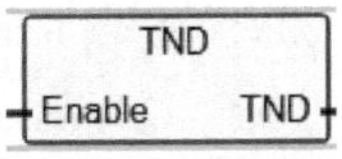

图 5-28　停止并重启功能块指令

11. 运动控制（Motion control）

运动控制功能块指令对特定轴的运动进行编程和设计。Micro800 运动控制功能块的一般规则遵从了 PLCopen 运动控制规范。运动控制功能块指令属于功能块类型，见表 5-20。

表 5-20　运动控制功能块指令

指令名称	指令含义
管理类指令	
MC_AbortTrigger	中止连接到触发事件的运动功能块
MC_Power	控制功率(打开或关闭)
MC_ReadAxisError	读取与运动控制功能块指令无关的轴错误
MC_ReadBoolParameter	返回特定于供应商的类型为 BOOL 的参数的值
MC_ReadParameter	返回特定于供应商的类型为 REAL 的参数的值
MC_ReadStatus	返回与当前正在进行中的运动相关的轴的状态
MC_Reset	通过复位所有内部轴相关错误将轴状态从 ErrorStop 转换为 StandStill
MC_SetPosition	通过控制实际位置来转移轴坐标系统
MC_TouchProbe	在触发事件中记录轴位置

（续）

指令名称	指令含义
MC_WriteBoolParameter	修改特定于供应商的类型为 BOOL 的参数的值
MC_WriteParameter	修改特定于供应商的类型为 REAL 的参数的值
控制类指令	
MC_Halt	命令受控制的运动在正常操作条件下停止
MC_Home	命令轴执行<search home>序列
MC_MoveAbsolute	命令受控制的运动到指定的绝对位置
MC_MoveRelative	控制伺服以相对值运动
MC_MoveVelocity	控制伺服以速度值运动
MC_ReadActualPosition	返回反馈轴的实际位置
MC_ReadActualVelocity	返回反馈轴的实际速度
MC_Stop	命令受控制的运动停止并将轴状态转为 Stopping

5.4　Micro800 PLC 的指令块

5.4.1　主要的指令块

Micro800 PLC 的主要指令块包括算术类、二进制操作、布尔运算、字符串操作等。这些指令块分别属于功能或运算符类型见表 5-21。

表 5-21　常用指令块分类及用途

种　类	描　述
算术（Arithmetic）	数学算术运算
二进制操作（Binary operations）	将变量进行二进制运算
布尔运算（Boolean）	布尔运算
字符串操作（String manipulation）	转换提取字符
时间（Time）	确定实时时钟的时间范围，计算时间差

1. 算术（Arithmetic）

算术类指令块主要用于实现算术函数关系，如三角函数、指数幂、对数等。该类指令块具体描述见表 5-22。

表 5-22　算术类指令块集

指　令　块	描　述	指令类型
ABS（绝对值）	取一个实数的绝对值	功能
ACOS（反余弦）	取一个实数的反余弦	功能
ACOS_LREAL（长实数反余弦值）	取一个 64 位长实数的反余弦	功能
ASIN（反正弦）	取一个实数的反正弦	功能
ASIN_LREAL（长实数反正弦值）	取一个 64 位长实数的反正弦	功能

（续）

指 令 块	描 述	指令类型
ATAN（反正切）	取一个实数的反正切	功能
ATAN_LREAL（长实数反正切值）	取一个 64 位长实数的反正切	功能
COS（余弦）	取一个实数的余弦	功能
COS_LREAL（长实数余弦值）	取一个 64 位长实数的余弦	功能
EXPT（整数指数幂）	取一个实数的整数指数幂	功能
LOG（对数）	取一个实数的对数（以 10 为底）	功能
MOD（除法余数）	取模数	功能
POW（实数指数幂）	取一个实数的实数指数幂	功能
RAND（随机数）	随机值	功能
SIN（正弦）	取一个实数的正弦	功能
SIN_LREAL（长实数正弦值）	取一个 64 位长实数的正弦	功能
SQRT（平方根）	取一个实数的平方根	功能
TAN（正切）	取一个实数的正切	功能
TAN_LREAL（长实数正切值）	取一个 64 位长实数的正切	功能
TRUNC（取整）	把一个实数的小数部分截掉（取整）	功能
Multiplication（乘法指令）	两个或两个以上变量相乘	运算符
Addition（加法指令）	两个或两个以上变量相加	运算符
Subtraction（减法指令）	两个变量相减	运算符
Division（除法指令）	两个变量相除	运算符
MOV（直接传送）	把一个变量分配到另一个中	运算符
Neg（取反）	整数取反	运算符

2. 二进制操作（Binary operations）

二进制操作类指令块主要用于二进制数之间的与或非运算，以及实现屏蔽、位移等功能，该类指令块具体描述见表 5-23。

表 5-23　二进制操作指令块集

指 令 块	描 述	类型
AND_MASK（与屏蔽）	整数位到位的与屏蔽	功能
NOT_MASK（非屏蔽）	整数位到位的取反	功能
OR_MASK（或屏蔽）	整数位到位的或屏蔽	功能
ROL（左循环）	将一个整数值左循环	功能
ROR（右循环）	将一个整数值右循环	功能
SHL（左移）	将整数值左移	功能
SHR（右移）	将整数值右移	功能
XOR_MASK（异或屏蔽）	整数位到位的异或屏蔽	功能
AND（逻辑与）	布尔与	运算符
NOT（逻辑非）	布尔非	运算符

（续）

指　令　块	描　　述	类型
OR（逻辑或）	布尔或	运算符
XOR（逻辑异或）	布尔异或	运算符

3. 布尔运算（Boolean）

布尔运算指令描述见表 5-24。

表 5-24　布尔运算指令集

功能块	描　　述
MUX4B	与 MUX4 类似，但是能接受布尔类型的输入且能输出布尔类型的值
MUX8B	与 MUX8 类似，但是能接受布尔类型的输入且能输出布尔类型的值
TTABLE	通过输入组合，输出相应的值

4. 字符串操作（String manipulation）

字符串操作类指令主要用于字符串的转换和编辑，其具体描述见表 5-25。这些指令都属于功能类型。

表 5-25　字符串操作指令集

指　令　块	描　　述
ASCII（ASCII 码转换）	把字符转换成 ASCII 码
CHAR（字符转换）	把 ASCII 码转换成字符
DELETE（删除）	删除子字符串
FIND（搜索）	搜索子字符串
INSERT（嵌入）	嵌入子字符串
LEFT（左提取）	提取一个字符串的左边部分
MID（中间提取）	提取一个字符串的中间部分
MLEN（字符串长度）	获取字符串长度
REPLACE（替代）	替换子字符串
RIGHT（右提取）	提取一个字符串的右边部分

5. 时间（Time）

时间类功能块指令主要用于确定实时时钟的年限和星期范围，以及计算时间差，具体描述见表 5-26。这些指令都属于功能类型。

表 5-26　时间类功能块指令集

功　能　块	描　　述
DOY（年份匹配）	如果实时时钟在年设置范围内，则置输出为真
TDF（时间差）	计算时间差
TOW（星期匹配）	如果实时时钟在星期设置范围内，则置输出为真

5.4.2　Micro800 PLC 运算符类指令

运算符类指令也是 Micro800 PLC 的主要指令类，该大类指令主要用于转换数据类型以及比较，其中比较指令在编程中占有重要地位，它是一类简单有效的指令。运算符类指令包括数据转换（Data conversion）和比较（Comparators）两大类。

1. 数据转换（Data conversion）

数据转换指令主要用于将源数据类型转换为目标数据类型，在整型、时间型、字符串型的数据转换时有限制条件，使用时须注意。该类功能块具体描述见表 5-27。

表 5-27　数据转换功能块指令集

指　令　块	描　　述
ANY_TO_BOOL（布尔转换）	转换为布尔型变量
ANY_TO_BYTE（字节转换）	转换为字节型变量
ANY_TO_DATE（日期转换）	转换为日期型变量
ANY_TO_DINT（双整型转换）	转换为双整型变量
ANY_TO_DWORD（双字转换）	转换为双字型变量
ANY_TO_INT（整型转换）	转换为整型变量
ANY_TO_LINT（长整型转换）	转换为长整型变量
ANY_TO_LREAL（长实型转换）	转换为长实数型变量
ANY_TO_LWORD（长字转换）	转换为长字型变量
ANY_TO_REAL（实型转换）	转换为实数型变量
ANY_TO_SINT（短整型转换）	转换为短整型变量
ANY_TO_STRING（字符串转换）	转换为字符串型变量
ANY_TO_TIME（时间转换）	转换为时间型变量
ANY_TO_UDINT（无符号双整型转换）	转换为无符号双整型变量
ANY_TO_UINT（无符号整型转换）	转换为无符号整型变量
ANY_TO_ULINT（无符号长整型转换）	转换为无符号长整型变量
ANY_TO_USINT（无符号短整型转换）	转换为无符号短整型变量
ANY_TO_WORD（字转换）	转换为字变量

下面举例说明该类指令的应用：

1）布尔转换（ANY_TO_BOOL）指令，如图 5-29 所示，将变量转换成布尔型变量，其参数描述见表 5-28。

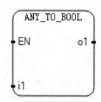

图 5-29　转换成布尔型变量指令

表 5-28　转换成布尔型变量功能块指令参数列表

参数	参数类型	数据类型	描述
i1	Input	SINT-USINT-BYTE-INT-UINT-WORD-DINT-UDINT-DWORD-LINT-ULINT-LWORD-REAL-LREAL-TIME-DATE-STRING	任何非布尔值
o1	Output	BOOL	布尔值

例如，用 ST 语言调用该指令块时，其输出见程序注释。

ares：= ANY_TO_BOOL（10）；（ * ares 为 True * ）；

tres：= ANY_TO_BOOL(t#0s)；（ * tres 为 False * ）；

2）短整型转换（ANY_TO_SINT）指令，如图 5-30 所示，把输入变量转换为 8 位短整型变量，其参数描述见表 5-29。

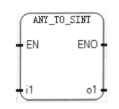

图 5-30　转换成短整型指令

表 5-29　转换成短整型指令参数列表

参数	参数类型	数据类型	描　　　述
i1	Input	非短整型	任何非短整型值
o1	Output	SINT	短整型值
ENO	Output	BOOL	使能信号输出

例如，以下 3 个 ST 语言程序调用了该指令块，其输出见程序注释。

bres：= ANY_TO_SINT(true)；（ * bres 为 1 * ）

tres：= ANY_TO_SINT(t#0s46ms)；（ * tres 为 146 * ）

mres：= ANY_TO_SINT('0198')；（ * mres 为 198 * ）

3）时间转换（ANY_TO_TIME）功能块指令，如图 5-31 所示，把输入变量（除了时间和日期变量）转换为时间变量，其参数描述见表 5-30。

图 5-31　时间转换功能块指令

表 5-30　转换成时间指令参数列表

参数	参数类型	数据类型	描　　　述
i1	Input	见描述	任何非时间和日期变量。IN(当 IN 为实数时，取整数部分)是以毫秒为单位的数。STRING(毫秒数，例如 300032 代表 5 分 32 毫秒)
o1	Output	TIME	代表 IN 的时间值，1193h2m47s295ms 表示无效输入
ENO	Output	BOOL	使能信号输出

2. 比较（Comparators）

比较类指令属于运算符（Operator）类指令，主要用于数据之间的大小、等于比较，是编程中的一种简单有效的指令。其描述见表 5-31。

表 5-31　比较类运算符指令集

指　令　块	描　　　述
Equal(等于)	比较两数是否相等
Greater Than(大于)	比较两数是否其中一个大于另一个
Greater Than or Equal(大于或等于)	比较两数是否其中一个大于或等于另一个
Less Than(小于)	比较两数是否其中一个小于另一个
Less Than or Equal(小于或等于)	比较两数是否其中一个小于或等于另一个

5.5　高速计数器功能块指令

所有的 Micro820/830/850/870 PLC 都支持高速计数器（High-Speed Counter，HSC）功能，最多支持 6 个 HSC。HSC 功能块包含两部分：一部分是位于控制器上的本地 I/O 端子；另一部分是 HSC 功能块指令，将在下面进行介绍。

5.5.1　HSC 功能块指令

该功能块指令用于启/停高速计数，刷新高速计数器的状态，重载高速计数器的设置，以及重置高速计数器的累加值。其功能块如图 5-32 所示。

注意：在 CCW 编程软件中高速计数器被分为两个部分，高速计数部分和用户接口部分，这两部分是结合使用的。本节主要介绍高速计数部分。用户接口部分由一个中断机制驱动［例如中断允许（UIE）、激活（UIF）、屏蔽（UID）或是自动允许中断（AutoStart）］，用于在高速计数器到达设定条件时驱动执行指定的用户中断程序，本节将简要介绍。该功能块指令的参数见表 5-32。

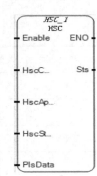

图 5-32　高速计数器功能块

表 5-32　高速计数器功能块指令参数列表

参数	参数类型	数据类型	描　　述
HscCmd	Input	USINT	功能块执行、刷新等控制命令，见表 5-33
HscAppData	Input	HSCAPP	HSC 应用配置。通常只需配置一次，见表 5-34
HscStsInfo	Input	HSCSTS	HSC 动态状态。通常在 HSC 执行周期里该状态信息会持续更新
PlsData	Input	PLS	可编程限位开关（Programmable Limit Switch, PLS）数据，用于设置 HSC 的附加高低及溢出设定值
Sts	Output	UINT	HSC 功能块执行状态，状态代码如下：0x00-未采取行动（未启用）。0x01-HSC 执行成功；0x02-HSC 命令无效。0x03-HSC ID 超出范围；0x04-HSC 配置错误

1）HSC 命令参数（HscCmd）见表 5-33。

表 5-33　HSC 命令参数

HSC 命令（十六进制）	命　令　描　述
0x00	保留，未使用
0x01	HSC 运行 ● 启动 HSC（如果 HSC 处于闲置模式，且梯级使能）； ● 仅更新 HSC 状态信息（如果 HSC 处于运行模式，且梯级使能）
0x02	HSC 停止：停止 HSC 计数（如果 HSC 处于运行模式，且梯级使能）
0x03	上传或设置 HSC 应用数据配置信息（如果梯级使能）
0x04	重置 HSC 累加值（如果梯级使能）

2）HSCAPP 数据类型（HscAppData）的描述见表 5-34。

表 5-34　HSCAPP 数据类型的描述

参数	数据类型	描　　　　述
PLSEnable	BOOL	使能或停止可编程限位开关（PLS）
HscID	UINT	要驱动的 HSC 编号，见表 5-35
HscMode	UINT	要使用的 HSC 计数模式，见表 5-36
Accumulator	DINT	设置计数器的计数初始值
HPSetting	DINT	高预设值
LPSetting	DINT	低预设值
OFSetting	DINT	溢出设置值
UFSetting	DINT	下溢设置值
OutputMask	UDINT	设置输出掩码
HPOutput	UDINT	高预设值的 32 位输出值
LPOutput	UDINT	低预设值的 32 位输出值

说明：OutputMask 指令的作用是屏蔽 HSC 输出的数据中的某几位，以获取期望的数据输出位。例如，对于 24 点的 Micro830，有 9 点本地（控制器自带）输出点用于输出数据，当不需输出第 0 位的数据时，可以把 OutputMask 中的第 0 位置 0 即可。这样即使输出数据上的第 0 位为 1，也不会输出。

HscID、HscMode、HPSetting、LPSetting、OFSetting、UFSetting 六个参数必须设置，否则将提示 HSC 配置信息错误。上溢值最大为 +2147483647，下溢值最小为 -2147483647，预设值大小须对应，即高预设值不能比上溢值大，低预设值不能比下溢值小。当 HSC 计数值达到上溢值时，会将计数值置为下溢值继续计数；达到下溢值时类似。

HSC 应用数据是 HSC 组态数据，它需要在启动 HSC 前组态完毕。在 HSC 计数期间，该数据不能改变，除非需要重载 HSC 组态信息（在 HscCmd 中写 03 命令）。但是，在 HSC 计数期间的 HSC 应用数据改变请求将被忽略。

HscID 定义见表 5-35。

表 5-35　HscID 定义

位	描　　　　述
15～13	HSC 的模式类型：0x00——本地；0x01——扩展式；0x02——嵌入式
12～8	模块的插槽 ID：0x00——本地；0x01～0x1F——扩展模块的 ID；0x01～0x05——插件端口的 ID
7～0	模块内部的 Hsc ID：0x00～0x0F——本地；0x00～0x07——扩展模块的 ID；0x00～0x07——插件端口的 ID 注意：对于初始版本的 Connected Components Workbench 只支持 0x00～0x05 范围的 ID

使用说明：将表中各位上符合实际要使用的 HSC 的信息数据组合为一个无符号整数，写到 HscAppData 的 HscID 位置上即可。例如，选择控制器自带的第一个 HSC 接口，即 15～13 位为 0，表示本地的 I/O；12～8 位为 0，表示本地的通道，非扩展或嵌入模块；7～0 位为 0，表示选择第 0 个 HSC，这样最终就在定义的 HSCAPP 类型的输入上的 HscID 位置上写入

0 即可。

HSC 模式 (HscMode)，见表 5-36 所示。

表 5-36　HSC 模式

模式	功　　能	模式	功　　能
0	递增计数	5	有"重置"和"保持"控制信号的两输入计数
1	有外部"重置"和"保持"控制信号的递增计数	6	正交计数(编码形式,有 A,B 两相脉冲)
2	双向计数,并带有"外部方向"控制信号	7	有"重置"和"保持"控制信号的正交计数
3	有"重置"和"保持",且带"外部方向"控制信号的双向计数	8	Quad X4 计数器
4	两输入计数(一个加法计数输入信号,一个减法计数输入信号)	9	有"重置"和"保持"控制信号的 Quad X4 计数器

注意：HSC3、HSC4 和 HSC5 只支持 0、2、4、6 和 8 模式。HSC0、HSC1 和 HSC2 支持所有模式。

3）HSCSTS 数据类型结构 (HSCStsInfo)，见表 5-37，它可以显示 HSC 的各种状态，大多是只读数据，其中的一些标志可以用于逻辑编程。

表 5-37　HSCSTS 数据类型结构

参数	数据类型	描　　述
CountEnable	BOOL	使能或停止 HSC 计数
ErrorDetected	BOOL	非零表示检测到错误
CountUpFlag	BOOL	递增计数标志
CountDwnFlag	BOOL	递减计数标志
Mode1Done	BOOL	HSC 是 1(1A)模式或 2(1B)模式,且累加值递增计数至 HP 的值
OVF	BOOL	检测到上溢
UNF	BOOL	检测到下溢
CountDir	BOOL	1 为递增计数,0 为递减计数
HPReached	BOOL	达到高预设值
LPReached	BOOL	达到低预设值
OFCauseInter	BOOL	上溢导致 HSC 中断
UFCauseInter	BOOL	下溢导致 HSC 中断
HPCauseInter	BOOL	达到高预设值,导致 HSC 中断
LPCauseInter	BOOL	达到低预设值,导致 HSC 中断
PlsPosition	UINT	可编程限位开关(PLS)的位置
ErrorCode	UINT	错误代码,见表 5-38
Accumulator	DINT	读取累加器实际值
HP	DINT	最新的高预设值设定,可能由 PLS 功能更新
LP	DINT	最新的低预设值设定,可能由 PLS 功能更新
HPOutput	UDINT	最新高预设输出值设定,可能由 PLS 功能更新
LPOutput	UDINT	最新低预设输出值设定,可能由 PLS 功能更新

关于 HSC 状态信息数据结构说明如下。

在 HSC 执行的周期里，HSC 功能块在 "0x01"（HscCmd）命令下，状态将会持续更新。

在 HSC 执行的周期里，如果发生错误，错误检测标志将会打开，不同的错误情况对应见表 5-38。

表 5-38　HSC 错误代码

错误代码位	HSC 计数时错误代码	错 误 描 述
15~8（高字节）	0~255	高字节非零表示 HSC 错误由 PLS 数据设置导致；高字节的数值表示触发错误 PLS 数据中的数组编号
7~0（低字节）	0x00	无错误
	0x01	无效 HSC 计数模式
	0x02	无效高预设值
	0x03	无效上溢
	0x04	无效下溢
	0x05	无 PLS 数据

4）PLS（可编程限位开关）数据结构（PlsData）说明如下。

PLS 数据是一组数组，每组数组包括高低预设值以及上下溢出值。PLS 功能是 HSC 操作模式的附加设置。当允许该模式操作时（PLSEnable 选通），每次达到一个预设值，预设和输出数据将通过用户提供的数据更新（即 PLS 数据中下一组数组的设定值）。所以，当需要对同一个 HSC 使用不同的设定值时，可以通过提供一个包含将要使用的数据的 PLS 数据结构实现。PLS 数据结构是一个大小可变的数组。注意，一个 PLS 数据体的数组个数不能大于 255。当 PLS 没有使能时，PLS 数据结构可以不用定义。表 5-39 列出每组数组的基本元素。

表 5-39　PLS 数据结构元素作用表

命令元素	数据类型	元 素 描 述
字 0~1	DINT	高预设值设置
字 2~3	DINT	低预设值设置
字 4~5	UDINT	高位输出预设值
字 6~7	UDINT	低位输出预设值

5）HSC 状态值代码（Sts 上对应的输出），见表 5-40。

表 5-40　HSC 状态值代码

HSC 状态值	状 态 描 述
0x00	无动作（没有使能）
0x01	HSC 功能块执行成功
0x02	HSC 命令无效
0x03	Hsc ID 超过有效范围
0x04	HSC 配置错误

在使用 HSC 计数时，注意设置滤波参数，否则 HSC 将无法正常计数。该参数在硬件信

息中使用的是 HSC0, 如图 5-33 所示,
其输入编号是 input0~1。

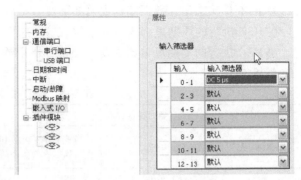

图 5-33　设置滤波参数

　　高数计数器一般用于计数达到要求
后触发中断, 进而处理用户自定义的中
断程序。中断的设置在硬件信息中的 In-
terrupts 中能够找到。如图 5-34 所示,
选择的是 HSC 类型的用户中断, 触发该
中断的是 HSC0, 将要执行的中断程序
是 UntitledLD (这是默认的, 用户可改
名字)。该对话框中还看到一些参数设
置, 如自动开始被置为真时, 只要控制器进入任何 "运行" 或 "测试" 模式, HSC 类型的
用户中断将自动执行。该位的设置将作为程序的一部分被存储起来。"IV 的掩码" 表示当该
位置假 (0) 时, 程序将不执行检测到的上溢中断命令, 该位可以由用户程序设置, 且它的
值在整个上电周期内将会保持住。类似的 "IN 的掩码"、"IH 的掩码" 和 "IL 的掩码" 分
别表示屏蔽下溢中断、高设置值中断和低设置值中断。

5.5.2　HSC 状态设置

　　高速计数器状态设置功能块指令用于改变 HSC 计数状态, 如图 5-35 所示。注意, 当
HSC 功能块不计数时 (停止) 才能调用该功能块, 否则输入参数将会持续更新且任何 HSC_
SET_STS 功能块做出的设置都会被忽略。

图 5-34　HSC 中断设置

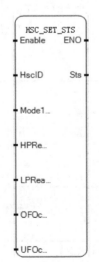

图 5-35　高速计数器状态设置
功能块指令

　　该功能块指令的参数见表 5-41。

表 5-41　高速计数器状态设置功能块指令参数列表

参数	参数类型	数据类型	描　　述
HscID	Input	UINT 见 HSC	欲设置的 HSC 状态

（续）

参数	参数类型	数据类型	描　　述
Mode1Done	Input	BOOL	计数模式 1A 或 1B 已完成
HPReached	Input	BOOL	达到高预设值,当 HSC 不计数时,该位可重置为假
LPReached	Input	BOOL	达到低预设值,当 HSC 不计数时,该位可重置为假
OFOccurred	Input	BOOL	发生上溢,当需要时,该位可置为假
UFOccurred	Input	BOOL	发生下溢,当需要时,该位可置为假
Sts	Output	UINT	
ENO	Output	BOOL	使能输出

5.5.3　HSC 的应用

1. 硬件连线

将 PTO 脉冲输出 O.00 直接接到 HSCI.00 上,使用 HSC 计数 PTO 的脉冲个数,硬件接完以后需要对数字量输入 I.00 进行配置方能计数到高速脉冲个数。打开 CCW 编程软件,双击 Micro850 图标,单击"Embedded I/O",将输入 0-1 号选为 5μs,配置方法如图 5-36 所示。

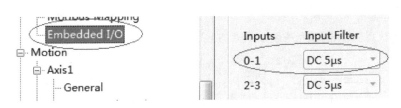

图 5-36　配置高速计数器脉冲输入口

2. 创建 HSC 模块

在 CCW 编程软件中建立一个例程,例程中创建 HSC 模块,创建相应的变量,并设置初始值,初始值的设置如图 5-37 所示。

其中 HscID 选择 0,表示选择 HSC0 计数器,使用 Micro850 的嵌入式输入 0～3,HscMode 设置为 2,选择模式 2A,即嵌入式输入 I.00 作为增/减计数器,I.01 作为方向选择位,I.01 置 1 时使用加计数器,置 0 时使用减计数器。HPSetting 设置为 100000,表示计数100000 个脉冲,如果以每 200 个脉冲 1mm 计算,500mm 刚好达到 HPSetting 的值,即移动500mm 的距离。

3. 启动 HSC 模块计数脉冲个数

可以在程序中使用 MC_ MoveRelative 模块,使电机运行 1000mm。运行电机后,HSC 模块的状态显示如图 5-38 所示。

可以看到脉冲计数开始,Accumulator 计数器开始计数,当超过 100000 个脉冲时,HPReached 引脚置 1,表示电机到达高限位开关,在实际应用中可以此信号作为电机停止信号,让电机停止运行。

这部分介绍的内容可以与 6.5 节的实例结合起来学习。

HSC_AppData	...
HSC_AppData.PlsEnable	✓
HSC_AppData.HscID	0
HSC_AppData.HscMode	2
HSC_AppData.Accumulator	0
HSC_AppData.HPSetting	100000
HSC_AppData.LPSetting	-100000
HSC_AppData.OFSetting	200000
HSC_AppData.UFSetting	-200000
HSC_AppData.OutputMask	1
HSC_AppData.HPOutput	0
HSC_AppData.LPOutput	0

图 5-37　HSC 初始值设置

HSC_StsInfo.HPReached	✓
HSC_StsInfo.LPReached	
HSC_StsInfo.OFCauseInter	
HSC_StsInfo.UFCauseInter	
HSC_StsInfo.HPCauseInter	
HSC_StsInfo.LPCauseInter	
HSC_StsInfo.PlsPosition	0
HSC_StsInfo.ErrorCode	0
HSC_StsInfo.Accumulator	112212
HSC_StsInfo.HP	100000
HSC_StsInfo.LP	-100000
HSC_StsInfo.HPOutput	0
HSC_StsInfo.LPOutput	0

图 5-38　HSC 模块的状态显示

复习思考题

1. Micro800 PLC 的程序文件有哪些？一个项目中有哪些程序文件？
2. Micro800 PLC 的变量有哪些？支持哪些数据类型？
3. Micro800 PLC 的指令系统中，有哪些是功能块指令？哪些是功能指令？两者的主要区别是什么？
4. 简要描述 HSC 指令的工作机理。
5. Micro800 中断指令有哪些？
6. 画出图 5-39 所示的梯形图程序运行后 L1 的信号波形。

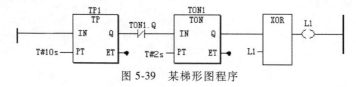

图 5-39　某梯形图程序

第 6 章　Micro800 PLC 程序设计技术

在工业控制系统中，以 PLC 为代表的现场控制站（下位机）实现对被监控的过程、设备的直接控制，控制程序的运行结果直接对被控的物理过程和设备产生影响。因此，PLC 控制软件的设计与开发极为重要。

在进行 PLC 程序设计前，有必要了解程序的执行过程及 PLC 的系统软件资源，从而更好地把握程序设计原则，合理规划控制程序，节约系统资源，提高程序运行效率。

要利用 PLC 进行控制系统设计，首先要了解其一般流程和主要内容，特别是要学会需求分析，掌握 PLC 程序设计的方法，如经验设计法、时间顺序逻辑设计方法、逻辑顺序程序设计方法、顺序功能图法等。建议读者把顺序功能图法作为主要的设计方法。

在进行 PLC 程序设计时，要遵循一定的设计规范，确保一个项目具有统一的编程风格，从而使得程序易于阅读和理解、易于维护、可重用性强，有利于多个程序员的高效协作。

现代的 PLC 编程都支持利用标签/别名的方式来使用变量。虽然高级语言有匈牙利命名法、下划线命名法和（大、小）驼峰式命名法来规范变量或函数名，但在 PLC 中完全采用这些方法，存在一定的难度，PLC 编程面对大量的设备，一般的程序员不一定知道这些设备的英文。而且采用这些规范，变量或函数的名称会比较长，影响程序的编辑。

本章以 Micro800 PLC 为例，介绍 PLC 程序设计的基础知识及一般设计方法，并通过对逻辑控制、顺序控制、过程控制、运动控制及通信程序等实例的介绍，使读者掌握 PLC 设计的基本技能与技巧，初步具备 PLC 控制系统设计、开发与调试能力。

6.1　Micro800 PLC 程序设计基础

6.1.1　Micro800 PLC 的程序执行

1. 程序执行的概述

Micro800 程序以扫描方式执行，一个 Micro800 周期或扫描由以下内容组成：读取输入、按顺序执行程序、更新输出和执行通信任务。程序名称必须以字母或下划线开头，后面可接多达 127 个字母、数字或单个下划线。根据可用的控制器内存，一个项目中最多可以包含 256 个程序。默认情况下，程序是周期性的（每个周期或每次扫描执行一次）。每次将新程序添加到项目中时，都会为其分配下一个连续的序号。在 CCW 编程软件中启动项目管理器时，它会根据该序号来显示程序图标，用户可在程序的属性中查看和修改程序的顺序编号。但是，项目管理器在项目下次打开之前不会显示新的顺序。

Micro800 PLC 支持程序内部跳转。通过将代码封装为用户自定义功能（UDF）或用户自定义功能块（UDFB），可在程度内部调用其子例程。UDF 类似于传统的子例程，其占用的内存比 UDFB 少，而 UDFB 可具备多个实例。虽然 UDFB 可以在其他 UDFB 内执行，但是所支持的最大嵌套深度是 5 层。如果超过此限制，将会出现编译错误。这也适用于 UDF。

或者，也可以将程序分配给一个可用中断，然后仅在触发中断时执行。分配给用户故障例程的程序仅在 PLC 进入故障模式之前运行一次。

Micro800 PLC 中，与周期/扫描有关的全局系统变量是_SYSVA_CYCLECNT（周期计数器）、_SYSVA_TCYCURRENT（当前周期时间）和_SYSVA_TCYMAXIMUM（自上次开始以来的最大周期时间）。

除用户故障例程外，Micro820/830/850/870 PLC 还支持：

1) 4 个可选定时中断（STI）。STI 会在每个设定点间隔（0 ~ 65535 ms）执行一次分配的程序。

2) 8 个事件输入中断（EII）。EII 会在每次选定输入上升或下降（可配置）时执行一次分配的程序。

3) 2~6 个高速计数器（HSC）中断。HSC 会基于计数器的累计计数执行分配的程序。HSC 的数量取决于控制器嵌入式输入的数量。

2. 执行规则

某个资源的应用程序在一个循环内的执行过程包括 8 个主要步骤行，如图 6-1 所示。这个循环持续时间定义为某个资源的循环扫描周期。

若存在变量被资源绑定的情况，则被资源使用的变量会在扫描输入后更新（步骤 2），而为其他资源生成的变量会在更新输出前发送。如果已设定扫描周期时间，资源则会等待这段时间过去后再开始执行新的周期。POU 执行时间会随 SFC 程序和指令（如跳转、IF 和返回等）中激活步数的不同而不同。如果循环执行时间超过指定的扫描周期，循环过程会继续执行，但会设置一个扫描周期超限标志。这种情况下，应用程序将不再实时运行。如果未指定循环扫描周期，资源将执行循环中的所有步骤，之后无需等待便可重新开始新的循环周期。

图 6-1 Micro800 程序执行
过程示意图

3. 控制器加载和性能考量因素

一个程序扫描周期中，执行主要步骤（如执行规则表中所示）时可能会被优先级高于主要步骤的其他控制器活动中断。这些活动包括：

1) 用户中断事件（包括 STI、EII 和 HSC 中断）；

2) 接收和传送通信数据包；

3) 运动引擎的周期执行。

如果这些活动中的一个或多个占用的 Micro800 PLC 执行时间较多，则程序扫描周期时间会延长。如果低估这些活动的影响，可能会报告看门狗超时故障（0xD011），应设置少量的看门狗超时。实际应用中，如果以上的一个或多个活动负荷过重，则应在计算看门狗超时设置时提供合理的缓冲。

正是由于以上所述的程序执行中存在的时间不确定性，对于程序周期性执行期间需要精确定时的应用，如 PID，建议使用 STI（可选定时中断）执行程序。STI 提供精确的时间间隔。不建议使用系统变量_SYSVA_TCYCYCTIME 周期性执行所有程序，因为该变量也会使所有通信都以这一速率执行。

4. 上电和首次扫描

在编程模式中，所有模拟量和数字量输入变量都保持其上一状态，LED 始终在刷新。在数字量输出关闭期间，所有模拟量和数字量输出变量都会保持其上一状态。在从编程模式转换到运行模式时，所有模拟量输出变量保持其上一状态，而所有数字量输出变量被清除。版本 2.x 还提供两个系统变量来表达上述状态，见表 6-1。

表 6-1　固件版本 2.x 中用于扫描和上电的系统变量

变量	类型	描　述
_SYSVA_FIRST_SCAN	BOOL	初次扫描位。可用在每次从编程模式转变为运行模式后对变量进行初始化或复位 注意:仅在第一次扫描时为 True。此后为 False
_SYSVA_POWER_UP_BIT	BOOL	上电位。可用于在从 Connected Components Workbench 下载后或从存储器备份模块上传后立即对变量进行初始化或复位(例如,microSD 卡) 注意:仅在上电后或在首次运行一个新的梯形图后第一次扫描时为 True

Micro830/850/870 PLC 可在循环上电后保留用户创建的所有变量，但指令实例内部的变量将被清除。Micro810/820 PLC 最多只能保留 400 字节用户创建变量值。也就是说，在循环上电之后，全局变量将被清除，或被设为初始值，只有 400 字节用户创建变量值予以保留。可在全局变量界面检查保留的变量（具有 Retained 属性）。

5. 内存分配

内存分配取决于控制器基座的尺寸，Micro800 PLC 上的可用内存见表 6-2。这些指令和数据大小的参数都是典型值。在为 Micro800 创建一个项目时，会在构建时将存储器动态分配为程序或数据存储器。这意味着如果牺牲数据大小，程序大小会超过公布的技术参数，反之亦然。这种灵活的功能可以实现执行存储器的充分利用。除了用户定义变量之外，数据存储器还包括在构建时由编译器生成的各种常数和临时变量。

Micro800 PLC 中具有用于保存整个已下载项目副本（包括注释）的项目内存，还有用于保存功能性插件配置信息等的配置内存。

如果用户项目较大，则会影响上电时间。对所有控制器来说，典型的上电时间为 10~15s。启动后，建立 Ethernet/IP 连接将需要最多 60s。

表 6-2　Micro800 PLC 的内存分配

属性	10 点和 16 点 （Micro830）	20 点 （Micro820）	24 点和 48 点 （Micro830、Micro850）	24 点 （Micro870）
程序步数	4K	10K	10K	20K
数据字节数	8KB	20KB	20KB	40KB

注：估算的程序和数据大小为"典型值"，程序步和变量都是动态创建的，1 个程序步 = 12 个数据字节。

6. 其他准则和限制

以下是使用 CCW 编程组态软件对 Micro800 PLC 进行编程时需要考虑的一些准则和限制。

1）每个程序/程序组织单元最多可使用 64KB 内部地址空间。Micro830/850 的 24 点和 48 点 PLC 最多支持 10000 个程序字，只需 4 个程序组织单元即可使用所有可用的内部编程空间。建议将较大程序分割成若干个小程序，以提高代码可读性，简化调试和维护任务。

2）UDFB 可在其他 UDFB 内执行，限制嵌套 5 层 UDFB，如图 6-2 所示。避免在创建 UDFB 时引用其他 UDFB，因为执行这些 UDFB 的次数过多会导致编译错误。

3）用于存在等式这种数学计算时，ST 语言比梯形逻辑更高效、更易于使用。例如，对于一个天文时钟计算，结构化文本使用的指令减少 40%，具体如下，

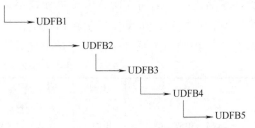

图 6-2　5 层用户自定义功能块调用示意图

对 LD 语言编程占用内存，内存使用率（代码）为 3148 个程序字，内存使用率（数据）为 3456 个字节；对 ST 语言编程占用内存，内存使用率（代码）为 1824 个程序字，内存使用率（数据）为 3456 个字节。

4）下载或编译超过一定大小的程序时，可能会遇到"保留的内存不足"错误。一种解决方法是使用数组，尤其是在变量较多时。

6.1.2　PLC 控制系统典型环节编程

PLC 指令种类繁多，通过这些指令的组合，可以进行 PLC 程序开发。在不同的应用中，总是存在一些共性的程序组合，实现诸如自锁和互锁、延时、分频等功能。典型编程环节对于经验法编程十分重要。本节就介绍利用 Micro800 的编程指令实现的一些典型环节。

1. 具有自锁、互锁功能的程序

（1）具有自锁功能的程序

利用自身的常开触点使线圈持续保持通电即"ON"状态的功能称为自锁（也称自保）。如图 6-3 所示的起动、保持和停止程序（简称起保停程序）就是典型的具有自锁功能的梯形图，bStart 为起动信号，bStop 为停止信号。

图 6-3 中梯级 1 为停止优先程序，当 bStart 和 bStop 同时接通，则 bMotorStart 断开。梯级 2 为起动优先程序，即当 bStart 和 bStop 同时接通，则 bMotorStart 接通。当然，如果两个按钮不同时接通，则其运行结果是没有区别的。起保停程序也可以用置位（SET）和复位（RST）等指令来实现。在实际应用中，起动信号和停止信号可能由多个触点组成的串、并联电路提供。即起动是一个逻辑组合，停止也是一个逻辑组合。

从图 6-3b 中的信号时序图可以更好地看到输出信号与输入信号的关联。利用信号时序图非常有利于程序的设计和理解。

（2）具有互锁功能的程序

利用两个或多个常闭触点来保证线圈不会同时通电的功能称为"互锁"。三相异步电动机的正反转控制电路即为典型的互锁电路，可参考图 1-33。其中 KM1 和 KM2 分别是控制正转运行和反转运行的交流接触器，SB1 是常闭触点停止点动按钮（程序中别名 bStop），SB2 是正转起动点动按钮（程序中别名 bForStart），SB3 是反转起动点动按钮（程序中别名 bBackStart），FR 是过热继电器（程序中别名 bFault）。

根据三相异步电动机正反转的控制要求，设计了如图 6-4 所示的梯形图程序。实现正反转控制功能的梯形图是由两个起保停的梯形图再加上两者之间的互锁触点构成。由于电机不能同时正、反转，因此，需要在控制逻辑上也设置互锁功能。在梯形图中，将 bMotorBack

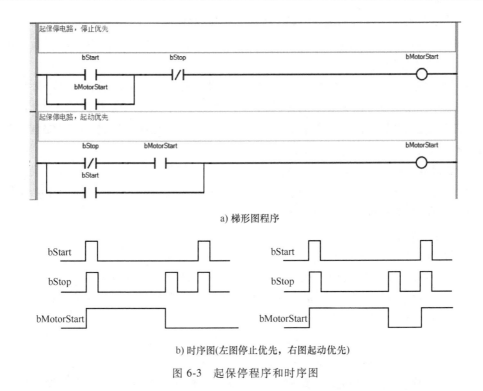

a) 梯形图程序

b) 时序图(左图停止优先，右图起动优先)

图 6-3   起保停程序和时序图

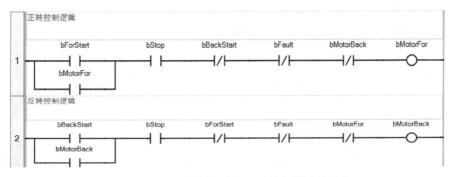

图 6-4   用 PLC 控制电动机正反转的梯形图程序

（反转）和 bMotorFor（正转）的常闭触点分别与对方的线圈串联，可以保证它们不会同时接通，因此 KM1 和 KM2 的线圈不会同时通电，从而实现了两个信号的互锁。除此之外，为了方便操作和保证 bMotorFor 和 bMotorBack 不会同时接通，在梯形图中还设置了"按钮联锁"。

梯形图中的正反转互锁和按钮联锁只能保证输出 bMotorFor 和 bMotorBack 对应的硬件继电器的常开触点不会同时接通。由于切换过程中电感的延时作用，可能会出现一个接触器还未断弧，另一个却已合上的现象，从而造成瞬间短路故障。可以用正反转切换时的延时来解决这一问题，但是这一方案仍不能解决上述的接触器触点故障引起的电源短路事故。如果因主电路电流过大或接触器质量不好，某一接触器的主触点被断电时产生的电弧熔焊而被黏结，其线圈断电后主触点仍然是接通的，这时如果另一接触器的线圈通电，仍将造成三相电源短路事故。为了防止出现这种情况，除了采用软件互锁外，还应在 PLC 外部设置由 KM1

和 KM2 的辅助常闭触点组成的硬件互锁电路，假设 KM1 的主触点被电弧熔焊，这时它与 KM2 线圈串联的辅助常闭触点处于断开状态，因此 KM2 的线圈不可能得电。可参考图 1-47 中的 KM2 与 KM3 互锁电路。

这里，有些读者可能会想把 KM1 和 KM2 接触器的触点信号也采集进来（实际应用中这两个信号是送入 PLC 中，作为设备的运转信号用于计时等，并上传触摸屏或上位机），把它们加到正反转的逻辑控制中，以确保互锁功能。不过，即使在这种情况下，还是建议控制线路上进行硬件互锁。

FR 是作过载保护用的热继电器，其常闭触点与接触器的线圈串联，过载时接触器线圈断电，电机停止运行，起到保护作用。在梯形图中，也加入了过热保护，FR 信号即为 bFault 变量，FR 的常开触点接入 PLC 的 DI 端子。

2. 分频电路逻辑程序

分频就是用同一个时钟信号通过一定的电路结构转变成不同频率的时钟信号。而二分频就是通过有分频作用的电路结构，在时钟每触发 2 个周期时，电路输出 1 个周期信号。n 分频指当输入为 f 频率的连续脉冲经 n 分频电路处理后，输出的是 f/n 频率的连续脉冲，也就是当输入 n 个脉冲时，对应输出为 1 个脉冲。

用 PLC 可以实现对输入信号的分频，二分频逻辑的程序如图 6-5a 所示。将输入脉冲信号加入 Input 端，辅助继电器 bTemp 瞬间接通，使得梯级 2 的上支路有能量流过导致 Output 线圈接通，该线圈一旦接通后上支路就断开，但下支路进行自保。当第 2 个输入脉冲来到时，辅助继电器 bTemp 接通，导致下支路断开，即线圈 Output 断开。上述过程循环往复，使输出 Output 的频率为输入端信号 Input 频率的一半。

图 6-5b 和图 6-5c 所示为三分频电路的 PLC 程序及时序图。推理可得，只需将计数器的设定值改为 n，就是典型的 n 分频电路。为了让读者通过时序图看清程序执行逻辑，使用了临时变量 bTemp1 和 bTemp2。时序图上，bTemp1 和 bTemp2 实际是脉冲。从编程角度看，这两个变量是可省略的。

3. 多谐振荡电路逻辑程序

多谐振荡电路可以产生按特定的通/断间隔的时序脉冲，常用它来作为脉冲信号源，也可用它来代替传统的闪光报警继电器，作为闪光报警。

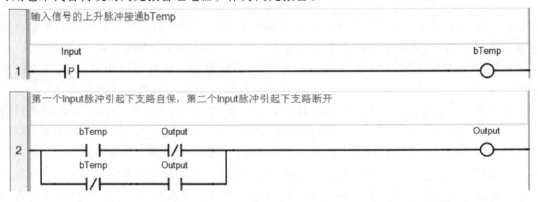

a) 二分频逻辑梯形图程序

图 6-5　二分频及三分频逻辑程序及时序图

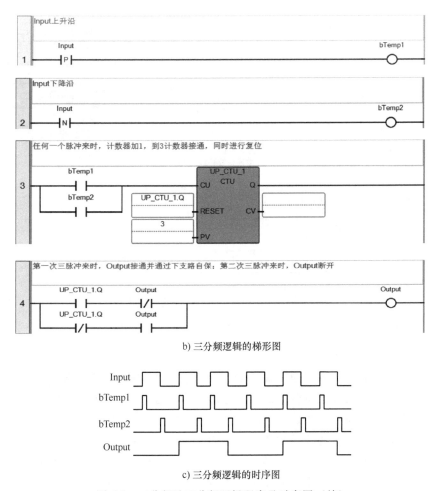

b) 三分频逻辑的梯形图

c) 三分频逻辑的时序图

图 6-5　二分频及三分频逻辑程序及时序图（续）

多谐振荡电路 PLC 程序如图 6-6a 所示。Input 为起动输入按钮（带自保功能）。程序中用了 2 个接通延时定时器。当 Input 为 ON 时 TON_1 开始计时，5s 后定时器 TON_1 定时时间到，其输出（TON_1. Q）的常开触点使 Output 的线圈接通，并使 TON_2 开始定时。又经过5s，TON_2 定时时间到，其常闭触点使得 TON_1 输入（IN）为 OFF，TON_1 复位。TON_1的常开触点断开 Output 线圈，即 Output 输出从 ON 变为 OFF；同时，TON_2 的常闭触点又接通 TON_1 的输入，即 TON_1 又重新开始计时。就这样，输出 Output 所接的负载按接通5s、断开 5s 的谐振信号工作。由梯形图程序可知，Output 接通时间为 TON_2 的定时值，而断开时间为 TON_1 的定时值。可以通过设定两个定时器的设定值来确定所产生脉冲的占空比。需要注意的是 TON_2 接通的时间只有一个扫描周期，因此，其对占空比的影响可以忽略。多谐振荡电路的时序图如图 6-6b 所示，读者可以结合这个时序图与来分析程序逻辑。

若要求 Input 信号变为 ON 的瞬间多谐振荡电路也立刻有输出，只需要把 Output 线圈前的 TON_1. Q 的常开触点改为常闭触点。当然这时 Output 接通的时间为 TON_1 的定时时间，断开时间为 TON_2 的定时时间，即与先前程序的通、断时间相反了。

4. 单按钮起停控制逻辑程序

通常一个电路的起动和停止控制是由两只按钮分别完成的，当一台 PLC 控制多个这种

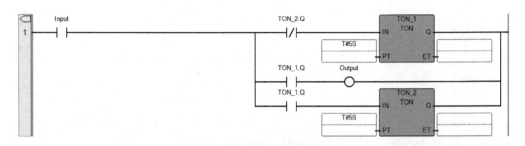

a) 多谐振荡电路梯形图程序

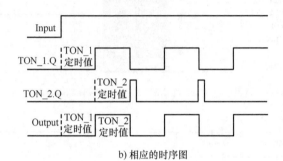

b) 相应的时序图

图 6-6　多谐振荡电路梯形图及其时序图

具有起停操作的电路时，将占用很多输入点。一般整体式 PLC 的输入/输出点是按 1∶1 的比例配置的，由于大多数被控设备是输入信号多，输出信号少，有时在设计一个不太复杂的控制电路时，也会面临输入点不足的问题，因此用单按钮实现起停控制是有现实意义的。

可以用多种方式实现该功能，这里给出了用计数器实现的方式和用 SR 指令（置位优先）实现的方式，PLC 程序如图 6-7 所示。对计数器实现方式，当按钮 Input 按第一下时，输出 Output 接通，并自保持，此时计数器计数 1；当按钮 Input 第二次按下时，计数器计数为 2，计数器输出 Q 接通，它的常闭触点断开输出 Output，常开触点使计数器复位，为下次计数做好准备。用 SR 指令实现的方式读者可以自行分析。

5. 设备有多种工作模式时的编程

第 4 章中介绍了一种设备有多种工作模式时，如何防止梯形图多线圈输出问题的编程方式。这里再介绍一种利用跳转和返回指令实现的方式。三菱电机、西门子等厂家的 PLC 也支持这类方式。

假设设备有手动、半自动和全自动工作模式，工作模式由 1 个工作模式选择转换开关确定，即同一时刻只可能有一种模式有效。把转换开关的三个输入接入 PLC 的 DI 端子，其别名分别是 SEL_MAN、SEL_SEMI 和 SEL_AUTO。当选择了某个工作模式时，程序跳转到相应工作模式对应的标签处，开始执行对应工作模式的控制逻辑，结束时程序返回，具体示例如图 6-8 所示。在这种模式下，多线圈输出不会导致程序出错。

6.1.3　自定义功能的创建与使用

1. CCW 编程软件中的用户定义的函数（UDF）

CCW 编程软件把 User Defined Function 翻译成用户定义的函数，而不是用户定义的功能，但目前国内绝大多数 PLC 书籍把 function 都称作功能而不是函数，本书后续中文也用

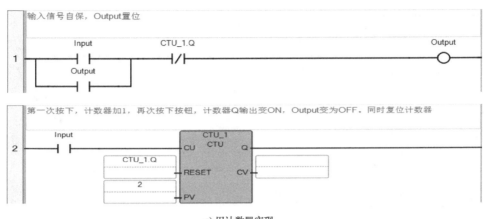

a) 用计数器实现

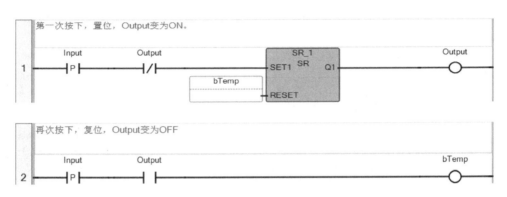

b) 用SR指令实现

图 6-7 单按钮起停控制逻辑梯形图

"功能"。CCW 编程软件支持创建和管理用户定义功能（UDF）。UDF 可增加软件的可重用性，并使程序更易读。对于只需要一个输出的简单计算，使用 UDF 非常方便。由于 UDF 具有输入参数和单个输出参数，所以 UDF 类似于子例程。UDF 无法访问调用程序中的局部变量。调用程序中的局部变量必须作为输入参数传递到 UDF。UDF 可以访问全局变量，但与 UDFB 一样，不建议访问全局变量。

如果调用程序对每个程序扫描操作执行 UDF 超过一次，则不建议使用需要超过一次程序扫描才能完成执行的指令。这包括在程序扫描之间保持进度状态的指令，如计时器、运动、消息和计数器指令。默认情况下，每次调用 UDF 时，UDF 程序中的局部变量都不会自动重新初始化。由于 UDF 不支持多个实例，因此建议在每次执行时使用输入参数或常量初始化 UDF 局部变量。

因为输入参数仅可以启用或禁用 UDF 中的指令，用户定义的输入参数不能用于启用或禁用 UDF。要启用或禁用 UDF 的运行，要选中指定 UDF 的"指令块选择器"窗口中的"EN/ENO"复选框。当 EN 为 FALSE 时，UDF 不会执行，而且不会覆盖输出参数。

一般在下列情况下，使用 UDF 而非 UDFB：

1）只需要一个输出的简单计算结果。

2）无需在每次执行时都保存局部变量值的无状态指令。

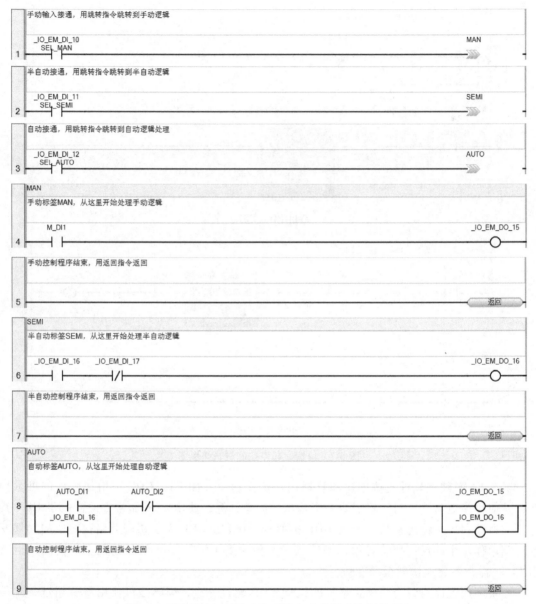

图 6-8　用跳转和返回指令实现设备多种模式控制的程序

3）当输出参数不需要数组或结构化数据类型时。

4）尽可能使用 UDF 而非 UDFB，因为 UDF 占用内存更少。

在下列情况下，一般建议用 UDFB 而不是 UDF：

1）适合具有多个输出的复杂计算。

2）当需要保存从执行到执行（保存状态）的局部变量值时。

3）需要多个实例时，如果使用 UDFB，则其内存使用量少于 UDF，因为项目中的 UDFB 在被实例化为变量之前不存在于程序中。

4）当输出参数需要数组或结构化数据类型时。

5）当同时发送一条以上消息时，UDFB 可能是比 UDF 更好的选择。当 UDF 包含消息指令（如 MSG_CIPGENERIC）时，UDF 一次只发送一个消息，即使在每次程序扫描时多次调用 UDF。

2. UDF 编程实例

在工程应用中，经常要把模拟量模块的输入转换为工程量。例如，2080-IF2 模块，输入通道接了量程为 0~100℃ 的热电阻温度变送器，接受 0~10V 输入电压时，模块把该输入转换为 0~65535。考虑到单个通道的量程转换只有一个输出，因此，可以编写量程转换的 UDF。编写该 UDF 的过程如下：

1）在项目管理器的"用户定义的函数"下，新建一个函数，名称为 MyScale，编程语言选 ST（因为该函数主要进行数学运算），如图 6-9 中①所示。然后，编辑局部变量。2080 系列模拟量模块的输入类型是 UINT，因此定义 3 个与此有关的 UINT 类型变量，即 Raw_Input、Raw_Low 和 Raw_High。定义 2 个与工程量有关的 REAL 类型变量，即 Scale_High 和 Scale_Low。修改 MyScale 的数据类型为 REAL。再增加一个局部变量 temp1（程序中实际可只写一行代码，这样就不需要这个局部变量，这里主要为了说明 UDF 中局部变量的使用，用了 2 行代码）。变量定义如图 6-9 中的②所示。

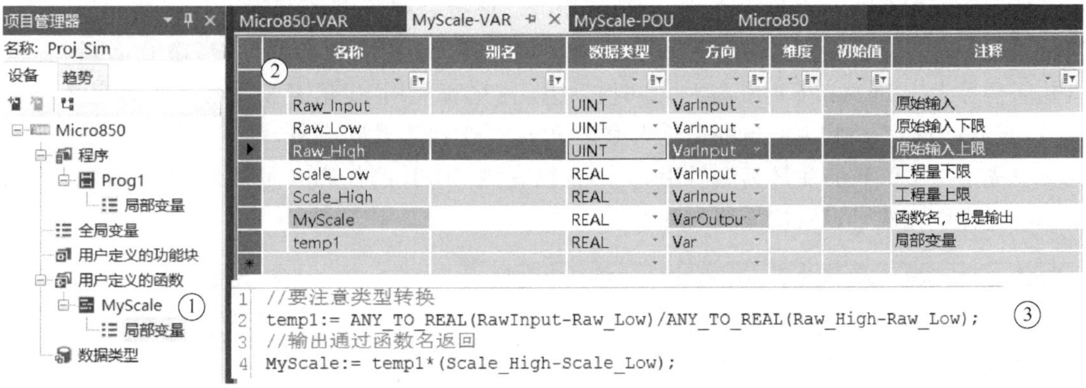

名称	别名	数据类型	方向	维度	初始值	注释
Raw_Input		UINT	VarInput			原始输入
Raw_Low		UINT	VarInput			原始输入下限
Raw_High		UINT	VarInput			原始输入上限
Scale_Low		REAL	VarInput			工程量下限
Scale_High		REAL	VarInput			工程量上限
MyScale		REAL	VarOutput			函数名，也是输出
temp1		REAL	Var			局部变量

```
1  //要注意类型转换
2  temp1:= ANY_TO_REAL(RawInput-Raw_Low)/ANY_TO_REAL(Raw_High-Raw_Low);
3  //输出通过函数名返回
4  MyScale:= temp1*(Scale_High-Scale_Low);
```

图 6-9　UDF 的定义

2）进行 UDF 的代码编写，这里新建功能时定义的是 ST 类型，因此，要用 ST 语言编写，用 ST 语言写数学运算的代码很简单，如图 6-9 中的③所示。IEC 61131-3 要求只有同类型的变量才能进行运算，因此，一定要注意类型的转换。此外，编程中可以多加注释，以便于阅读和程序维护。

编写好的 UDF 可被 3 种编程语言编写的程序组织单元（UDF、UDFB 与程序）调用。梯形图和 FBD 编程调用时，可通过指令块插入。ST 语言调用方式如下：

```
1  //调用函数进行量程转换
2  Oven_Temp:=MyScale(RawInput:=_IO_P1_AI_00,Raw_Low:=0,Raw_High:=65535,Scale_Low:=0.0,Scale_High:=100.0);
```

其中 Oven_Temp 是浮点类型的全局变量，_IO_PI_AI_00 是插入式模块 2080-IF2 第一个通道的名称。UDF 调用的数值直接通过 UDF 的名字返回，为浮点类型。程序中，Sacle_High 或 Scale_Low 的赋值常数必须写成浮点数，例如把 Scale_Low：= 0.0 写成 Scale_Low：= 0，编译时会报错，如图 6-10 所示。从这里读者也能看到，编程时要特别注意数据类型。虽然程序中只有一个地方错误，但编译错误提示却有 3 个。

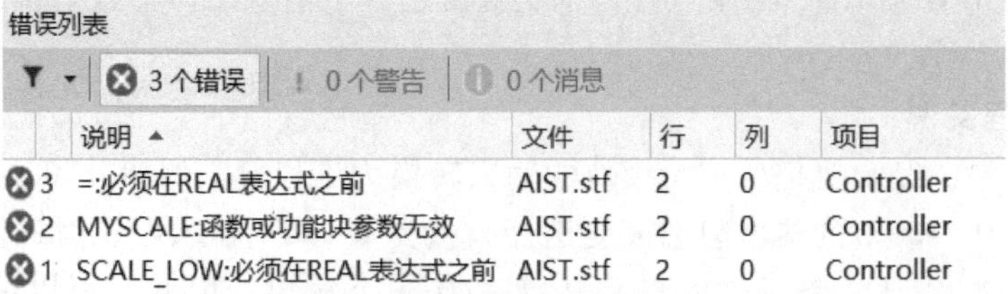

错误列表

3 个错误 | 0 个警告 | 0 个消息

	说明	文件	行	列	项目
3	=:必须在REAL表达式之前	AIST.stf	2	0	Controller
2	MYSCALE:函数或功能块参数无效	AIST.stf	2	0	Controller
1	SCALE_LOW:必须在REAL表达式之前	AIST.stf	2	0	Controller

图 6-10 数据类型错误时编译系统报错窗口

UDF 还可被导出用于其他项目，导出过程如下：项目管理器中选中该 UDF，然后单击鼠标右键，选中“导出->导出程序”，把该程序文件存储好。其他项目导入该 UDF 过程如下：项目管理器中选择根节点（本例是 Micro850），单击鼠标右键，选中“导入->导入交换文件（X）”，选中先前导出时保存的文件，这样可以实现其重用。

6.1.4 自定义功能块的创建与使用

1. 用 ST 语言创建 UDFB

Micro800 PLC 有一个迟滞指令（HYSTER），该指令用于滞环过程。其实现的功能是：当输出为 1 时，只有当输入信号 IN1 小于 IN2-EPS 时，输出才切换到 0；当输出为 0 时，只有输入信号大于 IN2+EPS 时，输出才切换到 1。这里我们用 ST 语言来编写一个自定义功能块“FB_HYSTER”，其主要目的是让大家认识学习 ST 语言及其应用。

首先定义 UDFB 的变量，然后用 ST 语言编写该 UDFB 的代码（本体）部分，如图 6-11 所示。这样就完成了迟滞功能块的开发。

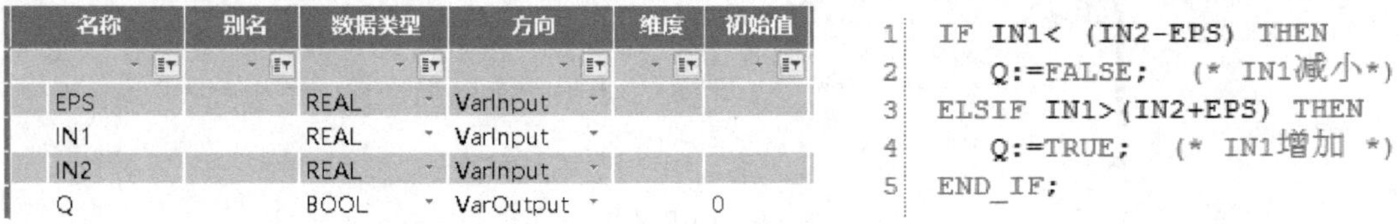

名称	别名	数据类型	方向	维度	初始值
EPS		REAL	VarInput		
IN1		REAL	VarInput		
IN2		REAL	VarInput		
Q		BOOL	VarOutput		0

a) 功能块变量定义部分

```
IF IN1< (IN2-EPS) THEN
    Q:=FALSE;   (* IN1减小*)
ELSIF IN1>(IN2+EPS) THEN
    Q:=TRUE;   (* IN1增加 *)
END_IF;
```

b) 功能块本体部分

图 6-11 自定义迟滞功能块用于位式控制

现在可以把该 UDFB 用于位式（ON-OFF）控制中。其中 IN1 连接过程变量 PV，IN2 连接过程变量设定值 SP，EPS 连接所需要的控制偏差 Con_EPS。功能块的输出连接变量 Con_Q。功能块变量定义及程序如图 6-12 所示。在用户程序中定义了 UDFB 的实例 FB_HYSTER1。

2. 用 FBD 语言创建 UDFB

在工业生产过程中需要进行滤波处理，常用的一阶滤波环节数学模型在频域为

$$X_{\mathrm{OUT}}(s)=\frac{1}{T_{1s}+1}X_{\mathrm{IN}}(s)$$

对上述模型进行离散化，用差分近似微分，可以得到离散化算式：

$$X_{\mathrm{OUT}}(k+1)=M^{*}X_{\mathrm{IN}}(k)-(1-M)^{*}X_{\mathrm{OUT}}(k)$$

其中 $M=\dfrac{T_s}{T_s+T_1}$

名称	别名	数据类型	维度	项目值	初始值	注释
▾ ⬚▾	▾ ⬚▾	▾ ⬚▾	▾ ⬚▾	▾ ⬚▾	▾ ⬚▾	▾
⊟ FB_HYSTER1		FB_HYSTE ▾		...	...	FB_HYSTER 实例
FB_HYSTER1.EPS		REAL				滞后值
FB_HYSTER1.IN1		REAL				输入信号
FB_HYSTER1.IN2		REAL				比较信号
FB_HYSTER1.Q		BOOL			0	功能块输出
PV		REAL	▾			测量值
SP		REAL	▾			设定值
Con_EPS		REAL	▾			偏差
Con_Q		BOOL	▾			位式控制器输出

a) 功能块变量定义

```
1  (*实际应用调用功能块FB_HYSTER*)
2  FB_HYSTER1(IN1:=PV,IN2:=SP,EPS:=Con_EPS,Q=>Con_Q);
```

b) 功能块程序本体

图 6-12 自定义迟滞功能块用于位式控制

式中，T_s 为采样周期，T_1 为时间常数。此模型不仅可以用于信号的一阶滤波，而且在控制系统仿真时，还可以作为被控对象的数学模型，也可以作为干扰通道的数学模型，还可以串联连接组成高阶模型。

在 CCW 编程软件中用 FBD 语言编写上述功能块。首先新建一个 FBD 语言的自定义功能块，名称为 FB_LAG1。然后在功能块局部变量表中定义如图 6-13 所示的局部变量。变量的含义如注释。最后用 FBD 语言来编写功能块的本体部分，其程序如图 6-14 所示。

名称	别名	数据类型	方向	维度	初始值	注释
▾ ⬚▾	▾ ⬚▾	▾ ⬚▾	▾ ⬚▾	▾ ⬚▾	▾ ⬚▾	▾
XIN		REAL	▾ VarInput ▾			输入信号
T1		REAL	▾ VarInput ▾			时间常数
TS		REAL	▾ VarInput ▾			采样周期
XOUT		REAL	▾ VarOutpu ▾			滤波输出

图 6-13 UDFB 的变量定义

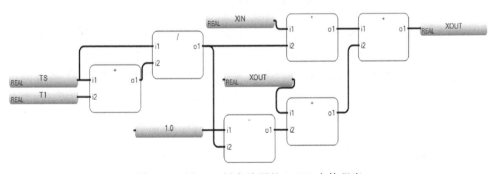

图 6-14 用 FBD 语言编写的 UDFB 本体程序

3. UDFB 的导入与导出

由于软件的开发与维护成本越来越高，因此，加强软件的可重用性对于降低这方面的成本有重要作用。此外，当一个软件模块经过反复多次测试后，其运行的稳定与可靠性是有保证的。以往，PLC 软件结构化程度差，编程语言规范性也差，很难在模块级实现软件的可重用。随着工业控制系统不断采用软件工程技术，编程语言标准化也被广泛采用，PLC 应用程序的结构化程度也不断提高，使得 PLC 软件在模块级可重用成为可能（虽然这种可重用还不能在不同厂家的控制系统上实现，甚至同一厂家的不同型号控制器上实现）。另外，开发人员还可以对 UDFB 进行加密，从而保护知识产权，也防止 UDFB 被任意修改。

Micro800 的 UDFB 可以从项目中导出，在其他项目中再导入的方式实现 UDFB 的重用。其操作如下：

1）模块导出：如图 6-15 所示。在项目中选择需要导出的 UDFB（见①），单击鼠标右键，在弹出的菜单中选"导出"，再选导出菜单中的"导出程序"（见②），这时会弹出一个标题为"导入导出"的窗口（见③），在窗口中可以为模块设置密码。选择窗口上部的"导出交换文件"选项卡，然后单击窗口中的"导出"按钮（见④），会弹出一个"另存为"对话框，在这里可以选择存储导出文件的名称和路径，单击"确定"按钮就完成了导出文件的保存。

图 6-15　UDFB 导出过程

2）模块导入：如图 6-16 所示。在要导入 UDFB 的项目管理器中，选中项目（见①），单击鼠标右键，在弹出的菜单中选"导入"后，再选择"导入交换文件"（见②），这时会弹出"导入导出"窗口，在窗口中选择"导入交换文件"选项卡（见③），通过浏览（见④）选择要导入的文件，最后单击"导入"按钮（见⑤）。导入成功后，在项目中可以看到增加了一个导入的 UDFB。

6.1.5　结构数据类型及其在 PLC 程序设计中的应用

1. 结构数据类型的定义与使用

CCW 编程软件支持多种不同的基本数据类型（具体见表 5-1）。然而，在实际的应用中，如果只使用基本数据类型，对于数据的组织和程序的编写都会带来不便。在工业生产中，大量同类设备关联的数据及其控制方式有很多共性之处，因此，可以借助面向对象的思想，把这些设备的数据与控制方式模块化。通过这种方式进行程序设计，可以提高程序的开

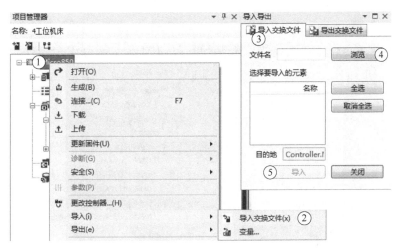

图 6-16　UDFB 导入过程

发效率、可靠性和可读性，节省开发时间。而结构数据类型是组织数据的很好方式，UDFB 是实现程序功能模块化和可重用的有效方式，因而可将两者结合进行 PLC 程序设计。这实际上也是得益于 IEC 61131-3 标准，因为以往的 PLC 是不支持结构数据类型和用户自定义数据类型的。

　　这里以广泛存在的电机类设备控制为例，说明如何在 CCW 编程软件 V12 开发版（标准版不支持自定义数据结构）编程环境下利用结构数据类型和 UDFB 进行控制程序开发。

　　在电机类设备的控制中，设备除了现场手动控制（硬接线方式实现），还可以在上位机（或人机界面）上进行手动或自动控制选择，由 PLC 对设备进行直接控制。当 PLC 中设备起动控制指令发出后，若超过一定时间没有收到运行信号反馈，则需要对设备起动超时报警，待工作人员发现并解除故障后，在人机界面执行超时复位指令，设备才能再次投入运行。此外，还需要统计设备的运行时间，以便于设备的维保。工业生产中，大量的开关类型设备的工作方式属于这里所说的电机类设备，都可采用后续介绍的程序设计方法。

　　从上述分析可以看出，电机控制关联的输入信号有远控允许、电机运行反馈、电机故障、上位机手自动选择指令、上位机手动开指令、上位机停设备指令、上位机超时复位指令、上位机运行总时间清零指令、上位机超时时间设置等。电机类设备控制输出有起动电机运行、起动超时报警和总运行时间。

　　根据结构（STRUCT）类型的定义，就是将不同类型的数据进行组合。可以用基本数据类型、复杂数据类型（包括数组和结构）和用户定义数据类型（UDT）作为结构的元素。由于要把结构数据类型用于 UDFB 的开发，而 CCW 编程软件的 UDFB 局部变量不支持输入输出类型（即 VAR_IN_OUT 类型，后续 UDFB 部分说明得更详细）。因此，就不能把电机控制相关的数据组织到一个结构类型中，需要定义 2 个结构，分别对应 UDFB 中的输入类型和输出类型。根据电机控制的特点，定义用于 UDFB 的输入类型的结构名称是 MotorCon_In，包括 9 个 BOOL 类型变量和 1 个 TIME 类型变量。用于 UDFB 的输出类型的结构名称是 MotorCon_Out，包括 2 个 BOOL 类型变量和 1 个 DINT 类型变量。参数的定义和注释如图 6-17 所示。通过这样结构的定义，还可以避免使用大量单个的变量，为统一处理不同类型的数据和参数提供了方便。

数据类型

数组　结构　已定义的字

名称	数据类型	字符串大小	注释
MotorCon_In	MotorCon_In		
A_Start	BOOL		自动运行控制逻辑
M_Auto_Man	BOOL		上位机手自动选择
M_Man	BOOL		上位机手动开设备
In_Fault	BOOL		故障输入
In_Run	BOOL		运行信号反馈
In_Auto_Ena	BOOL		现场自动允许输入
M_Stop	BOOL		上位机停止设备运行
M_OT_Reset	BOOL		上位机超时复位指令（脉冲信号）
M_OT_time	TIME		上位机超时时间设定
M_TT_Reset	BOOL		上位机运行总时间清零指令(脉冲信号)
*			
MotorCon_Out	MotorCon_Out		
Start	BOOL		设备运行输出
Start_OT	BOOL		启动超时
Total_T	DINT		设备运行总时间统计

图 6-17　定义设备控制用结构数据类型

2. 用 LD（梯形图）语言结合数据结构创建电机类设备控制功能块

（1）用梯形图语言创建 UDFB

UDFB 的创建过程是首先单击项目管理器的用户自定义功能块，然后再选中菜单中的“添加”，可选三种编程语言之一。这里选用梯形图语言，UDFB 名字为“FB_Motor_Con”。

UDFB 的定义及程序如图 6-18 所示。其中功能块的局部变量共 6 个，如图 6-18a 所示。这些变量包括：1 个方向为“VarInput”的 MotorCon_In 结构类型变量 In_Var,；1 个方向为“VarOutput”的 MotorCon_Out 结构类型变量 Out_Var；还有 2 个用于计时的方向为“Var”的 TON 功能块实例 TON_1 和 TON_2；一个用于设备运行计时的 CTU 功能块实例 CTU_1；1 个用于起动超时置位和复位的 SR 功能块实例 SR_1。根据 IEC 61131-3 标准，“VarInput”类型的变量在功能块中是不能作为线圈使用的（不能写入），只有“VarOutput”类型变量才能作为线圈（可以写入）。IEC 61131-3 标准中还有方向为“VarInputOutput”类型的变量（可读可写），但 CCW 编程软件不支持，且 CCW 编程软件不能为每个结构元素指定方向，因此，这里把电机控制的变量分成了 2 个结构类型处理。

图 6-18b 是该自定义功能块的程序。梯级 1 是电机运行的控制逻辑。正常情况下，若上位机选择设备为自动模式，则 In_Var. M_Auto_Man 为 ON，当时间逻辑或其他逻辑决定的设备自动运行信号 In_Var. A_Start 为 ON，远控允许信号 In_Var. In_Auto_Ena 为 ON，且没有故障、起动超时和停止指令时，则满足运行条件，Out_Var. Start 为 ON。若上位机选择手动，In_Var. M_Man 为 ON，且停止条件不满足时，该设备也运行。

梯级 2 是电机起动超时和超时报警标志复位逻辑。当 Out_Var. Start 为 ON 后，开始起动计时，超时时间设定值 In_Var. M_OT_time 由上位机设定。若在 TON_1 定时时间到之前，还没有收到电机的运行反馈信号 In_Var. In_Run，则 TON_1. Q 接通，通过 SR 指令把起动超时报警信号 Out_Var. Start_OT 置位。此时，梯级 1 中的 Out_Var. Start_OT 的常闭触点断开，Out_Var. Start 由 ON 变为 OFF，TON_1 的输入信号为 OFF，停止计时。只有上位机的超时报警复位脉冲信号 In_Var. M_OT_Reset 才能把该标志复位。若在 TON_1 定时时间到之前收到电机的运行反馈信号 In_Var. In_Run，则切断 TON_1 的输入信号，停止计时，不会置位 Out_Var. Start_OT。

梯级 3 是电机运行总时间统计。由于不管是自动还是现场手动开起设备，运行反馈信号 In_Var. In_Run 始终为 ON，因此，以这个信号作为定时器 TON_2 的输入。TON_2 是 1 分钟定时。当 TON_2 定时时间到后，计数器 CTU_1 的计数值 CV 加 1，即 Our_Var. Start_Total_T 加 1，然后 TON_2 重新开始 1 分钟定时。这样可以不断按分钟对设备计时。这里 CTU_1 的 PV 值设了很大的数值，在对设备计时清零前，CTU_1 一般不会达到该数值。可通过 In_Var. M_TT_Reset 来把定时器复位，从而把总时间清零。

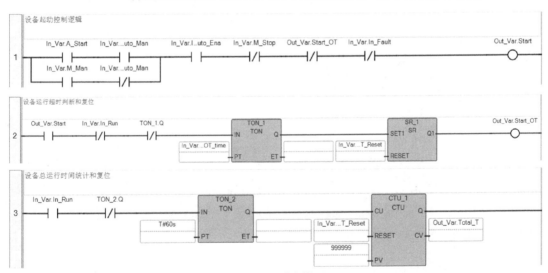

a) 变量定义部分(由于软件BUG，图中字符空格处漏了_，可参考下面程序中的变量)

b) UDFB程序本体

图 6-18　用 LD 语言创建 UDFB

设备起动超时和运行时间统计有不同方法可以实现，这里只是给出一种方法，实际工程应用中还要考虑运行总时间不会因为 PLC 的断电重启而清零等其他因素。

UDFB 定义好后，要在程序中加以调用，实现对具体设备的控制。不论 UDFB 是用何种编程语言开发的，都可以用其他的编程语言调用。这里分别采用梯形图语言和 ST 语言的程序来调用该功能块。

由于电机设备控制的实际 I/O 信号要与功能块的输入和输出参数进行交换，因此，为了方便，这里把要用到的全局变量首先进行定义。假设某工程应用有 10 台这样的电机设备，则定义类型为 MotorCon_Out 的结构数组 M_Con_Out [1..10]，类型为 MotorCon_In 的结构数组 M_Con_In [1..10]，见图 6-19a 中的①；定义 1 号电机控制用到的参数，如图 6-19a 中的②；定义 PLC 控制中的 DI 信号和 DO 信号，如图 6-19a 中的③和④。

需要说明的是，②中所示的信号主要是为了程序说明方便。如果上位机可以直接和 M_Con_In [1..10]、M_Con_Out [1..10] 这两个结构数组中的元素进行通信，则这些变量都不需要在全局变量中进行定义。

名称		别名	数据类型	维度	字符	初始	特性	注释
+ M_Con_Out	①		MotorCon_Out ▾	[1..10]		...	读/写	· 10个电机控制的输出数组
+ M_Con_In			MotorCon_In ▾	[1..10]		...	读/写	· 10个电机控制的输入数组
M1_TT_Reset			BOOL				读/写	· 1号电机上位机总运行时间复位指令（脉冲）
M1_Total_T			DINT				读/写	· 1号电机总运行时间
M1_Start_OT			BOOL				读/写	· 1号电机起动超时标志
M1_OT_Reset	②		BOOL				读/写	· 1号电机上位机起动超时复位指令（脉冲）
M1_M_Stop			BOOL				读/写	· 1号电机上位机停止运行指令
M1_M_Man			BOOL				读/写	· 1号电机上位机手动开指令
M1_A_Start			BOOL				读/写	· 1号电机自动运行逻辑
IO_EM_DI_02		M1_Run	BOOL				读取	· 1号电机运行反馈信号
IO_EM_DI_01	③	M1_Fault	BOOL				读取	· 1号电机故障信号
IO_EM_DI_00		M1_Auto_Ena	BOOL				读取	· 1号电机现场允许自动输入信号
IO_EM_DO_01	④	M2_Start	BOOL				读/写	· 起动2号电机运行输出信号
IO_EM_DO_00		M1_Start	BOOL				读/写	· 起动1号电机运行输出信号

a) 程序中的部分全局变量定义

```
1   //输入变量赋值
2   M_Con_In[1].A_Start:=M1_A_Start;
3   M_Con_In[1].In_Auto_Ena:=_IO_EM_DI_00;
4   M_Con_In[1].In_Fault:=_IO_EM_DI_01;
5   M_Con_In[1].In_Run:=_IO_EM_DI_02;
6   M_Con_In[1].M_Man:=M1_M_Man;
7   M_Con_In[1].M_OT_Reset:=M1_OT_Reset;
8   M_Con_In[1].M_Stop:=M1_M_Stop;
9   M_Con_In[1].M_OT_time:=T#20s;
10  M_Con_In[1].M_TT_Reset:=M1_TT_Reset;
11  //调用设备控制功能块，FB_Motor_Con_1是局部变量中的功能块实例，类型为Motor_Con
12  FB_Motor_Con_1(In_Var:=M_Con_In[1],Out_Var=>M_Con_Out[1]);
13  M1_Start_OT:=M_Con_Out[1].Start_OT; //1号电机起动超时
14  M1_Total_T:=M_Con_Out[1].Total_T;   //1号电机总的运行时间
15  _IO_EM_DO_00:=M_Con_Out[1].Start;   //1号电机起动
```

b) 用ST语言调用功能块实例 "FB_Motor_Con_1" 控制1号电机

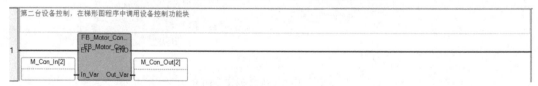

c) 用梯形图语言调用功能块实例 "FB_Motor_Con_2" 控制2号电机

图 6-19　程序中的部分全局变量及对功能块 "FB_Motor_Con" 的调用

图 6-19b 中给出了采用 ST 语言调用功能块的程序。这里 ST 语言程序中的自定义功能块 FB_Motor_Con 的实例名为 FB_Motor_Con_1。在调用实例时，要把功能块实例中结构元素的变量（形式参数）用全局变量和时间常数（实际参数）来赋值。在该程序中，把 1 号电机的全局输入变量赋值给 1 号电机控制的数组元素 M_Con_In [1]，把起动超时时间设为 20s。然后调用功能块实例，最后把功能块实例 FB_Motor_Con_1 的输出数组 M_Con_Out [1] 中的元素赋值给 1 号电机的全局输出类型变量。

图 6-19c 中给出了采用梯形图语言调用 2 号电机设备控制功能块的程序，在该梯形图程序的局部变量中定义功能块实例名为 "FB_Motor_Con_2"，然后把 2 号电机控制用的输入数组 M_Con_In〔2〕和输出数组 M_Con_Out〔2〕分别作为功能块的输入和输出，这样就完成了 2 号电机的控制。实际的输入和输出信号与 2 个数组元素的赋值这里不再给出。还可以采用类似方式编写 3 号~10 号电机的控制程序。可以看到，这里的电机控制自定义功能块的输入和输出都是结构变量。

从图 6-19b、图 6-19c 的程序还可以看出，多台电机的控制程序逻辑十分清楚，代码简单，以功能块调用和赋值语句为主。若不采用结构数据类型，多台电机控制的输入和输出参数就很多，程序会冗长，可读性差。

需要说明的是，西门子 Portal（博途）等 PLC 编程软件支持方向为 "VarInputOutput" 类型的变量，这样就可以把电机控制的输入和输出变量放在一个数据结构中定义，程序的编写更加简化。

6.2　PLC 控制系统设计内容与程序设计方法

6.2.1　PLC 控制系统设计内容及步骤

PLC 控制系统的设计包括需求分析、总体设计、硬件设计、软件设计、抗干扰设计、系统调试、现场运行与维护等，具体实施步骤如图 6-20 所示。

1. PLC 控制系统需求分析

在进行 PLC 控制系统设计时，首先要进行需求分析，了解被控对象特性、主要的控制功能及其性能指标要求、控制系统使用与维护要求、控制系统与其他系统之间的通信及数据交换要求。对于通过网络连接多个 PLC 站的网络化分布式控制系统，还要进行网络的规划与配置。需求分析最终要以文档的形式经甲方确认。

2. PLC 控制系统总体设计

PLC 系统总体设计是在需求分析的基础上进行的。总体设计包括确定整个系统的网络结构、每个现场 PLC 站的结构及其控制任务、现场 PLC 站之间的数据交换、现场终端（触摸屏）的配置需求。另外，还要考虑上位机监控的需求，确保上位机与PLC 之间能协调工作。总体设计时要确定系统总体的软、硬件需求。总体设计的重要原则是要综合考

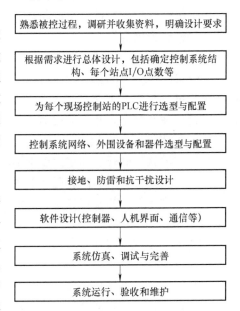

图 6-20　PLC 控制系统具体实施步骤

虑系统的可靠性、可用性、可维护性、先进性等指标。在满足系统功能和性能指标的情况下，力求节约成本。

3. PLC 控制系统硬件设计

PLC 系统的硬件设计包括：

1）每个现场 PLC 控制站进行选型与模块配置、硬件接线与安装。在有防爆要求的应用场合，要通过安全栅或继电器等进行隔离。

2）相关的电气原理图与安装图、PLC 外围电器元件选型，PLC 控制柜设计、配置与安装等。

3）PLC 控制网络的配置。

4）防雷、接地与抗干扰硬件的选型与配置等。

在进行 PLC 的选型时，首先根据系统的 I/O 点和控制要求确定 PLC 类型（微型、小型或中大型），再根据 I/O 信号数量和要求配置 I/O 模块。对于数字量模块，要注意其工作电源等级、信号类型（拉出或灌入）等；对于输出模块，还要根据负载特性选择合适的类型（继电器、晶体管）。对于模拟量模块要根据传感器和执行器的信号要求选择模块。对于需要使用现场总线的系统，要配置相应的总线通信模块或网关。有特殊需求的应用，还可配置专用的 PLC 模块。

4. PLC 控制系统软件设计与编写

（1）软件设计内容与原则

在系统总体设计中，了解了系统需求，这时可以进一步对系统进行细化，确定 PLC 软件要实现的功能。在软件设计上，可以采取自底向上的方法或自顶向下的方法。

具体的软件设计可以根据软件规格书的总体要求和控制系统具体情况，确定应用程序的组成结构，包括初始化程序、定时扫描程序、中断程序等；确定程序执行的优先级和不同类型程序的扫描周期；确定系统中需要开发或重用的功能块；确定编程中需要定义的数据结构；确定每个功能块的接口参数和具体功能；根据具体程序要实现的功能块的特点，确定每个功能块的编程语言等。

程序设计中，要特别重视对于故障或异常的处理。例如，对于模拟量，要考虑信号电缆断线、数值溢出等情况；对于通信程序，要考虑通信出错。对于这些异常或故障，还必须进行报警输出。某些 PLC 系统中，工艺参数的高、低限报警及设备故障状态报警也要求 PLC 程序进行处理和触发，并传递到上位机。

（2）编程注释与文档

目前控制软件的开发和维护成本不断增加，因此，在软件开发中，要重视文档的编写。这些文档要包括程序的功能、逻辑关系说明、设计思想、信号的来源和去向等。例如，对于功能块，要描述其功能及接口参数的定义；对于梯形图的每个梯级或文本语言的每行程序，要多加注释。

5. 系统仿真及调试

（1）仿真调试

PLC 程序在开发过程中就可以利用仿真功能不断进行测试，确定程序的执行是否符合预期。比如，编写了一个功能块后，就可立即测试，及早发现问题。若等到所有程序编写完成再进行仿真，发现需要修改该功能块时，则需要对调用该功能块的组织单元进行一定的修改，增加了工作量，且容易出错。进行 PLC 的程序仿真时，所有的输入/输出信号、参数（如定时器的定时值）都是通过强制方式进行改变。通过信号或参数的改变，判断程序逻辑顺序是否正常，模拟量的采集与控制是否准确，故障报警是否及时等。不过，一般 PLC 仿真软件功能都有一定的局限性，如西门子 Portal 不支持 S7-1200 的 PID 功能仿真。仿真软件在检测一些信号的上升沿、下降沿或快变信号时会出错，所以，PLC 程序的最终测试必须要把程序下载到 PLC 上，连接外部信号和设备后进行。

（2）离线调试

在把 PLC 安装到控制柜后，需要先进行通道测试，通道测试的主要目的是对控制柜的每个信号通道进行检查看是否正确。首先在控制柜的第一次上电前需要对整个柜子进行电路基本测试，主要是保证控制柜的电源正负极之间没有短路，检查 24V 和 220V 之间各自的供电回路是否导通、正确，防止接线时电源错误对设备模块产生伤害。

给控制柜每个 PLC 模块的通道进行测试。模拟量输出主要是在 PLC 上强制输出，然后用万用表测量对应端子上信号是否与强制值一致。对于模拟量输入主要是使用信号发生器模拟仪表的电压或电流信号。数字量输入模块是短接输入端，如接通，PLC 中的监控值就会变成 "TRUE"，否则是 "FALSE"。数字量输出是在 PLC 中把对应通道强制为 "TRUE"，观察对应 DO 模块通道指示灯是否亮，同时用万用表的通断档测试端子排上对应通道是否接通。

在过程自动化中，离线调试也称为 FAT（Factory Acceptance Test，工厂验收），即设备在工厂做好了，等待发货前进行的验收。

（3）在线调试

当 PLC 控制柜做好通道测试之后，就需要把控制柜发往现场，然后对控制柜进行接线。一般先接现场仪表、设备的线，再接控制柜对应的线。当现场和控制柜内的线接好后，测控回路形成闭环，就可以开展回路测试，此时控制信号应能全部联动。例如，在现场有一台电机，该电机有 3 个数字量输入信号和一个数字量输出控制信号。3 个数字量输入信号是远程控制允许、运行、故障。假设在电气柜设置过热继电器的故障，则要检查该信号在 PLC 上是否正确采集（若有触摸屏还需检查触摸屏中的信号）；在 PLC 中对应的输出端口输出一个控制该电机的信号，要判断对应的继电器、接触器是否动作。

在线调试还包括现场仪表，如压力变送器、差压变送器、流量变送器、温度变送器等，以及执行器，如电动或气动阀门、变频和伺服设备等。这些设备首先要按说明书要求校验，然后按照电气规范进行安装和测试。变频和伺服等可以通过面板进行手动测试，手动测试正常后可以接入 PLC 控制系统进行在线调试。

在过程自动化中，在线调试也称为 SAT（Site Acceptance Test，现场验收），即设备在现场安装好后进行的调试验收。

6.2.2　PLC 控制软件的经验设计法

1. 经验设计法原理

工业电气控制线路中，有不少都是通过继电器等电器元件来实现对设备和生产过程的控制的。而继电器、交流接触器的触点都只有吸合和断开两种状态，因此，用 "0" 和 "1" 两种取值的逻辑代数设计电气控制线路是完全可行的。PLC 的早期应用就是替代继电器控制系统，根据典型电气设备的控制原理图及设计经验，进行 PLC 程序设计。这个设计过程有时需要多次反复地调试和修改梯形图，不断地增加中间编程元件和触点，最后才能得到一个较为满意的结果。这种方法没有普遍的规律可以遵循，设计所用的时间、设计的质量与编程者的经验有很大的关系，所以有人把这种设计方法称为经验设计法。该方法一般用于逻辑关系较简单的梯形图程序设计。

用经验设计法设计 PLC 应用程序的一般步骤如下：

1）根据控制要求，明确输入/输出信号。对于开关量输入信号，一般建议用常开触点（在安全仪表系统中，要求用常闭触点）。

2）明确各输入和各输出信号之间的逻辑关系。即对应一个输出信号，哪些条件与其是逻辑与的关系，哪些是逻辑或的关系或其他复杂逻辑关系。

3）对于复杂的逻辑，可以把上述关系中的逻辑条件作为线圈，进一步确定哪些信号与其是逻辑与，哪些信号是逻辑或的关系，直到该信号可以对应最终的输入信号或其他触点或变量。这些逻辑关系，既包括数字量逻辑、定时与计数等逻辑，也包括模拟量比较等逻辑条件。

4）确定程序中包括哪些典型的 PLC 逻辑电路。程序的逻辑分解以到可以通过典型的 PLC 逻辑电路实现为止。

5）根据上述得到的逻辑表达式，选择合适的编程语言实现。通常，对于逻辑关系用梯形图编程比较方便。

6）检查程序是否符合逻辑要求，结合经验设计法进一步修改程序。

2. 经验设计法示例

以送料小车自动控制的梯形图程序设计为例说明。

（1）控制要求

某送料小车开始时停止在左边，左限位开关 Right_LS 的常开触点闭合。要求其按照如下顺序工作。

1）按下右行起动按钮 Start，开始装料，20s 后装料结束，开始右行。

2）碰到右限位开关 Right_LS 后停下来卸料，25s 后左行。

3）碰到左限位开关 Left_LS 后又停下来装料，这样不停地循环工作，直到按下停止按钮 Stop。

被控对象的具体控制要求与信号如图 6-21 所示。

由于该系统的 I/O 点无特殊需求，输出节点容量小，因此输入可用拉出或灌入类型，输出可选拉出型。由于 I/O 点与 PLC 模块之间距离近（小于 50m），因此，I/O 模块的工作电源可选 DC24V。据此，可以选用罗克韦尔型号为 2080-LC50-48QBB 的 PLC，该 PLC 有 48 个数字量输入和输出，其 I/O 数量和特性满足该系统要求。

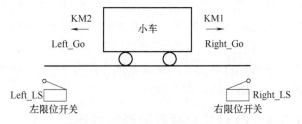

图 6-21　送料小车控制示意图

由于小车的功率较小，因此，在 PLC 的外围电器元件配置上，没有配置中间继电器，而是直接用 PLC 的数字量输出来驱动接触器，控制小车的前进和后退。

该 PLC 控制系统硬件接线如图 6-22 所示。

（2）程序设计与说明

控制系统软件编程环境是 CCW 编程软件 V12。控制程序设计思路以电动机正反转控制的梯形图为基础，该程序实质就是一个起保停程序。首先确定与该控制有关的输入和输出变量。输入变量包括限位开关信号（别名是 Right_LS 和 Left_LS，信号带自保）、过载信号（别名是 OverLoad）、起动（别名是 Start）和停止信号（别名是 Stop）等。输出信号是小车正反转的驱动信号，接触器分别是 KM1 和 KM2，对应程序中的别名是 Right_Go 和 Left_Go。

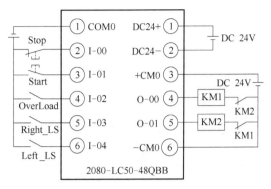

图 6-22　送料小车 PLC 控制系统硬件接线图

小车正转的控制条件是一个起动的信号和使其停止的逻辑条件。而起动信号要求的逻辑条件为：小车在最左边位置和右行起动按钮信号输入都为真，然后以这两个输入的逻辑与作为定时器的输入，当定时时间到就满足右行的逻辑条件。停止的逻辑包括过载信号、停止信号、右限位信号。停止条件中还需要增加一个正反转互锁信号。按照这样的思路，就可以进一步完成程序的实现。

设计出的小车控制梯形图如图 6-23 所示，具体解释如下：为使小车自动停止，将 Right_LS 和 Left_LS 的常闭触点分别与 Right_Go 和 Left_Go 线圈串联。为使小车自动起动，将控制装、卸料延时的定时器 TON_1 和 TON_2 的常开触点作为小车右行和左行的主令信号，分别与手动起动右行和左行的 Right_Go、Left_Go 的常开触点并联，构成运行保持回路。程序中 Load 是局部变量，表示装载物料。

程序中串联了过载保护 OverLoad，以确保存在过载时线圈断开，小车停车。另外，在右行和左行的逻辑中分别加入了互锁信号 Left_Go 和 Right_Go 的常闭触点，防止两个输出接触器 KM1 和 KM2 同时得电。另外，由于在任何时候都要能停止小车，因此，每个梯级都加了 Stop 的常闭触点。

现假设在左限位开关和右限位开关的中间还安装有一个限位开关 Mid_LS，小车在 Mid_LS 和 Right_LS 两处都要各卸料 10s。显然，小车右行和左行的一个循环中两次经过 Mid_LS，第一次碰到它时要停下卸料，第二次碰到它时则要继续前进。这时在程序设计中，要设置一个具有记忆功能的标签，当从左运行到右侧过程中经过 Mid_LS 时，该标签置 ON。具体程序可以在上述一次卸料的程序基础上修改。

3. 经验设计法的特点

经验设计法对于一些比较简单的控制系统设计是比较奏效的，可以收到快速、简单的效果。但是，由于这种方法主要是依靠设计人员的经验进行设计，所以对设计人员的要求也比较高，特别是要求设计者有一定的实践经验，对工业控制系统和工业上常用的各种典型环节比较熟悉。经验设计法没有规律可遵循，具有很大的试探性和随意性，往往需经多次反复修改和完善才能符合设计要求，所以设计的结果往往不很规范，因人而异。

经验设计法一般只适合于较简单的或与某些典型系统相类似的控制系统的设计，或者用于某些复杂程序的局部设计（如设计一个功能块）。若采用该方法设计复杂梯形图程序，一般设计周期比较长，由于考虑不周还会反复修改程序。另外，这类程序可读性差和可重用性差。

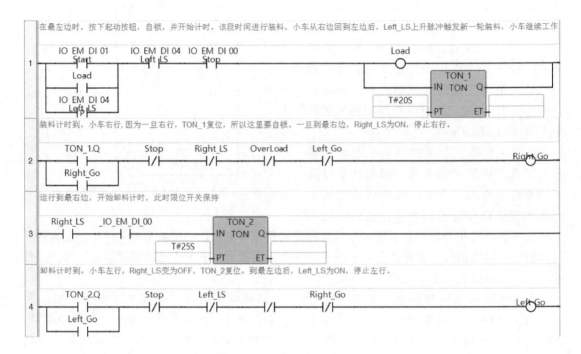

图 6-23　送料小车控制梯形图

6.2.3　PLC 控制软件的时间顺序逻辑设计法

1. 时间顺序逻辑设计法原理与步骤

时间顺序逻辑控制系统也是一类典型的顺序控制系统。典型的时间顺序逻辑控制的例子是交通信号灯，道路交叉口红、绿、黄信号灯的点亮和熄灭按照一定的时间顺序。因此，这类顺序控制系统的特点是系统中各设备运行时间是事先确定的，一旦顺序执行，将按预定时间执行操作命令。时间顺序逻辑控制系统有两种情况，一种是程序的执行时间与时钟周期有关，另外一种与时钟周期无关。对于前一种，假设系统在某个阶段停机，一旦再次起动，则停机这段时间的程序逻辑要跳过，按照当前的时钟周期与时间段运行。

时间顺序逻辑设计法适用于 PLC 各输出信号的状态变化有一定的时间顺序的场合，在程序设计时根据画出的各输出信号的时序图，理顺各状态转换的时刻和转换条件，找出输出与输入及内部触点的对应关系，并进行适当化简。一般来讲，时间顺序逻辑设计法也依赖设计经验，因此应与经验法配合使用。

时间顺序逻辑控制系统的程序基本结构如图 6-24 所示。设备有一个起动条件和一个停止条件，这些条件是定时器的输出。如

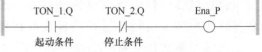

图 6-24　时间顺序逻辑控制系统程序基本结构

TON_1 定时器计时时间到，设备起动，TON_2 定时器计时时间到，设备停止运行。

用时间顺序逻辑设计法设计 PLC 应用程序的一般步骤如下：

1）根据控制要求，明确输入/输出信号。

2）明确各输入和各输出信号之间的时序关系，画出各输入和输出信号的工作时

序图。

3）将时序图划分成若干个时间区段，找出区段间的分界点，弄清分界点处输出信号状态的转换关系和转换条件。

4）对 PLC 内部寄存器和定时器/计数器等进行分配。

5）列出输出信号的逻辑表达式，根据逻辑表达式编写梯形图。

6）通过模拟调试，检查程序是否符合控制要求，结合经验设计法进一步修改程序。

2. 时间顺序逻辑设计举例

某信号灯控制系统要求 3 个信号灯按照图 6-25 所示点亮和熄灭。当开关 S1 闭合后，信号灯 L1 点亮 10s 并熄灭，然后信号灯 L2 点亮 20s 并熄灭，最后，信号灯 L3 点亮 30s 并熄灭。该循环过程在 S1 断开时结束。

（1）用梯形图程序实现

程序中设计三个定时器 TON_1、TON_2 和 TON_3 用于对信号灯 L1、L2 和 L3 的定时，设定时间分别为 10s、20s 和 30s。

1）信号灯 L1、L2 和 L3 的编程：根据图 6-26 所示，信号灯 L1 的起动条件是 S1 为 1，停止条件是 TON_1.Q 为 1，程序见第 1 梯级所示。信号灯 L2 的启动条件是 TON_1.Q 为 1，停止条件是 TON_2.Q 为 1，程序见第 2 梯级所示。信号灯 L3 的起动条件是 TON_2.Q 为 1，停止条件是 TON_3.Q 为 1，程序见第 3 梯级所示。

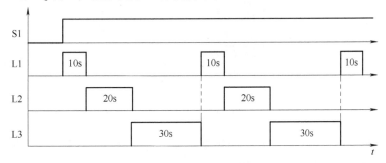

图 6-25　信号灯的控制时序

2）定时器的编程：TON_1 的起动条件是 S1 为 1 与 TON_3.Q 为 0，因此，用逻辑与实现，TON_2 的起动条件是 TON_1.Q 为 1，TON_3 的起动条件是 TON_2.Q 为 1，见第 4~6 梯级所示。

（2）通过扩展多谐振荡电路实现

在 6.1.2 节中学习了多谐振荡电路及其编程。该程序中只有两个时间（通、断时间）可调。在某些应用中，要求输入信号有效后，不仅通、断时间可调，而且要求脉冲信号输出与输入信号脉冲的时间间隔也可调，如图 6-27a 所示的逻辑电路时序图。对于这种情况，可以对原来的多谐振荡电路进行扩展，编写自定义功能块 FB_CYCLETIME 来实现。该功能块在输入信号为真后，输出先延时 T1 时间，然后以 T2 时间闭合，T3 时间断开，并以此循环闭合和断开，当输入信号为假时，输出断开。

该功能块有一个布尔变量输入，3 个 TIME 类型的输入，一个布尔输出，如图 6-27b 所示。该功能块程序本体如图 6-27c 所示。

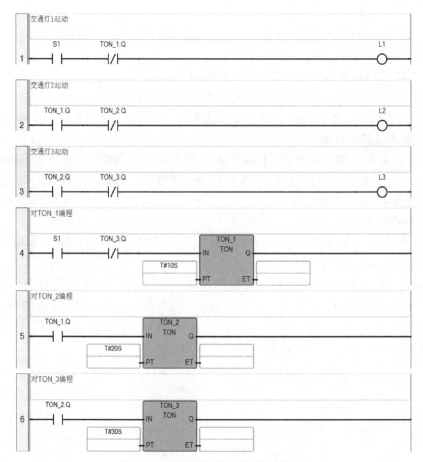

图 6-26　信号灯控制系统梯形图程序

可以利用 3 个 FB_CYCLETIME 功能块来实现上述信号灯的控制。3 个输入信号都对应 S1，只是定时器的时间设置不同，见表 6-3 所示。该系统中，每个信号灯的通、断时间总和是 60s，即 T2 与 T3 之和为 60s。对于 L1 的控制，可以利用下面的 ST 语言，其中 FB_CY-CLETIME_1 是 FB_CYCLETIME 的实例。

FB_CYCLETIME_1（S1, T#0s, T#10s, T#50s）；

L1：= FB_CYCLETIME_1. lCyCOut；

另外 2 个灯的控制程序与之类似。

该功能块可以用于多种时间循环的顺序控制中，只需要设置有关时间和起动信号，例如还可以用于交通信号灯的控制中。采用该功能块，由于 T#0s 也需要一定的扫描时间，因此，可以保证不同 FB_CYCLETIME 功能块的同步。

表 6-3　L1~L3 信号灯控制用功能块对应的定时器时间设置

信号灯	输入	T1	T2	T3
L1	S1	T#0s	T#10s	T#50s
L2	S1	T#10s	T#20s	T#40s
L3	S1	T#30s	T#30s	T#30s

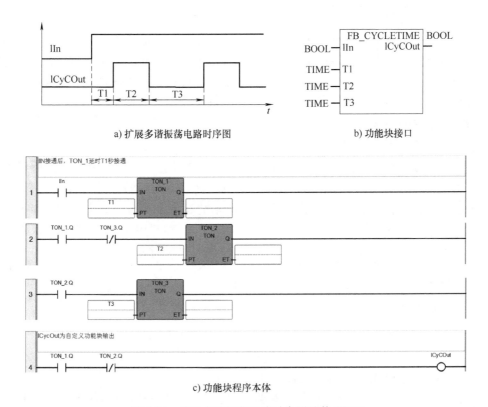

a) 扩展多谐振荡电路时序图　　　　　　　　b) 功能块接口

c) 功能块程序本体

图 6-27　扩展多谐振荡电路时序图及其 UDFB

从这里例子读者可以再次看出，采样 UDFB 进行编程后，UDFB 要实现的逻辑关系都隐藏在了 UDFB 的定义中，对 UDFB 进行调用时，程序员根本不需要关注 UDFB 的实现细节，只需要根据 UDFB 的输入和输出参数要求，把实参赋给 UDFB 实例的形参就可以了。对 UDFB 的使用过程，与使用 CCW 编程软件系统的功能块指令一样。

6.2.4　PLC 控制软件的逻辑顺序设计法

1. 逻辑顺序设计法原理与步骤

逻辑顺序设计法按照逻辑的先后顺序执行操作命令，它与执行时间无严格关系，这是与时间逻辑顺序控制系统的不同之处。例如，某流体储罐系统中，可以通过两种方式来调节进料阀门实现储罐料位的控制。

1）进料阀门开启后开始计时，计时时间到规定值后关闭进料阀，停止进料；

2）进料阀开启后开始进料，当储罐中的上限位传感器激励后关闭阀门，停止进料。

对于第一种情况，属于时间逻辑顺序控制，因为阀门的关闭是受到阀门开启时间的逻辑条件控制的，而对于第二种情况，则属于逻辑顺序控制，因为阀门关闭的条件是由另外的传感器的状态决定的。

从程序实现的原理看，时间逻辑条件与状态逻辑条件都是影响程序执行的变量，因此，这两类程序在结构上是一致的。在具体分析设计时，可以相互借鉴。

逻辑顺序设计法适合 PLC 各输出信号的状态变化有一定的逻辑顺序的场合，在程序设计时首先要列出各设备的逻辑图，根据逻辑图表确定设备的起/停条件或动作条件，再结合经验法等进行程序编写。

无论时间逻辑还是其他类型的逻辑顺序控制，利用顺序功能图进行程序分析是最好的方法，也是一种系统化的方法，要优于经验法等传统的方法。在顺序功能图的基础上，可以利用不同的编程语言来实现（假设 PLC 不支持 SFC 编程语言）。建议读者多尝试这种方法，一定会有所收获。具体内容可以参考 6.3 节的应用案例。

2. 逻辑顺序设计法举例

（1）单一设备的按钮起/停控制编程

单一设备的按钮起/停控制方法将控制系统的各运转设备分别进行分析，分析其起动和停止的逻辑条件，这些起动或停止的条件可能包含现场的信号、按钮信号以及复杂的时间、顺序、比较等逻辑组合，最终可以用如图 6-28 所示的程序来实现。其中，图 6-28a 是采用 RS 功能块，图 6-28b 是采用自保触点实现。一些应用中，需要用 SR 功能块或类似的电路。

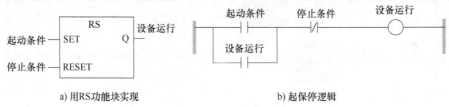

a) 用RS功能块实现　　　　　　　b) 起保停逻辑

图 6-28　逻辑顺序控制系统程序的基本结构

（2）单一设备的开关起/停控制编程

单一设备的开关起/停控制采用一个开关实现，即开关闭合时设备起动，开关断开时设备停运。因此，程序的结构如图 6-29 所示。

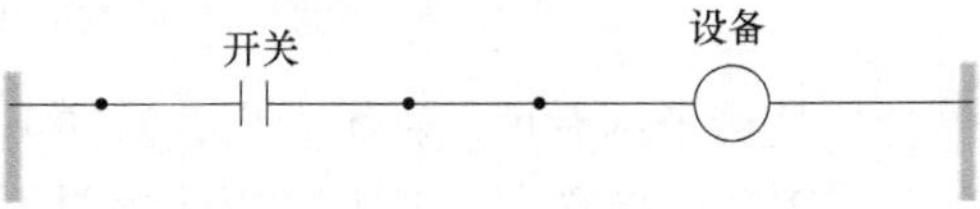

以报警信号灯的控制为例介绍单一设备的开关起/停控制。声响控制系统也是采用类似的方法。这类设备工作原理是当某条件满足时就运行，不满足就停止。其梯形图程序如图 6-30 所示。

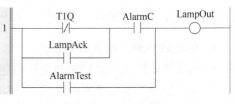

图 6-29　单一设备的开关起/停

程序中报警触点 AlarmC 是常开触点，T1Q 是方波信号发生器输出的闪烁信号，LampAck 是报警确认信号，AlarmTest 是测试按钮信号，用于测试按钮灯的好坏。当报警信号超限后，AlarmC 触点闭合，由于 T1Q 是闪烁信号，因此，报警灯 LampOut 闪烁，表示该信号超限。操作人员看到信号灯的闪烁后，按下确认按钮，则

图 6-30　报警信号灯控制梯形图程序

LampAck 闭合，因为 AlarmC 信号没有消失，因此，报警信号灯呈现平光，即不再闪烁。操作人员进行信号的超限处理后，使得该信号不再超限，AlarmC 断开，报警灯 LampOut 熄灭。

在这类程序中，设备（信号灯）的点亮和熄灭是根据触点或测试按钮的闭合和断开来控制的，因此，可以使用基本的控制结构编程。

6.2.5　Micro800 PLC 中断程序设计

1. Micro800 PLC 中断功能及其执行过程

（1）Micro800 PLC 中断功能

　　中断是一种事件，它会导致控制器暂停其当前正在执行的程序组织单元（POU），执行其他 POU，然后再返回至已暂停 POU 被暂停时所在的位置。中断程序的使用，可以提高PLC 程序处理突发事件或实时性要求高的任务的能力，弥补周期扫描程序处理方式的不足。

　　Micro820/830/850/870 PLC 可在程序扫描的任何时刻进行中断。可使用 UID/UIE 指令来防止程序块被中断。Micro820/830/850/870 PLC 支持以下用户中断：

　　1）用户故障例程；

　　2）事件中断（8 个）；

　　3）高速计数器中断（6 个）；

　　4）可选定时中断（4 个）；

　　5）功能性插件模块中断（5 个）。

　　（2）Micro PLC 中断执行过程

　　要执行中断，必须对其进行组态和启用。当任何一个中断被组态（和启用），且该中断随后发生时，用户程序将

　　1）暂停其当前 POU 的执行；

　　2）基于所发生的中断执行预定义的 POU；

　　3）返回至被暂停的作业。

　　以图 6-31 所示来分析中断程序。图中 POU2 是主控制程序。POU10 是中断例程。在梯级 123 处发生中断事件，POU10 获得执行权利，在POU10 被执行扫描后，立即恢复被中断执行的 POU 2。

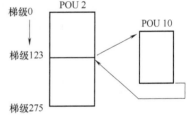

图 6-31　中断程序执行示意图

　　具体而言，如果在 PLC 程序正常执行的过程中发生中断事件：

　　1）PLC 将停止正常执行。

　　2）确定发生的具体中断。

　　3）立即前往该用户中断所指定的 POU 的开始处。

　　4）开始执行该用户中断 POU（或一组 POU/功能块）。

　　5）完成 POU。

　　6）从控制程序中断的位置开始恢复正常执行。

　　（3）用户中断的优先级

　　当发生多个中断时，执行顺序取决于优先级。如果一个中断发生时已存在其他中断但这些尚未实施，则将会根据优先级排定新中断相对于其他各未决中断的执行顺序。当再次可实施中断时，将按照从最高优先级到最低优先级的顺序来执行所有中断。如果在一个中断正在执行时，发生了一个优先级更高的中断，则当前正在执行的中断例程会被暂停，具有较高优先级的中断将执行。在此之后再执行该优先级较低的中断，完成后才会恢复正常运行。如果在一个中断正在执行时，发生了一个优先级相对较低的中断，并且该优先级较低的中断的挂起位已置位，则当前正在执行的中断例程会继续执行至完成。然后会运行较低优先级的中断，接着返回至正常运行。以下对 Micro800 PLC 的中断功能的组态进行简单介绍，详细的信息请参见有关使用手册。

2. Micro PLC 中断程序配置

　　（1）用户故障中断组态

　　例如要写一个用户故障中断程序，其作用是在发生特定用户故障时，选择在控制器关闭前进行清理。只要发生任何用户故障中断，故障例程就会执行。系统不会为非用户故障执行故障例程。用户故障例程执行后，控制器将进入故障模式，并会停止用户程序的执行。创建用户故障中断过程如下：

　　1）创建一个程序名称为"IntProg"的 POU。

　　2）在控制器属性窗口中单击"中断"（图 6-32a 的①处），然后单击"添加"（图 6-32a 的②处），在弹出的"添加中断"对话框中选中它（图 6-32a 的③处），将该创建的"IntProg"POU 组态为用户故障例程（图 6-32a 的④处）。单击"确定"按钮退出。

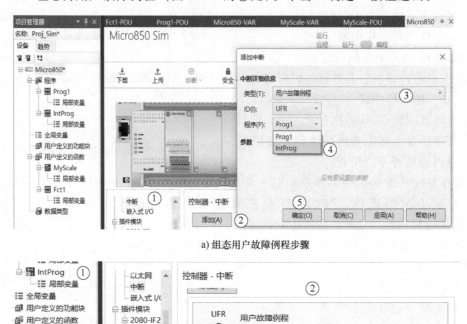

a）组态用户故障例程步骤

b）组态好的用户故障例程

图 6-32　用户故障例程"IntProg"POU 组态

　　组态完成后，中断会显示在"控制器—中断"配置界面中，且"中断"图标已添加到"项目管理器"中的程序，如图 6-32b 所示。双击该用户故障例程，可对它进行编辑。

　　（2）可选定时中断（STI）

　　可选定时中断（STI）提供了一种机制来解决对时间有较高要求的控制需求。STI 是一种触发机制，允许扫描或执行对时间敏感的控制程序逻辑。对于 PID 这类必须以特定的时间间隔执行计算应用程序或需要更为频繁地进行扫描的逻辑块需要使用 STI。

　　STI 按照以下顺序运行：

　　1）用户选择一个时间间隔。

　　2）当设定有效的时间间隔且正确组态 STI 后，控制器会监测 STI 值。

　　3）经过设定的时间后，控制器的正常运行将被中断。

　　4）控制器随后会扫描 STI POU 中的逻辑。

　　5）当完成 STI POU 后，控制器会返回中断之前的程序并继续正常运行。

　　用 CCW 编程软件组态 STI 与组态故障中断类似,具体过程如图 6-33 中标注的操作顺序。组态中的其他参数可以用默认参数。

　　可选时间中断(STI)功能块组态和状态等详细信息请参见有关的使用手册。

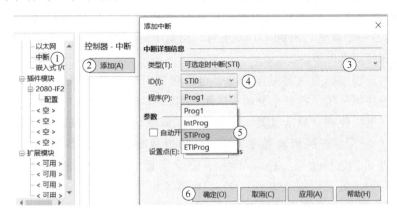

图 6-33　组态 STI

　　(3)事件输入中断(EII)

　　为了克服 PLC 执行时的定时扫描对输入事件响应实时性差的问题,Micro800 PLC 提供了事件输入中断(EII)功能,可允许用户在现场设备中根据相应输入条件发生时扫描特定的 POU。这里,EII 的工作方式通过 EII0 定义。EII 输入的启用边沿在内置 I/O 组态窗口中组态。EII 的组态过程如图 6-34 所示中标注的操作顺序。图中⑨处就是先前组态好的 STI。

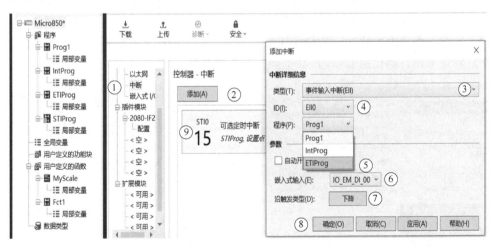

图 6-34　组态 EII

6.2.6　利用 CCAT 工具软件辅助机器控制的顺控程序设计

1. CCAT 工具软件介绍

Connected Component Accelerator Toolkit with System Design Assistant(CCAT SDA)是罗克

韦尔自动化帮助用户设计、安装控制系统、提供应用文件和信息的工具软件。CCAT 可以提供材料表（BOM）、柜面布置和接线的 CAD 图纸、控制程序、HMI 等文档资料，从而使得用户可以专注于系统设计本身，加速设计过程。

启动 CCAT 软件后，会出现一个窗口，在这个窗口中，有一些选项，包括生成一个 CCAT 项目、打开一个系统已有的 CCAT 项目、运行 ProposalWorks 来修改 BOM、启动 CCW 编程软件项目和使用帮助等。

生成项目的过程中，有机器基本信息、电机控制、传感器、操作员接口、安全、控制器、机器构建组件等分项，在每个分项中，用户可以添加控制系统所需要的硬件设备，最终选型的硬件包括电机控制（软起动器、变频器、伺服驱动及各类电机）；传感器（光电、电容和电感接近开关/限位开关以及温度、压力、物位和流量等传感器）；操作员接口（各类触摸屏、点动按钮、急停按钮、指示灯组）；安全信息（安全急停按钮、安全继电器等）；控制器（温度控制、能量管理、数字 I/O、继电器、信号调理、模拟 I/O、控制模块选择和控制器选择等）；机器构建组件（控制电压、进线开关、以太网交换机、断路器、端子板、浪涌抑制器、DIN 导轨组件等），同时在设备配置时可以设置所选设备的各种参数，如图 6-35 所示。

在这些参数都设置好后，可以产生一个工程，这个工程就包括机器控制相关的所有文档，用户还可以利用工具来进一步定制自己的 BOM、CAD 图纸等各类工程文档，以及终端、控制器等程序文件，从而达到具体项目的需求。

应该说，CCAT 能很大程度简化工程项目的设计、开发、安装和调试。国内外不少大公司也有类似的工具软件。但罗克韦尔自动化的 CCAT 在我国推广应用程度一般，个人认为对于小型的机器设备控制，我国用户倾向于组合各种性价比高的产品，而 CCAT 材料库中的各类设备基本都是国外厂家产品。CCAT 软件在 2017 年以后就没有更新了，对应版本是 V3.4。但其对于机器设备提出的状态机的概念还是有用的，对于用户开发机器设备的顺序控制有较大帮助。罗克韦尔自动化的 Logix 产品也同样有类似的解决方案。

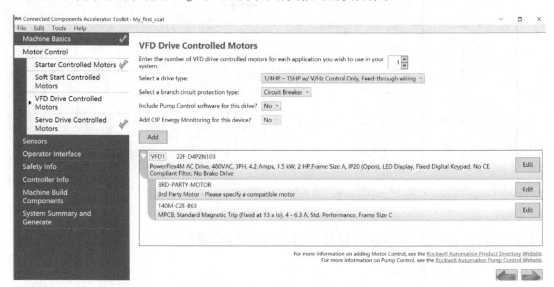

图 6-35　CCAT 生成工程界面

2. 利用 CCAT 辅助顺控程序设计

罗克韦尔自动化的 Micro800 PLC 产品属于机器控制级设备，而许多机器的控制具有顺控要求。在批处理中也有大量顺控需求，对此 IEC 还制定了相关的标准。在 Logix 控制系统中，是通过 PhaseManager 来实现的。CCAT 中也集成了状态机的概念，来支持机器的顺控程序开发，从而采用一个较高层次的框架来规范这类程序的编写。

状态模型将设备的操作周期划分为一组状态。每个状态都是设备操作中的一个瞬态。它是设备在某个给定时刻的动作或条件。这与 SFC 中的概念是一致的。在状态模型中，可以定义设备在不同条件下的行为，如运行、空闲、停止等。用户无需使用设备的所有状态，只需使用所需的状态即可。

CCAT 的机器控制中，引入了状态机的概念，如图 6-36 所示。状态有 2 种类型：动作（图中的实线框）和等待（图中的点划线框）。在任意状态下，中止命令都可以使状态机进入中止状态。状态机使用暂态状态来在长期状态之间移动。通常，机器在暂态的时间比较短。如果在暂态发生了错误，或者构建块在规定时间（默认是 10s）不能进行状态转移，状态机会发出中止命令，故障安全暂态定时器可以确保机器不会锁死在一个暂态中。这个定时器还可以提供诊断信息，来确定哪个模块的状态转移不适当。

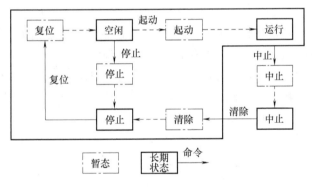

图 6-36　状态机示意图

所有的 Micro800 构建块（Building Block）工程都引入了状态机来协调机器的各种操作。状态机通过用户可以修改的应用程序来广播命令，并接受来自每个构建块的信息。根据反馈信息，状态机在自动状态时会做出相应的反应。状态机逻辑的核心是通过 RA_STATE_MACHINE 这个用户定义的功能块来实施的。此外，状态机还提供一个高层的 HMI 终端接口。在自动模式时，起动、停止和清除故障命令被接受。状态机也提供可以显示在 HMI 上的状态信息（如当前状态）给 HMI。

通过 CCAT 生成的工程，所有的 Micro800 构建块项目包含同样的 MC_StateMachine 程序和一系列顺序应用程序框架，如图 6-37 所示。从自动生成的程序名称，读者就知道该程序对应的状态，这些程序控制每个机器状态时这个机器的动作。

用户可以按照例程中的注释，根据具体的机器控制需求，来修改每个状态的程序，编写相应的状态代码及根据命令实现状态转移等程序。罗克韦尔自动化提供了一些常用的机器控制 CCAT 例程，用户可以从网站下载学习。

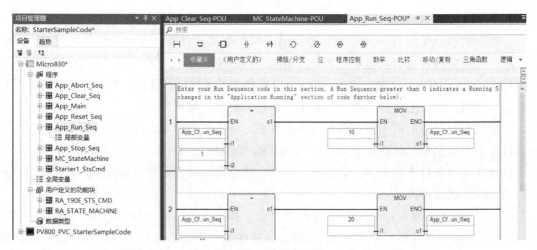

图 6-37　CCAT 工程生成的机器控制状态机工程项目示意图

6.3　Micro800 PLC 逻辑顺序控制程序设计示例

在许多顺序控制程序设计中，除了可以利用"起保停"思想、"置位"和"复位"指令进行程序设计外，还可以用状态移位来实现，而且该方法更加简单，不少 PLC 也都有类似指令，如西门子 S7-200 系列 PLC 的 SHRB 移位寄存器指令。

对于具有复杂特性的顺序功能控制要求，单纯的 SHRB 指令已无法处理，考虑到大量生产过程具有明显的顺控特性，因此，主要的 PLC 生产厂商都有专门的顺控指令，以便于编写顺控程序。例如，三菱电机小型 PLC 有 STL 和 RET 指令配合其编译系统（因为这类梯形图程序中存在多线圈输出）来支持顺控程序的编写；西门子 S7-200 用 SCR（步进开始）、SCRT（步进转移）、SCRE（步进结束）指令组合及其保留的用于存储状态信息的顺控继电器（S0.0~S31.0）来支持顺控程序的编写。

Micro800 PLC 的指令相对较少，没有类似 SHRB 指令，也不支持 SFC 编程语言，但可以用 ROL 等移位指令来实现简单的顺控功能。在 6.3.1 节，就以机械手控制为例，对简单的顺控程序编程进行了介绍。

由于 ROL 指令不能处理具有复杂分支的顺序功能图。为此，在 6.3.2 节介绍了采用自定义功能块，以处理包括并行、并行选择等复杂分支的顺序控制问题，并以化工生产过程控制为例加以说明。在 6.3.3 节介绍了利用"置位"和"复位"指令设计一个具有复杂分支和多种工作模式的四工位组合机床的顺控程序。

6.3.1　Micro800 PLC 在机械臂模拟控制中的应用

1. 机械臂模拟对象及其控制要求概述

机械臂模拟对象模拟制造业或物流行业流水线上某机械臂的工作流程，图 6-38 为其示意图。其工作过程设计如下：

按系统起动按钮后，传送带 A 带动上面的工件运行，传送带 A 状态指示灯亮。当光电开关 PS 检测仪扫描到工件后，传送带 A 停止运行，传送带 A 状态指示灯灭；机械手开始下

降（用指示灯 YV2 亮表示）。当下限位检测
元件 SQ2 检测到下限位信号后，停止下降，
机械手夹工件，若干秒后抓取工件过程完
成，夹紧状态指示灯 YV5 亮，机械手开始上
升，状态指示灯 YV1 亮。当上限位检测元件
SQ1 检测到机械手到达上限位后，表示上升
到位，YV1 指示灯灭。此时，机械臂左转，
左转状态指示灯 YV3 亮，夹紧状态指示灯
YV5 仍保持为亮，表示机械手夹紧工件并且
左转。当左限位检测元件 SQ3 检测到限位信
号后，停止左转。随后，机械手进入下降状
态，下降状态指示灯 YV2 亮，夹紧状态指示

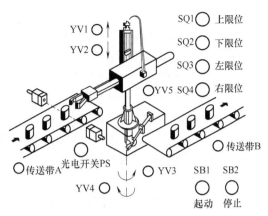

图 6-38　机械臂控制示意图

灯 YV5 仍保持为亮，表示机械手夹紧工件并且下降。当下限位检测元件 SQ2 检测到下降到
位信号后，机械手停止下降并松开工件，该过程持续若干秒钟。然后，机械手上升，上升状
态指示灯 YV1 亮。当上限位检测元件 SQ1 检测到信号后，表示上升到位，机械手停止上升，
YV1 灭，机械手进入右转，右转状态指示灯 YV4 亮，同时，传送带 B 开始运行，传送带 B
状态指示灯亮，当右限位检测元件 SQ4 检测到右限位信号后机械臂停止运行，YV4 灭。这
样就完成了一轮工作循环。

2. 机械臂模拟对象控制程序设计分析

通过对机械臂工作过程分析可知，整个工作循环有以下 9 个状态（步）：

1）传送带 A 载着工件运行，A 灯亮，当检测仪扫描到工件时，传送带 A 停止，进入下
一步。

2）机械手下降，YV2 亮，到达下限位 SQ2 后，进入下一步。

3）机械手停留 2s 时间，用于夹紧工件，YV5 亮，2s 后，进入下一步。

4）夹紧工件后开始上升；YV1 亮，YV5 仍亮。到达上限位 SQ1 后，进入下一步。

5）向左转，YV3 亮，YV5 仍亮。到达左限位 SQ3 后，进入下一步。

6）向下降，YV2 亮，YV5 仍亮。到达下限位 SQ2 后，进入下一步。

7）等待 2s 时间，用于松开工件。时间到，进入下一步

8）机械手上升，YV1 亮，到达上限位 SQ1 后，进入下一步。

9）右转，右转状态指示灯 YV4 亮，传送带 B 状态指示灯亮，表示传送带 B 开始运行，
右转到达右限位 SQ4 后，完成工作循环。

根据上述分析可知，可以用一个有 9 状态的移位寄存器表示设备所处的状态，每个状态
执行一定的动作，而这些动作会触发一定的步转移条件，从而使得下一步激活，上一步失
活。这样，可以得到用 SFC 思路设计程序流程图，如图 6-39 所示。

对于类似的顺控程序，都可以采用这样的分析方法，不仅可以提高编程效率，而且可以
保证程序的质量、可读性和规范性。

3. 机械臂模拟对象 PLC 选型、I/O 配置及程序实现

经过统计，上述生产流水线共有数字量输入信号 7 个，数字量输出信号 7 个。其中数字
量输入元件包括：5 个传感器来的开关量信号、2 个按钮开关信号。外部输出元件包括 7 个

接触器。

　　根据上述生产过程的工作原理和控制要求，可以确定系统的 I/O 点，并进行 PLC 选型和变量标签定义。选用 Micro800 系列 2080-LC20-20QBB 型号的 PLC。该型号 PLC 有 12 个 DI 和 7 个 DO，满足该应用要求。若考虑 I/O 裕度，可选多 I/O 点的型号。该装置 PLC 控制系统的 I/O 分配表见表 6-4（DI 和 DO 的 PLC 地址前都省略了 _IO_EM_），其中别名采用大驼峰命名规范。

　　对于该对象控制要求，可以采用图 4-14 所示以转换为中心的编程方式，即把顺控图转换为梯形图。根据步转换的条件，利用置位指令使当前步/状态激活（ON），利用复位指令使前面的步/状态失活（OFF）。读者可以尝试采样该方法在 CCW 编程软件中进行编程。

　　根据分析可知，机械臂的控制流程中任意时刻只有一个步为激活，属于简单顺控，因此，利用移位指令来控制状态转移，从而进行顺控编程。

　　Micro800 支持对 INT、DINT、LINT、BYTE、WORD 等类型变量的位访问。例如，MyVar 为无符号整型或 WORD，则 MyVar.i（i 为 0~15 之间的常数值）为布尔值。但 ROL 指令的"IN"输入端只支持 DINT 类型的变量。于是可以定义 DINT 类型变量 Status 表示 32 个状态。但这里的应用中只有 9 个状态/步，可用 Sta-

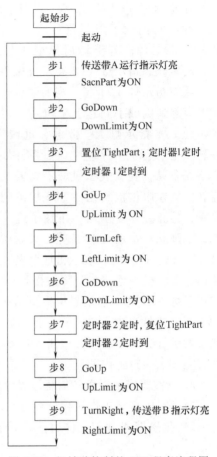

图 6-39　机械臂控制的 SFC 程序流程图

tus. 1~Status. 9 表示这 9 个状态（为了使得状态序号与步序号一致，没有用 Status. 0 表示第 1 步，而是从 Status. 1 开始），用 ROL（左循环移动）指令来实现这 9 个状态的移位。采用该方式编写的程序如图 6-40 所示。为了程序简洁，这里的梯形图元素中 I/O 第 1 次出现时同时显示别名和名称，其他情况都只显示了别名。该程序说明如下：

　　第 1 梯级是按下起动按钮，系统起动。这里的起动按钮是常开，停止按钮是常闭。

表 6-4　机械臂模拟控制系统 DI 和 DO 分配表

序号	信号名称	PLC 地址	别名	序号	信号名称	PLC 地址	别名
1	起动按钮	DI_00	Start	8	上升 YV1	DO_00	GoUp
2	停止按钮	DI_01	Stop	9	下降 YV2	DO_01	GoDown
3	上限位 SQ1	DI_02	UpLimit	10	左转 YV3	DO_02	TurnLeft
4	下限位 SQ2	DI_03	DownLimit	11	右转 YV4	DO_03	TurnRight
5	左限位 SQ3	DI_04	LeftLimit	12	夹紧 YV5	DO_04	TightPart
6	右限位 SQ4	DI_05	RightLimit	13	传送带 A 指示灯	DO_05	BellALED
7	扫描到工件 PS	DI_06	ScanPart	14	传送带 B 指示灯	DO_06	BellBLED

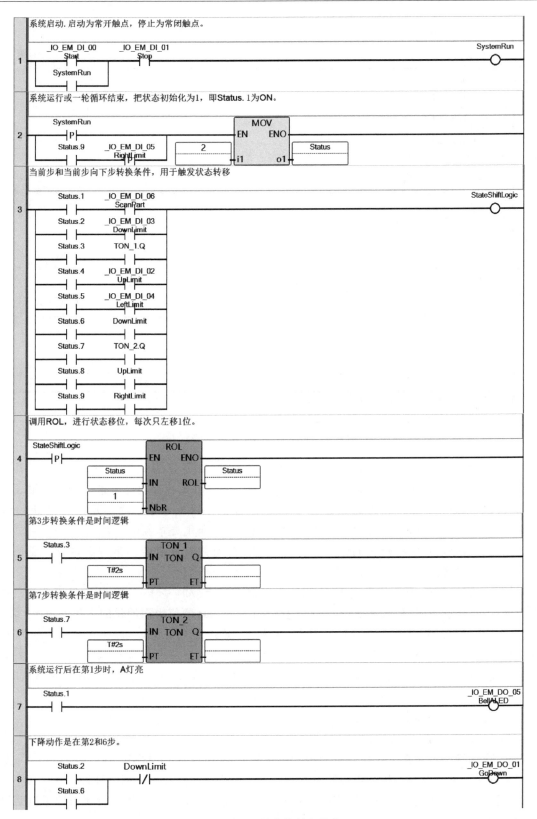

图 6-40　机械臂控制主程序

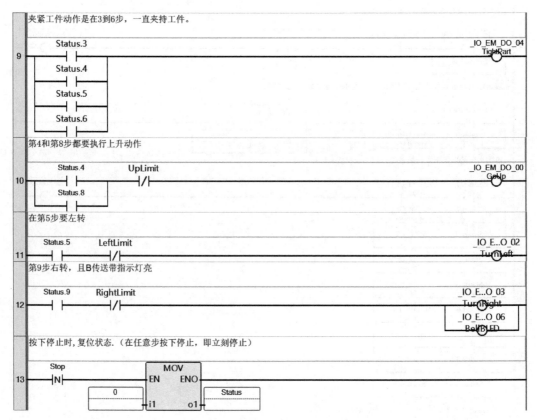

图 6-40　机械臂控制主程序（续）

第 2 梯级是系统起动后或上一个工作循环完成后把 Status 赋为 2，即 Status. 1 为 1，其他所有的状态位为 0。表示系统起动后或上轮循环最后 1 步结束后自动进入第 1 步。这里表示最后一步结束是把 Status. 9 的常开触点与 RightLimit 的上升沿串联，而不是只有 RightLimit 的上升沿，因为，RightLimit 状态可能在其他时刻也发生变化（本例中没有）。

第 3 梯级是实现状态转移的触发条件。即当前步有效且该步转移条件满足时，要触发 ROL 指令的 EN 输入端有效，实现状态移位，进入下一步。

第 4 梯级是调用 ROL 指令实现状态转移，每个 EN 有效时左移 1 位，所有位由低位向高位左移一位，且最高位移入最低位。经过这次移位，Status 的值由初始化的 2 变为 4。当第 2 步结束条件满足，调用 ROL 指令后，Status. 3 为 1，其他位为 0，即 Status 的值由 4 变为 8，使得程序由第 2 步转移到第 3 步。以此类推。到第 9 步时，Status. 9 为 1，其他位为 0。需要说明的是，由于初始化时，只有 Status. 1 为 1，其他位都为 0，因此，调用 ROL 左移位时，所有 32 个状态位始终只会有一个位为 1。

第 5、6 梯级是 2 个状态转换的时间逻辑。

第 7~12 梯级是每个状态需要执行的动作逻辑。

第 13 梯级按下停止按钮后，把 Status 赋值为 0，即所有 32 个状态复位。

从程序还可以看到，状态转移的条件除了来自传感器的信号，而包括时间条件。程序的第 5、6 梯级就是相应的状态下对应的时间条件定时程序。实际上，状态转移条件可以是复杂逻辑组合。

梯级 8 和梯级 9 的处理方式避免了多线圈输出。以梯级 8 为例，在状态 2 和状态 6 都要执行 GoDown 动作，因而把状态 2 和状态 6 的触点进行了并联，而不是分别写一行梯形图。

梯级 8、10~12 中还对输出动作使用了常闭触点进行保护。以梯级 8 为例，当机械臂下行到下限位后，采用 DownLimit 限位开关来停止电机，防止电机继续往下走。

另外就是停止的处理，这里是收到停止信号后就把 Status 所有位复位，实现设备停止工作。由于在顺序控制中，有些动作要持续好几步，因此在编程时可能会用置位指令。例如，这里的第 9 梯级，可以用 Status. 3 来对 TightPart 置位。然后当 Status. 7 为 1 时对 TightPart 复位。对于本例子，由于按下停止按钮时，所有位都被复位，因此若按下停止按钮动作在第 4 步到第 6 步之间，则对 TightPart 的复位操作就没法执行。因此，采用置位和复位指令时，一定要保证两个动作都能执行到。

此外，有些情况下要求按下起动按钮后，要等一轮工序全部完成再停止所有设备（6.3.2 节的例子就属于这类情况），这时程序的逻辑就要做一些改动了。在工厂电气设备运行时，若发生突发事件，要进行紧急停车，为此，电气柜还配有急停按钮。但根据安全规范，紧急停车功能是通过硬接线实现的，不能用软件实现。软件实现的停车是指在正常操作条件下操作人员按下停止按钮来停止设备运行。

6.3.2　Micro800 PLC 在化工生产过程顺序控制中的应用

1. 某化工生产工艺及其控制要求

某化工装置由 4 个储罐和 1 个反应器组成，如图 6-41 所示。设备之间有泵及管路连接，每个储罐和反应器安装有检测高、低位的液位开关。系统工作过程如下：

1）系统起动后分别用泵 P1、P2 和 P3 向 A、B 和 C 三个储罐同时进物料 MA、MB 和 MC，到达高位后停止进料。然后储罐 A 开始通过加热器 1 预热，达到 40℃时停止加热。

2）P4、P5 或 P6 同时开始工作，从储罐 A、B 或 C 向反应器进料，到达低位后停机。其中向反应器进 MB 物料还是 MC 物料通过选择开关确定。进料储罐到达低位或反应器到达高位时停止进料。

3）反应器中搅拌器开始工作，加热器 2 开始加热，到达 50℃时，停止加热，然后开始计时，经过 30min 后反应结束。

4）P7 起动将反应后产物 MD 抽入产品储罐，此阶段搅拌器继续工作，防止产品沉淀。产品罐满或反应器低位信号断开后，停 P7 和搅拌器。

5）起动 P8 把产品抽走直到低位信号断开。

该工艺过程配备有起动、停止、复位按钮和 1 个进料选择转换开关、1 个工作模式转换开关等主令电气设备。系统配置的仪表有测量 4 个储罐和 1 个反应器的高、低位的液位开关 L1~L10，溶液接触到液位开关则信号为 ON；测量 A 储罐温度和反应器温度的热电阻 T1 和 T2（带温度变送器，输出 4~20mA，量程 0~100℃），以及测量产品流量的流量计 F1（输出 4~20mA，量程 0~0.5m³/s）。加热是通过固态继电器控制加热元件。此外，还要对产品流量进行累加。

操作员按下起动按钮后，开始按上述工艺要求生产，出现故障就停止，待工人排除故障后，按起动按钮重新从第一步开始工作。生产的连续性由工作模式转换开关定，可以选择单周期或全自动。单周期结束后，按下复位按钮，继续单周期工作。生产过程中按停止按钮，继续生产，直到最后一步结束后才停止。

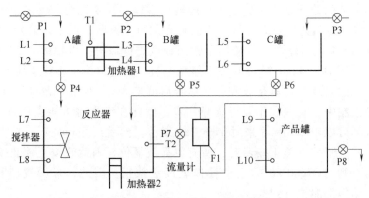

图 6-41　某化工生产工艺示意图

2. 化工生产工艺过程中的 PLC 控制系统 PLC 选型与 I/O 配置

经过统计，上述化工生产工艺过程共有数字量输入信号 17 个，模拟量输入 2 个，数字量输出信号 8 个。其中数字量输入元件包括 10 个液位开关、3 个按钮开关、4 个转换开关；还有 3 个模拟量输入信号。外部输出元件包括 8 个接触器和 2 个固态继电器。

根据上述生产过程的工作原理和控制要求，可以确定系统的 I/O 点，并进行 PLC 选型和 I/O 地址分配及别名定义。此处选用 Micro800 系列 2080-LC50-48QBB 型号的 PLC，该型号 PLC 有 28 个 DI 和 20 个 DO，再配置 1 个 4 路模拟量扩展模块 2085-IF4。该装置的 I/O 分配表见表 6-5 和表 6-6 所示。因为要控制固态继电器，所以选了晶体管输出型号 PLC。

表 6-5　化工生产过程控制系统 DI 与 AI 分配表

序号	信号名称	PLC 地址	别名	序号	信号名称	PLC 地址	别名
1	液位开关 L1	DI_00	TankAHigh	11	起动按钮	DI_10	StartButton
2	液位开关 L2	DI_01	TankALow	12	停止按钮	DI_11	StopButton
3	液位开关 L3	DI_02	TankBHigh	13	复位按钮	DI_12	ResetButton
4	液位开关 L4	DI_03	TankBLow	14	单周期选择	DI_13	SMod
5	液位开关 L5	DI_04	TankCHigh	15	全自动选择	DI_14	AMod
6	液位开关 L6	DI_05	TankCLow	16	B 罐进料选择	DI_15	SelectTankB
7	液位开关 L7	DI_06	ReactorHigh	17	C 罐进料选择	DI_16	SelectTankC
8	液位开关 L8	DI_07	ReactorLow	18	A 罐温度	_IO_X1_AI_00	AI1Temperature
9	液位开关 L9	DI_08	TankDHigh	19	反应器温度	_IO_X1_AI_01	AI2Temperature
10	液位开关 L10	DI_09	TankDLow	20	产品流量	_IO_X1_AI_02	AI3Flow

表 6-6　化工生产过程控制系统 DO 分配表

序号	信号名称	PLC 地址	别名	序号	信号名称	PLC 地址	别名
1	P1 起动	DO_00	StartP1	7	P7 起动	DO_06	StartP7
2	P2 起动	DO_01	StartP2	8	P8 起动	DO_07	StartP8
3	P3 起动	DO_02	StartP3	9	搅拌器起动	DO_08	StartStir
4	P4 起动	DO_03	StartP4	10	加热器 1 起动	DO_09	StartHeat1
5	P5 起动	DO_04	StartP5	11	加热器 2 起动	DO_10	StartHeat2
6	P6 起动	DO_05	StartP6				

3. 化工生产工艺过程 PLC 程序设计

（1）程序分析

从该化工生产工艺过程看，具有明显的顺序特性。用顺序功能图法来分析该控制流程，结果如图 6-42 所示。可见，该顺序功能图是具有 2 个并行分支的，且一个并联分支还嵌套选择的复杂顺控过程。除了数字量，还有模拟量要测控。由于用移位指令方式不能处理复杂的顺序程序，因此，这里介绍一种用 UDFB 来处理复杂顺控逻辑的编程方法。

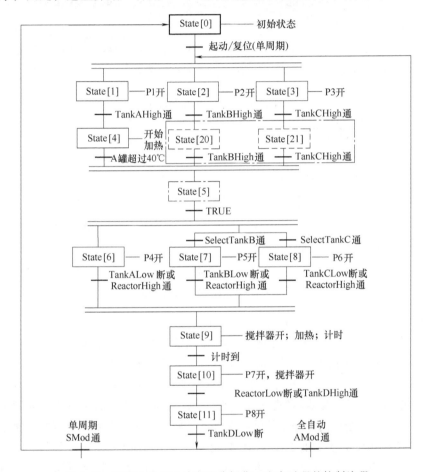

图 6-42　顺序功能图设计方法分析化工生产过程的控制流程

（2）顺序功能图的 UDFB 设计

这里开发自定义功能块 FB_STL，其中功能块局部变量定义如图 6-43a 所示。模块的输入变量有当前状态号、下一个状态号起始地址以及后续有几个状态。利用了全局 BOOL 类型数组 State [ ] 来实现功能块与程序的数据交换，该数组表示流程图中的状态，与 S7-200 中的系统保留变量 S∗.∗作用类似。可以根据需要定义 State [ ] 的维数。本程序中维数定义为 30，已足够用。FB_STL 的程序本体如图 6-43b 所示。

功能块本体程序首先根据当前状态的值确定功能块的输出 bOut。其次，判断后续状态的变化，若任意后续状态有被置位的，表示从当前状态向后一个或多个状态转移的条件已成立，则程序把当前状态复位。为了处理选择或并行分支，程序中用 NextStateNo 输入变量表示后续状态的数量。需要注意的是，为了处理方便，要求选择或并行分支后的紧接着的多个状态按顺序排列。如图 6-42 中的 State［1］、State［2］和 State［3］。程序中对于当前状态和后续状态没有连续要求。

三菱电机和西门子等公司的顺控指令对于并行或选择分支的状态数量是有限制的，而采用 FB_STL 自定义功能块则不受后续状态数量的限制。

名称	数据类型	维度	字符串	初始值	方向	特性	注释
	▼ 【▼	▼	▼	▼	▼	▼	【▼
StateNow	DINT ▼				VarInput ▼	读取 ▼	当前状态号
NextStateS_No	DINT ▼				VarInput ▼	读取 ▼	下一个状态号起始地址
NextStateNo	DINT ▼				VarInput ▼	读取 ▼	后续状态数量
bOut	BOOL ▼				VarOutput ▼	写入 ▼	模块输出块
T_S	BOOL ▼				Var ▼	读/写 ▼	临时变量
I	DINT ▼				Var ▼	读/写 ▼	循环用临时变量

a) FB_STL自定义功能块局部变量

```
1   (*移位和复位程序*)
2   IF (State[StateNow]) THEN
3       bOut:=TRUE;
4   ELSE
5       bOut:=FALSE;
6   END_IF;
7   (*判断后续状态是否有被置位的，如有，表示状态转移条件成立了*)
8   T_S:=State[NextStateS_No];
9   FOR I := (NextStateS_No) TO (NextStateS_No+NextStateNo-1) BY 1 DO
10      T_S:=T_S OR State[I];
11  END_FOR;
12  (*如果后续任意状态被置位，把前面的状态复位。后续为选择或平行分支也能处理*)
13  IF (T_S) THEN
14      State[StateNow]:=FALSE;
15  END_IF;
```

b) 程序本体部分

图 6-43　FB_STL 自定义功能块

（3）利用自定义功能块 FB_STL 设计化工生产过程顺控程序

利用上述分析，进行了 PLC 程序设计，项目包括 2 个程序，分别是如图 6-44 所示主要处理顺控的梯形图程序和图 6-45 所示的处理模拟量的 ST 语言程序。

从图 6-42 可以看出，这里的并行和选择等都是非标准的 SFC 形式，因此，流程图中在 2 个并联逻辑的中间加了虚拟步/状态 State［5］，这个步向后级步的转换条件是 TRUE。此外，第一个平行分支中，三个步向下一步的转换条件不一样，因此，采用三个步的转换条件"A 罐超过 40℃"、"TankBHigh 通"和"TankCHigh 通"的与逻辑向 State［5］转换，会使得其中某些步为 ON 的时间超过实际。例如，假设 TankBHigh 最早为 ON，但由于其他 2 个转换条件还为 OFF，因此还不能向后续步转移，State［2］仍然为 TRUE，P2 继续工作，导致液位高于高位后，仍然向罐中送物料，引起外溢事故。对于这个问题，可以有 2 种方式：

1）增加 2 个虚拟步 State［20］和 State［21］，见图中的虚线框。两个步向下的转换条件还是和前步一样。这样，一旦 TankBHigh 为 ON，则 State［2］为 TRUE，State［20］为 FALSE。这里假设并行的第一个分支时间会最长，若无法确定，则第一个分支下也可加一个虚拟步。

2）本程序的处理方法。在梯级 15、16 中分别加入 TankBHigh、TankCHigh 的常闭触点，从而确保 State［2］和 State［3］这两步的动作不会超时。即虽然 State［2］和 State［3］仍然为 TRUE，但通过转换条件来限制该步的动作。同理，在 State［4］也用温度条件来限制加热动作。

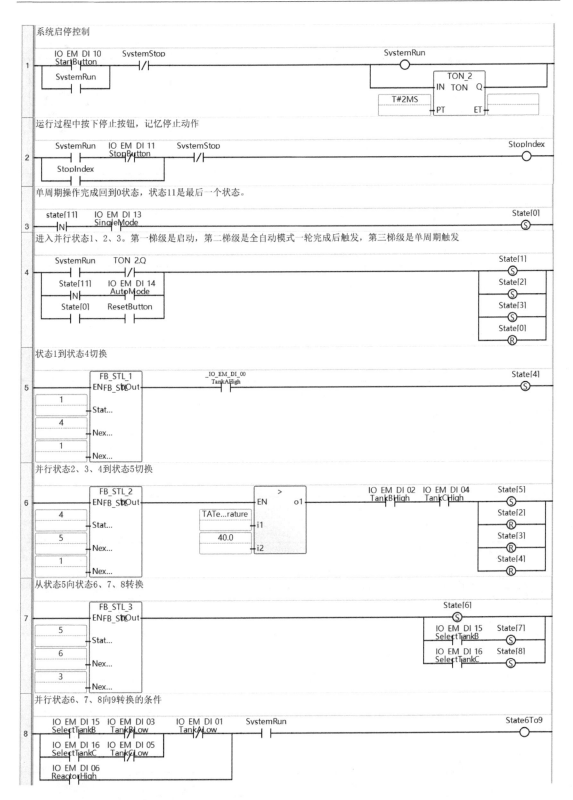

图 6-44　化工生产过程的控制的梯形图程序

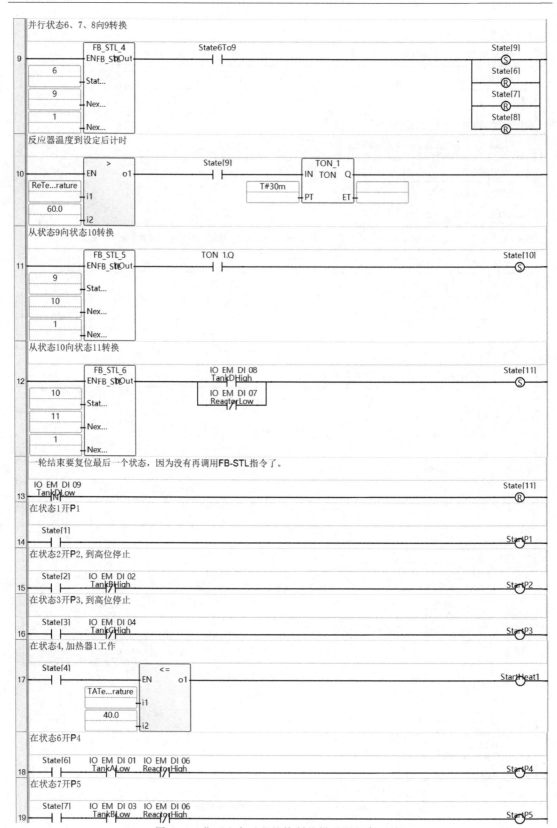

图 6-44　化工生产过程的控制的梯形图程序（续）

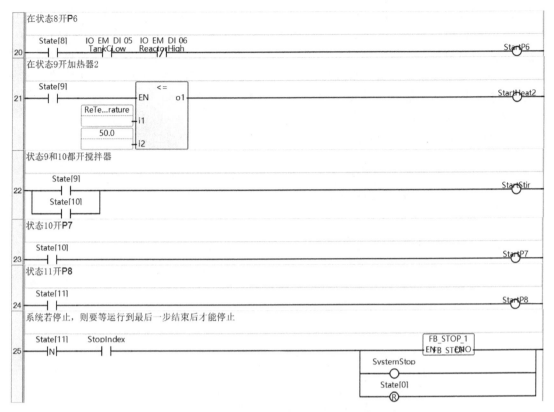

图 6-44　化工生产过程的控制的梯形图程序（续）

此外，一般 SFC 的转换条件多数是信号为 ON。这里的液位传感器是接触到液位后信号就为 ON，液位下降低于传感器触点位置时为 OFF。因此，转换条件中液位低于下限时信号为 OFF，而液位高于上限时，信号为 ON。

由于有比较详细的注释，现在对程序只做简单介绍。

第 1、2、25 这三个梯级是起停控制。由于按下停止按钮后生产要运行到最后一步，因此，不能用停止按钮来立即停止系统，而是对生产进行中按停止按钮动作进行记忆。

第 4 梯级用于整个顺控步逻辑起动的控制，包括按下起动按钮（由于程序仿真时 SystemRun 的上升沿没被执行，用 SystemRun 和 TON_2. Q 的非这两个信号的与逻辑代替，实际硬件 PLC 应能捕捉到上升沿），以及全自动化运行、单周期运行后按下复位按钮继续生产这三种情况。

梯级 8 是并行状态 6、7、8 向状态 9 的转移条件。要特别注意选择分支时转移条件的逻辑。

第 9 梯级用状态 6 向状态 9 转移，是因为状态 7 和 8 是选择性的，不能确保哪个状态会为 TRUE，因此，调用 FB_STL 实例时，当前状态不能填 7 或 8。

梯级 22，把开搅拌器逻辑（State［9］、State［10］）并联写是为了避免多线圈输出。即如果在梯级 21 和 23 的输出分别加上搅拌器线圈，就形成了多线圈输出。

同 6.3.1 节一样，这里也可以在每个状态转移的线圈处并联当前状态的动作线圈。这个例子仍然是把状态转移和每个状态下的动作分开编程的。

　　处理模拟量的 ST 程序如图 6-45 所示。系统运行（SystemRun）后，该段 ST 程序会被扫描执行。与插件模块相比，扩展模块的诊断等功能更丰富，这里若模块的 AI 通道有故障，对温度采样值赋值量程上限，同时传感器状态标签赋 FALSE。一般温度达到上限后都会设置报警，而且设了量程上限可防止加热动作。流量仪表故障后测量值赋 0。转换后的 2 个温度变量在梯形图程序中进行了使用。累积产品流量计量是在 State［10］进行的，每秒累加一次。累积流量 TotalFlowD 在全局变量定义时初始化为 0.0。

　　这里的 AI 通道采样也可以用一个 UDFB 来实现，读者可以尝试。

```
1   IF SystemRun THEN  //系统运行后进行采样等
2       //温度、流量检测与转换。AI通道配置为工程单位, 4~20mA对应4000~20000
3       IF(_IO_X1_ST_01.0) THEN  //通道1故障状态位
4           TATemperature:=100.0;T_Sensor1_ST:=FALSE;//通道1故障
5       ELSE
6           TATemperature:=(ANY_TO_REAL(_IO_X1_AI_00)-4000.0)/16000.0*100.0;
7       END_IF;
8       IF(_IO_X1_ST_01.8) THEN   //通道2故障状态位
9           ReTemperature:=100.0;T_Sensor2_ST:=FALSE;//通道2故障
10      ELSE
11          ReTemperature:=(ANY_TO_REAL(_IO_X1_AI_01)-4000.0)/16000.0*100.0;
12      END_IF;
13      IF(_IO_X1_ST_02.0) THEN   //通道3故障状态位
14          FlowD:=0.0;F_Sensor1_ST:=FALSE; //通道3故障
15      ELSE
16          FlowD:=(ANY_TO_REAL(_IO_X1_AI_02)-4000.0)/16000.0*0.5;
17      END_IF;
18      TON_1(NOT TON_1.Q,T#1s);  //1秒定时器
19      IF (TON_1.Q AND State[10])THEN  //每秒流量累加一次
20          TotalFlowD:=TotalFlowD + FlowD;
21      END_IF;
22  END_IF;
```

图 6-45　化工生产过程控制的 ST 程序

6.3.3　Micro800 PLC 在四工位组合机床控制中的应用

1. 四工位组合机床及其控制要求

　　组合机床具有生产率高、加工精度稳定的优点，在汽车、电机等一些具有一定批量的企业中得到了广泛应用。这里以四工位组合机床控制为例加以说明。该机床由 4 个滑台，各载一个加工动力头，组成 4 个加工工位，除了 4 个加工工位外，还有夹具、上下料机械手、进料器、4 个辅助装置以及冷却和液压系统等辅助装置。机床的 4 个加工动力头同时对一个零件的 4 个端面以及中心孔进行加工，一次加工完成一个零件。加工过程由上料机械手自动上料，下料机械手自动取走加工完成的零件。该机床的俯视示意图如图 6-46 所示。

　　该机床通常要求具有全自动、半自动、手动 3 种工作方式。点动起动按钮，系统开始工作或半自动模式继续工作，总停表示系统立刻停止。其中全自动和半自动工作过程如下：

　　1）上料：点动起动按钮，上料机械手前进，将零件送到夹具上，夹具夹紧零件。同时进料装置进料，之后上料机械手退回原位，放料装置退回原位。

　　2）加工：4 个工作滑台前进，其中工位 Ⅰ、Ⅲ 动力头先加工，Ⅱ、Ⅳ 延时一段时间再加工，包括铣端面，打中心孔等。加工完成后，各工作滑台退回原位。

　　3）下料：下料机械手向前抓住零件，夹具松开，下料机械手退回原位并取走加工完的零件。

　　这样就完成了一个工作循环。若是半自动，一个循环完成后，机床自动停在原位；全自动则机床自动开始下一个工作循环。

2. 四工位组合机床控制系统的 PLC 选型与 I/O 配置

四工位组合机床电气控制系统有输入信号 42 个，输出信号 27 个，均为开关量。其中外部输入元件包括 17 个检测元件、24 个按钮开关、1 个选择开关（半自动/自动）；外部输出元件包括 16 个电磁阀、6 个接触器、5 个指示灯。

根据上述自动化装置的工作原理和要求，可以确定系统的 I/O 点，并进行 PLC 选型和变量标签定义。可以选用 2080-LC50-48QWB 型号的 PLC。该型号 PLC 有 28 个 DI 和 20 个 DO，再配置 2085-IQ16 和 2085-OW8 扩展模块各一个，即增加 16 点数字量输入模块一个，8 点继电器输出模块

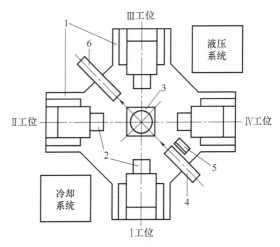

图 6-46　四工位组合机床十字轴示意图

1—工作滑台　2—主轴　3—夹具　4—上料机械手
5—进料装置　6—下料机械手

一个，从而满足系统要求。该装置 PLC 控制系统的 I/O 分配表见表 6-7 和表 6-8 所示。DI 信号从 1~17 都是来自传感器的开关信号，18 开始是按钮信号。这里变量命名也采用大驼

表 6-7　四工位组合机床 DI 分配表

序号	信号名称	PLC 地址	别名	序号	信号名称	PLC 地址	别名
1	滑台 I 原位	DI_00	SP1Ori	22	润滑油故障	DI_21	OilFault
2	滑台 I 终点	DI_01	SP1End	23	滑台 I 进	DI_22	SP1FButton
3	滑台 II 原位	DI_02	SP2Ori	24	滑台 I 退	DI_23	SP1BButton
4	滑台 II 终点	DI_03	SP2End	25	主轴 I 点动	DI_24	Axis1PushButton
5	滑台 III 原位	DI_04	SP1Ori	26	滑台 II 进	DI_25	SP2FButton
6	滑台 III 终点	DI_05	SP3End	27	滑台 II 退	DI_26	SP2BButton
7	滑台 IV 原位	DI_06	SP4Ori	28	主轴 II 点动	DI_27	Axis2PushButton
8	滑台 IV 终点	DI_07	SP4End	29	滑台 III 进	X1_DI_00	SP3FButton
9	上料器原位	DI_08	PartOnOri	30	滑台 III 退	X1_DI_01	SP3BButton
10	上料器终点	DI_09	PartOnEnd	31	主轴 III 点动	X1_DI_02	Axis3PushButton
11	下料器原位	DI_10	PartOffOri	32	滑能 IV 进	X1_DI_03	SP4FButton
12	下料器终点	DI_11	PartOffEnd	33	滑台 IV 退	X1_DI_04	SP4BButton
13	夹紧	DI_12	IfTighted	34	主轴 IV 点动	X1_DI_05	Axis4PushButton
14	进料	DI_13	IfPartIn	35	夹紧	X1_DI_06	TightButton
15	放料	DI_14	IfPartOff	36	松开	X1_DI_07	LosenButton
16	润滑压力	DI_15	OilPressure	37	上料器进	X1_DI_08	PartOnFButton
17	润滑液面开关	DI_16	OilLevel	38	上料器退	X1_DI_09	PartOnBButton
18	总停	DI_17	StopButton	39	进料	X1_DI_10	PartOnButton
19	启动	DI_18	StartButton	40	放料	X1_DI_11	PartOffButton
20	半自动运行	DI_19	SelectSemi	41	冷却开	X1_DI_12	CoolOnButton
21	自动运行	DI_20	SelectAuto	42	冷却停	X1_DI_13	CoolOffButton

表 6-8　四工位组合机床 DO 分配表

序号	信号名称	PLC 地址	别名	序号	信号名称	PLC 地址	别名
1	夹紧	DO_00	TightPart	12	滑台 II 退	DO_11	SP2Back
2	松开	DO_01	LosenPart	13	滑台 IV 进	DO_12	SP4Forward
3	滑台 I 进	DO_02	SP1Forward	14	滑台 IV 退	DO_13	SP4Back
4	滑台 I 退	DO_03	SP1Back	15	放料	DO_14	PartOff
5	滑台 III 进	DO_04	SP3Forward	16	进料	DO_15	PartOn
6	滑台 III 退	DO_05	SP3Back	17	I 主轴	DO_16	Axis1Move
7	上料进	DO_06	PartOnFor	18	II 主轴	DO_17	Axis2Move
8	上料退	DO_07	PartOnBack	19	III 主轴	DO_18	Axis3Move
9	下料进	DO_08	PartOffFor	20	IV 主轴	DO_19	Axis4Move
10	下料退	DO_09	PartOffBack	21	冷却电动机	X2_DO_00	CoolMotor
11	滑台 II 进	DO_10	SP2Forward	22	润滑电动机	X2_DO_01	OilMotor

峰法，但由于全部写英文单词，有些名称太长，因此做了简化。例如信号名称为"滑台 I 进"的按钮信号就简写为"SP1FButton"，如果不简写，则为"SlidingPlatform1ForwardButton"。

变量表中大量的按钮输入主要用于手动控制，由于这里省略了手动控制程序，所以实际没有使用。

3. 四工位组合机床 PLC 控制程序设计

由于该组合机床要有手动、半自动和全自动工作方式。程序整体结构可以采用 6.1.2 节中介绍的利用跳转和返回指令实现多工作模式的编程方式，但半自动和自动可以合并起来，另外加上手动程序。这里只给出半自动和全自动程序，手动工作程序可直接用梯形图来编写。

这里主要采用顺序功能图程序设计方法来分析半自动和全自动的工作流程，具体如图 6-47 所示。可以看出，这是一个包括复杂流程的顺序功能图，这里采用置位、复位指令的方法来设计该程序，程序如图 6-48 所示。

这里需要注意的是，加工过程中，主轴要一直动作，即主轴的状态在多个状态中是保持的，到状态 15 有效时才全部复位。

在不少图书中，把并联分支后的转换逻辑进行与运算，放到后一个状态的前面，作为前面并行状态向后续状态转换的条件，如图 6-47 中的点划线框"5 个分支转换条件的与逻辑"所示。这种处理方式使得并行逻辑和标准 SFC 的并行结构一致。在 6.3.2 节中也分析了，每个并行分支转换条件变为 TRUE 是有时间先后的，因此这样处理是不严谨的，并给出了解决方法。为简便起见，这里仍然采用 6.3.2 节例子的编程方法，即在后续状态对应的动作中加以约束，如梯级 19 和 20 分别用 IfTighted（夹紧反馈信号）和 IfPartIn（进料到位反馈信号）的常闭触点约束动作 TightPart（夹紧）和 PartOn（进料）。由于程序中有详细注释，这里不再对程序进行说明。可以结合该程序与图 6-47 来理解程序。

采用置位、复位指令编写顺控程序核心是当前状态有效，且当前状态向后一步转换条件

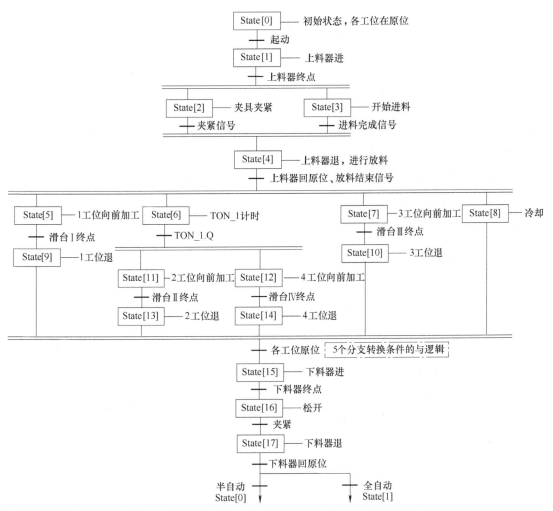

图 6-47　顺序功能图设计方法分析四工位组合机床控制流程

满足时，把后续状态置位，把当前状态复位，如梯级 5 所示的由状态 1 向状态 2、3 转换。要强调的是凡是用 SET 指令把状态变为 ON 的变量，也必须用 RESET 指令才能把该状态变为 OFF。在 ST 语言中，用赋值语句（如 State［2］：＝FALSE）就可以把梯形图语言中置位的变量状态变为 OFF，当然 State［2］：＝TRUE 的作用也相当于梯形图程序对 State［2］进行置位指令。ST 语言中无梯形图语言的复位和置位指令。

　　另外，就是程序中对有互斥性质的输出进行互锁。例如梯级 19 和 31 的夹紧、松开动作；其他梯级中的 4 个滑台的进、退动作；上料进、退动作等。

　　FB_STOP 功能块就是按下总停按钮后，系统要立即停止，利用循环语句把所有 State 数组元素赋 FALSE，同时把程序中所有的用 SET 指令置位的输出也赋 FALSE。这是因为执行停止时，程序中的 RESET 指令可能没有执行，造成部分输出仍然激活。例如，程序中第 30 梯级，在按下总停按钮执行 FB_STOP 调用时，可能 State［14］为 ON，而 State［15］为 OFF，这样就不会执行主轴复位逻辑，总停后 4 个主轴的运动就不会停止。

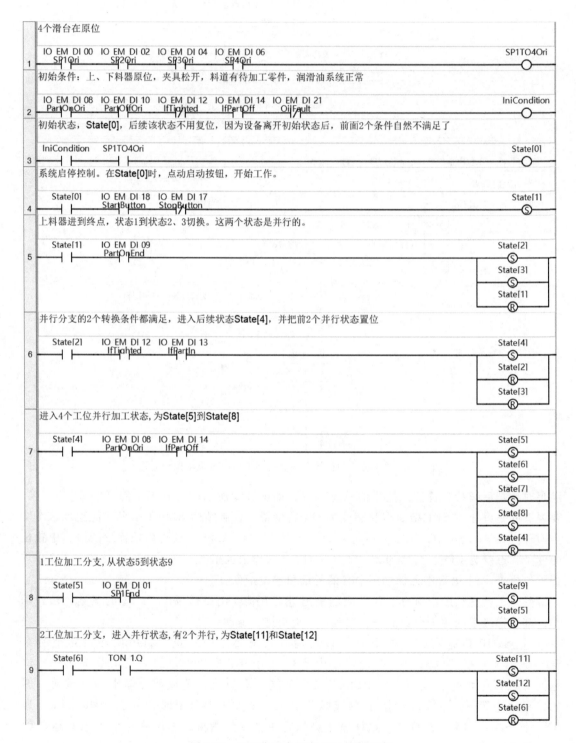

图 6-48　四工位组合机床 PLC 控制程序

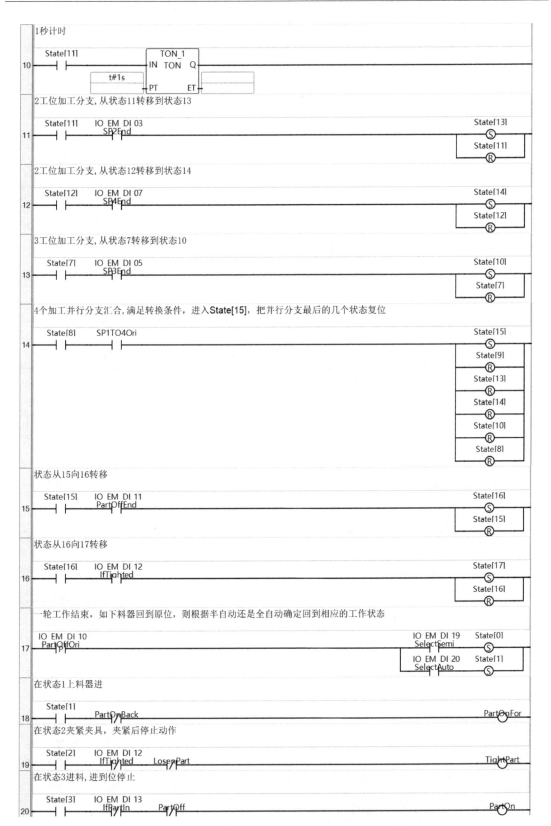

图 6-48 四工位组合机床 PLC 控制程序（续）

在状态4放料器退，进料

21 State[4] PartOnFor —— PartOnBack / PartOff

在状态5时1工位滑台向前进，主轴1加工过程中一直动作；与退动作互锁

22 State[5] SP1Back —— SP1Forward / Axis1Move

在状态7时3工位滑台向前进，主轴3加工过程中一直动作；与退动作互锁

23 State[7] SP3Back —— SP3Forward / Axis3Move

在状态8时冷却

24 State[8] —— CoolMotor

在状态9时1工位滑台退，退到原位后停止退位动作；与进互锁

25 State[9] IO EM DI 00 SP1Ori SP1Forward —— SP1Back

在状态10时3工位滑台退，退到原位后停止退位动作；与进动作互锁

26 State[10] IO EM DI 04 SP3Ori SP3Forward —— SP3Back

在状态12时4工位滑台向前，主轴4加工过程中一直动作

27 State[12] SP4Back —— SP4Forward / Axis4Move

在状态13时2工位滑台退，退到原位后停止退位动作

28 State[13] IO EM DI 02 SP2Ori SP2Forward —— SP2Back

在状态14时4工位滑台退，退到原位后停止退位动作

29 State[14] IO EM DI 06 SP4Ori SP4Forward —— SP4Back

在状态15时下料器进，4个主轴停止动作。

30 State[15] PartOffBack —— PartOffFor / Axis1Move (R) / Axis2Move (R) / Axis3Move (R) / Axis4Move (R)

在状态16时松开

31 State[16] TightPart —— LosenPart

在状态17时下料器退

32 State[17] —— PartOffBack

按下总停，把所有状态赋FALSE.可以在运行中任意状态停止

33 IO EM DI 17 StopButton FB_STOP_1 EN FB STOP ENO

图 6-48 四工位组合机床 PLC 控制程序（续）

在该程序中，可以把各个状态时要执行的动作和状态转移后的线圈并列在一起，例如，可以在第 5 梯级的状态 1 有效时，在输出线圈上并列（逻辑或的关系）18 梯级的线圈 PartOnFor，18 梯级的常闭约束 PartOnBack 和 PartOnFor 仍然是逻辑与的关系。本书为了结构更加清晰，把状态转换和每个状态要执行的动作程序分开了。

6.4　Micro800 PLC 过程控制程序设计示例

6.4.1　Micro800 PLC 的 IPID 功能块

1. IPID 功能块及其参数

比例、积分、微分控制（简称 PID 控制）是应用最广泛的一种控制规律。从控制理论可知，PID 控制能满足相当多工业对象的控制要求，所以，它至今仍是一种最常用的控制策略。CCW 编程软件指令集提供了 PID 指令和 IPIDCONTROLLER 功能块，它们都基于 PID 控制理论，具有比例积分微分控制能力。与 PID 指令相比，控制程序可使用 IPIDCONTROLLER 功能块的 AutoTune 参数来实现参数自整定功能。IPIDCONTROLLER 功能块工作原理如图 6-49a 所示，其中 A 表示作用方向，取值为 1 或 -1；PG 为比例增益；DG 为微分增益；τ_i 为积分时间；τ_D 为微分时间。程序功能块如图 6-49b 所示，功能块参数见表 6-9。GAIN_PID 数据类型见表 6-10。AT_Param 数据类型见表 6-11。在使用该功能块前，必须熟悉其功能块的输入和输入参数的作用和类型等。

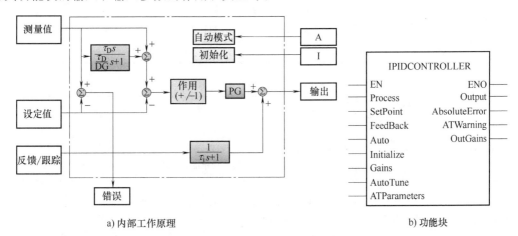

a) 内部工作原理　　　　　　　　　　　　　b) 功能块

图 6-49　IPIDCONTROLLER 功能块原理及其功能块图

表 6-9　IPIDCONTROLLER 功能块参数

参数	类型	数据类型	描　述
EN	输入	BOOL	当为 TRUE 时,启用指令块。适用于梯形图编程 TRUE 为执行 PID 计算;FALSE 为指令块处于空闲状态
Process	输入	REAL	测量值
SetPoint	输入	REAL	设定值
FeedBack	输入	REAL	反馈信号,是应用于过程的控制变量的值

（续）

参数	类型	数据类型	描述
Auto	输入	BOOL	PID 控制器的操作模式：TRUE 为控制器以正常模式运行；FALSE 为控制器导致将 R 重置为跟踪（F-GE）
Initialize	输入	BOOL	值的更改（TRUE 改为 FALSE 或 FALSE 改为 TRUE）导致在该循环期间控制器消除任何比例增益，同时还会初始化 AutoTune 序列
Gains	输入	GAIN_PID	IPIDCONTROLLER 的增益 PID。使用 GAIN_PID 数据类型定义增益输入的参数
AutoTune	输入	BOOL	TRUE：当 AutoTune 为 TRUE 且 Auto 和 Initialize 为 FALSE 时，会启动 AutoTune 序列；FALSE：不启动 Autotune
ATParameters	输入	AT_Param	自动调节参数。使用 AT_Param 数据类型定义 ATParameters 的参数
Output	输出	REAL	来自控制器的输出值
AbsoluteError	输出	REAL	来自控制器的绝对误差（Process-SetPoint，测量值-设定值）
ATWarning	输出	DINT	自动调节序列的警告。可能的值有： 0 为没有执行自动调节；1 为处于自动调节模式；2 为已执行自动调节； -1 为 ERROR 1，输入自动设置为 TRUE，不可能进行自动调节； -2 为 ERROR 2，自动调节错误，ATDynaSet 已过期
OutGains	输出	GAIN_PID	在 AutoTune 序列之后计算的增益 使用 GAIN_PID 数据类型定义 OutGains 输出
ENO	输出	BOOL	启用"输出"。适用于梯形图编程

表 6-10　GAIN_PID 数据类型

参数	类型	描述
DirectActing	BOOL	作用类型： TRUE 为正向作用（输出与误差沿同一方向移动）； FALSE 为反向作用（输出与误差沿相反方向移动）
ProportionalGain	REAL	PID 的比例增益（≥0.0001），增益越高，比例作用越强。 当 ProportionalGain<0.0001 时，ProportionalGain=0.0001 P_Gain 是要调整的最重要增益，同时也是在运行时要调整的第 1 个增益
TimeIntegral	REAL	PID 的时间积分值（≥0.0001），积分时间越小，积分作用强。 当 TimeIntegral<0.0001 时，TimeIntegral=0.0001
TimeDerivative	REAL	PID 的时间微分值（>0.0），微分时间越大，微分作用越强。 当 TimeDerivative≤0.0 时，则 TimeDerivative=0.0，变为 PI 作用
DerivativeGain	REAL	PID 的微分增益（>0.0），数值越大，微分作用越强。 当 DerivativeGain 为<0.0 时，DerivativeGain=0.1

表 6-11　AT_Param 数据类型

参数	类型	描　述
Load	REAL	自整定过程的控制器初始值
Deviation	REAL	自动调节的偏差,用于评估自整定所需噪声频段的标准偏差。噪声频段 = 3×偏差[①]
Step	REAL	自整定的步长值,必须大于噪声频段并小于 1/2 自整定初始值
ATDynamSet	REAL	自整定时间,超过该时间放弃自整定(以 s 为单位)
ATReset	BOOL	确定输出是否在自整定后重置为零: TRUE 为将输出重置为零;FALSE 为将输出保留为 Load 值

① 可以通过观察 Process 输入的值来估算 ATParams. Deviation 值。例如,在包含温度控制的项目中,如果温度稳定在 22℃ 左右,并且观察到温度在 21.7~22.5℃ 之间波动,则可估算 ATParams. Deviation 为 (22.5−21.7) /2 = 0.4。

如果设定值与测量值/过程值之间的差异较大,则输出值会大幅攀升,而在其降低时,过程会失控。IPIDCONTROLLER 功能块以交互方式跟踪反馈,并防止积分饱和。当输出饱和时,会重新计算控制器的积分项,其新值会在达到饱和限制时提供输出。

2. IPID 控制器参数自整定方法

(1) 参数自整定前准备

在对控制器进行参数自整定前,要确保以下事项:

1) 系统稳定。

2) IPIDCONTROLLER 的 Auto 输入设置为 FALSE。

3) AT_Param 已设置。必须根据过程和 DerivativeGain 值设置 Gain 和 DirectActing 输入,Gain 通常设置为 0.1。

(2) 参数自整定过程

请按以下步骤进行自整定:

1) 将 Initialize 输入设置为 TRUE。

2) 将 AutoTune 输入设置为 TRUE。

3) 等待 Process 输入趋于稳定或转到稳定状态。

4) 将 Initialize 输入更改为 FALSE。

5) 等待 ATWarning 输出值更改为 2。

6) 从 OutGains 获取整定后的值。

与西门子博途中的参数自整定相比,IPID 控制器参数自整定过程较为烦琐,且不一定能成功。通常自整定过程必须使控制回路的输出发生振荡,这意味着必须足够频繁地调用 IPIDCONTROLLER,以对振荡进行充分采样。为此,需要把 IPID 控制器所在组织单元的扫描时间配置为小于振荡周期的一半,最好把 IPID 功能块放在 STI 程序中,这样自动调节过程会按照固定周期进行。IPID 控制器参数自整定过程详细资料可参考罗克韦尔自动化的编号为 "2080-RM001J-ZH-E" 的文档,文档名为 "Micro800 可编程序控制器一般说明"。

6.4.2　IPID 功能块在 Factory IO 液位场景控制中的应用

Factory I/O 是葡萄牙 RealGame 公司的一款功能较为强大的虚拟仿真软件,用户可以利用其提供的各种元器件、传感器、驱动器及 80 多个部件来构建工业场景,并对场景进行仿真。用户可以用各种主流的 PLC 实物或部分 PLC 仿真软件来作为生产场景自动化仿真系统的控制器，从而构成闭环生产过程模拟环境。为便于用户学习，Factory I/O 还提供了 20 个预先搭建好的场景。这些场景以工厂自动化逻辑顺序控制为主，还有部分模拟量控制场景。Factory I/O 对于用户学习 PLC 编程技术是十分有用的，国外已有大量高校采用该软件进行实验教学。

Factory I/O 自带的液位控制场景有两种，其主要差别是一个场景的进水阀门是调节阀，另一个是开关阀。两者的主要设备都是储罐、控制柜和测控仪表等。实际的控制柜里一般装有 PLC 和各种电气元件，是整个系统的控制中心。在 Factory I/O 里，实际只是一个电气箱，在箱子的面板上布置了带指示灯的起动、停止和复位按钮，便于用户控制场景。在储罐和进、出水的管道上安装有流量和液位传感器，以及阀门等执行器。这里以带调节阀的场景为例加以说明，如图 6-50a 所示。可以把场景中的按钮和仪表等元件和设备在界面上显示，以便于用户观察和控制。例如，对于 Start 和 Stop 按钮，用户可以强制其状态；对于调节阀，用户可以改变其开度。

a) Factory I/O 自带的液位控制场景

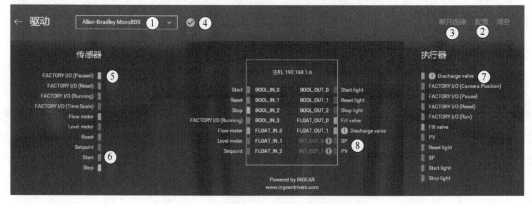

b) Factory I/O 的驱动配置和连接测试

图 6-50　Factory I/O 液位场景及控制配置

图 6-50b 所示为驱动配置窗口。窗口显示了传感器、执行器和控制器。可以通过文件菜单的驱动子菜单下的"配置"按钮对用于场景控制的控制器进行配置，这里驱动选择了

"Allen-Bradely Micro800"，如图 6-50b 中①所示。然后单击图中②处的"配置"按钮，来配置 PLC 通信参数，在配置窗口中输入 PLC 的 IP 地址 192.168.1.6。

配置窗口除了配置控制器的 IP，还需要对控制器的端口等进行配置。端口配置包括端口前缀（名字）、偏移和数量等。例如，对于布尔输入，其前缀为 BOOL_IN_，偏移为 0，数量为 4，于是控制器的 DI 输入端口就有 4 个，名字是 BOOL_IN_0~BOOL_IN_3。再配置布尔输出、浮点输入、浮点输出、整形输入和整形输入（这 2 个没用）等。可以看到，控制器还配置了 BOOL_OUT_0 开始的 3 个 DO 输出，FLOAT_IN_0 开始的 3 个浮点输入，FLOAT_OUT_0 开始的 2 个浮点输出。控制器及其 I/O 配置好后，可以把传感器标签拉到控制器对应的输入端子，把执行器标签拉到控制器的输出端口。这样就相当于完成了控制器与现场仪表和执行器、主令元件等的接线和 I/O 配置。

配置完成后，单击③处来连接控制器（图中已完成了连接）。若连接成功，在④处会看到绿色勾。开关类型传感器若显示为绿色，表示接通，其值为 TRUE，如图中⑤处，表示 Factory I/O 已经在运行中的暂停状态。控制柜上的起动按钮没有按下，所以 Start 颜色为浅绿，见⑥处。由于对执行器"Discharge valve"进行了强制，所以在变量旁有带感叹号的圆形标志，见⑦处。因为 Micro800 PLC 不支持"输入-输出"类型变量，所以，控制器中预设的 SP 和 PV 端子为带有感叹号的红色圆形，即表示变量通信故障。

控制器配置及通信测试完成后，就可以在控制器中编写程序了。在进行控制器 I/O 变量配置时，首先要在控制器中定义全局变量，这些变量的名字与图 6-50b 中控制器 I/O 端口的名字要一致。这里的程序就 2 个梯级，1 个是起停控制，当按下起动按钮后，IPID 功能块被使能。另外就是调用 IPID 功能块，把测量值、设定值和输出变量关联好，控制器的 Auto 输入与全局变量 PID_Auto 关联。GAIN_PID 结构参数中，DirectActing 设为 FALSE，比例增益为 10.0，积分时间为 0.2，微分时间为 0.1，微分作用为 0.2。PID 参数是经验整定的。程序运行界面如图 6-51 所示。测试过程中，当液位稳定在设定值后，可以把 Discharge valve 设为某个数值（最好小于 5.0），这样储罐的水要流出，液位要下降，此时 PID 控制器会调节进水阀门开度，使得测量值再次恢复到设定值，达到新的稳定状态。

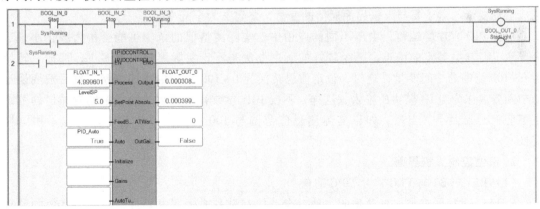

图 6-51　一阶对象闭环 PID 控制程序测试界面

6.4.3　Micro800 PLC 在过程实验对象控制中的应用

某过程控制实验对象包括液位、流量、温度和压力参数的检测与控制。该对象主要硬件包括储水箱、水槽、换热器、加热器及水管等。主要动力设备有磁力离心泵和增压泵。测量仪表包括热电阻及温度变送器、压力变送器、静压式液位变送器和流量变送器。执行器包括电磁阀、电动调节阀和变频器。实验对象还配置有 4 个数字显示仪表，可以把变送器的输出信号与仪表输入端连接，实现任意变量的显示。

控制器选用 2080-LC-48QWB，另外配备 4 通道模拟量输入扩展模块 2085-IF4 和 4 通道模拟量输出扩展模块 2085-OF4。其中输入选择 0~10V 电压输入，输出选择 4~20mA 电流输出。模拟量模块的配置与使用在第 3 章中已做详细介绍，这里不再细述。

1. 水槽液位 PID 控制

水槽的进水来自磁力泵，出口安装在水槽的底部，出口开孔尺寸固定，但出口手阀开度可变，以便于实验中改变开度，增加扰动。水位的测量通过静压式压力计测量，操纵变量是水槽进水流量，通过改变电动调节阀的开度实现。该液位控制系统属单回路控制。其程序包括 3 个部分。

（1）液位测量与信号转换

程序如图 6-52 的梯级 1 所示。2085-IF4 的 AI 通道配置为工程单位，对应于 0~10V 液位输入电压信号，从 AI 通道采集的数值范围是 0~10000，而仪表量程是 0~300mm，因此，要进行线性变换，得到液位的工程量，别名为 Level_PV。程序中 lVar1 和 lVar2 都是局部变量，程序中的常数 100.0 和 3.0 必须写成浮点形式，否则编译会报错。

（2）液位 PID 控制

程序如图 6-52 的梯级 2 所示。这里要定义 IPID 功能块的实例并把相应的参数赋给 IPID 功能块。PID 控制最关键的几个参数就是测量值、设定值和控制器输出。

（3）输出信号转换

程序如图 6-52 的梯级 3 和梯级 4 所示。这里把控制器的输出转换为模拟量输出模块可以接收的信号范围。梯级 3 使用了限幅模块对控制器的输出进行了限幅。对于模拟量控制，梯级 3、4 是常用的程序，对此也可以编写一个 UDFB。

在程序编写过程中，要利用到不少临时变量，这些变量应该定义为局部变量，而不要定义成全局变量。对于要与人机界面通信的变量，要定义为全局变量。

对于 PID 程序的编写，由于不同的应用中，实际测量值的范围可能会很大或很小，这会导致 PID 参数整定的困难。一个较好的解决办法是不论实际测量值是多少，都把它转换为 0~100 范围的中间变量，这时，设定值也转换为 0~100 范围的中间变量。然后把变换过的中间变量作为 IPID 模块的输入，这样，不仅 PID 参数容易调整，而且控制器输出的范围也不会太大或太小。当然，如果实际测量值范围与 100 相差不是太大，也可以不用这样变换。

2. 液位控制人机界面

（1）RSView32 与 PLC 建立 OPC 通信

RSView32 是罗克韦尔自动化的一种对自动控制设备或生产过程进行高速与有效的监视和控制组态软件。采用该软件设计了液位控制人机界面。

组态软件与硬件设备的连接是人机界面开发中的重要环节。目前，传统的驱动程序方式逐步被 OPC 通信所取代。罗克韦尔自动化 PLC 拥有自己特定的 OPC，可以通过 OPC 实现人机界面与控制器的通信。下面简述 RSView32 与 PLC 建立 OPC 通信的过程与步骤。

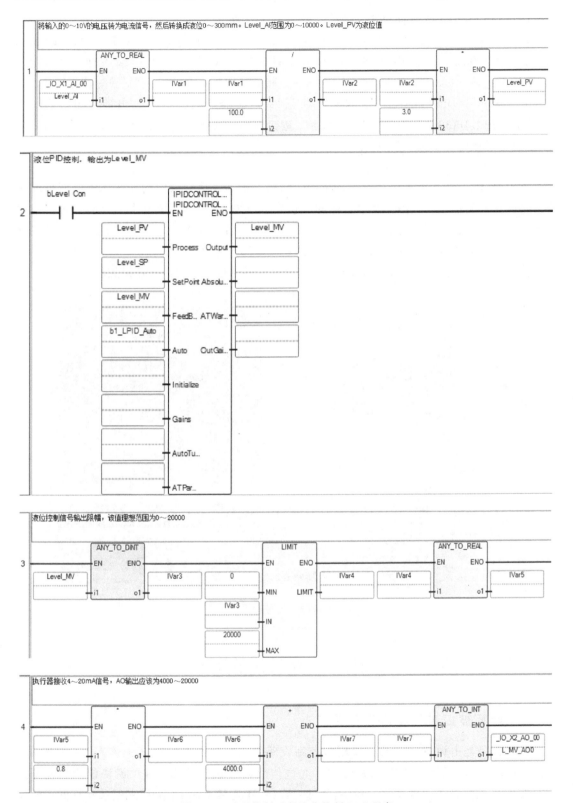

图 6-52　过程控制对象液位控制 PLC 程序

1) 打开 RSView32 软件界面，建立新的工程。在新工程界面下，选择"Edit Mode"选项，双击"System"文件夹将其展开，双击"Node"选项，则会弹出"Node"对话框。

2) 在"Data"一栏中选择"OPC Server"，在"Name"一栏中输入建立的名称，"Type"中选择"Local"选项，单击"Server"框下的"Name"后的"浏览"按钮；

3) 弹出"OPC Server Browser"对话框，选择第二行的"RockWell .IXLCIP . Gateway. OPC. DA30.1"选项，单击"OK"按钮即可。这样便建立了 OPC 节点，以后的标签/变量关联都要基于这个节点。

（2）人机界面的开发与调试

采用 RSView32 开发人机界面，其过程包括新建画面，在画面中增加图库中的图形或用户自己制作的图形元素；添加文字、标签、趋势图和按钮等；通过标签把控制器中的变量关联到图形画面中，可以实时显示变量的值，对控制器中的变量赋值，从而完成画面的监控任务。本系统中人机界面标签/参数与控制器的连接是通过 OPC 实现的。

液位控制过程人机界面如图 6-53 所示，液位控制的过渡过程曲线还是比较好的。

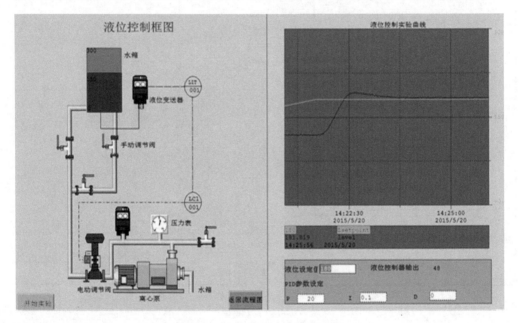

图 6-53　液位控制过程人机界面

6.5　Micro800 PLC 运动控制程序设计示例

6.5.1　丝杠被控对象及其控制要求

丝杠设备是由设备本体及其检测与控制设备组成，分别由丝杠（主体）、驱动电动机（用于驱动丝杠的运转，带动滑块运动）、光电传感器（用于检测具体的滑块位置和速度）、限位开关（保护设备不被撞坏）和旋转编码器（用于连接 PLC 的 HSC 来记录丝杠的运转圈数而产生的脉冲）等组成。

本例程主要使用 Micro850 及罗克韦尔自动化 PowerFlex525 变频器实现丝杠按规定曲线加速、匀速和减速至指定位置，并以最快速度返回起始位置。其基本控制要求如下：

1）PLC 通过以太网接口与 PowerFlex525 变频器通信，控制变频器实现丝杠的起动、停止及加减速运行；

2）利用光电开关确定丝杠滑块的特殊位置；

3）利用编码器反馈确定丝杠（电动机）转速；

4）丝杠在任意位置时，一旦起动系统，则丝杠自动运行至刻度尺零点位置；

5）丝杠滑块在回到初始位置后，匀加速运行至第二个光电传感器位置，保持匀速速度运行至第三个传感器位置，匀减速运行并在第四个传感器位置停止；

6）在第四个传感器位置停止后，丝杠滑块返回初始位置，并在返回过程中，先后在第三个和第二个传感器位置上停止半秒；

7）在 RSView 中显示当前转速及每段行程运行时间。

6.5.2　控制系统结构与设备配置

1. 系统结构与硬件连接

丝杠控制系统结构如图 6-54 所示。整个系统包括用来编程和监控的计算机、Micro850 PLC 和变频器等，这些设备之间通过以太网连接。

丝杠和 PLC 的连接如图 6-55 所示，它们的连接主要包括：

1）光电传感器和限位开关以及旋转编码器连接 PLC 的输入接口，另外，PLC 的数字量输入接口还要接 4 个按钮，分别表示运行、停止、计数和停止计数。具体信号地址分配见表 6-12。

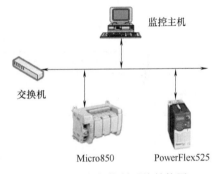

图 6-54　丝杠控制系统结构图

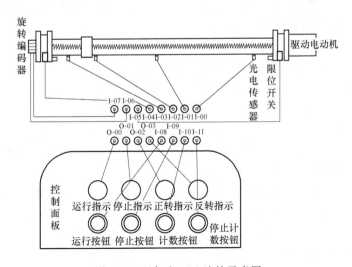

图 6-55　丝杠和 PLC 连接示意图

表 6-12　输入接口的分配

序号	连接硬件名称	硬件功能	PLC 的 DI 口
1	1#光电传感器		I-00
2	2#光电传感器	确定滑块的特殊位置和速度	I-01
3	3#光电传感器		I-02
4	4#光电传感器		I-03
5	1#限位开关	保护丝杠设备	I-04
6	2#限位开关		I-05
7	旋转编码器 +	计数脉冲	I-06
8	旋转编码器-		I-07
9	运行按钮	设备开始运行	I-08
10	停止按钮	设备停止运行	I-09
11	计数按钮	使高速计数器开始计数脉冲	I-10
12	计数停止按钮	使高速计数器停止计数脉冲	I-11

2）PLC 的数字量输出接口连接 4 个指示灯，分别表示运行、停止、正转和反转指示。具体信号地址分配见表 6-13。

表 6-13　输出接口的分配

序号	信号名称	硬件功能	PLC 的 DO 口
1	运行指示	点亮代表丝杠运转	O-00
2	停止指示	点亮代表丝杠停止	O-01
3	正转指示	点亮代表丝杠正向运转	O-02
4	反转指示	点亮代表丝杠反向运转	O-03

2. 变频器及其配置

PowerFlex525 变频器提供了 EtherNet/IP 端口，可以和 Micro850 控制器进行以太网通信。变频器的 IP 设置也有两种方法，在变频器面板中进行设置或利用 BOOTP-DHCP Server 软件来配置。其中用变频器面板设置过程如下：

1）按下 "Esc" 键进入编写指令界面；

2）使闪烁光标停留在最高位，然后将其调整到 "C" 状态；

3）在 "C129" 里，按下 "Enter" 键进入，将数字改成 "192"，再按下 "Set" 键；

4）利用上述方法，将 C130、C131、C132 中的数字分别改成 168、1、13 即可。

操作面板中的 C129、C130、C131 和 C132 分别代表着 IPv4 位 IP 地址的四段点分十进制数；另外 P053 回车至 2 是恢复出厂设置，P046 回车至 5 是 EtherNet 通信方式，P047 回车至 15 是 EtherNet/IP 通信方式。

现在罗克韦尔自动化的 Logix 系列和 Micro 系列的 PLC 都自带断电保持 IP 地址的功能，即使不进行最后一步，PLC 也不会因为断电而丢失 IP 地址。但是有些设备，例如 PF525 Flex（Power Flex525）变频器可能会因为断电而丢失 IP 地址。

3. 变频器驱动功能模块

变频器驱动功能模块如图 6-56 所示。该功能块属于用户自定义功能块，作用是通过

PLC 来驱动 PowerFlex525（以下简称 PE525）变频器进行频率输出，驱动电动机运转。该功能块较为复杂，有多个输入变量和输出变量，在此，选择比较重要的几个寄存器变量进行讲解。

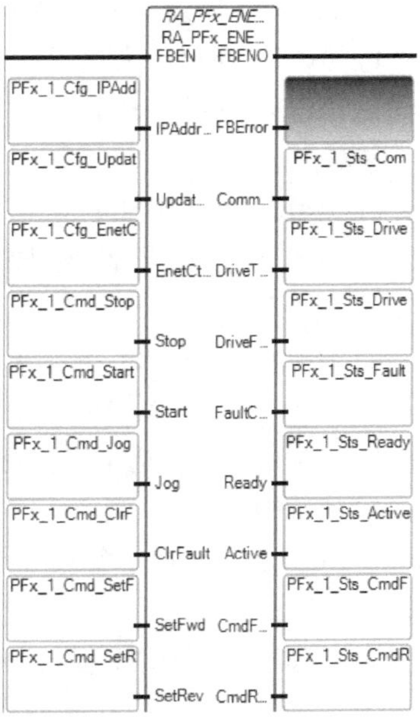

图 6-56　控制变频器用户自定义功能块 RA_PFx_ENET_STS_CMD

（1）PFx_1_Cmd_Stop（BOOL 型）

变频器停止标志位：该位为"1"时，表示变频器 PF525 停止运行；该位为"0"时，表示解除变频器 PF525 停止状态。

（2）PFx_1_Cmd_Start（BOOL 型）

变频器起动标志位：该位为"1"时，表示变频器 PF525 起动运行；该位为"0"时，表示解除变频器 PF525 起动状态。"解除"的意思是没有改变原有状态，若要改变原有运行状态，则需要使用对立的命令来实现。

（3）PFx_1_Cmd_Jog（BOOL 型）

变频器点动标志位：该位为"1"时，表示变频器 PF525 以 10Hz 的频率对外输出；该位为"0"时，表示变频器 PF525 停止频率输出。

（4）PFx_1_Cmd_SetFwd（BOOL 型）

变频器正向输出频率标志位：该位为"1"时，表示变频器 PF525 正向输出频率；该位为"0"时，表示解除变频器 PF525 正向输出频率。

（5）PFx_1_Cmd_SetRev（BOOL 型）

变频器反向输出频率标志位：该位为"1"时，表示变频器 PF525 反向输出频率；该位为"0"时，表示解除变频器 PF525 反向输出频率。

（6）PFx_1_Cmd_SpeedRef（REAL 型）

变频器频率给定寄存器：该寄存器用于用户给定所需要的变频器频率，是 REAL 型变量。

（7）PFx_1_Sts_DCBusVoltage（REAL 型）

变频器输出电压指示寄存器：该寄存器指示变频器的三相输出电压，也用来验证变频器与 PLC 是否连接上。输出值为 320 左右，则表示已经通信成功。

通过上述几个变量的值的改变，已经可以较好地利用 PLC 控制相关 PowerFlex525 变频器的频率输出和正转/反转，其他的寄存器变量就不一一赘述。

4. 高速计数器 HSC 模块

高速计数器是指能计算比普通扫描频率更快的脉冲信号，它的工作原理与普通计数器类似，只是计数通道的响应时间更短，一般以 kHz 频率来计数，比如精度是 20kHz 等。

该功能块用于起/停高速计数，刷新高速计数器的状态，重载高速计数器的设置，以及重置高速计数器的累加值。在 CCW 编程软件平台中，高速计数器被分为两个部分，即高速计数部分和用户接口部分，这两部分是结合使用的。在此，结合图 6-57，选择比较重要的几个寄存器变量进行讲解。

（1）HCSCmd（MyCommand，USINT 型）

功能块执行刷新等控制命令，其中

1）0x00：保留，未使用；

2）0x01：执行 HSC，运行 HSC，只更新 HSC
状态信息；

3）0x02：停止 HSC；

4）0x03：上传或设置 HSC 应用数据配置
信息；

5）0x04：重置 HSC 累加值。

（2）HSCAPP（MyAppData，HSCAPP 型）

HSC 应用配置，通常只需配置一次，其中

1）HscID（UINT 型）：要驱动的 HSC 编号，
见表 6-14 所示，跟在字符串 "HSC" 后面的数字
代表 HscID 的含义。

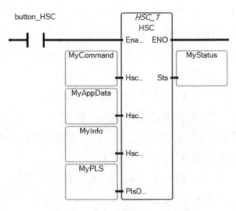

图 6-57　高速计数器 HSC 模块

2）HscMode（UINT 型）：要使用的 HSC 计数模式，有 9 种模式。本次使用的是第六种
计数模式，即正交计数（编码形式，有 A、B 两相脉冲）。注意 HSC3、HSC4 和 HSC5 只支
持 0、2、4、6 和 8 模式。HCS0、HSC1 和 HSC2 支持所有模式。

表 6-14　HSC 编号

高速计数器	使用的输入	高速计数器	使用的输入
HSC0	0,1,2,3	HSC3	6,7
HSC1	2,3	HSC4	8,9,10,11
HSC2	4,5,6,7	HSC5	10,11

3）Accumulator（DINT 型）：设置计数器的计数初始值。

上述的两个特殊寄存器在本次设计中是应用频率最多的寄存器，已经满足设计要求，其
他的寄存器就不一一赘述。

最后要进行一个滤波的环节配置，如图 6-58 所示，选择 "Embedded I/O" 选项，将对
应连接旋转编码器的 I/O 接口的选项改为 "DC 5μs"，这样才能保证计数器在丝杠高速运转
的时候进行计数。

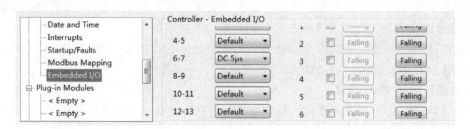

图 6-58　滤波过程

6.5.3　丝杠运动控制 PLC 程序设计

1. 丝杠运动控制程序顺序功能图（SFC）设计

由于丝杠运动控制过程十分适合采用顺序功能图的原理来进行设计，代码的实现部分可

以利用梯形图。采用顺序功能图分析方法能够
清晰地看到相关的逻辑步的状态。设计的 SFC
流程图如图 6-59 所示，具体解释如下：

1）M0 步：无论滑块在什么位置，在程序
启动时都要恢复到起点位置；

2）M1 步：触碰到光电传感器 1# 时，表明
滑块已经恢复至起点位置，开始匀加速转动；

3）M2 步：触碰到光电传感器 2# 时，加速
结束，进行匀速运动；

4）M3 步：触碰到光电传感器 3# 时，开始
匀减速运动；

5）M4 步：触碰到光电传感器 4# 时，表明
正转已经结束，丝杠准备反转；

6）M5 步：再次触碰到光电传感器 3# 时，
停止 0.5s，继续运转；

7）M6 步：0.5s 时间到达之后，继续反向
运转；

8）M7 步：再次触碰到光电传感器 2# 时，
停止 0.5s，继续运转；

9）M8 步：0.5s 时间到达之后，继续反向
运转；

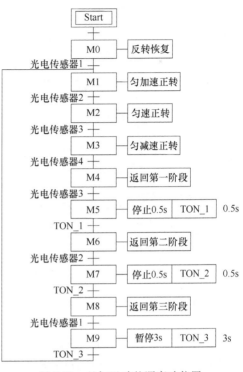

图 6-59　丝杠运动的顺序功能图

10）M9 步：再次触碰到光电传感器 1# 后，表示整个运动结束。

2. 位置确定与速度计算

（1）滑块位置确定

丝杠运转一圈是 400 个脉冲，向前行进 4mm 的距离，则 1 个脉冲向前行进 0.01mm，高
速计数器初始化后将计数器的计数值 Accumulator 转化成实数后除以 1000 获得实时位置与传
感器 1 之间的距离，加上传感器 1 距离零刻度的距离 x_sensor1 即可得到滑块在刻度尺上的
位置，其别名为 Mylocation，程序如图 6-60 所示。

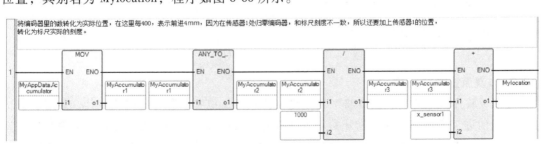

图 6-60　滑块位置确定程序

（2）传感器位置的确定（以传感器 2 为例）

由于滑块经过一个光电门需要时间，即刚进入与刚离开在刻度尺上是两个位置，所以取
两者平均值作为传感器 2 的位置，即 x_sensor2。程序中采用上升沿与下降沿分别将实时位

置暂存来实现，程序如图 6-61 所示。

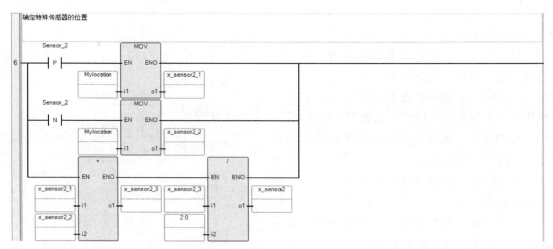

图 6-61　传感器位置确定程序

（3）滑块速度确定

根据速度定义，可以通过对滑块的实时位移进行微分运算得到其瞬时速度，再进行单位转化可得到用 cm/s 表示的速度 MySpeed。微分运算利用的是 CCW 编程软件中的功能块 DERIVATE，其中 100ms 为采样时间（理论上时间越短精度越高，但是丝杠设备速度波动大，若采用高精度便会出现许多毛刺）。经过传感器 1 的速度确定程序如图 6-62 所示。

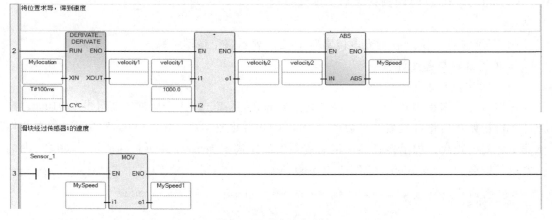

图 6-62　速度确定程序

3. 恢复原始位置阶段

在启动程序开始之前，需要将滑块恢复至传感器 1 位置。即无论滑块在什么位置，滑块正向匀速前进，直到触碰到限位开关，之后滑块反向运行，直到光电传感器 1 时停止。可以在程序的开始加入一个系统内部的全局变量_SYSVA_FIRST_SCAN，功能是在第一次扫描的时候该逻辑量是"1"，之后的扫描阶段全部是"0"状态，可以保证该状态步只执行一次。当然，也可以增加其他控制方式来调用该段程序。

程序在设计中，可以分为不同的阶段（用变量 step_Home 表示），在不同阶段，设置不同的频率和变频器的不同控制方式。其中程序分别如图 6-63 和图 6-64 所示。

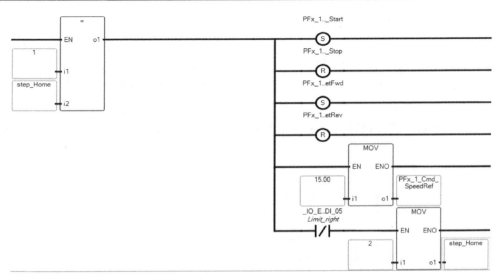

图 6-63　恢复原始位置部分程序—滑块正向运行到限位开关

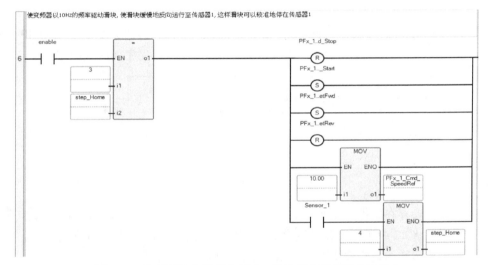

图 6-64　恢复原始位置部分程序—滑块反向运行至传感器 1

此外，在执行滑块位置初始化功能时，要求关闭高速计数器，其程序如图 6-65 所示。

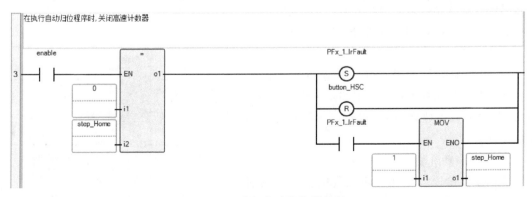

图 6-65　关闭高速计数器程序

4. 正向加速、匀速、减速行驶阶段

加速阶段可以看作一个速度时间曲线，产生一个斜坡函数，在这个函数的作用下进行加速运转，如图 6-66 中的 TON_2 可以当作是一个输入的斜坡函数。

1）利用 TON_2 中的 TON_2. ET 寄存器中的计时值变化作为速度的加速值，在这里主要控制的是变频器的频率，可以近似看为频率的加速。将 TON_2. ET 转换成为 REAL 类型，再乘以一个转换系数，就可以得到速度的变化 T2，相当于不断在加速，程序如图 6-66 所示。

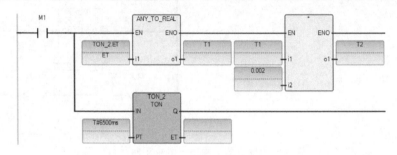

图 6-66　加速过程程序之一

2）下一步，将 T2 中不断变化的频率值与 8 相加，得到最终的速度 T3，再将 T3 传送至 PFx_1_Cmd_SpeedRef 寄存器（内部存有变频器的频率输出），程序如图 6-67 所示。

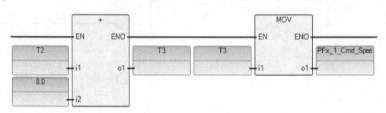

图 6-67　加速过程程序之二

由于滑块移动存在摩擦力的原因，当变频器输出频率小于 8Hz 时，丝杠会无法带动滑块的运转，因此将 T2 中不断变化的频率值加 8Hz。（由于不同的丝杠硬件系数不同，在其他丝杠上带动滑块运转的最小频率可能会是其他数值而不一定是 8Hz）。

3）图 6-68 中 TON_7 的作用是记录相关阶段的运行时间，用于输出至人机界面显示。

4）匀速运行阶段只要将滑块触碰 2 号光电传感器时的变频器频率值 T3 保持不变，送入寄存器 PFx_1_Cmd_SpeedRef 中即可，便能实现丝杠带领滑块匀速运动。

5）匀减速阶段的思路与匀加速阶段大体一样，区别是利用匀速时的 T3 值，减掉相应的定时器 ET 值（乘以系数之后），得到的 REAL 便是相应的最终速度。

5. 反向恢复阶段

反向恢复阶段就是在三段过程中反复使用前面匀加速和匀减速的编程方法，在触碰 2 号光电

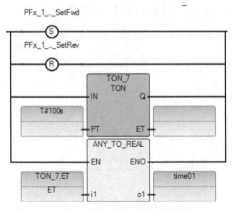

图 6-68　加速过程程序之三

传感器和 3 号光电传感器时，将 PFx_1_Cmd_Start 寄存器置为 "0"，将 PFx_1_Cmd_Stop 寄存器置为 "1"，同时触发一个 0.5s 的定时器。在定时结束时，将 PFx_1_Cmd_Start 寄存器置为 "1"，将 SetPFx_1_Cmd_Stop 寄存器置为 "0"，这样，便又能继续运动。

6.5.4　丝杠控制人机界面设计

首先在 RSView32 中组态好丝杠控制人机界面画面中的各种图形元素，并把动态的图形元素与标签关联好后，就可以测试人机界面的功能。人机界面的测试图如图 6-69 所示。单击图中的 "启动" 按钮，便可以控制丝杠的运转和停止；经过每个传感器时的速度及当前速度在图中显示出来，变频器上也会显示相关的输出频率。

当然，如果下位机 PLC 中的状态变化很快，由于上下位机数据通信的速率限制，PLC 上的状态变化会有滞后，这点在运动控制中表现较为明显。

也可以采用罗克韦尔自动化的触摸屏来设计丝杠控制的人机界面，相关内容见本书第 7 章。

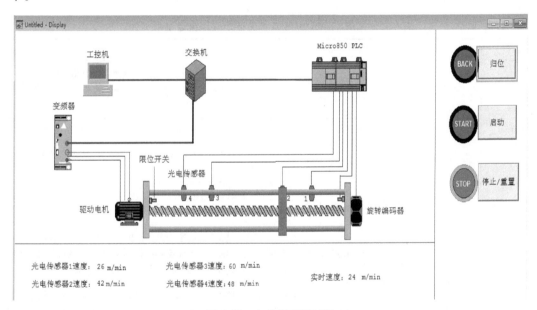

图 6-69　人机界面测试图

6.6　Micro800 PLC 通信程序设计示例

6.6.1　Micro800 PLC 的 Modbus 串行及以太网通信程序设计

1. Micro800 PLC 的串行通信

（1）串行通信指令 MSG_MODBUS

Micro800 PLC 支持通过串口与外部设备通信，相应的指令为 MSG_MODBUS。该指令支持功能块图、梯形图和结构化文本 3 种编程语言。每个通道在一次扫描中最多可以处理 4 个消息请求。对于梯形图程序，将在扫描结束时执行消息请求。

串口 Modbus 通信指令 MSG_MODBUS 如图 6-70 所示。指令参数描述见表 6-15，MODB-USTARPARA 数据类型描述见表 6-16，MODBUSLOCPARA 数据类型描述见表 6-17，错误代码及其他更加详细的说明请参考编程指令手册。

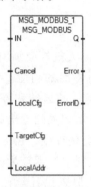

图 6-70　通过串行端口发送 Modbus 消息指令 MSG_MODBUS

表 6-15　MSG_MODBUS 串行通信功能块指令参数描述

参数	参数类型	数据类型	描　　述
IN	输入	BOOL	梯级输入状态。为 TRUE 时表示检测到上升沿，启动指令块，前提是上一个操作已完成；为 FALSE 时表示未检测到上升沿，不启动
Cancel	输入	BOOL	TRUE 为取消指令块的执行；为 FALSE 时表示当 IN 为 TRUE
LocalCfg	输入	MODBUSLOCPARA	定义结构输入（本地设备）。使用 MODBUSLOCPARA 数据类型定义本地设备的输入结构
TargetCfg	输入	MODBUSTARPARA	定义结构输入（目标设备）。使用 MODBUSTARPARA 数据类型定义目标设备的输入结构
LocalAddr	输入	MODBUSLOCADDR	MODBUSLOCADDR 是一个大小为 125 个字的数组，由读取命令用来存储 Modbus 从站返回的数据（1~125 个字），并由写入命令用来缓存要发送到 Modbus 从站的数据（1~125 个字）
Q	输出	BOOL	从程序扫描中同步更新此指令的输出。输出 Q 无法用于重新触发该指令，因 IN 是边缘触发。为 TRUE 时表示 MSG 指令已成功完成，为 FALSE 时表示 MSG 指令未完成
Error	输出	BOOL	指示发生了错误。为 TRUE 时表示检测到错误；为 FALSE 时表示没有错误
ErrorID	输出	UINT	标识错误的唯一数字。在 MSG_MODBUS 错误代码中定义该指令的错误

表 6-16　MODBUSTARPARA 数据类型描述

参数	数据类型	描　　述
Addr	UDINT	目标数据地址（1~65536）。发送时减 1
Node	USINT	默认从属节点地址为 1。范围为 1~247。为 "0" 时表示 Modbus 广播地址，并且仅对 Modbus 写入命令（例如 5、6、15 和 16）有效

表 6-17　MODBUSLOCPARA 数据类型描述

参数	数据类型	描　　　述
Channel	UINT	Micro800 PLC 串行端口号,嵌入式串行端口为 2,安装在插槽 1~插槽 5 中的串行端口插件为 5~9
TriggerType	USINT	表示以下之一:0 表示触发一次 Msg(当 IN 从 FALSE 转为 TRUE 时);1 表示当 IN 为 TRUE 时,连续触发 Msg
Cmd	USINT	表示以下之一:01 表示读取线圈状态(0xxxx);02 表示读取输入状态(1xxxx);03 表示读取保持寄存器(4xxxx);04 表示读取输入寄存器(3xxxx);05 表示写入单个线圈(0xxxx);06 表示写入单个寄存器(4xxxx);15 表示写入多个线圈(0xxxx);16 表示写入多个寄存器(4xxxx);其他表示自定义命令支持
ElementCnt	UINT	限制:对于读取线圈/离散输入为 2000 位;对于读取寄存器为 125 个字;对于写入线圈为 1968 位;对于写入寄存器为 123 个字

（2）串行通信编程示例

PLC 控制系统常和其他的控制器、智能仪表、数据采集模块等混合使用。此外，由于 PLC 的模拟量模块使用数量受到一定的限制，且其价格相对较高，而各种远程数据采集模块其价格相对较低，在实际应用中，存在利用数据采集模块扩展 PLC 的模拟量输入的情况。这里以 Micro820 PLC 与台湾鸿格公司的 Modbus 数据采集模块通信为例加以说明。

Micro820 PLC 插槽 1 位置安装串行模块 2080-SERIALISOL，在 CCW 编程软件中对模块的通用配置做如下设置：通信驱动选 Modbus RTU，波特率为 9600，无校验，Modbus 角色设为 Modbus 主站；在协议控制部分做如下配置：介质选 RS-485，数据位为 8，停止位为 1。

所用的鸿格 Modbus 数据采集模块型号为 M-7050D，具有 7 路数字量输入和 8 路数字量输出。在使用前，首先用配套的软件 DCON_Utility 对模块进行配置，设置模块的地址为 2，波特率为 9600，8 位数据位，1 位停止位，无校验。即要确保其通信参数与主站一致。

把 2080-SERIALISOL 通信模块的 "+485" 端子与模块的 "DATA+" 端子连接，"-485" 端子与模块的 "DATA-" 端子连接，即完成 RS-485 总线的硬件连接。一般的测试可以不加终端电阻，实际应用如果距离远，在总线两端需要加终端电阻。外部配电、接线及参数设置完成后，就可以进行通信编程。利用 MSG_MODBUS 指令编写串行通信程序，主要是要对通信参数进行配置。这里分别对读、写线圈操作的编程进行说明。

1）读数据采集模块的多个线圈：首先在 CCW 编程软件中新建梯形图程序，在局部变量中，定义 MSG_MODBUS 指令要用到的参数，具体如图 6-71 所示。为增加程序可读性，变量前都加 "R_"。其中 R_LocalCfg 的通道（Channel）为 5，是因为 2080-SERIALISOL 模块是插在 PLC 的插槽 1；触发模式选为 0；由于是读线圈，所以 Cmd 设为 1；读 8 个位状态，所以 ElementCnt 设为 8。R_TargetCfg 的 Addr 设为 33，这是因为 M-7050D 模块规定其数字量输入的地址为 0x0020~0x0026（十六进制），起始地址为 32（十进制），按照指令参数要求该数值还要加 1，所以 Addr 是 33；Node 设为 2，这是已设置的 M-7050D 模块的地址（485 总线的节点设备地址）。

2）写数据采集模块的多个线圈：写指令与读指令参数配置类似，也是首先要定义该指令中要用到的变量，具体如图 6-72 所示。为了增加程序的可读性，变量前都加 "W_"。由于是写多个线圈，所以 Cmd 设为 15；W_TargetCfg 的 Addr 设为 1，这是因为 M-7050D 模块

名称	别名	数据类型	维度	项目值	初始值
	▾ ▤▾	▾ ▤▾	▾ ▤▾	▾ ▤▾	▾ ▤▾
⊟ R_LocalCfg		MODBUSLOC ▾		...	...
R_LocalCfg.Channel		UINT			5
R_LocalCfg.TriggerT		USINT			0
R_LocalCfg.Cmd		USINT			1
R_LocalCfg.Element(		UINT			8
⊟ R_TargerCfg		MODBUSTAR ▾		...	...
R_TargerCfg.Addr		UDINT			33
R_TargerCfg.Node		USINT			2
⊟ R_LocalAddr		MODBUSLOC ∨		...	...
R_LocalAddr[1]		WORD			

图 6-71　读多个线圈时的参数配置

规定其数字量输入的地址为 0x0000~0x0007（十六进制），起始地址为 0（十进制），按照指令参数要求该数值还要加 1，所以 Addr 是 1；其他参数设置同读线圈指令配置。

名称	别名	数据类型	维度	项目值	初始值
	▾ ▤▾	▾ ▤▾	▾ ▤▾	▾ ▤▾	▾ ▤▾
⊟ W_LocalCfg		MODBUSLOC ▾		...	...
W_LocalCfg.Channel		UINT			5
W_LocalCfg.TriggerType		USINT			0
W_LocalCfg.Cmd		USINT			15
W_LocalCfg.ElementCnt		UINT			8
⊟ W_TargetCfg		MODBUSTAR ▾		...	...
W_TargetCfg.Addr		UDINT			1
W_TargetCfg.Node		USINT			2
⊟ W_LocalAddr		MODBUSLOC ∨		...	...
W_LocalAddr[1]		WORD			146

图 6-72　写多个线圈时的参数配置

3）梯形图程序：Micro820 PLC 与 M-7050D 模块的串行通信程序如图 6-73 所示。程序中，读写的周期为 1s，通过定时器实现。ComStart 是启动通信的触点。

在对程序进行测试时，如果数字量输入为 1110111（二进制），则 LocalAddr［1］的数值是 119（十进制），显然，这两者的数值是一致的，表明该指令执行是成功的。在实际应用中，还需要把 LocalAddr 中的十进制数转为具体的数字量输入位变量对应的标签。

进行写多个寄存器测试时，当把 LocalAddr［1］设置为 146 时，模块的数字量输出指示灯为正确，其对应的状态为 10010010。该状态实际也可通过 Modbus 读指令读出，只需要把读线圈指令的 Addr 改为 1 就可以了。

通信过程中如果有错误，可以根据 ErrorID 数值对照表格查找错误原因。

2. Micro800 PLC 的 Modbus TCP 通信

（1）MSG_MODBUS2 编程指令

由于以太网技术在工业应用中的不断深入，以太网通信已从控制设备之间的联网深入到控制设备与现场设备的联网，如控制器与变频器及远程 I/O 的通信。Modbus TCP 作为一种典型的工业以太网，可以实现大量的不同厂家设备的以太网通信。对于具有以太网接口的 Micro800 PLC，可以利用 MSG_MODBUS2 指令通过以太网接口与第三方设备进行 Modbus TCP 通信。

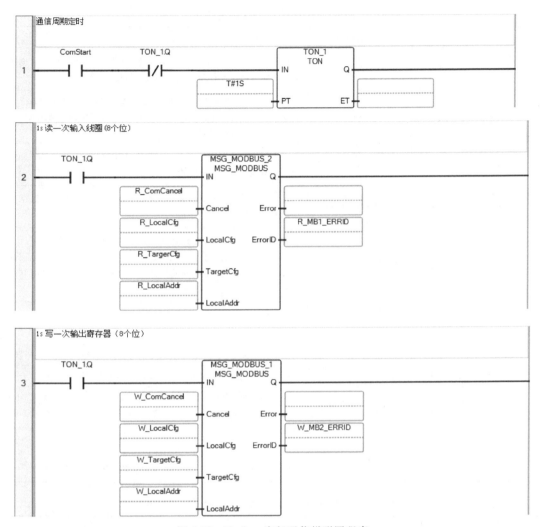

图 6-73　Modbus 串行通信梯形图程序

通过以太网接口发送 Modbus 消息的指令是 MSG_MODBUS2，如图 6-74 所示。MSG_MODBUS2 以太网通信功能块参数见表 6-18，MODBUS2TARPARA 数据类型的参数值见表 6-19，MODBUS2LOCPARA 数据类型的参数值见表 6-20，错误代码及其他更加详细的说明请参考编程指令手册。参数配置如图 6-75 和图 6-76 所示。

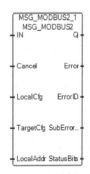

图 6-74　通过以太网接口发送 Modbus 消息指令 MSG_MODBUS2

表 6-18　　MSG_MODBUS2 以太网通信功能块参数

参数	类型	数据类型	描　述
IN	输入	BOOL	梯级输入状态。TRUE 表示检测到上升沿,启动指令块,前提是上一个操作已完成;FALSE 表示未检测到上升沿,空闲
Cancel	输入	BOOL	TRUE 表示取消指令块的执行,如果取消 MSG_MODBUS2 指令的执行,不会保证取消要求发出的消息,但可保证不处理响应;FALSE 表示当 IN 为 TRUE 时
LocalCfg	输入	MODBUS2LOCPARA	定义结构输入（本地设备）。使用 MODBUS2LOCPARA 数据类型定义本地设备的输入结构
TargetCfg	输入	MODBUS2TARPARA	定义结构输入（目标设备）。使用 MODBUS2TARPARA 数据类型定义目标设备的输入结构
LocalAddr	输入	MODBUSLOCADDR	MODBUSLOCADDR 数据类型为 125 字数组 LocalAddr 使用情况:对于读取命令,存储 Modbus 从站返回的数据（1~125 个字）;对于写入命令,缓冲要发送到 Modbus 从站的数据（1~125 个字）
Q	输出	BOOL	TRUE 表示 MSG 指令已成功完成;FALSE 表示 MSG 指令未完成
Error	输出	BOOL	表示检测到错误。TRUE 表示发生错误;FALSE 表示没有错误
ErrorID	输出	UINT	标识错误的数字。Modbus2 错误代码中定义该指令的错误
SubErrorID	输出	UINT	用于确认状态位:位 0 表示 EN-Enable 位;1 表示 EW-Enable Wait 位;2 表示 ST-Start 位;3 表示 ER-Error 位;4 表示 DN-Done 其他位保留
StatusBits	输出	UINT	当 Error 为 TRUE 时的 SubError 代码值 触发或重新触发 MSG 时,将清除先前设置的 SubErrorID

表 6-19　　MODBUS2TARPARA 数据类型的参数值

参数	类型	描　述
Addr	UDINT	目标设备的 Modbus 数据地址:1~65536。发送时减 1。如果地址值大于 65536,则固件使用地址的低字
NodeAddress[4]	USINT	目标设备的 IP 地址。IP 地址应为有效的单播地址并且不应为 0、多播、广播、本地地址或回送地址(127.x.x.x)。例如,指定 192.168.2.100,则 NodeAddress[0]=192,NodeAddress[1]=168,NodeAddress[2]=2,NodeAddress[3]=100
Port	UINT	目标 TCP 端口号。标准 Modbus/TCP 端口为 502。可选 1~65535 之间的数;设为 0 以使用默认值 502
UnitId	USINT	单位标识符。用于通过 Modbus 网桥与从属设备通信,范围是 0~255,如果目标设备不是网桥,请设为 255
MsgTimeOut	UDINT	消息超时(ms)。等待已启动命令回复的时长,数值范围 250~10000;设为 0 以使用默认值 3000
ConnTimeOut	UDINT	TCP 连接建立超时(ms)。等待与目标设备成功建立 TCP 连接的时长,范围 250~10000;设为 0 以使用默认值 5000
ConnClose	BOOL	TCP 连接关闭行为。True 表示在消息完成时关闭 TCP 连接;False 表示在消息完成时不关闭 TCP 连接(默认)

表 6-20　MODBUS2LOCPARA 数据类型的参数值

参数	类型	描　述
Channel	UINT	本地以太网端口号:4(对于 Micro850 和 Micro820 嵌入式以太网端口)
TriggerType	UDINT	消息触发器类型:0 表示触发一次 Msg(当 IN 从 FALSE 转为 TRUE 时);1~65535 表示循环触发器值(ms)。当 IN 为 TRUE 并且先前消息执行完成时,定期触发消息。将该值设为 1 以尽快触发消息
Cmd	USINT	Modbus 命令:同表 6-18
ElementCnt	UINT	读写线圈、寄存器的数量限制

名称	别名	数据类型	维度	项目值	初始值	注释
▼ ▼	▼	▼	▼	▼	▼	▼
⊟ W_LocalCfg		MODBUS2LO ▼		...	...	
W_LocalCfg.Channel		UINT			4	Local Channel number
W_LocalCfg.TriggerType		UDINT			0	0 = Trigger once, n = Cyclic Trigger
W_LocalCfg.Cmd		USINT			15	Modbus command
W_LocalCfg.ElementCnt		UINT			16	No. of elements to Read/Write
⊟ W_TargetCfg		MODBUS2TA ▼		...	...	
W_TargetCfg.Addr		UDINT			1281	Target's Modbus data address
⊟ W_TargetCfg.NodeAddress		MODBUS2NODI		...	...	Target node address
W_TargetCfg.NodeAddress[0]		USINT			192	
W_TargetCfg.NodeAddress[1]		USINT			168	
W_TargetCfg.NodeAddress[2]		USINT			1	
W_TargetCfg.NodeAddress[3]		USINT			2	
W_TargetCfg.Port		UINT			502	Target TCP port number
W_TargetCfg.UnitId		USINT			255	Unit Identifier
W_TargetCfg.MsgTimeout		UDINT			0	Message time out (in milliseconds)
W_TargetCfg.ConnTimeout		UDINT			0	Connection timeout (in milliseconds)
W_TargetCfg.ConnClose		BOOL			FALSE	Connection closing behavior
⊟ W_LocalAdd		MODBUSLOC ▼		...	...	
W_LocalAdd[1]		WORD				

图 6-75　以太网通信写多个线圈时的参数配置

名称	别名	逻辑值	实际值	初始值	锁定	数据类型	维度	注释
▼ ▼	▼	▼		▼		▼	▼	▼
- R_LocalCfg		...		...	☐	MODBUS2LO ▼		
R_LocalCfg.Channel		4	不可用	4	☐	UINT		Local Channel number
R_LocalCfg.TriggerType		0	不可用	0	☐	UDINT		0 = Trigger once, n = Cyclic Trigger
R_LocalCfg.Cmd		3	不可用	3	☐	USINT		Modbus command
R_LocalCfg.ElementCnt		16	不可用	16	☐	UINT		No. of elements to Read/Write
- R_TargetCfg		...		...	☐	MODBUS2TA ▼		
R_TargetCfg.Addr		4097	不可用	4097	☐	UDINT		Target's Modbus data address
- R_TargetCfg.NodeAddress		...		...	☐	MODBUS2NODI		Target node address
R_TargetCfg.NodeAddress[0]		192	不可用	192	☐	USINT		
R_TargetCfg.NodeAddress[1]		168	不可用	168	☐	USINT		
R_TargetCfg.NodeAddress[2]		1	不可用	1	☐	USINT		
R_TargetCfg.NodeAddress[3]		2	不可用	2	☐	USINT		
R_TargetCfg.Port		502	不可用	502	☐	UINT		Target TCP port number
R_TargetCfg.UnitId		255	不可用	255	☐	USINT		Unit Identifier
R_TargetCfg.MsgTimeout		0	不可用	0	☐	UDINT		Message time out (in milliseconds)
R_TargetCfg.ConnTimeout		0	不可用	0	☐	UDINT		Connection timeout (in milliseconds)
R_TargetCfg.ConnClose				FALSE	☐	BOOL		Connection closing behavior
- R_LocalAdd		...		...	☐	MODBUSLOC ▼		
R_LocalAdd[1]		98	不可用		☐	WORD		
R_LocalAdd[2]		90	不可用		☐	WORD		

图 6-76　以太网通信读多个寄存器时的参数配置（监控状态）

（2）利用 MSG_MODBUS2 指令进行以太网通信编程示例

这里以 Micro820 PLC 与台达 DVP-12SE PLC 的 Modbus TCP 以太网通信为例加以说明。其中 Micro820 为通信主站，DVP-12SE 为 Modbus 通信从站。Micro820 PLC 的 IP 地址为 192.168.1.3，DVP-12SE 的 IP 地址为 192.168.1.2，端口为 502。程序实现的功能是向 DVP-12SE 的 Y0～Y15（数字量输出）地址写数据，从 DVP-12SE 的 D0～D15 寄存器（整形）读数据到 Micro820。根据 DVP-12SE 的地址映射，Y0～Y15 对应的 Modbus 线圈地址为 1281～1296。D0～D15 寄存器对应的 Modbus 寄存器地址为 4097～4112。

在程序设计中，利用了两个 MSG_MODBUS2 指令，分别进行写多个线圈和读多个寄存器的操作。根据该指令的规范，两个指令的参数设置分别如图 6-75 和图 6-76 所示。Micro820 PLC 的通信程序如图 6-77 所示。图中的程序针对线圈和寄存器分别利用了一个 MSG_MODBUS2 指令。在读寄存器的指令中，也可在线将图 6-76 中 R-LocafCfg.Cmd 从 3 改为 16，这时通过给 R_LocalAdd 数组赋值，从而实现向从站寄存器写数据。

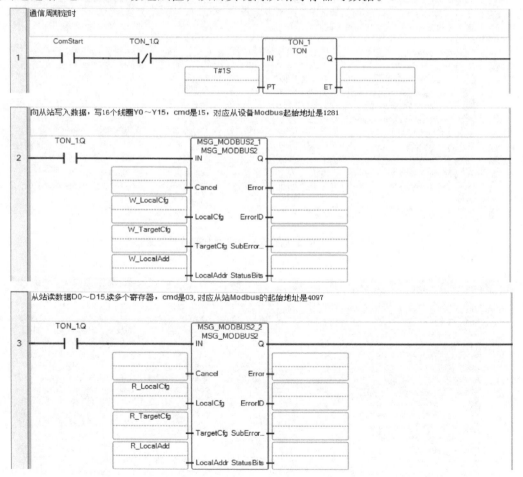

图 6-77　Micro 820 PLC 的通信程序

6.6.2　Micro800 PLC 与 Logix PLC 以太网通信程序设计

在工业控制系统中，通常会有不同型号的 PLC 在不同的生产工段工作，由于信息交互的需要，PLC 除了会与触摸屏或上位机通信外，PLC 之间也存在信息交互。现以 Micro820 PLC 与 Logix 系列 CompactLogix PLC 通信加以说明。由于两个 PLC 都是罗克韦尔自动化产品，因此，两个 PLC 之间的通信程序较为简洁。

假设两个 PLC 分别为 Micro820（固件版本为 10）和目录号是 1769-L36ERM 的 CompactLigix 控制器（固件版本为 30）。其中 Micro820 PLC 的编程软件是 V10.0 版的 CWW，Logix 控制器编程软件是 V30.0 版的 Studio5000 Logix 设计器。两个 PLC 的 IP 地址分别为 192.168.1.5 和 192.168.1.3。两者已通过交换机进行了连接，通过测试表明两个 PLC 的以太网物理连接正常。

要实现两个控制器的通信，可以利用 Logix 控制器的 MSG 指令。如果希望该指令能不停地反复执行，梯级条件则使用该指令 MESSAGE 结构数据标签的使能位的 EN 属性的常开输入指令，如图 6-78 所示。程序运行后，如果指令执行正常，梯形图的左侧常闭触点是一直接通的。

图 6-78　连续执行 MSG 指令的梯形图程序

除了上述梯形图程序，还需要对指令进行组态。在增加 MSG 指令时，要输入 Message 控件名。这里定义的名称是 MSG_TEMP，是一个全局变量。双击 MSG 指令中的 ，打开如图 6-79 所示的消息组态界面。在 "Message Type" 栏中选择 "CIP Data Table Read"。表示 Logix 控制器从 Micro820 PLC 中读取数据，其中源数据需要填写对方控制器的变量，而目的数据元素需要填写本控制器的变量。因此，在 "Source Element" 中输入 Micro820PLC 中定义的存储温度数值的全局变量 M820Temp；在 "Number of Elements" 中输入 1；在 "Destination Element" 中输入 Logix 控制器中定义的全局变量 "Temp_CMX"。也可以通过界面中的 "New Tag" 按钮来定义相关的变量。按 "确定" 按钮退出该界面组态。

图 6-79　MSG 指令通信类别选择

接着配置通信参数，如图 6-80 所示。其中的 "Path" 是通信的路径，这里填写的是

2. 192. 168. 1. 3。路径中第一个 2 表示 CompactLogix 控制器，后面跟的是 Micro820 PLC 的 IP
地址。路径也可通过"Browse"按钮来选择。所谓路径是指从一个控制器出发，到达另外一
个控制器所经历的通道。路径与数据传送方向无关，不论 MSG 指令的操作是读信息还是写
信息，路径总是从 MSG 指令发动的控制器指向被 MSG 指令访问的控制器。从路径的填写可
以看出，路径是有一定的结构规格的，一般由一个或多个路段构成，路段复杂时可以通达不
止一个网络，甚至可以是不同类型的网络，这也是 MSG 指令传送灵活的特点之一。界面中
"Cache Connections"是缓存式连接，此项被勾选，表示这条 MSG 指令固定地占用一个控制
器的连接；如果取消，表示只有在运行这条 MSG 指令时才会占用控制器的连接。

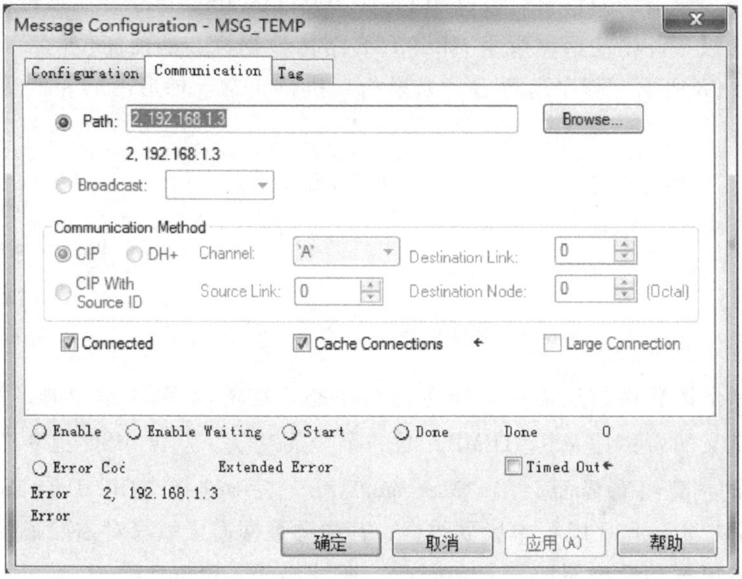

图 6-80　MSG 指令配置通信参数

　　由于缓存式连接在控制器中是有数量限制的，每个控制器不超过 32 个，这就意味着如
果这种通信类型的 MSG 指令在同一个控制器中的使用数量要超过限量，就不得不取消
"Cache Connections"的选项，还需要编写轮流执行 MSG 指令的逻辑程序，并互锁执行。需
要注意的是，每个控制器限制 32 个缓存式连接并不表明控制器程序中只能使用 32 个 MSG
指令。

　　MSG 配置的第三个属性选项卡是 Tag，如图 6-81 所示。如果两个控制器要通信的参数
不只 1 个，此时，可以定义两个全局数组，如在 Micro820 中定义一个 10 维数组 M820DATA
[10]，在 Logix 控制器中定义一个 10 维全局数组 Temp_CMX [10]，在 MSG 指令配置界面，
在"Source Element"中输入 Micro820 PLC 中定的全局变量 M820DATA [1]；在"Number of
Elements"中输入 10；在"Destination Element"中输入 Logix 控制器中定义的全局变量 Temp_
CMX [1]，具体如图 6-82 所示。填写数组变量时，要求其数组长度不超过数组定义时的实际
维数，否则 MSG 指令执行时会提示错误。此外，地址中数组变量必须指定首个元素编号。

　　如果要把 Logix 控制器中的参数写入 Micro820 PLC 中，则在图 6-79 配置界面中，在
"Message Type"中选择"CIP Data Table Write"。图中的目的数据元素为对方控制器变量地
址，需要键入对方控制器的全局变量，"Source Element"为本控制器数据变量，可以在本控

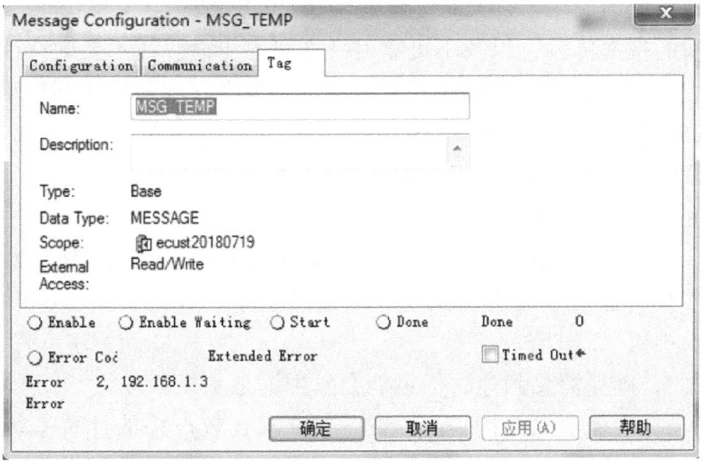

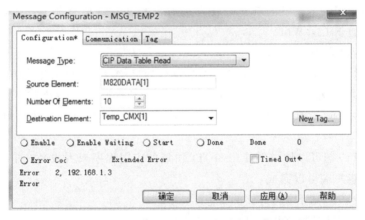

图 6-81　MSG 指令中选择 Tag

制器的全局变量中已有的数据变量中选择，也可以临时创建。因此，可以看出，不同的数据传送方向，读数据或写数据决定了 MSG 指令中源数据和目的数据地址的不同。

　　程序编写好后，分别下载到相应的控制器中，可以通过监控观察通信是否正常。

图 6-82　PLC 通信变量超过 1 个时 MSG 指令配置

6.6.3　Micro800 PLC 的 MQTT 通信程序设计

1. 物联网通信协议 MQTT

（1）MQTT 协议及其特点

　　MQTT（Message Queuing Telemetry Transport，消息队列遥测传输）协议是 ISO/IEC PRF 20922 标准下的消息发布/订阅（publish/subscribe）传输协议，由 IBM 在 1999 年发布，现在常用版本是 3.1.1，目前最新版本是 5.0。由于该协议构建于 TCP/IP 之上，要求基础传输层能够提供有序的、可靠的、双向传输（从客户端到服务端和从服务端到客户端）的字节流，因此，无连接的网络传输协议如 UDP 是不支持的。

　　MQTT 协议的优点在于以极少的代码和有限的带宽，为连接远程设备提供实时可靠的消息服务。这种轻量、简单、开放和易于实现的特点使它在物联网、移动互联网、智能硬件、车联网等领域得到广泛的应用。MQTT 协议是 TCP/IP 层的一个简单协议，适用于仅含最基本功能的设备之间的报文传输，以及不可靠网络之间的传输。其主要的特性有：

1）使用发布/订阅消息模式，提供一对多的消息发布，解除应用程序耦合。

2）对负载内容进行屏蔽。

3）主流的 MQTT 协议使用 TCP/IP 提供网络连接。

4）有 3 种消息发布服务质量。

①"至多一次"，消息发布完全依赖底层 TCP/IP 网络，会发生消息丢失或重复。这一级别可用于环境参数（温度、压力、湿度等）监控场景，数据丢失一次影响不大，因为不久后还会有第二次推送。

②"至少一次"，确保消息到达，但可能会发生消息重复。

③"只有一次"，确保消息到达一次。在一些要求比较严格的计费系统中，可以使用此级别。这种最高质量的消息发布服务可以用于计费系统、即时通信类的 APP 推送等场景。在计费系统中，消息重复或丢失都会导致计费故障。

5）小型传输，开销很小（固定长度的头部是 2 字节），协议交换最小化，以降低网络流量。

6）使用 Last Will 和 Testament 特性通知有关各方客户端异常中断的机制。Last Will 即遗言机制，用于通知同一主题下的其他设备发送遗言的设备已经断开了连接。Testament 即遗嘱机制，功能类似于 Last Will。

（2）MQTT 协议实现方式

实现 MQTT 协议需要客户端和服务器端通信完成。MQTT 协议会建立客户端到服务器的连接，提供两者之间的一个有序的、无损的、基于字节流的双向传输。当应用数据通过 MQTT 协议网络发送时，MQTT 协议会把与之相关的服务质量（QoS）和主题名（Topic）相关联。

MQTT 协议客户端可以是一个使用 MQTT 协议的应用程序或者设备，它总是建立到服务器的网络连接。客户端可以完成：

1）发布其他客户端可能会订阅的信息；

2）订阅其他客户端发布的消息；

3）退订或删除应用程序的消息；

4）断开与服务器的连接。

MQTT 协议服务器也称为"消息代理"（Broker），可以是一个应用程序或一台设备。它位于消息发布者和订阅者之间，可以完成：

1）接受来自客户端的网络连接；

2）接受客户端发布的应用信息；

3）处理来自客户端的订阅和退订请求；

4）向订阅的客户端转发应用程序消息。

在通信过程中，MQTT 协议中有 3 种身份：发布者（Publish）、代理（Broker）（服务器）、订阅者（Subscribe）。其中，消息的发布者和订阅者都是客户端，消息代理是服务器，消息发布者可以同时是订阅者。

MQTT 协议传输的消息分为主题（Topic）和负载（Payload）两部分。主题可以理解为消息的类型，一个主题可以有多个级别，级别之间用斜杠字符分隔。负载可以看作是消息订阅者接收的具体内容。

订阅者订阅（Subscribe）后，就会收到该主题的消息内容（Payload）。主题名（Topic Name）是连接到一个应用程序消息的标签，该标签与服务器的订阅相匹配。服务器会将消息发送给订阅所匹配标签的每个客户端。

订阅包含主题筛选器（Topic Filter）和最大服务质量（QoS）。订阅会与一个会话（Session）关联。每个客户端与服务器建立连接后就是一个会话，客户端和服务器之间有状态交互。会话存在于一个网络之间，也可能在客户端和服务器之间跨越多个连续的网络连接。一个会话可以包含多个订阅。每一个会话中的每个订阅都有一个不同的主题筛选器。主题筛选器是一个对主题名通配符的筛选器，在订阅表达式中使用，表示订阅所匹配到的多个主题。

（3）MQTT 协议中的方法

MQTT 协议中定义了一些方法（也被称为动作），用于表示对确定资源所进行的操作。这个资源可以代表预先存在的数据或动态生成数据，这取决于服务器的实现。通常来说，资源指服务器上的文件或输出，主要方法有：

1）Connect，等待与服务器建立连接。

2）Disconnect，等待 MQTT 客户端完成所做的工作，并与服务器断开 TCP/IP 会话。

3）Subscribe，等待完成订阅。

4）UnSubscribe，等待服务器取消客户端的一个或多个主题订阅。

5）Publish，客户端发送消息请求，完成后返回应用程序线程。

（4）MQTT 协议通信流程说明

为了让大家对 MQTT 协议通信有直观了解，这里给出了一个通过 MQTT 协议进行通信的示例，如图 6-83 所示。在该例子中，假设客户 A 为移动端的应用程序，客户 B 为温室监控的应用程序。移动端应用可以通过 MQTT 协议获取温室的温度等参数，也可以控制温室加热设备的运行。首先客户 A 给服务器（消息代理）发送了一个 CONNECT 登录请求，然后，服务器回应一个 ACK 确认消息，表示登录成功。客户 B 发布温室温度是 26℃ 消息，客户 A 订阅温室温度，于是消息代理把消息推给客户 A，客户 A 就获得了温室温度数值。客户 A 发布了打开温室加热的消息，客户 B 订阅该消息，消息代理把该消息推送给客户 B，客户 B 获得该消息后把加热开关打开，对温室进行加热。客户 B 又发布了温室湿度是 80% 的消息，但客户 A 没有订阅，消息代理不推送。加热装置工作后，温室的温度上升，客户 B 发布温室温度是 32℃ 的消息，由于客户 A 订阅了温室温度，于是消息代理把消息推给客户 A，客户 A 就获得了温室温度 32℃ 这个数值。最后客户端断开连接。可以看出，整个通信过程中客户 A、客户 B 和消息代理之间以约定的语言通信，客户 A 和客户 B 同时是发布者和订阅者。消息发布者、订阅者和消息代理之间的这种约定 MQTT 协议内容。

为了简化起见，图中省略了订阅确认、发布确认等消息。图中 retain 表示持久消息，客户端订阅带有持久消息的 Topic（主题），会立即收到这条消息。另外，服务器端必须存储这个应用消息和它的 QoS 等级，以便它可以被分发给未来的订阅者。

2. Micro800 PLC 的 MQTT 协议通信编程与测试

（1）MQTT 协议通信测试环境配置与介绍

为了测试 Micro800 PLC 的 MQTT 协议的通信，首先要配置一个通信环境。本示例的应

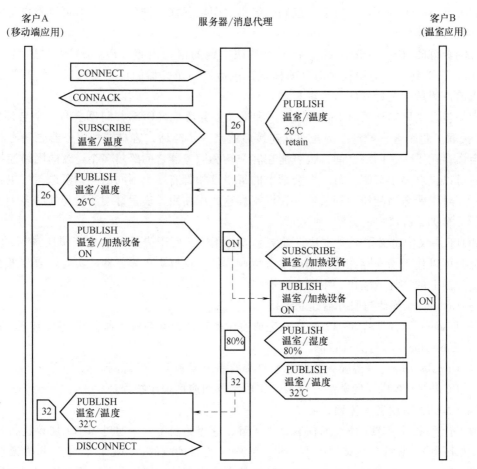

图 6-83 MQTT 协议通信流程

用背景是远程终端通过 MQTT 协议来监控温度大棚。该温室大棚由一个 Micro800 PLC 进行现场控制，通过 MQTT 协议发布温室的温度，同时订阅对大棚中加热设备的控制。

MQTT 代理服务器选用开源 EMQX，它支持发布/订阅的消息推送模式，使设备对设备之间的短消息通信简单易用。这里使用的是 Windows 版本的 EMQX V4.2.7，从网络下载安装包并解压后复制到工作目录即可，无需进行安装，这里的目录是 e：\ mqtt。

本测试环境中，PLC 的 IP 地址为 192.168.1.6，在 IP 地址为 192.168.1.116 的 Win10 虚拟机中安装 CCW 编程软件 V12 软件对 Micro800 PLC 进行编程和监控，PLC 型号为 2080-LC50-48QWB。在虚拟机中部署 EMQX 服务，同时还安装了 MQTT 客户端软件 MQTT.fx V1.7.1，以支持订阅和发布消息，与 PLC 中的 MQTT 客户端通信。

在命令行方式下进入 EMQX 安装文件的 bin 目录（本示例中是 e：\ mqtt \ emqx \ bin），执行 emqx.cmd start 启动服务命令，若返回到 e：\ mqtt \ emqx 就表示服务器启动成功。重启 EMQX 服务可用 emqx.cmd restart 命令，停止 EMQX 服务可用 emqx.cmd stop 命令。

启用 Windows 功能的 Internet 信息服务（IIS），然后打开浏览器，输入 http：//local-host：18083/（非谷歌浏览器一定要输入 http：//），首次启动时初始用户名是 admin，密码是 public。EMQX 服务启动的窗口如图 6-84 所示。在该 EMQX 的控制台可以看到客户端的一些连接状态，如连接数、客户端 ID、订阅的消息、订阅的消息数目、发布的消息及发布的消息数目等，还可以控制插件的运行。在管理界面的"工具"菜单下，EMQX 还提供了 MQTT 客户端功能，可以新建及测试客户端。

图 6-84　在浏览器中访问 EMQX 管理界面

如图 6-85 所示，运行 MQTT. fx，保持①处的本地 local mosquitto 不变，或单击⑩处，改成 localhost：1883。单击②处的"Connect"按钮，该客户端与 MQTT 代理服务器（EMQX）就建立了连接，可以单击⑨处的"Disconnect"按钮断开与服务器的连接，也可以在 EMQX 断开客户端。

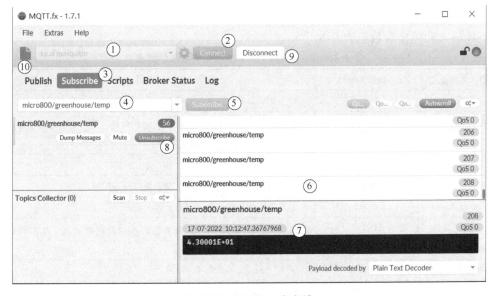

图 6-85　MQTT. fx 客户端

由于要在 MQTT. fx 订阅 Micro800 PLC 发布的温室室温，因此，单击③处的"Subscribe"按钮，在④处输入主题名 micro800/greenhouse/temp。再单击⑤处的"Subscribe"按钮，表

示进行订阅。需要注意的是主题名是英文字母大小写敏感的，若在 Micro800 PLC 程序的变量 pubTopic_in 和这个主题名不同（包含字母大小写），则订阅端收不到该消息。这里可以有多个订阅。若要取消某个订阅，可单击⑧处的"Unsubscribe"按钮来取消订阅。

由于要在 MQTT. fx 发布对温室加热器的控制，因此，在图 6-86 中，单击①处的"Publish"按钮，在②处输入主题名 mqttfx/greenhouse/heater，然后在③处输入 on，表示启动加热器，然后单击④处的"Publish"按钮，则该主题及数据就发布到代理服务器了，代理服务器就会推送到订阅该主题的 Micro800 PLC 了（MQTT 客户）。PLC 程序中 topicName_input 变量要用 MQTT. fx 中发布的主题名。同样要区分大小写，包括表示启动加热器的 on 和停止命令 off。

图 6-86　MQTT. fx 客户端中执行发布操作

（2）Micro800 PLC 的 MQTT 协议通信编程示例

为了在 Micro800 PLC 中进行 MQTT 协议通信，需要利用 3 个 UDFB，分别是 RA_MQTT_CONNECT、RA_MQTT_SUBSCRIBE 和 RA_MQTT_PUBLISH，读者可从罗克韦尔自动化官网的例程中下载。V1. 2 版本的 UDFB 需要在固件版本为 12 以上的控制器中才能运行。这几个 UDFB 的端口在图 6-87 和图 6-89 中有，就不再单独给出。RA_MQTT_CONNECT 输入参数见表 6-21，输出参数见表 6-22。RA_MQTT_SUBSCRIBE 输入和输出参数见表 6-23。RA_MQTT_PUBLISH 输入和输出参数见表 6-24。

表 6-21　RA_MQTT_CONNECT 输入参数表

输入名称	数据类型	说明
FBEN	BOOL	设为 TRUE 以使能该 UDFB
ServerIP_Cfg	SOCADDR_CFG	配置远程 MQTT 代理/服务器 IP 地址和端口号。常用的非加密端口号是 1883
myUniqueID	STRING	Micro800 PLC 唯一的 MQTT ID
Connect_Cmd	BOOL	上升沿触发，连接远程服务器或复位现存的连接
disconnect_Cmd	BOOL	上升沿触发，断开与远程服务器的连接
username_In	STRING	连接到远程 MQTT 代理/服务器时的用户名和密码，如不需要可以空着
Password_In	STRING	
UDFB 使用的参数		
willTopic_In	STRING	Last Will and Testament（LWT）配置（可选设置）
willData_In	STRING	设置连接的 Testament（可选设置）
QOS_In	USINT	LWT 的服务质量：0、1 或 2（可选）
keepAlive	DINT	保持 alive 的时间间隔，这里预设为 120s

表 6-22　RA_MQTT_CONNECT 输出参数表

输出名称	数据类型	描　　述
FBENO	BOOL	为 TRUE 时表示 UDFB 处于激活状态
Connection_Sts	USINT	表明当前连接状态的数字：0 表示 Initialize；1 表示 Created；2 表示 Bind；7 表示 Connecting；8 表示 Connecting End；9 表示 Connected
Instance_Out	UDINT	MQTT 连接实例数，在订阅和发布实例中要用
topicName_Out	STRING[1..10]	把主题名和数值分成了两个数组，订阅时用
topicData_Out	STRING[1..10]	
sbscrbData_Index	DINT	订阅时下一个要来到的数据索引值
resultData_Out	USINT[1..256]	服务器响应数据，在服务器通信发布数据和订阅主题中要用

表 6-23　RA_MQTT_SUBSCRIBE 输入和输出参数表

输入名称	数据类型	说　　明
FBEN	BOOL	设为 TRUE 以使能该 UDFB
instance_In	UDINT	使用在 RA_MQTT_CONNECT 中产生的实例数
subIdentifier_In	DINT	唯一的订阅 ID
topicName_In	STRING	订阅的主题名
QOS_In	USINT	输入需要的 MQTT 服务质量 0 表示 At most once（Default）；1 表示 At least once；2 表示 Exactly once
subscribe_Cmd	BOOL	上升沿触发，实现订阅命令
unsubscribe_Cmd	BOOL	上升沿触发，取消订阅的命令
respondData_In	USINT[1..256]	服务器的响应输入数据
输出参数表		
FBENO	BOOL	UDFB 激活时为 TRUE
Sts_Done	BOOL	订阅主题成功
Sts_Error	BOOL	订阅时发生错误，检查连接

表 6-24　RA_MQTT_PUBLISH 输入和输出参数表

输入名称	数据类型	说　　明
FBEN	BOOL	设为 TRUE 以使能该 UDFB
instance_In	UDINT	使用在 RA_MQTT_CONNECT 中产生的实例数
topicName_In	STRING	发布的主题名
data_In	STRING	要发布的数据
QoS_In	USINT	输入需要的 MQTT 服务质量 0 表示 At most once（Default）；1 表示 At least once；2 表示 Exactly once
publish_Cmd	BOOL	上升沿触发，发布带数据的主题名的命令
respondData_In	USINT[1..256]	服务器的响应输入数据
输出参数表		
FBENO	BOOL	UDFB 激活时为 TRUE
Sts_Done	BOOL	发布成功
Sts_Error	BOOL	发布发生错误，检查连接

　　根据这 3 个 UDFB 的输入和输出参数要求和工作原理，编写了如图 6-87 所示的梯形图程序，实现 Micro800 PLC 订阅和发布消息。其中控制器向 MQTT 代理发布了温室温度的模拟数据，而 MQTT. fx 订阅了该主题。控制器向 MQTT 代理订阅了温室电机控制的主题名，该主题名和数据由 MQTT. fx 客户端发布。

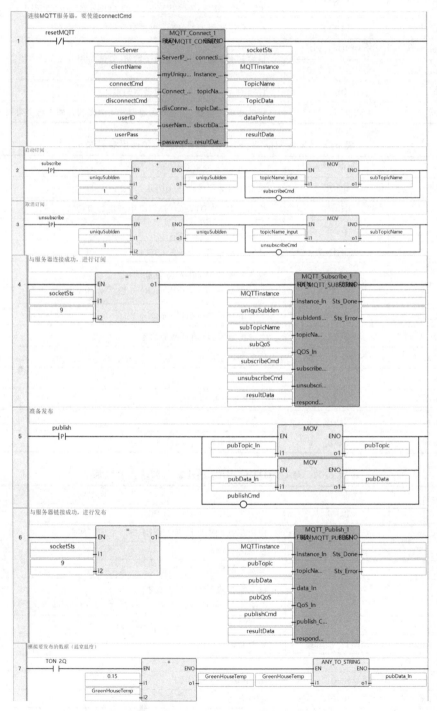

图 6-87　Micro800 PLC MQTT 协议通信程序

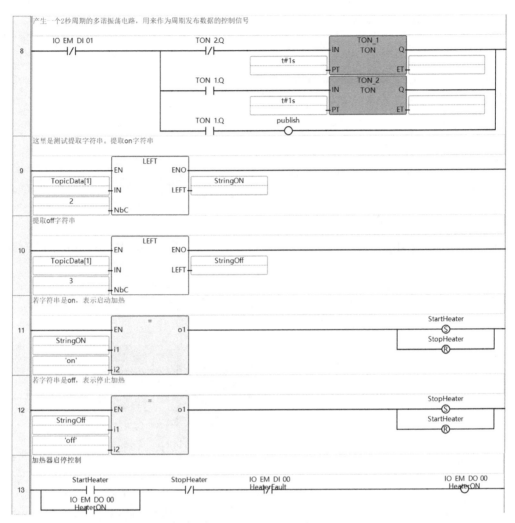

图 6-87　Micro800 PLC MQTT 协议通信程序（续）

在 MQTT_Connect_1 功能块实例的 locServer 中，要设置好 EMQX 所在的计算机的 IP，这里为 192.168.1.116。在 MQTT_Subscribe_1 功能块实例中，要把 MQTT_Connect_1 实例的输出 Instance_Out 和 resultData_Out 分别复制到 MQTT_Subscribe_1 的输入 instance_In 和 respondData_In 中。在 MQTT_Publish_1 功能块实例中，也要把这两个输出分别复制到 MQTT_Publish_1 的输入 instance_In 和 respondData_In 中。复制可以理解为用同样的变量。

程序运行后，强制 MQTT_Connect_1 的输入 connectCmd，则可以看到控制器（实质是这里的 MQTT 客户程序）与 EMQX 代理服务器建立了连接。当在图 6-85 中建立了 MQTT.fx 与 EMQX 的连接后，单击图 6-84 左侧菜单的"客户端"，可以从图 6-88a 中看到与代理服务器建立连接的客户端的情况；单击"订阅"，可以从图 6-88b 看到与代理服务器建立连接的客户端的订阅情况。

在强制梯级 2 的 subscribe 变量为 TRUE 后，且设置订阅的主题名为 mqttfx/greenhouse/heater，就可进行温度发布。这里编写一个 2s 周期的多谐振荡波，作为 publish 变量的触发信号，定时向服务器发布温室信息。

客户端 ID	用户名	IP 地址	心跳（秒）	会话过期间隔（秒）	当前订阅数量	连接状态	操作
Micro8001	undefined	192.168.1.6:30001	120	7200	1	● 已连接	踢除
MQTT_FX_Client	undefined	127.0.0.1:49928	60	0	1	● 已连接	踢除

a) 与代理服务器连接的客户端

客户端 ID	主题	QoS
Micro8001	mqttfx/greenhouse/heater	0
MQTT_FX_Client	micro800/greenhouse/temp	0

b) 客户端订阅情况

图 6-88　EMQX 服务器中客户端连接与订阅信息

在线状态监控的 MQTT 部分程序如图 6-89 所示。在该程序中，Micro800 中的 MQTT 程

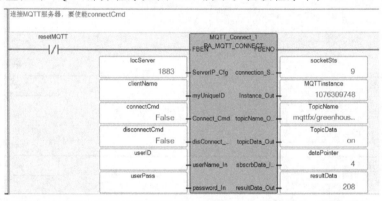

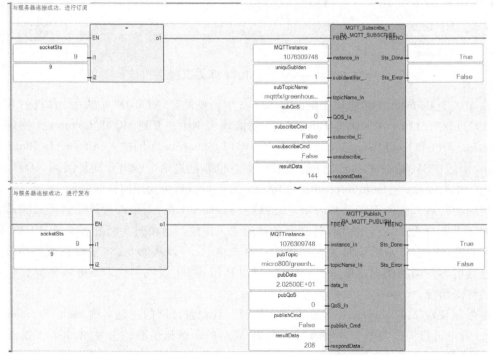

图 6-89　Micro800 PLC 中 MQTT 部分程序在线监控状态

序定时把温室温度推送到代理服务器, 代理服务器会推送到订阅该主题的 MQTT. fx 客户端, 如图 6-85 的⑥处主题名和⑦处的温度数据。图 6-86 的 MQTT. fx 客户端发布 mqttfx/greenhouse/heater 主题的数据 on 后, 会被代理服务器推送到 Micro800 PLC, 从图 6-89 所示的 MQTT_Connect_1 的实例输出参数 TopicName 和 TopicData 可以看出, 此时 TopicName 为 mqttfx/greenhouse/heater, TopicData 为 on。注意这里的 on 是字符串, 表示起动温室加热器, 若发布数据是 off 表示停止加热器。

图 6-89 中, 若连接成功, socketSts 最终应该为 9。否则与代理服务器的连接没有建立。resultData 用于诊断目的, 当第一次运行且连接成功时初始值一般为 32。

控制器收到经代理服务器推送的远程 MQTT 客户 (MQTT. fx) 发布的加热器控制指令后, 要在 PLC 中执行该指令, 而梯级 9~13 就是该控制逻辑。

在该示例测试中, 在 PLC 程序执行字符串比较时碰到了问题。例如 TopicData [1] 里收到的字符串是 'on', 但直接利用等于指令比较 TopicData [1] 和 'on' 时, 该指令输出始终为 off。此后, 尝试利用提取字符串左侧字符的指令 LEFT 对 TopicData [1] 分别提取左边 2 个和 3 个字符, 然后对提起的字符串与字符串 'on' 和 'off' 比较, 则程序运行成功。

若 MQTT. fx 发布 1 表示启动, 0 表示停止。由于代理服务器推送来的数据是字符串, 可利用 ANY_TO_INT 指令把字符串转换为整型数, 然后根据该数是 1 或 0 来实现对加热器的控制。

需要说明的是这里对 TopicData 进行了简化处理。根据 RA_MQTT_CONNECT 这个 UDFB 定义, TopicName 和 TopicData 都是具有 10 个元素的字符串数组, 因此, 理论上可以有 10 个主题, 这里只利用了一个 TopicName [1] 主题及对应的 TopicData [1] 数据。因此, MQTT. fx 发布的电机控制指令要推送 10 次后, 才会再次放入到 TopicName [1] 和 TopicData [1]。实际上可以利用 DataPointer 这个变量来处理这方面的问题, 该变量表示下次推送将要存入到字符串数组的元素的位号。这里为了节省篇幅, 不再增加相关的程序了。

复习思考题

1. 某霓虹灯共有 8 盏灯, 设计一段程序每次只点亮 1 盏灯, 间隔 1s 循环往复不止。

2. 编写用户功能块, 要求输入信号 IN2 与输入信号 IN1 比较, 如果 IN1 大于 IN2, 则输出 Q 是 IN1-IN2 的值, 输出 Q1 为 1。反之, 输出等于 IN2-IN1 的值, Q1 为 -1。

3. 楼层灯 LAMP 可由楼下开关 F_UP 和楼上开关 F_DOWN 控制, 控制要求是 LAMP 灯不亮时, 只要其中任一个开关切换, LAMP 灯就点亮。当 LAMP 灯点亮时, 只要其中任一开关切换, LAMP 灯就熄灭, 设计程序实现。

4. 编写用户功能块 FLOWDATA, 它根据输入的差压 DP 和满量程 FM, 计算流量 FLOW, 流量系数 K = 10; 即: $FLOW = K \sqrt{DP}$。要求流量小于满量程 FM 的 0.75% 时, 输出流量值为 0, 即小信号切除。

5. 编写程序, 控制要求如下: 将开关 START1 合上后, 先延时 5s, 然后, 绿灯 GREEN 点亮 3s, 然后熄灭, 并每隔 6s, 再点亮 3s, 循环点亮和熄灭。

6. 编写用户函数, 输入信号与 20 比较, 如果大于 20, 则输出 20, 反之, 输出等于输入。

7. 编写 3-8 编码器程序 P1, 用 3 个开关信号 S1、S2、S3, 使输出 OUT 根据 3 个信号输入的 0 或 1, 分别输出 0~7。(即 S1、S2、S3 全 1 时, 输出 7, S1 为 1, 输出 1; S2 为 1, 输出 2; S1、S2 为 1, 输出 3; S3 为 1, 输出 4 等)。

8. 灯 L1 在 S1 开关合上后延迟 10s 点亮，点亮时间 15s，然后熄灭 20s，点亮 10s，等 10s，再点亮 15s，然后，熄灭 20s，点亮 10s，等 10s，再点亮 10s，如此循环，S1 断开熄灭，其时序图如图 6-90 所示。试用 FB_CYCLETIME 来编写该程序。

9. 两台电动机的关联控制：在某机械装置上装有两台电动机。当按下正向起动按钮 SB2，电动机 1 正转；当按下反向起动按钮 SB3，电动机 1 反转；只有当电动机 1 运行时，并按下起动按钮 SB4，电动机 2 才能运行，电动机 2 为单向运行；两台电动机由同一个按钮 SB1 控制停止。试编写满足上述控制要求的 PLC 程序。

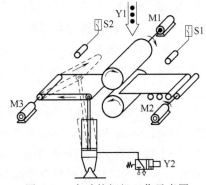

图 6-90　信号灯控制时序图

10. 用接在输入端的光电开关 SB1 检测传送带上通过的产品，有产品通过时 SB1 为常开状态，如果在 10s 内没有产品通过，由输出电路发出报警信号，用外接的开关 SB2 解除报警信号。试编写满足上述控制要求的 PLC 程序。

11. 由两台三相交流电动机 M1、M2 组成的控制系统的工作工程为：当按下起动按钮 SB1 电动机 M1 起动工作；延时 5s 后，电动机 M2 起动工作；当按下停止按钮 SB2，两台电动机同时停机；若电动机 M1 过载，两台电动机同时停机；若电动机 M2 过载，则电动机 M2 停机而电动机 M1 不停机。试编写满足上述控制要求的 PLC 程序。

12. 用 PLC 控制自动轧钢机，如图 6-91 所示。控制要求：当按下起动按钮，M1、M2 运行，传送钢板，检测传送带上有无钢板的传感器 S1（为 ON），表明有钢板，则电动机 M3 正转，S1 的信号消失（为 OFF），检测传送带上钢板到位后 S2 有信号（为 ON），表明钢板到位，电磁阀 Y1 动作，电动机 M3 反转，如此循环下去，当按下停车按钮则停机。

13. 用功能块图或顺序功能图编程语言编写程序，实现物料的混合控制。生产过程和信号波形如图 6-92 所示。其操作过程说明如下：操作人员检查混合罐是否已排空，已排空后由操作人员按下 START 起动按钮，自动开物料 A 的进料阀 A，当液位升到 LA 时，自动关进料阀 A，并自动开物料 B 的进料阀 B。当液位升到 LB 时，关进料阀 B，并起动搅拌机电动机 M，搅拌持续 10s 后停止，并开出料阀 C。当液位降到 L 时，表示物料已达下限，再持续 3s 后，物料可全部排空，自动关出料阀 C。整个物料混合和排放过程结束进入下次混合过程，如此循环。当按下 STOP 停止按钮时，在排空过程后关闭出料阀 C。

图 6-91　自动轧钢机工作示意图

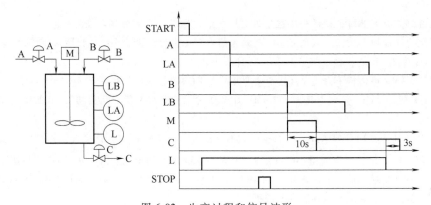

图 6-92　生产过程和信号波形

14. 图 6-93 所示为专用钻床控制系统工作示意图，其控制要求如下：

1）左、右动力头由主轴电动机 M1、M2 分别驱动。

2）动力头的进给由电磁阀控制气缸驱动。

3）工步位置由 SQ1~SQ6（即到位的检测信号）控制。

4）设 S01 为起动按钮，SQ0 闭合为夹紧到位，SQ7 闭合为放松到位。

工作循环过程：当左、右滑台在原位按 S01 起动按钮→工件夹紧→左、右滑台同时快进→左、右滑台工进并起动动力头电动机→挡板停留（延时 3s）→动力头电动机停，左、右滑台分别快退到原处→松开工件。试选用合适的 Micro800 PLC，采用顺序功能图设计方法，利用梯形图语言编写控制程序。

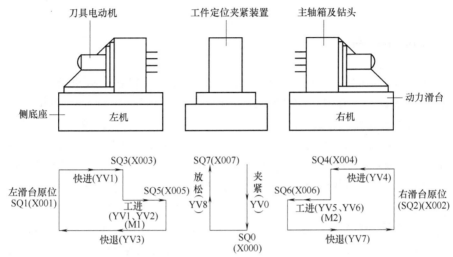

图 6-93　专用钻床控制系统工作过程示意图

15. 如图 6-94 所示。某专用钻床用两只钻头同时钻两个孔，开始自动运行之前两个钻头在最上面，上限位开关 DI03 和 DI05 为 ON，操作人员放好工件后，按下起动按钮 DI01，工件被夹紧（DO00）后两只钻头同时开始工作，钻到由限位开关 DI02 和 DI04 设定的深度时分别上行，回到限位开关 DI03 和 DI05 设定的起始位置分别停止上行，两个都到位后，工件被松开（DO05），松放开到位后，加工结束，系统返回初始状态。试选择合适的 Micro800 PLC，编写 I/O 表，用顺序功能图方法设计程序，用梯形图语言编写控制程序。

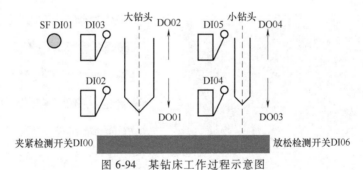

图 6-94　某钻床工作过程示意图

第7章 工业人机界面与工控组态软件

7.1 工业人机界面

人机界面是指人和机器在信息交换和功能上接触或互相影响的人机结合面，英文称作 Human Machine Interface（HMI），有些地方也称为 Man Machine Interface（MMI）。目前，由于信息技术已经深入地影响了人民的生活和工作，特别是各种移动设备的广泛应用，人们几乎时时刻刻都要进行人机操作，比如，利用手机上网，在银行 ATM 机上操作等。由于对人机界面的需求越来越多，现在已产生了 UI（User Interface，用户界面）设计师职业。

在工业自动化领域，主要有两种类型的人机界面。

1）在制造业流水线及机床等单体设备上，大量采用了 PLC 作为控制设备，但是 PLC 自身显示、键盘输入等人机交互功能弱，因此，通常需要配置触摸屏（touch screen）或嵌入式工业计算机作为人机界面，它们通过与 PLC 通信，实现对生产过程的现场监视和控制，同时还可实现参数设置、参数显示、报警、打印等功能。图 7-1 所示为昆仑通态触摸屏用于列车操作的演示界面。针对触摸屏这类嵌入式人机界面［或称操作员终端面板（Operator Interface Panel）］，通常需要在 PC 上利用设备配套的人机界面开发软件，按照系统的功能要求进行组态，形成工程文件，对该文件进行功能测试后，将工程文件下载到触摸屏存储器中就可实现监控功能。

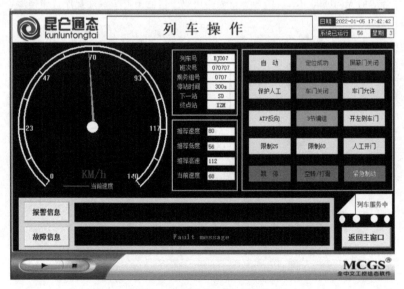

图 7-1 终端人机界面的应用

触摸屏集成了信号输入和显示等功能，是简单、方便、自然的一种多媒体人机交互设备。触摸屏种类繁多，应用领域广泛。工业触摸屏是应用于工业环境的一种可触摸控制的多媒体设备，集成了多种通信接口，具有较强的通信功能，适合工业现场的恶劣环境。在控制柜等设备上安装了触摸屏以后，可以取代机械式的按钮、显示灯等装置，非常方便现场工人操作与监控生产情况。为了与位于控制室的人机界面应用相区别，在工业应用中，触摸屏也常称作终端（以下统一用此叫法）。

由于 PLC 与终端的组合基本是标配，因此，几乎所有的主流 PLC 厂家都生产终端，同时，还有大量的第三方厂家（昆仑通态、威纶通、研华科技等）生产终端。通常，第三方厂家的终端配套的人机界面开发软件支持市面上主流的 PLC 和多种通信协议，因此能和主流厂家的 PLC 及其他数据采集设备配套使用。一般而言，第三方厂家的设备在价格上有较大优势，支持的设备种类也更多。

2）工业控制系统通常是分布式控制系统，各种控制器在现场设备附近安装，为了实现全厂的集中监控和管理，需要设立一个统一监视、监控和管理整个生产过程的中央监控系统，中央监控系统的服务器与现场控制站进行通信，工程师站、操作员站等需要安装配置对生产过程具有监视、控制、报警、记录、报表功能的工控应用软件，具有这样功能的工控应用软件也称为人机界面，这一类人机界面通常是用工控组态软件（简称组态软件）开发。和触摸屏类终端相比，不存在工程下载的问题，这类应用软件直接运行在工作站上（通常是商用计算机、工控机或工作站）。图 7-2 所示为用艾默生 MOVICON 工控组态软件开发的精细化工过程监控系统人机界面。

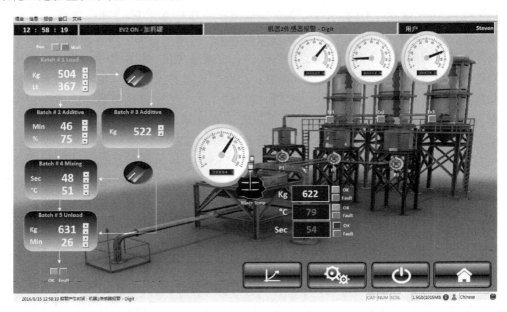

图 7-2　上位机人机界面的应用

在一些应用中，还会在与设备成套的控制柜上安装带触摸显示功能的嵌入式工控机作为现场终端。嵌入式工控机的功能比终端要强，兼具终端和商用计算机的优点。这类嵌入式工控机本质上是计算机，因此在其上运行的人机界面是用组态软件开发的。

本章重点介绍内容更加丰富的工控组态软件，并对罗克韦尔自动化的 PanelView800 终端及其应用做详细介绍。

7.2　组态软件概述

7.2.1　组态软件的产生及发展

工业控制的发展经历了手动控制、仪表控制和计算机控制等几个阶段。随着集散控制系统的发展和在石油、化工、冶金、造纸等领域的广泛应用，集散控制中采用组态工具来开发控制系统应用软件的技术得到了广泛的认可。特别是随着计算机的普及和计算机控制在众多行业应用中的增加，以及人们对工业自动化的要求不断提高，传统的工业控制软件已无法满足各类应用系统的需求和挑战。在开发传统的工业控制软件时，一旦工业被控对象有变动，就必须修改其控制系统的源程序，导致开发周期延长；已开发成功的工控软件又因控制项目的不同而很难重复使用。这些因素导致工控软件价格昂贵，维护困难，可靠性低。

随着微电子技术、计算机技术、软件工程和控制技术的发展，作为用户无需改变运行程序源代码的软件平台工具——工控组态软件（Configuration software）便逐步产生且不断发展。由于组态软件在实现工业控制的过程中免去了大量烦琐的编程工作，解决了长期以来控制工程人员缺乏丰富的计算机专业知识与计算机专业人员缺乏控制工程现场操作技术和经验的矛盾，极大地提高了自动化工程的开发效率及工控应用软件的可靠性。可以说，工控组态软件是工控界 30 年前就开展的低代码/无代码应用软件开发的成功实践！

近年来，组态软件不仅在中小型工业控制系统中广泛应用，也成为大型工业控制系统开发人机界面和监控应用程序的最主要应用软件，在配电自动化、智能楼宇、农业自动化、能源监测等领域也得到了众多应用。在 DCS 中，其操作员站等人机接口也采用组态软件，只是这些软件与控制器组态软件及 DCS 中其他应用软件进行了更好的集成。艾默生的 DeltaV 的操作员界面就是艾默生收购著名组态软件 iFIX 并在此基础上进一步开发的，因此，熟悉 iFIX 组态软件应用开发的工程技术人员在利用 DeltaV 时很容易上手。

"组态"的概念最早来自英文 Configuration，其含义是使用软件工具对计算机及软件的各种资源进行配置与编辑（包括进行对象的创建、定义、制作和编辑，并设定其属性参数），达到使计算机或软件按照预先设置，自动执行特定任务，满足使用者要求的目的。在控制界，"组态"一词首先出现在 DCS 中。组态软件自 20 世纪 80 年代初期诞生至今，已有 40 多年的发展历史。应该说组态软件作为一种应用软件，是随着计算机的兴起而不断发展的。20 世纪 80 年代的组态软件，像 Onspec、Paragon 500、早期的 FIX 等都运行在 DOS 环境下，图形界面的功能不是很强，软件中包含着大量的控制算法。20 世纪 90 年代，随着微软的图形界面操作系统 Windows 3.0 风靡全球，以 Wonderware Intouch 为代表的人机界面快速发展。目前，主要的组态软件有西门子的 WinCC，施耐德电气的 Wonderware Intouch，通用电气的 Proficy iFIX，罗克韦尔自动化的 FactoryTalk View Studio 以及美国 Inductive Automation 的 Ignition 等。其中 Ignition 是近年来非常具有特色和发展潜力的新一代组态软件。国产产品主要有北京亚控科技的组态王、力控元通科技的 Forcecontrol 和大庆紫金桥软件公司的紫金桥等。由于组态软件较难单独生存，Intouch、iFIX、Citec 等组态软件都是经历了反复收购。

纵观各种类型的工控组态软件，尽管它们都具有各自的技术特色，但总体上看，这些组态软件具有以下的主要特点：

1）延续性和扩充性好。用组态软件开发的应用程序，当现场硬件设备有增加，系统结构有变化或用户需求发生改变时，通常不需要很多修改就可以通过组态的方式顺利完成软件功能的增加、系统更新和升级。

2）封装性高。组态软件所能完成的功能都用一种方便用户使用的方法包装起来，对于用户，不需掌握太多的编程语言技术（甚至不需要编程技术），就能很好地完成一个复杂工程所要求的所有功能。

3）通用性强。不同的行业用户，都可以根据工程的实际情况，利用组态软件提供的底层设备（PLC、智能仪表、智能模块、板卡、变频器等）的 I/O 驱动程序、开放式的数据库和画面制作工具，就能完成一个具有生动图形界面、动画效果、实时数据显示与处理、历史数据、报警和记录、具有多媒体功能和网络功能的工程，不受行业限制。

4）人机界面友好。用组态软件开发的监控系统人机界面具有生动、直观的特点，动感强烈，画面逼真，深受现场操作人员的欢迎。

5）接口趋向标准化。如组态软件与硬件的接口，过去普遍采用定制的驱动程序，现在普遍采用 OPC 规范。此外，数据库接口也采用工业标准。

由于市场对组态软件的巨大需求，从 1990 年开始，国产组态软件逐步出现，如北京亚控科技的组态王系列产品、北京力控科技的力控软件等。这些产品以价格低、驱动丰富等特点，在中小型工业监控系统开发中得到了广泛应用，积累了大量客户。近年来，随着计算机软、硬件技术的发展，组态软件的开发门槛逐步降低，越来越多的公司加入到组态软件的开发中来，新的产品不断出现。但总体来讲，虽然这些新的产品都具有一定的技术特色，但主要的功能还是比较相似，出现了明显的趋同性。

7.2.2　组态软件的功能需求

组态软件的使用者是自动化工程设计人员。组态软件包的主要目的是使使用者在生成适合自己需要的应用系统时不需要修改软件程序的源代码，因此不论采取何种方式设计组态软件，都要面对和解决控制系统设计时的公共问题，满足这些要求的组态软件才能真正符合工业监控的要求，能够被市场接受和认可。这些问题主要有以下几点：

1）如何与采集、控制设备进行数据交换，即广泛支持各种类型的 I/O 设备、控制器和各种现场总线技术和网络技术。

2）多层次的报警组态和报警事件处理、报警管理和报警优先级等。如支持对模拟量、数字量报警及系统报警等；支持报警内容设置，如限值报警、变化率报警、偏差报警等。

3）存储历史数据并支持历史数据的查询和简单的统计分析。工业生产操作数据，包括实时和历史数据是分析生产过程状态、评价操作水平的重要信息，对加强生产操作管理和优化具有重要作用。

4）各类报表的生成和打印输出。不仅组态软件支持简单的报表组态和打印，还要支持采用第三方工具开发的报表与组态软件数据库连接。

5）为使用者提供灵活、丰富的组态工具和资源。这些工具和资源可以适应不同应用领域的需求，此外，在注重组态软件通用性的情况下，还能更好地支持行业应用。

6）最终生成的应用系统运行稳定可靠，不论对于单机系统还是多机系统，都要确保系统能长期安全、可靠、稳定的工作。

7）具有与第三方程序的接口，方便数据共享。

8）简单的回路调节、批次处理和 SPC 过程质量控制等高级功能。

9）如果内嵌入软逻辑控制，软逻辑编程软件要符合 IEC 61131-3 标准。

10）安全管理，即系统对每个用户都具有操作权限的定义，系统对每个重要操作都可以形成操作日志记录，同时有完备的安全管理制度。

11）对 Internet/Intranet 的支持，可以提供基于 Web 的应用。随着移动应用的增加，新型的组态软件要支持安卓或 iOS 移动终端。

12）多机系统的时钟同步，系统可由 GPS 全球定位时钟提供标准时间，同时向全系统发送对时命令，包括监控主机和各个客户机、下位机等。可实现与网络上其他系统的对时服务，支持人工设置时间功能。

13）开发环境与运行环境切换方便，支持在线组态功能。即在运行环境时也可以进行一些功能修改和组态，刷新后修改后的功能立即生效。

14）信息安全保障。工控应用软件应减少漏洞，提高信息安全防护水平，确保工控应用软件系统的信息安全。

15）工控组态软件的易用性。开发人员在利用工控组态软件开发工控应用软件时，只需要通过简单的操作，就可以实现工程的生成、设备组态、网络配置、图形界面编辑、逻辑与控制（事件、配方处理等）、报警、报表、用户管理等功能。

为了设计出满足上述要求的组态软件系统，要特别注意系统的架构设计和关键技术的使用。在设计中，一方面要兼顾一般性与特异性，也要遵从通用软件的设计思想，注重安全性和可靠性、标准化、开放性和跨平台操作等。

7.3　组态软件结构与主要功能部件

7.3.1　组态软件的总体结构及相似性

组态软件主要作为 SCADA 系统及其他控制系统的上位机人机界面的开发平台，为用户提供快速地构建工业自动化系统数据采集和实时监控功能服务。而不论什么样的过程监控，总是有相似的功能要求，例如流程显示、参数显示和报警、实时和历史趋势显示、报表、用户管理、监控功能等。正因为如此，不论什么样的组态软件，它们在整体结构上都具有相似性，只是不同的产品实现这些功能的方式有所不同。

从目前主流的组态软件产品看，组态软件多由开发系统/环境与运行系统/环境组成，如图 7-3 所示。图 7-4 所示组态王软件的工程浏览器菜单中的"开发（MAKE）"与"运行（VIEW）"就起到开发环境与运行环境切换的作用。开发环境是自动化工程设计师为实施其控制方案，在组态软件的支持下进行应用程序的系统生成工作所必须依赖的工作环境，通过建立一系列用户数据文件，生成最终的图形目标应用系统，供系统运行环境运行时使用。

系统运行环境由若干个运行程序支持，如图形界面运行程序、实时数据库运行程序等。系统运行环境将目标应用程序装入计算机内存并投入实时运行。不少组态软件都支持在线组态，即在不退出系统运行环境下修改组态，使修改后的组态在运行环境中直接生效。当然，如果修改了图形界面，必须刷新该界面，新的组态才能显示。开发环境与运行环境的纽带是实时数据库，如图 7-3 所示。

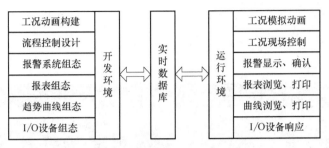

图 7-3　组态软件的结构

运行环境系统由任务来组织，每个任务包括一个控制流程，由控制流程执行器来执行。任务可以由事件中断、定时时间间隔、系统出错或报警及上位机指令来调度。每个任务有优先级设置，高优先级的任务能够中断低优先级任务。同优先级的程序若时间间隔设置不同，可通过竞争，抢占 CPU 使用权。在控制流程中，可以进行逻辑或数学运算、流程判断和执行、设备扫描及处理和网络通信等。此外，运行环境还包括以下一些服务：

1）通信服务：实现组态软件与其他系统之间的数据交换。

2）存盘服务：实现采集数据的存储处理操作。

3）日志服务：实现系统运行日志记录功能。

4）调试服务：辅助实现开发过程中的调试功能。

组态软件的功能相似性还表现在以下几个方面：

1）目前，绝大多数工控组态软件都可运行在 Win7/10/11 环境下，部分软件还可以运行在 Linux 等嵌入式操作系统下。这些软件界面友好、直观，易于操作。

2）现有的组态软件多数以项目（Project）的形式来组织工程，在该项目中，包含了实现组态软件功能的各个模块，包括 I/O 设备、变量、图形、报警、报表、用户管理、网络服务、系统冗余配置和数据库连接等。

3）组态软件的相似性还表现在目前的组态软件都采用标签（Tag）数来组织其产品和进行销售，同一公司产品的价格主要根据点数的多少而定；而软件的加密多数采用硬件狗。部分产品也支持软件 License。

7.3.2　组态软件的功能部件

为了解决 7.2.2 节指出的功能需求问题，完成监控与数据采集等功能，简化程序开发人员的组态工作，易于用户操作和管理。一个完整的组态软件基本上都包含以下一些部件，只是不同的系统，这些构件所处的层次、结构会有所不同，名称也会不一样。这里主要结合组态王 7.50SP2 版软件来说明。

1. 工程管理器

组态软件目前的项目开发都是以工程管理的形式来进行的，因此，基本所有的组态软件都有工程管理器，用户在工程管理器中进行工程项目的文件管理、设备定义、实时数据管理、画面设计、系统配置、策略管理等。图 7-4 中的①即为工程管理器。

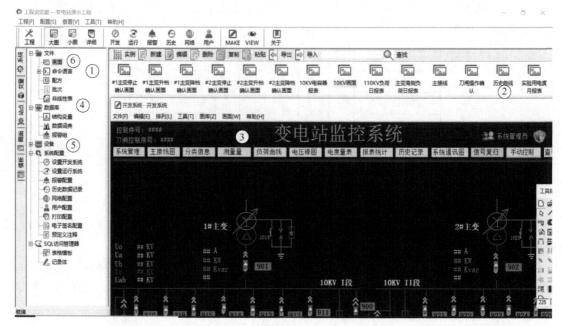

图 7-4　组态王 7.5 开发环境

2. 画面编辑组件

　　组态软件给用户最深刻印象的就是图形用户界面。人机界面中的画面主要是对生产过程设备与工艺过程的模拟，以便操作人员直观了解生产运行情况。该功能主要靠组态软件的画面编辑系统实现。组态软件除了一些基本的图形制作工具，还提供了各种控件，如曲线图、棒状图、饼状图、趋势图及各种按钮等。一般还支持第三方的图形库。图 7-4 中的②即为组态王项目中的画面集合，而③则是画面的开发环境。

　　组态软件的画面制作分为静态图形设计和动态属性设置两个过程。静态图形设计类似于"画画"，用户利用组态软件中提供的基本图形元素，如线、填充形状、文本及设备图库，在组态环境中"组合"成工程的模拟静态画面。静态图形设计在系统运行后保持不变，与组态时一致。动态属性设置则完成图形的动画属性，与定义的变量建立相关性的连接关系，作为动画图形的驱动源。动态属性与确定该属性的变量或表达式的值有关。表达式可以是来自 I/O 设备的变量，也可以是由变量和运算符组成的数学表达式，它反映图形大小、颜色、位置、可见度、闪烁性等状态的特征参数，随着表达式值的变化而变化。组态王是通过动画连接功能来实现各类动态效果的。图 7-5 所示为组态王的动画连接配置窗口。例如，在图 7-4 的 kV 处，要显示变压器出线的电压数值，就是通过模拟值输出动画实现的。

　　在组态软件中，图形主要包括位图与矢量图。所谓位图就是由点阵所组成的图像，一般用于照片品质的图像处理。位图的图形格式多采用逐点扫描、依次存储的方式。位图可以逼真地反映外界事物，但放大时会引起图像失真，并且占用空间较大。即使现在流行的 jpeg 图形格式也不过是采用对图形进行隔行隔列扫描从而进行存储的，虽然所占用空间变小，但是同样在放大时引起失真。矢量图是由轮廓和填空组成的图形，保存的是图元各点的坐标，其构造原理与位图完全不同。矢量图形，在数学上定义为一系列由线连接的点。矢量文件中的图形元素称为对象，每个对象都是一个自成一体的实体，它具有颜色、形状、轮廓、大小和屏幕位置等属性。因为每个对象都是一个自成一体的实体，就可以在维持它原有清晰度和弯曲度的同时，多次移动和改变它的属性，而不影响图例中其他对象。

3. 实时数据库系统

实时数据库是组态软件的数据处理中心，特别是对于大型分布式系统，实时数据库的性能在某种方面就决定了监控软件的性能。它负责实时数据的运算与处理、历史数据存储、统计数据处理、报警处理、数据服务请求处理等。支持处理优先级、访问控制和冗余数据库

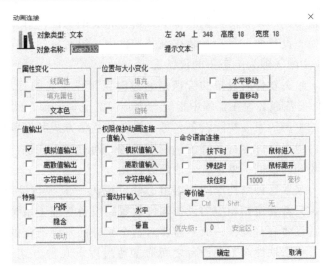

图 7-5　组态王的动画连接配置窗口

的数据一致性等功能。图 7-4 中的④即为组态王的实时数据库系统。

实时数据库实质上是一个可统一管理的、支持变结构的、支持实时计算的数据结构模型。在系统运行过程中，各个部件独立地向实时数据库输入和输出数据，并完成自己的差错控制以减少通信信道的传输错误，通过实时数据库交换数据，形成互相关联的整体。因此，实时数据库是系统各个部件及其各种功能性构件的公用数据区。

组态软件实时数据库系统的含义已远远超过了一个简单的数据库或一个简单的数据处理软件，它是一个实际可运行的，按照数据存储方式存储、维护和向应用程序提供数据或信息支持的复杂系统。因此，实时数据库系统的开发设计应该视为一个融入了实时数据库的计算机应用系统的开发设计。

组态软件数据来源途径的多少将直接决定开发设计出来的组态软件的应用领域与范围。组态软件基本都有与广泛的数据源进行数据交换的能力，如提供更多厂家的硬件设备的 I/O 驱动程序；能与 Microsoft Access、SQL Sever、Oracle 等众多的 ODBC 数据库连接；全面支持 OPC、OPC UA 标准，从 OPC 服务器直接获取动态数据；全面支持动态数据交换（DDE）标准和其他支持 DDE 标准的应用程序，如与 Excel 进行数据交换；全面支持 Windows 可视控件及用户自己用 VB 或 VC++开发的 ActiveX 控件。

组态软件实时数据库的主要特征是实时、层次化、对象化和事件驱动。所谓层次化是指不仅记录一级是层次化的，在属性一级也是层次化的。属性的值不仅可以是整数、浮点数、布尔量和定长字符串等简单的标量数据类型，还可以是矢量和表。采取层次化结构便于操作员在一个熟悉的环境中对受控系统进行监视和浏览。对象是数据库中一个特定的结构，表示监控对象实体的内容，由项和方法组成。项是实体的一些特征值和组件。方法表示实体的功能和动作。事件驱动是 Windows 编程中最重要的概念，在组态软件中，一个状态变化事件引起系统产生报警、时间、数据库更新，以及任何关联到这一变化所要求的特殊处理。如数据库刷新事件通过集成到数据库中的计算引擎执行用户定制的应用功能。

4. 设备组态与管理

在组态软件中，实现设备驱动的基本方法是：在设备窗口内配置不同类型的设备构件，

并根据外部设备的类型和特征，设置相关的属性，将设备的操作方法和硬件参数配置、数据转换、设备调试等都封装在设备构件中，以对象的形式与外部设备建立数据的传输特性。图7-4 中的⑤即为组态王的设备管理。

组态软件对设备的管理是通过对逻辑设备名的管理实现的，具体地说就是每个实际的I/O 设备都必须在工程中指定一个唯一的逻辑名称，此逻辑设备名就对应一定的信息，如设备的生产厂家、实际设备名称、设备的通信方式和设备地址等。在系统运行过程中，设备构件由组态软件运行系统统一调度管理。通过通道连接，它可以向实时数据库提供从外部设备采集到的数据，供系统其他部分使用。

采取这种结构形式使得组态软件成为一个"与设备无关"的系统，对于不同的硬件设备，只需要定制相应的设备构件放置到设备管理子系统中，并设置相关的属性，系统就可以对这设备进行操作，而不需要对整个软件的系统结构做任何改动。

组态软件与 I/O 设备之间通常通过以下几种方式进行数据交换：串行通信方式（支持Modem 远程通信）、板卡方式（ISA 和 PCI 等总线）、网络节点方式（各种工业以太网、现场总线）、适配器方式、DDE（快速 DDE）方式、OPC 方式、ODBC 方式等。

5. 控制与事件处理功能组件

控制功能组件以基于某种语言的策略编辑、生成组件为代表，是组态软件的重要组成部分。目前，工控组态软件都是引入"策略"或"事件"的概念来实现组态软件的控制功能。策略相当于高级计算机语言中的函数，是经过编译后可执行的功能实体。控制策略构件由一些基本功能模块组成，一个功能模块实质上是一个微型程序（但不是一个独立的应用程序），代表一种操作、一种算法或一个变量。在很多组态软件中，控制策略是通过动态创建功能模块类的对象实现的。功能模块是策略的基本执行元素，控制策略以功能模块的形式来完成对实时数据库的操作、现场设备的控制等功能。在设计策略控件的时候我们可以利用面向对象的技术，把对数据的操作和处理封装在控件的内部，而提供给用户的只是控件的属性和操作方法。用户只需在控件的属性页中正确设置属性值和选定控件的操作方法，就可满足大多数工程项目的需要。

由于目前工控系统的控制功能主要是由下位机 PLC 等现场控制站实现，因此，目前主流的组态软件产品都淡化了控制功能。少数组态软件集成符合 IEC 61131-3 标准的"软PLC"控制功能，可以完成一些由 PLC 实现的功能。

此外，为了提高组态软件对特定事件发生时的事件处理能力，一些组态软件还提供了事件编辑功能。组态王是以命令语言的方式来提供该功能的，图 7-4 中的⑥即为组态王的命令语言。图 7-6 为组态王的数据改变命令语言编辑窗口，当实时曲线选择这个变量变化后，执行相应的脚本，调用相应的曲线到曲线控件中。可以看到，该功能提供了一系列函数，甚至可以调用系统的 API。

6. 系统安全与用户管理

组态软件提供了一套完善的安全机制。用户能够自由组态控制菜单、按钮和退出系统的操作权限，只允许有操作权限的操作员对某些功能进行操作、对控制参数进行修改，防止意外地或非法地关闭系统、进入开发环境修改组态或者对未授权数据进行更改等操作。图 7-7为组态王的安全管理系统，这是作为项目管理器中系统配置中的一个功能模块。

组态软件的操作权限机制和 Windows 操作系统类似，采用用户组和用户的机制来进行操

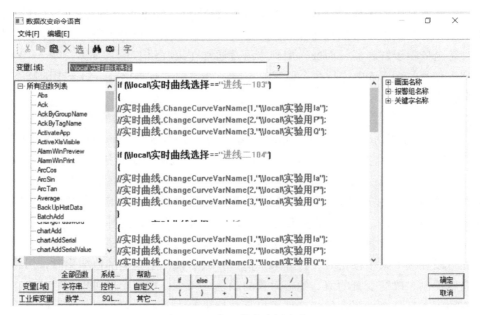

图 7-6　组态王的命令语言窗口

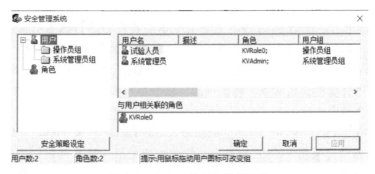

图 7-7　组态王的安全管理系统

作权限的控制。在组态软件中可以定义多个用户组，每个用户组可以有多个用户，而同一用户可以隶属于多个用户组。操作权限的分配是以用户组为单位进行的，即某种功能的操作哪些用户组有权限，而某个用户能否对这个功能进行操作取决于该用户所在的用户组是否具备对应的操作权限。通过建立操作员组、工程师组、负责人组等不同操作权限的用户组，可以简化用户管理，确保系统安全运行。

IFIX、FactoryTalk View Studio 等还可以将这种用户管理和操作系统的用户管理关联起来，以简化应用软件的用户管理。一些组态软件（如组态王）还提供了工程密码、锁定软件狗、工程运行期限等功能，来保护使用组态软件开发企业知识产权，系统集成商还可利用这些功能保护自己的合法权益。

7. 脚本语言

脚本语言是为了缩短传统编程语言所采用的编写-编译-链接-运行过程而创建的计算机编程语言。脚本语言又被称为扩建的语言，或者动态语言，通常以文本（如 ASCII）保存。相对于编译型计算机编程语言首先被编译成机器语言而执行的方式，用脚本语言开发的程序在执行时，由其所对应的解释器（或称虚拟机）解释执行。脚本语言的主要特征是程序代码即是脚本程序，亦是最终可执行文件。脚本语言可分为独立型和嵌入型，独立型脚本语言在其执行时完全依赖于解释器，而嵌入型脚本语言通常在编程语言中（如 C、C++、VB、Java 等）被嵌入使用。图 7-6 中进行命令语言组态时，就用到了脚本语言。组态王的脚本语言是该公司自行开发的。

工控系统中脚本程序的起源要追溯到 DCS 中的高级语言。早期的多数 DCS 均支持 1~2 种高级语言（如 Fortran、Pascal、Basic、C 等）。1991 年 Honeywell 公司新推出的 TDC3000LCN/UCN 系统支持 CL（Control Language），这既简化了语法，又增强了控制功能，把面向过程的控制语言引入了新的发展阶段。

虽然采用组态软件开发人机界面把控制工程师从烦琐的高级语言编程中解脱出来了，它们只需要通过鼠标的拖、拉等操作就可以开发监控系统。但是，这种采取类似图形编程语言方式开发的系统毕竟有其局限性。在监控系统中，有些功能的实现还是要依赖一些脚本来实现。例如可以在按下某个按钮时，打开某个窗口；或当某一个变量的值变化时，用脚本触发系列的逻辑控制，改变变量的值、图形对象的颜色、大小，控制图形对象的运动等。

所有的脚本都是事件驱动的。事件可以是数据更改、条件、单击鼠标、计时器等。在同一个脚本程序内处理顺序按照程序语句的先后顺序执行。不同类型的脚本决定在何处以何种方式加入脚本控制。目前，组态软件的脚本语言主要有以下几种：

1）Shell 脚本语言。所谓 Shell 脚本主要由原本需要在命令行输入的命令组成，或在一个文本编辑器中，用户可以使用脚本来把一些常用的操作组合成一组序列。这些语言类似 C 语言或 BASIC 语言，这种语言总体上比较简单，易学易用，控制工程师也比较熟悉。但是，总体上这种编程语言功能比较有限，能提供的库函数也不多，但实现成本相对较低。如组态王软件的脚本语言就属于这一类。

2）采用 VBA（Visual Basic for Application），如 FactoryTalk View、iFIX 等组态软件。VBA 比较简单、易学。采用 VBA 后，整个系统编程的灵活性大大加强，控制工程师编程的自由度也扩大了很多，一些组态软件本身不具有的功能通过 VBA 大都可以实现，而且控制工程师还可以利用它开发一些针对特定行业的应用。

3）支持多种脚本语言，目前来看，只有西门子公司的 WinCC。

脚本语言的使用，极大地增强了软件组态时的灵活性，使组态软件具有了部分高级语言编程环境的灵活性和功能。典型的如可以引入事件驱动机制，当有窗口装入、卸载事件，当有鼠标左、右键的单击、双击事件，当有某键盘事件及其他各种事件发生时，就可以让对应的脚本程序执行。

脚本程序编辑器一般都具有语法检查等功能，方便开发人员检查和调试程序。

脚本程序不仅能利用脚本编程环境提供的各种字符串函数、数学函数、文件操作等库函数，而且可以利用 API 函数来扩展组态软件的功能。

8. 运行策略

所谓运行策略，是用户为实现对运行系统流程自由控制所组态生成的一系列功能模块的总称。运行策略的建立，使系统能够按照设定的顺序和条件，操作实时数据库，控制用户窗口的打开、关闭以及设备构件的工作状态，从而达到对系统工作过程的精确控制及有序调度的目的。通过对运行策略的组态，用户可以自行完成大多数复杂工程项目的监控软件，而不需要烦琐的编程工作。

按照运行策略的不同作用和功能，一般把组态软件的运行策略分为启动策略、退出策略、循环策略、报警策略、事件策略、热键策略及用户策略等。每种策略都由一系列功能模块组成。

启动策略是指在系统运行时自动被调用一次，通常完成一些初始化等工作。

退出策略在退出时自动被系统调用一次。退出策略主要完成系统退出时的一些复位操作。有些组态软件的退出策略可以组态为退出监控系统运行状态转入开发环境、退出运行系统进入操作系统环境、退出操作系统并关机 3 种形式。

循环策略是指在系统运行时按照设定的时间循环运行的策略，在一个运行系统中，用户可以定义多个循环策略。

报警策略是用户在组态时创建，在报警发生时该策略自动运行。

事件策略是用户在组态时创建，当对应表达式的某种事件状态为真时，事件策略被自动调用。事件策略里可以组态多个事件。

热键策略是用户在组态时创建，在用户按下某个热键时该策略被调用。

用户策略是用户在组态时创建，在系统运行时供系统其他部分调用。

当然，需要说明的是，不同的组态软件中对于运行策略功能的实现方式是不同的，运行策略的组态方法也相差较大。

7.4　人机界面与控制器的 OPC 通信技术

7.4.1　OPC 规范与 OPC UA 规范基本内容

1. OPC 规范与 OPC 服务器

目前，在组态软件与硬件设备的通信中，最原始的通信方式是通过专用驱动程序，如图 7-8a 所示。然而，这种方式存在许多问题。首先，必须要分别为不同的硬件设备开发不同的驱动程序（即服务器），然后，在各个应用程序（即客户机）中分别为不同的服务器开发不同的接口程序。因此，对于由多种硬件和软件系统构成的复杂系统而言，这种模型的缺点是显而易见的：对客户应用程序开发方，要处理大量与接口有关的任务，不利于系统开发、维护和移植，因此这类系统的可靠性、稳定性及扩展性较差；对硬件开发商，要为不同的客户应用程序开发不同的硬件驱动程序。解决该问题的一个有效方式就是采用 OPC 规范，从而形成如图 7-8b 所示的结构。

OPC 是 OLE for Process Control 的简称，即用于过程控制的对象链接与嵌入。OPC 规范定义了一个工业标准接口，它基于微软的 OLE/COM（Component Object Model，COM）技术，它使控制系统、现场设备与工厂管理层应用程序之间具有更大的互操作性。OLE/COM 是一种客户机/服务器模式，具有语言无关性、代码重用性、易于集成性等优点。OPC 规范了接口函数，不管现场设备以何种形式存在，客户都以统一的方式去访问，从而保证软件对客户的透明性，使得用户完全从底层的开发中脱离出来。由于 OPC 规范基于 OLE/COM 技术，同时 OLE/COM 的扩展远程 OLE 自动化与 DCOM 技术支持 TCP/IP 等多种网络协议，因此可以将 OPC 客户机、服务器在物理上分开，位于网络上不同节点。

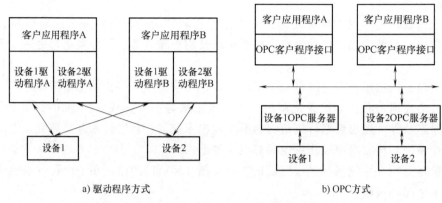

a) 驱动程序方式　　　　　　　　　　　　b) OPC方式

图 7-8　两种不同的客户机/服务器实时通信模型

采用该规范后，制造厂商、用户和系统集成商都可以实现各自的好处，具体表现在以下几方面：

1）设备开发者：可以使设备驱动程序开发更加简单，即只要开发一套 OPC 服务器即可，而不是为不同的客户程序开发不同的设备驱动程序。这样它们可以更加专注于设备自身的开发，当设备升级时，只要修改 OPC 服务器的底层接口就可以。采用该规范后，设备开发者可以从驱动程序的开发中解放出来。

2）系统集成商：可以从繁杂的应用程序接口中解脱出来，更加专注于应用程序功能的开发和实现，而且应用程序的升级也更加容易，不再受制于设备驱动程序。

3）用户：可以选用各种各样的商业软件包，使得系统构成的成本大为降低，性能更加优化。同时可以更加容易地实现由不同供应厂商提供的设备来构成混合的工业控制系统。

正是因为 OPC 技术的标准化和适用性，OPC 规范及新的 OPC 统一架构（OPC UA）规范得到了工控领域硬件和软件制造商的承认和支持，成为工控业界公认的事实上的标准。目前，大量的设备厂商都开发了自己设备的 OPC 服务器，一些第三方公司，如 KepWare（被PTC 公司收购)，也专门开发了市场上主流设备的 OPC 服务器。虽然 OPC 规范中 OPC 类型较多，如 OPC 报警与事件、OPC 历史数据存取和 OPC 批量服务器等，但使用最多的是 OPCDA（OPC Data Access，OPC 数据存取）规范，它也是其他 OPC 规范的基础。

虽然目前组态软件仍然大量采用驱动方式与现场控制器等设备通信，但是采用 OPC 规范是一种更加有效的方法，这里对此方式进行介绍。

2. OPC UA 规范

OPC 通信标准的核心是互通性（Interoperability）和标准化（Standardization）问题。传统的 OPC 技术在控制级别很好地解决了监控软件与硬件设备的互通性问题，并且在一定程度上支持了软件之间的实时数据交换。然而，传统的 OPC 规范在面向更大规模的企业级应用软件互联对数据通信的要求上还存在不足，具体表现在以下几个方面：

（1）微软 COM/DCOM 技术的局限性

由于要实现 DCOM 功能，需要对计算机系统进行一定的设置从而满足分布式控制系统应用需求，但这种设置会比较烦琐，而且会带来较为严重的安全隐患。此外，由于从 2002年开始微软发布了新的 .NET 框架并且宣布停止 COM 技术的研发，这影响了传统 OPC 规范的应用前景。

（2）缺乏统一数据模型

例如，如果用户需要获取一个压力的当前值、一个压力超过限定值的事件和一个压力的历史平均值，那么他必须发送 3 个请求，访问传统的数据存取服务器、报警与事件服务器和历史数据访问服务器这 3 个 OPC 服务器。这不仅会导致用户使用的不便，而且还影响了访问效率。

（3）缺少跨平台的通用性

由于 COM 技术对微软平台的依赖性，其平台可移植性较差，使得基于 COM/DCOM 的 OPC 接口很难被应用到其他系统的平台上。

（4）较难与 Internet 应用程序集成

由于 OPC 是基于二进制数据传输，这一点令其很难穿过网络防火墙，因此基于 COM/DCOM 的 OPC 接口无法与 Internet 应用程序进行正常的交互。虽然基于 Web 服务技术，OPC XML 技术已经较好地实现了数据在互联网上的通信，但其单位时间内所读取的数据项个数要比基于 COM/DCOM 方式少两个数量级左右，导致这种方式很难推广。

OPC UA 规范是在传统 OPC 技术取得巨大成功之后的又一个突破，被认为是智能制造时代的关键通信技术和规范。它不仅可以运行在 Windows 操作系统上，还可以在嵌入式系统运行。它以统一的架构与模式，既可以实现设备底层的数据采集、设备互操作等的横向信息集成，还可以实现设备到 SCADA、SCADA 到 MES、设备与云端的垂直信息集成，从而让数据采集、信息模型化以及工厂底层与企业层面之间的通信更加安全、可靠。图 7-9 所示为其目标应用结构。

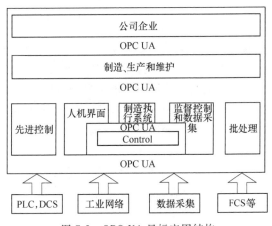

图 7-9　OPC UA 目标应用结构

OPC UA 服务器不仅可以安装在计算机上，也可以安装在嵌入式设备上。目前，西门子 S7-1200、S7-1500 等 PLC 产品都集成了 OPC UA 服务器，用户应用程序可以和该控制器进行 OPC UA 通信。

7.4.2　KEPServerEX OPC 服务器与 Micro800 PLC 的以太网通信

美国 Kepware 公司的 KEPServerEX 是行业先进的连接平台，该平台的设计使用户能够通过一个直观的用户界面来连接、管理、监视和控制不同的自动化设备和软件应用程序。KEPServerEX 利用 OPC 和以 IT 为中心的通信协议（如 SNMP、ODBC 和 Web 服务）来为用户提供单一来源的工业数据。该平台能较好地满足客户对性能、可靠性和易用性的要求。KEPServerEX 提供了 170 多种设备驱动程序、客户端驱动程序和高级插件，这些驱动程序和插件支持连接成千上万的设备和其他数据源。KEPServerEX 平台的 OPC Connectivity Suite 让系统和应用程序工程师能够从单一应用程序中管理他们的 OPC DA 和 OPC UA 服务器。通过减少 OPC 客户端与 OPC 服务器之间的通信数量，可确保 OPC 客户端应用程序按预期运行。

　　以下说明如何利用 KEPServerEX 创建 Micro820 PLC 的 OPC 连接。首先运行该 OPC 服务器软件 "KEPServerEX 6 Configuration"。在项目下的 Connectivity 下建立新的通道（Channel），这里命名为 "Micro820Ethernet"，然后在 Micro820Ethernet 这个通道下建立设备（Device），这里命名为 "1#Micro820"，如图 7-10 所示。通道和设备都可以利用软件的向导生成，生成后若有错误，可以在属性页加以修改。

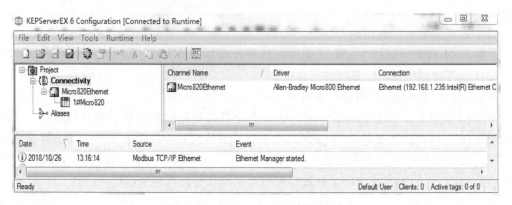

图 7-10　KEPServerEX 配置主界面

　　其中在建立新的通道时，要指定计算机中选用的网卡，其他参数可以是默认的，如图 7-11 所示。在建立设备过程中，要选定所连接的设备及其与 OPC 服务器通信的协议类型，这里选的是 "Allen-Bradley Micro800 Ethernet"。此外，还要填写设备的 IP 地址和端口，这里为 192.168.1.3。这里填写的 IP 地址与端口号需要与 Micro820 PLC 中组态的一致，否则通信不会成功，如图 7-12 所示。

图 7-11　通道的属性界面

　　通道、设备建立后，就可以在设备下建立标签，这里的标签就是具体要通信的变量。一般的 OPC 服务器与罗克韦尔自动化控制器通信时，必须把控制器与外部通信的变量放置在控制器标签（即全局变量）中，控制器中的程序的局部变量不能与外部设备通信。这里首先添加了一个 I/O 变量，变量名称定义为 "DO_06"，然后设置变量的地址为 "_IO_EM_DO_06"，变量类型为布尔型，具有读/写属性，如图 7-13 所示。再定义一个全局变量，名称为 "Start"，地址为 "START"（即控制器标签中的全局变量标签名），变量类型为布尔型，具有读/写属性，如图 7-14 所示。

　　在所有的标签定义完成后，就可以进行测试（实际是首先定义几个标签，测试通信是

图 7-12　设备的属性界面

图 7-13　I/O 变量的标签定义界面

图 7-14　全局变量的标签定义界面

否成功，若成功，说明先前的操作都是正确的，可以添加更多的变量）。单击软件"Tools"菜单下的"Launch OPC Quick Client"，就可在此 OPC 客户端检查通信，如图 7-15 所示。

可用鼠标单击图 7-15 界面中标签侧（即窗口右侧）中的标签，了解具体的通信情况。例如单击"START"标签，若通信是正常的，则会出现如图 7-16 所示的界面。从项目质量可以了解通信是否成功，若该值为 192，表示通信成功。从图 7-16 还可以看出采用 OPC 规范通信的优势，即除了可以了解通信是否成功外，还能看到时间戳，即数据通信刷新的时间，而传统的采用驱动程序方式通信时是无法了解相关信息的。

在该客户端，还可以对标签值进行修改，如选中"DO_06"，单击鼠标右键，选中"Asynchronous 2.0 Write（异步写）"（或同步写），会出现如图 7-17 所示的对话框，在该对话框中可以修改具有写属性标签的值。如修改成功，客户端中该标签的当前值就会变化，控

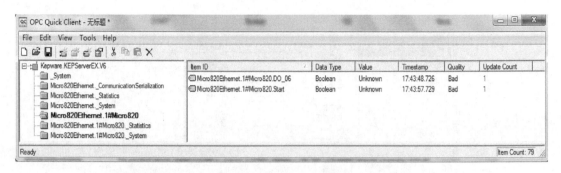

图 7-15 在 OPC 客户端测试 OPC 服务器与设备通信

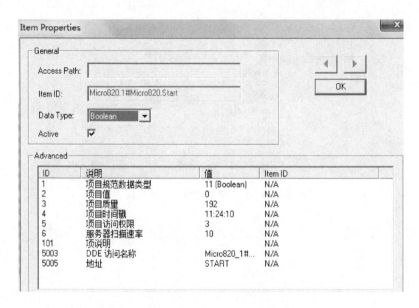

图 7-16 OPC 通信时标签的属性窗口

制器中的该全局标签的值也会变化。

　　配置好的 OPC 服务器可以保存成 opf 等格式文件，这样可以把该配置复制到其他的计算机中。不过，如果采用这种方式，需要在新的计算机中修改 OPC 服务器配置中的通道设置，即把图 7-11 中的网络适配器选择为新计算机的网络适配器。此外，OPC 服务器中配置的标签也可以导出为 csv 文件保存后再导入到其他 OPC 服务器中。也可以在 csv 文件中定义标签或在 csv 文件中修改标签，然后再导入到 OPC 服务器中。在 Excel 中修改标签要比在 OPC 服务器中定义标签效率更高，特别是标签数量很多时。

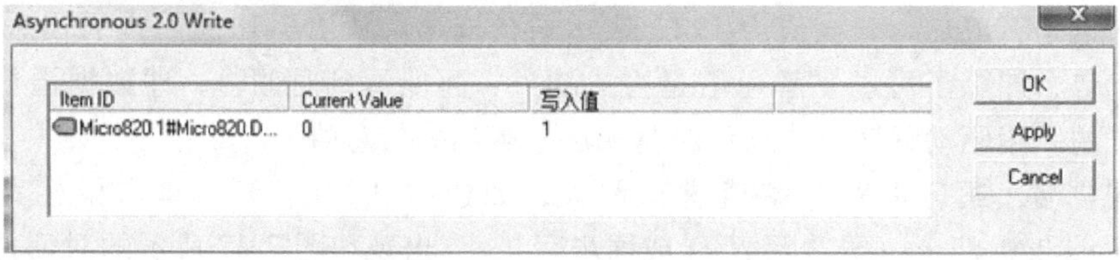

图 7-17 修改标签的数值

7.4.3 组态软件中添加 OPC 服务器及标签

虽然目前主流的组态软件都支持 OPC 规范，并且可以作为 OPC 服务器与其他 OPC 客户软件进行实时数据交换，但组态软件与 OPC 服务器通信时是作为 OPC 客户端的。组态王是国产组态软件的主流产品，市场占有率较高。目前，组态王没有 Micro800 PLC 的以太网通信驱动，而 OPC 服务器是解决该问题的方法。虽然可以通过 Rslink 的 OPC 服务器功能实现与组态王的通信，但这里接着 7.4.2 节的内容，介绍如何在组态王中添加 7.4.2 节介绍的 OPC 服务器，从而实现组态王工程与 Micro820 PLC 的以太网通信。

运行组态王 6.60，如图 7-18 所示。在开发环境下，选择工程浏览器中设备子文件夹下的 "OPC 服务器"，在右侧窗口中单击 "添加 OPC 服务器"，这时会弹出对话框，该对话框中列出了本地计算机上可用的所有 OPC 服务器。这里选择 7.4.2 节用的 "Kepware KEPS-erverEX V6"。如果要选用网络节点上的 OPC 服务器，则需要输入网络节点名进行查找。

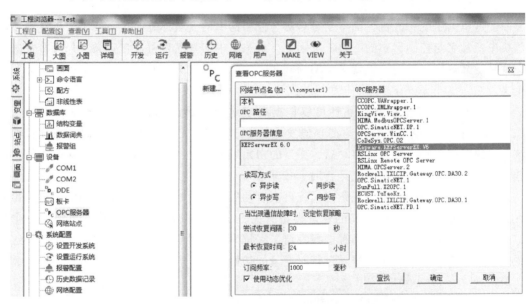

图 7-18 选择要用的 OPC 服务器并添加到设备中

在组态王中添加了 OPC 服务器后，可以单击选用 "Kepware KEPServerEX V6"，单击鼠标右键弹出菜单中的 "测试本机 \ "Kepware KEPServerEX V6"，会弹出如图 7-19 所示的对话框，在 "OPC 测试选项卡" 下可以看到 OPC 服务器的寄存器列表，可以选择 "Start"，单击 "添加" 按钮，则该标签会放入 "采集列表" 栏中，然后可以单击 "读取" 按钮，观察变量值、时间戳等是否正常。

OPC 服务器选择好后，可用看到 OPC 设备中就有了刚才添加的 OPC 服务器。这时就可以在数据字典中定义变量，并把定义的变量关联到该 OPC 服务器中的标签。例如，如图 7-20 所示，新建一个 I/O 离散类型的变量 Start，在连接设备栏选择 "本机 \ Kepware KEPServerEX V6"，然后单击寄存器文本框右侧的下拉箭头，会弹出该 OPC 服务器的根节点及其下面的 OPC 配置，这里选择 "Micro820Ethernet"（通道）下的 "Micro820Ethernet. 1#Mi-cro820"（设备）下的 "Start" 标签，则完成了组态王变量 Start 与 OPC 服务器 "Start" 标签

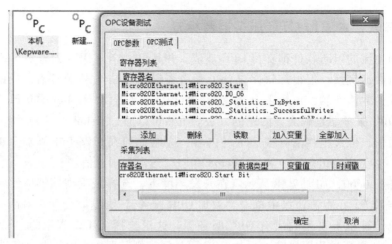

图 7-19　在组态王中测试与 OPC 服务器的通信

的关联。这里为了统一人机界面中变量名称与控制器中的变量标签，从而便于变量管理，使上位机中变量名与控制器中的一致。实际上，组态王中变量名也可以自定义，只要符合组态王中变量定义规则。然后设置变量类型为"Bit"，读写属性为"读写"。这样就完成了变量的定义。

在图 7-20 中，变量的其他属性可以根据要求进行选择。例如，如果选择了"保存参数"，则如果变量的域（可读可写型）值发生了变化，组态王运行系统退出时，系统自动保存该值。组态王运行系统再次启动后，变量的初始域值为上次系统运行退出时保存的值；如果选择了"保存数值"，则系统运行时，如果变量的值发生了变化，组态王运行系统退出时，系统自动保存该值。组态王运行系统再次启动后，变量的初始值为上次系统运行退出时保存的值。初始值内容与所定义的变量类型有关，定义模拟量时出现编辑框可输入一个数值，定义离散量时出现开或关两种选择，定义字符串变量时出现编辑框可输入字符串。这些设置的数值规定了组态王工程开始运行时变量的初始值。

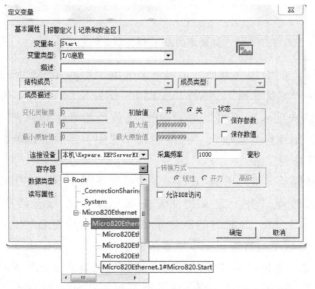

图 7-20　与 OPC 服务器标签关联的组态王工程变量定义

7.5　PanelView 800 终端人机界面设计示例

　　PLC 没有人机界面，为了实现信号显示、操作员输入和控制等人机交互功能，PLC 通常要外接各种工业面板（终端或触摸屏）。PanelView 800 系列终端是罗克韦尔自动化的经济型产品，可以和 Micro800、MicroLogix 和 CompactLogix 5370 控制器进行串行和以太网通信，应用在各类单体设备或小型生产线上。

　　PanelView 800 系列终端的编程软件是 DesignStation，它是 CCW 编程软件的一个组件。用户无需连接到终端即可在 CCW 编程软件中直接用 DesignStation 创建终端的人机界面应用程序。在安装 CCW 编程软件时，要勾选 DesignStation 软件进行安装。该软件不支持终端仿真功能，用户只有把开发好的终端程序下载到实体终端上才能运行该应用程序。下载方式可以是以太网、USB 闪存盘或 MicroSD 卡。DesignStation 支持 PanelView 800 和 PanelView Component（2711C）两类终端。罗克韦尔自动化的 PanelView Plus 6 系列的 HMI 终端是通过 FactoryTalk View ME V6.0 以上版本软件编程的。

7.5.1　PanelView 800 终端配置

　　在使用终端及终端维护时，都要对终端进行配置。终端的配置是指对系统界面所有参数的集合进行组态/选择。终端可通过浏览器界面或终端上的配置画面来配置。要使用浏览器界面，需要通过以太网将计算机浏览器连接到终端的 Web 服务。

　　以下介绍通过终端界面更改终端设置。终端上电启动后，会出现主界面，菜单显示在终端画面的左侧。不管应用程序是否运行，均可进行更改。PanelView 800 终端主菜单如图 7-21 所示。

　　单击画面中的菜单项，可以实现的功能有以下几类：

　　1）主配置设置：可以在主配置界面执行以下操作，如转到当前应用程序、选择终端语言、更改日期和时间、重启终端。

　　2）文件管理器设置：在主配置界面上，按下 "File Manager" 转到 "File Manager" 界面。可以在 "File Manager" 执行以下操作，如导出应用

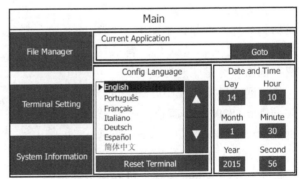

图 7-21　PanelView 800 终端主菜单

程序、导入应用程序、更改启动应用程序、复制或编辑配方、复制报警历史、更改应用程序的控制器设置。

　　3）终端设置：在主配置界面上，按下 "Terminal Setting" 转到 "Terminal Setting" 界面。可以在 "Terminal Setting" 执行以下操作，如更改以太网设置、配置 VNC 设置、更改端口设置、启用 FTP 服务器、调整显示亮度、校准触摸屏、更改显示方向、配置屏幕保护程序、删除字体、更改错误告警显示设置、打印设置。

　　4）系统信息设置：在主配置界面上，按下 "System Information" 转到 "System Informa-

"tion"界面。可以在"System Information"执行以下操作，如查看系统信息、更改夏令时和时区。

5）传送应用程序：为一台 PanelView800 终端创建的应用程序可用于其他 PanelView 800 终端。为 PanelView800 终端创建的应用程序无法在旧版 PanelView Component 终端上使用。传送应用程序分为两步：

① 将应用程序从终端的内部存储器导出到 USB 闪存盘或 microSD 卡。

② 将应用程序从 USB 闪存盘或 microSD 卡导入到另一台终端的内部存储器。

7.5.2　PanelView 800 终端人机界面开发实例

1. PanelView 800 终端人机界面功能设计

以某水电站水轮机发电系统为例来说明 PanelView 800 人机界面设计过程。该终端有 5 个界面窗口（Screen），分别用于流程显示、趋势显示、报警、参数汇总显示及运行参数设置。每个窗口要有标题栏、时间显示、当前用户显示等。要求具有用户管理功能，对于运行参数设置窗口，只有权限为 RIGHT2 的用户才能打开并进行设置（该用户也能打开其他窗口）。权限为 RIGHT1 的用户能打开除参数设置窗口外的其他窗口。每个窗口要设计有切换按钮，操作员可以切换到其他界面。为了简单起见，要求流程显示窗口可以显示大坝前、后的液位、发电机实时功率等参数，显示大坝进水闸门状态（开或关）、水轮机的故障状态。

报警窗口对大坝的前、后水平超限等异常情况进行报警，对水轮机的故障进行报警。PanelView 800 人机界面效果需求示意图如图 7-22 所示。其中命令按钮文本为绿色的表示目前窗口的名称。例如，本图中，"趋势曲线"按钮文本是绿色，表示目前窗口画面名称是"趋势曲线"。

终端通过以太网（CIP Ethernet）协议与 Micro820 PLC 通信。控制器 IP 地址为 192.168.1.3，终端 IP 地址为 192.168.1.200。

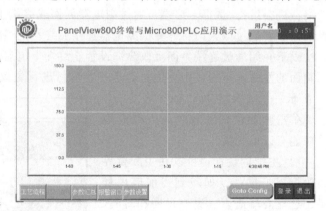

图 7-22　PanelView 800 人机界面效果需求示意图

2. PanelView 800 终端人机界面设计步骤

（1）添加终端设备

由于本项目中要实现终端与 Micro820 PLC 的通信，因此要在 CCW 编程软件生成一个包含型号为 2080-LC20-20QBB 控制器设备的项目，然后从设备工具箱中拖拉所需要的终端设备到项目管理器窗口，这里选择了"2711R-T7T"，可以看到生成了一个设备名为"PV800_App1"终端应用，把该名称改为"HMIDemo"。在"HMIDemo"下可以看到"标签""报警""配方"和"画面"4 个子项目，如图 7-23 所示。2711R-T7T 是一个 7 英寸 ［1 英寸（in）= 25.4cm］的终端。在 CCW 编程软件中，一个项目只能添加一个终端。

可以看到，CCW 编程软件的图形终端设计窗口由 A～D 四个部分组成，分别是项目管理器、设计窗口、属性窗口和工具箱。

图 7-23　CCW 编程软件项目中添加了 PanelView 800 终端 "HMIDemo"

（2）用户账户与操作权限设置

由于后续进行画面设计时，关系到操作权限，因此要先进行用户设置。单击图 7-23 中的用户账户（①处），出现用户设置窗口，如图 7-24a 所示。单击该图中的①处的"添加用户"按钮，会出现添加用户窗口，在该窗口中填写用户名、用户密码。这里添加了"OP-ERATOR1""OPERATOR2"和"ENGINEER"三个用户。然后单击图 7-24a 中②处的"添加权限"按钮，这里增加了两个权限，分别是"RIGHT1"和"RIGHT2"。

通信	用户账户					
用户账户	应用程序安全					
语言	闲置超时长度：15 分钟 ∨					
进阶	掩码密码条目：● 真　○ 伪					
	密码 & 用户名类型：● 字母数字键盘　○ 数字键盘					
	□ 设计环境受到安全保护 - 用户需要编辑应用程序的设计权限。					
	添加用户 ① ｜删除所选择的用户 ｜｜添加权限 ② ｜删除权限					

a) 用户账户窗口

用户	密码 - 重设	密码 - 可修改	设计	RIGHT1	...	RIGHT2	...
所有用户*			□	□		□	
OPERATOR1		☑	□	☑		□	
OPERATOR2		☑	□	☑		□	
ENGINEER		☑	□	☑		☑	

b) 用户账户设置完成后的情况

图 7-24　CCW 编程软件项目对 PanelView 800 终端 "HMIDemo" 进行用户设置

当用户和权限添加后，就可以给用户进行权限设置。这里给"OPERATOR1"和"OP-ERATOR2"两个用户的权限是"RIGHT1"；而"ENGINEER"用户权限是"RIGHT1"和"RIGHT2"。用户账户设置完成后的信息如图 7-24b 所示。

（3）建立与控制器的通信

接着定义与控制器的通信。因为人机界面设计中，参数显示、报警等都与标签有关，而终端中要想定义与控制器通信的标签，必须首先建立与控制器的通信。

双击"HMIDemo"终端图标，出现终端配置与设计的窗口，如图 7-23 中的 B 部分所示，单击该图的②处"通信"，则 B 部分变成了通信设置界面，图 7-25 是该界面的一部分。通信的设置过程如下：

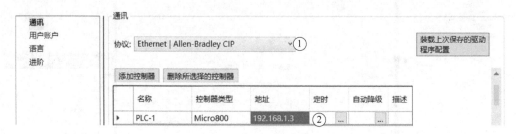

图 7-25　PanelView 800 人机界面效果需求示意图

1）在终端生成后，会自动在图 7-25 中添加控制器"PLC-1"，通信协议为"Serial | Allen_Bradley CIP"。这个协议不是本项目采用的，需要改变。可以在图中①处，从下拉菜单中重新选择"Ethernet | Allen_Bradley CIP"协议，在②处填写控制器的 IP 地址。

若终端和 CPU 模块集成网卡的 CompactLogix 控制器以太网通信，地址填写为 192.168.1.5，1，0，其中 192.168.1.5 是 CompactLogix 控制器的 IP 地址。

2）终端设置好后，可以单击图 7-23 的③处，设置终端的通信路径。这个操作与本书第 3 章介绍的控制器通信路径设置类似。即可以在 Rslink 中添加终端的驱动，然后这里选择该驱动后，就可以建立与终端的通信路径，进行终端人机界面程序下载、上传等操作了。由于终端应用程序还没完成，这里就不进行程序下载了。

（4）在终端中定义标签

为了在终端界面中显示参数以及实现其他用户的接口功能，还需要在终端中添加变量/标签。单击项目管理器中"HMIDemo"下的"标签"，会弹出如图 7-26 所示的"标签编辑器"窗口。在此可以编辑标签。通过单击"添加"按钮，增加了 6 个标签。这 6 个标签也是 PLC 中定义的全局变量（控制器标签）。在添加标签的过程中，要确保标签类型、地址及连接的控制器名称（图中①处）的准确性，否则数据可能连接不正常。当然，为了提高程序可读性，也可以增加标签的描述。

在填写标签地址时，可以通过单击图 7-27 中①处的"…"按钮，会弹出变量选择器窗口②，然后从这个窗口中选择 PLC 中的全局变量，作为终端中标签所映射的 PLC 地址。从而可以确保地址不会填写错误。

（5）画面设计

为了便于用户组态画面，Design-Station 提供了工具箱，如图 7-28 所

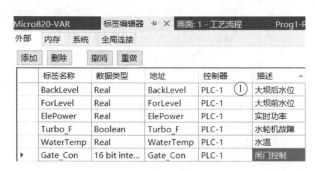

图 7-26　PanelView 800 人机界面中增加标签

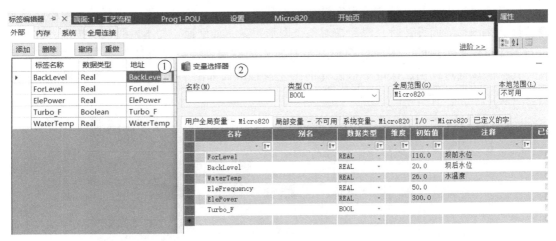

图 7-27　PanelView 800 人机界面中增加标签时的变量选择

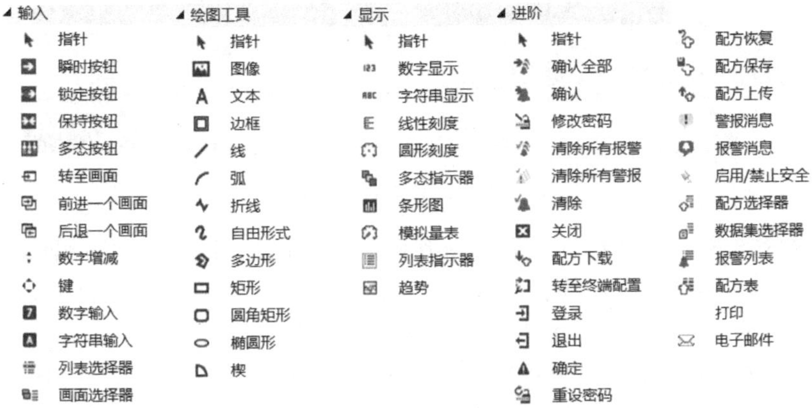

◢ 输入		◢ 绘图工具		◢ 显示		◢ 进阶			
指针		指针		指针		指针		配方恢复	
瞬时按钮		图像		数字显示		确认全部		配方保存	
锁定按钮		文本		字符串显示		确认		配方上传	
保持按钮		边框		线性刻度		修改密码		警报消息	
多态按钮		线		圆形刻度		清除所有报警		报警消息	
转至画面		弧		多态指示器		清除所有警报		启用/禁止安全	
前进一个画面		折线		条形图		清除		配方选择器	
后退一个画面		自由形式		模拟量表		关闭		数据集选择器	
数字增减		多边形		列表指示器		配方下载		报警列表	
键		矩形		趋势		转至终端配置		配方表	
数字输入		圆角矩形				登录		打印	
字符串输入		椭圆形				退出		电子邮件	
列表选择器		楔				确定			
画面选择器						重设密码			

图 7-28　画图工具箱主要工具

示。工具箱有 4 类工具，包括输入、绘图工具、显示和进阶，每类又有较多不同的工具。这些工具实际是一系列具有属性的对象，用户可以对其属性进行设置。用户在进行人机界面组态时，实质是利用这些工具箱中的对象，快速构建画面。

选中项目管理器中"HMIDemo"下的"画面"，单击鼠标右键，会弹出"添加屏幕"菜单，单击该菜单，会出现名称为"1-Screen1"的新画面。双击该画面，则 CCW 编程软件设计窗口中会出现该画面，以及该画面的属性窗口，如图 7-29 所示。

把 7-29 窗口中①处的通用类下的"名称"属性改为"工艺过程"，从画面类属性的"访问权限"属性（②处）的下拉菜单中选取"RIGHT1"权限，表示具有该权限的用户才能访问该画面。

采用同样的方式，添加 4 个画面，并把画面名称改为"2-趋势曲线""3-参数汇总""4-报警窗口""5-参数设置"。其中"5-参数设置"画面的"访问权限"属性"RIGHT2"，即只有"ENGINEER"用户才能访问。

图 7-29　终端中画面的属性窗口及其设置

这里需要指出的是，目前的程序设计，不管是文本方式还是图形方式都广泛采用面向对象特性。在图形界面设计时，实际是对每个图形对象，如画面、文本、线条、按钮、位图等进行属性设置来实现的。不同的图形对象具有不同的属性，一般设计中，只需改变部分属性，其他的属性可以用默认值。拟设计的工艺流程画面如图 7-30 所示，以下介绍该画面的设计过程。

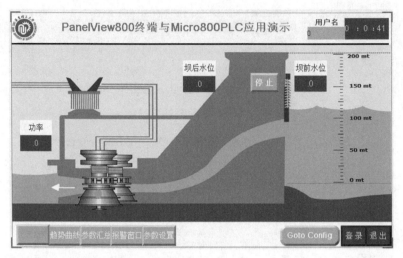

图 7-30　工艺流程画面设计

把工具箱的绘图工具中的"图像"拖到画面中，把该图像的属性设置好（主要是大小），然后双击该图像，出现图像导入窗口。用户可以把合适的图形文件导入，这样画面中就可以显示该画面了。画面左上角的 Logo 也是同样方式实现的。

画面中的文本，如"PanelView800 终端与 Micro800PLC 应用演示""功率""坝前水位""坝后水位"是通过把工具箱的绘图工具中的"文本"拖到画面中，改变其"文本""文本颜色""边框样式"和部分通用属性（高、宽等）实现的。

画面中的参数显示，是把工具箱中的显示工具中的数字显示对象拖到画面中，改变其属性实现的。该对象的属性较多，分为格式、连接、通用和外观 4 类，如图 7-31 所示。格式主要设置小数点位数。连接是把要显示的标签和这个对象关联起来。通用是设置对象的大小尺寸和显示的位置及对象名称。外观对应的属性较多，但这些属性都非常容易理解。Windows 程序设计是"所见即所得"，外观属性修改后，立刻可以看到效果。图 7-30 中的时间显示是把 3 个数字显示对象分别与系统变量（$\$ SysClockHour$、$\$ SysClockMinute$ 和 $\$ SysClockSecond$）关联起来实现的，另外添加了 2 个"："文本。

画面中的画面切换按钮是把工具箱的输入类"转至画面"对象拖入到画面中并修改属性实现的。例如对于图 7-30 中的"趋势曲线"按钮，修改其外观类的文本属性为"趋势曲线"，把浏览类画面属性中的下拉菜单选为"2-趋势曲线"。再修改其他一些显示等属性就可以了。画面中的其他按钮也是同样实现的。画面中的"Goto Config"按钮主要

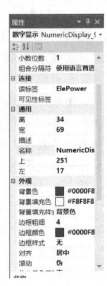

图 7-31　数字显示对象属性

是切换到如图 7-21 所示的终端的配置界面。由于要进行用户登录和管理，因此把工具箱进阶类的"登录"和"退出"对象也拖入画面进行配置。

在终端的人机界面设计时，常要用到动画功能。CCW 编程软件的 DesignStation 由于不是独立的应用软件，动画功能较弱。这里，要显示水轮机的运行状态，因此，把工具箱的显示类"多态指示器"拖到画面中，把其读标签与"Turbo_F"标签关联，可见性标签保留空白。把外形尺寸拉放到合适（或修改其通用属性数值来控制）。然后，双击该对象，出现如图 7-32 所示的设置界面，把数值 0（表示无故障）的背景色改为绿色，数值 1（表示有故障）的背景色改为红色，把标题文本都删除（图中②处）。单击"确定"按钮保存。这样就可以动态显示水轮机的故障状态了。当然，如果要用文字和颜色同时显示状态，那么给不同的数值设置不同的标题文字即可。当然，这里也可以把这个多态指示器的可见性与一个脉冲标签关联，实现闪烁功能，即脉冲为"0"时隐藏，脉冲为"1"时显示。

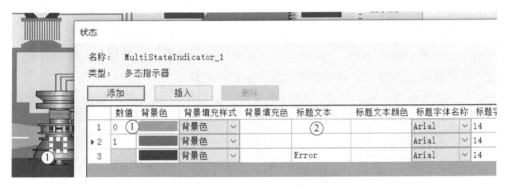

图 7-32　多态显示器属性设置

对于工艺流程画面中的水闸控制，把工具箱输入类的"多态按钮"拖到画面中，把连接的写标签属性和指示器标签属性与"Gate_Con"标签关联，把外形尺寸拉放到合适。然后，再双击该对象，出现如图 7-33 所示的设置界面，对应不同的数值，分别设置其背景色和标题文本。这里应注意的是编写控制器闸门控制程序时，应根据这里定义的变量数值及其

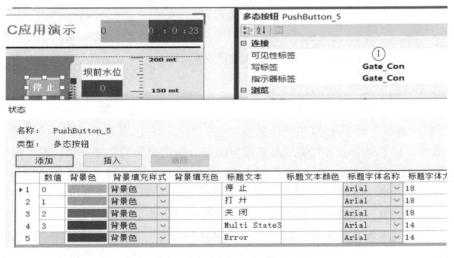

图 7-33　多态按钮属性设置

含义进行对应。此外，图中①处的可见性标签，除非要用变量来控制该图形对象的可见性，否则不要连接变量。例如，如果这里连接了变量，当变量为 0 时，这个图形对象不可见，即停止状态不会显示出来。

需要说明的是，一般对于一类图形对象，画面中应保持其风格一致，因此，定义好一个对象后，可以进行复制，然后再改变该复制对象的一些属性。本画面设计中就采取了类似方法。工艺流程画面中的菜单切换等各类按钮，还有标题栏的所有内容都复制到了另外 4 个画面中，从而保持画面的风格一致。此外，对于图形对象的定位，有时图形对象很小，较难定位或修改尺寸，这时，可以通过修改其通用属性中的"上"和"左"数值来进行精确定位，修改其"高"和"宽"数值精确控制其外形大小。还可以利用软件提供的对齐、排列等编辑工具，把画面中多个对象进行对齐或排列，使设计的画面更加美观。

（6）趋势功能设计

把工具箱显示类中的"趋势"拖到"2-趋势曲线"画面中，如图 7-34 中①所示。把该控件的尺寸和位置定好，双击该控件，进行画笔组态，如图中②处的组态窗口。这里，要显示"坝前水位"和"坝后水位"，因此，在读标签中分别选中对应的标签，然后设置不同标签对应的画笔颜色、线型、线宽等参数。再在该控件的属性窗口中进行属性设置，主要的属性在趋势类属性中设置，包括趋势对象的最大值、最小值。X 轴和 Y 轴的坐标标签数目和字体等及 X 轴时间长度、单位等。

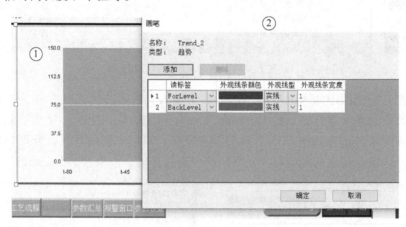

图 7-34　趋势曲线参数设置

（7）报警功能设计

报警功能的设计包括两个步骤，首先要双击图 7-23 项目管理器"HMIDemo"下的"报警"，然后出现如图 7-35 所示的"全局报警设置"窗口。在该窗口中添加"报警"。这里添加了 4 个报警。对于每个报警，要组态其报警类型、边沿检测类型和数值。对于模拟量，可以设置报警死区。死区是指在触发器值以上或以下且被视为安全可清除报警条件的级别。死区级别仅适用于上升或下降沿检测的数值。选中"确认"时，当触发报警在报警条中显示时，需要操作员对其进行确认，取消选中该复选框可禁用确认功能。选中"显示"，表示在报警条中显示已触发报警的消息，取消选中该复选框可禁用此功能。选中"日志"将触发报警记录在"报警历史"中。取消选中该复选框可禁用此功能。背景色表示在报警条或报警列表中显示的报警消息的背景颜色，默认为红色。前景色表示在报警条或报警列表中显示的报警消息的前景或文本颜色，默认为白色。

在全局报警设置完成后，就可把工具箱进阶类中的报警列表控件拖到"4-报警窗口"中，设置其属性和大小。例如，如果要在报警列表中显示报警发生时间、报警发生日期、报警确认，则必须把他们对应的属性改为"真"。报警消息标题总是会出现。还可以组态要显示的报警信息列表的宽度等参数。报警控件属性组态好后，系统运行时，一旦有上述定义的报警发生，在该报警列表窗口中就会显示组态好的列信息。

全局报警设置

在装载应用程序时报警历史会被清除： ☑

报警历史大小 (1-100)：　　50 ⬍

报警

添加报警	删除报警					<< 典型
触发器	▲ 报警类型	边沿检测	数值	死区模式	死区级别	消息
BackLevel	数字	上升	21	百分比	2	坝后水位高报警
ElePower	数字	上升	305	百分比	1	功率报警
ForLevel	数字	上升	113	百分比	1	坝前水位高报警
▶ Turbo_F	位	等于	1	百分比 ⌄	0	水轮机故障

图 7-35　全局报警设置

在 DesignStation 中添加终端后，会自动生成默认名为"1001-Diagnostics"和"1002-Alarm Banner"的画面，一旦报警发生，就会在当前的画面弹出报警和诊断消息。

关于利用 DesignStation 设计人机界面的其他内容就不再介绍了，感兴趣的读者可以参考罗克韦尔自动化相关的技术手册。

所有人机界面的设计都比较类似，其操作过程也比较接近。通常，学会一种终端的组态软件后，再学习其他类型终端界面的开发就比较简单了。

3. PanelView 800 终端程序下载与调试

人机界面编辑完成后要下载到终端。下载之前，首先单击图 7-23 中的"验证"（图中⑦处），系统会检查图形界面。若有警告或错误会有提示，只有不存在错误的工程才能下载。其次，一般 Micro800 PLC、终端是通过交换机联网，因此，要把编程计算机网线插在交换机上，保证三者 IP 在一个网段。第三，要在驱动中添加触摸屏的 IP，建立相应的驱动连接，操作过程同配置控制器的驱动。下载有多种方式，一种是单击图 7-23 中的"下载"（图中④处），第二是鼠标选中"HMIDemo"（图中⑥处），单击右键弹出"下载"菜单，再单击"下载"选项。两种操作都会弹出选择下载路径的窗口，选择终端对应的连接路径，就可下载图形界面工程了。

图形界面工程下载完成后，在终端的主菜单选择"文件管理"，然后选择"HMIDemo"这个文件，单击"运行"按钮，这个指定的人机界面就会运行了。也可把这个工程设置成启动文件。图 7-36 就是"HMIDemo"运行后的主界面，程序中把"工艺流程"配置为启动界面了，因此首先可以看到该界面。该界面中的所有工艺参数和设备状态都是在 Micro820 PLC 中模拟的，报警是通过对参数的强制实现的。单击"登录"按钮，以用户名"OPERATOR1"（大小写不敏感）来登录，并输入对应的密码。该用户的权限可以切换到"趋势曲线"画面。该画面会显示坝前和坝后水位的实时趋势，如图 7-37 所示。修改 Micro820 PLC 中的坝前水位、坝后水位和水轮机状态值，产生报警信号。这时可以在"报警窗口"画面的报警列表中看到相应的报警，如图 7-38 所示。报警列表窗口显示了报警消息、报警确认、报警日期、报警时间 4 列。具体显示几列，是在报警列表组态时确定的。还可以在终端运行时测试不同用户的操作权限，限于篇幅这里不再介绍了。

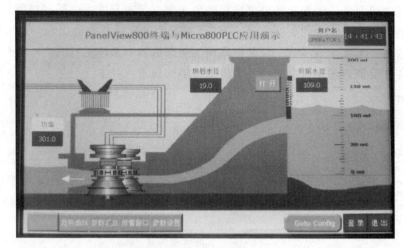

图 7-36　终端主界面

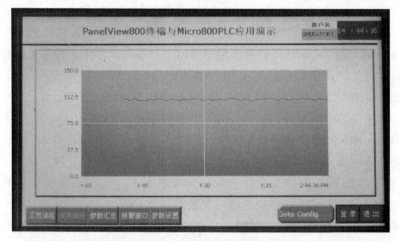

图 7-37　实时趋势测试界面

图 7-38　报警功能测试界面

一般的终端组态软件都支持联机仿真和脱机仿真，但 DesignStation 无仿真功能，人机界面有问题时需要反复修改和下载，不够人性化。

7.6　昆仑通态终端与 Micro800 PLC 以太网通信设置

1. 昆仑通态终端及其组态软件 MCGS

国产的昆仑通态、威纶通等品牌的终端以其极高的性价比，广泛的硬件支持，在市场上有很高的占有率。这里以昆仑通态产品为例，介绍其和 Micro800 PLC 的以太网通信。

以 TPC7062Ti 型号产品为例说明，该产品是一套以 Cortex-A8 CPU 为核心（主频 600MHz）的高性能嵌入式一体化触摸屏，采用了 7 英寸高亮度 TFT 液晶显示屏（分辨率为 800×480）和四线电阻式触摸屏（分辨率为 4096×4096），同时还预装了 MCGS 嵌入式组态软件（运行版），具备强大的图像显示和数据处理功能。

昆仑通态终端的组态软件是独立的 MCGS 嵌入版，目前较新的版本是 V7.7。MCGS 嵌入版 7.7 组态软件支持大量的硬件设备（如 PLC、仪表、变频器、数据采集模块等），可以快速、方便地开发各种用于现场采集、数据处理和控制的人机界面应用。该软件可以在计算机上进行在线仿真，即计算机作为终端与硬件设备通信，从而观察终端的应用程序是否符合功能要求。仿真功能极大地方便了程序调试。

限于篇幅，本书不对 MCGS 的人机界面组态过程进行介绍，只重点介绍在 MCGS 中对该终端与 Micro800 PLC 的以太网通信组态。毕竟，通信是所有工控系统的关键环节。由于 MCGS 嵌入版安装包中没有 Micro800 PLC 的驱动，因此，要实现两者的通信，必须首先下载和安装"MCGS_嵌入版_RockWell_Micro800 以太网"驱动。

2. MCGS 中组态 TPC7062Ti 终端与 Micro800 PLC 通信

（1）在实时数据库定义变量

首先新建 MCGS 工程，在工作台中选中实时数据库，然后新建变量。这里建立了"DO_1""gbTemp1""gInt1"和"DO_0"4 个变量，详细信息如图 7-39 所示。

（2）设备组态

在工作台中，选中"设备窗口"选项卡进行设备组态。首先要添加父设备，由于这里采用以太网通信，因此要添加"通用 TCP/IP 父设备"。该设备主要为连接使用在局域网的嵌入式计算机和其他

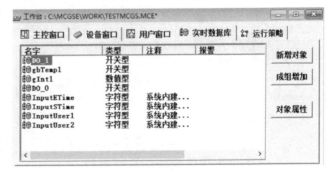

图 7-39　定义实时数据库变量

计算机或设备之间通信的数据提供一个通道。在通用 TCP/IP 父设备下可以挂接网络设备以使通信能够正常实现。这里又在父设备下添加了"设备 0-［Micro 系列 PLC］"，如图 7-40 所示。鼠标右键单击"通用 TCP/IP 父设备 0"，会出现图 7-41 所示的窗口。在该窗口中进行参数设置。这里的网络类型要选"1-TCP"，服务器/客户设置选项设为"0-客户"，表示终端设备是作为客户机，这也就意味远程的控制器是作为服务器。本地 IP 地址为终端设备地

址。但这里作者是利用计算机仿真终端的，因此，这里填写了计算机的 IP 地址。远程 IP 地址就是 Micro800 PLC 的 IP 地址。对于 Micro800 PLC，端口号 44818 是固定的。

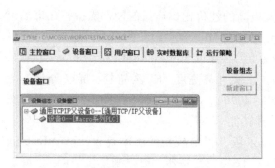

图 7-40　添加设备

图 7-41　设备属性设置

（3）增加通道

选中图 7-40 中的"设备 0-［Micro 系列 PLC］"，然后单击鼠标右键，弹出如图 7-42 所示的设备编辑窗口（图中①处），然后在窗口中单击设置设备内部属性右侧的"…"按钮（图中②处），出现"Micro 系列 PLC 通道属性设置"对话框，单击"增加通道"按钮（图中③处），出现"增加通道"对话框。这里，为了和 PLC 中的 DO 变量（别名为 DO_1）通信，在标签名中输入其 CCW 编程软件中全局变量的名称_IO_EM_DO_01 图中④处，这里特别注意不是别名。注意该通道设置窗口中其他属性要与变量对应。单击"确认"按钮，这样就定义好了一个通道。对于 PLC 中用户自定义的全局整型变量，如其名称为 gInt1，在标签名字中输入 gInt1，同时要注意数据类型、操作方式。定义好的 4 个通道如图 7-43 所示。

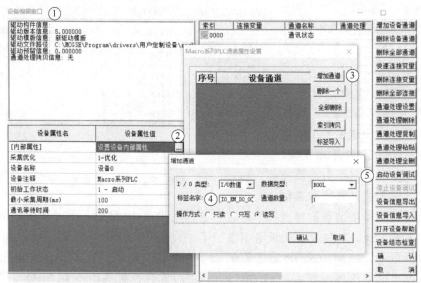

图 7-42　增加通道

（4）把通道与实时数据库连接

4 个通道增加后，可以把这些通道与实时数据库建立关联。再次调出设备编辑窗口，如图 7-44 所示，然后再双击索引 0001 这行（图中①处），出现"变量选择"窗口，选中该窗口中的"DO_0"，单击"确认"按钮，这样就把刚才增加的通道（标签名字为_IO_EM_DO_00）与实时数据库中的变量"DO_0"关联上了，即组态软件中的"DO_0"就与 PLC 中的名称为_IO_EM_DO_00 的变量关联起来了。

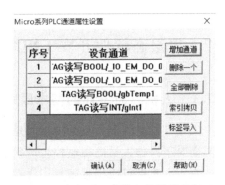

图 7-43　定义了 4 个设备通道后的窗口

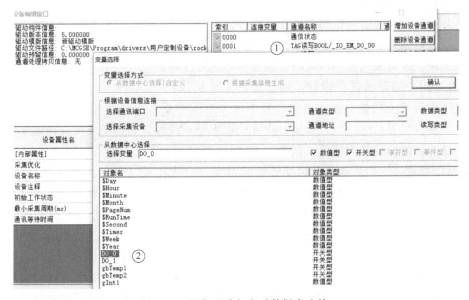

图 7-44　设备通道与实时数据库连接

把 4 个设备通道与实时数据库中的变量全部关联后，在设备编辑窗口可以看到如图 7-45 所示的内容。

（5）设备调试

在上述通信组态全部完成后，就可以进行设备调试了。单击图 7-42 中的"启动设备调试"（图中⑤处），若通信组态没问题，在设备编辑窗口可以看到参数数值，如图 7-46 所示。在该界面可以写参数，观察 PLC 端的数据是否与终端这里一致；也可以在 PLC 修改参数，看终端的参数是否与 PLC 中的一致。

索引	连接变量	通道名称
0000		通信状态
0001	DO_0	TAG读写BOOL/_IO_EM_DO_00
0002	DO_1	TAG读写BOOL/_IO_EM_DO_01
0003	gbTemp1	TAG读写BOOL/gbTemp1
0004	gInt1	TAG读写INT/gInt1

图 7-45　把 4 个设备通道与实时数据库
变量关联后的界面

通道名称	通道...	调试数据
通信状态		0
TAG读写BOOL/_IO_EM_DO_00		1
TAG读写BOOL/_IO_EM_DO_01		1
TAG读写BOOL/gbTemp1		0
TAG读写INT/gInt1		5.0

图 7-46　终端与 Micro800 PLC
通信调试成功界面

7.7　用组态软件开发工控系统上位机人机界面

7.7.1　人机界面设计的基本原则

工业控制系统上位机人机界面是操作人员对生产过程进行监控的窗口，因此一个好的人机界面对于操作人员准确监控生产状态，处理各类报警和异常事件具有重要的作用。

由于人机接口应用越来越广泛，ISA 组织制定了人机接口标准——ISA101 规范，其第一个标准是 ANSI/ISA—101.01—2015，主要针对过程自动化系统中的人机界面。主要内容包括菜单结构、屏幕导航规范、图形和色彩规范、动态元素、报警规范、安全方法和电子签名属性、具有后台编程和历史数据库的接口、弹出窗口规范、帮助屏幕和报警关联的方法、编程对象接口、数据库、服务器和网络组态接口等方面。

一般来说，进行人机界面设计时，应遵循以下的原则：

1）针对用户的需求进行设计。即系统的设计要以用户为中心，以用户的需求为出发点，满足用户对系统功能、操作习惯、操作优先级等的要求，同时与工作和应用环境相协调。因此，在人机界面的开发过程中，应不断征求企业或操作人员的意见，通过反馈来提高用户的满意度，减少后期的修改工作量。

2）功能原则。人机界面实现的功能按照重要性分为主要功能、次要功能和辅助功能；按照使用频率分为常用功能和非常用功能；按照功能的可达性可分为快速可达或非快速可达等。因此，在功能设计上，应按照对象应用环境和场合（如流水线上、中控室等）的具体使用功能要求，针对不同类型的功能特点，通过功能分区、菜单分级、提示分层、对话栏并举等多种技术手段，设计出满足并行处理要求和交互实时性的功能界面。

3）顺序原则。即按照操作人员处理事件的顺序、执行各类访问操作或查看操作的顺序进行人机界面设计。例如，操作人员一般先看整体流程，再看子系统流程这种由大到小、由顶层到底层的顺序；报警等异常操作优先处理的顺序等。了解了这些操作顺序后，就能更好地设计人机界面的各类主要界面以及次级界面。

4）一致性原则。主要体现在色彩的一致（如设备正常状态与故障状态的颜色动画）、文本的一致、同类设备操作方式的一致、同类指令界面的一致、界面布局的一致等。如果有企业或相关行业标准，应该遵循这些标准，从而做到更好的一致。这种一致性，不仅可以提高人机界面的美观程度，使操作或管理人员看界面时感到舒适，而且能减少紧急情况下的操作失误。

5）重要性原则。即按照人机界面中各种功能的重要性来设计人机界面的交互方式，如人机界面的主次菜单和对话窗口的位置和突显性，从而有助于操作人员实施操作、监控、调度和管理功能，特别是应急处理。

7.7.2　组态软件选型

目前，组态软件种类繁多，各具特色，每一款组态软件产品都有其优点和不足。通常进行选型时，应考虑如下几个方面。

1. 系统规模

系统规模的大小在很大程度上决定了可选择的组态软件的范围，对于一些大型系统，如城市燃气 SCADA 系统，西气东输 SCADA 系统等。考虑到系统的稳定性和可靠性，通常都使用国外有名的组态软件。而且国外一些组态软件供应商能提供软、硬件整体解决方案，确保系统性能，并能够提供长期服务。如美国艾默生的 iFIX，西门子的 WinCC 和施耐德电气 Intouch、罗克韦尔自动化的 FactoryTalk View Studio 等。对于一些中、小型系统，完全可以选择国产的组态软件，应该说，在中、小规模的工业控制系统上，国产组态软件是有一定优势的，性价比较高。

各种组态软件，其价格是按照系统规模来定的。组态软件的基本系统通常是以点数来计算的，并以 64 点的整数倍来划分，如 64 点、128 点、256 点、512 点、1024 点及无限点等。这里所谓的点实际表明组态软件中的变量，而组态软件中有两种类型的变量：

1）外部变量也称为 I/O 变量。凡是组态软件数据字典/实时数据库中定义的与现场 I/O 设备连接的变量，包括模拟量和数字量等都是外部变量。对模拟输入和输出设备，就对应模拟 I/O 变量；对数字设备，如电机的起、停和故障等信号，就对应数字 I/O 变量。I/O 变量还有另外一种情况，即 PLC 中用于控制等目的而用到的大量寄存器变量，如三菱电机 PLC 中的 M 和 D 等寄存器，西门子 PLC 的 M∗.∗位寄存器和 MD、DB 块等，这些寄存器都要与组态软件进行通信，也属于外部变量。

2）内部变量。在人机界面开发时，要用到的一些变量，这些内部变量也在数据字典中定义，但它们不和现场设备连接。

这里应特别注意的是不同的组态软件对点的定义不同，有些软件的点仅指 I/O 变量，如 iFIX、WinCC；而有些组态软件把内部变量和外部变量都统计为点，如组态王和 Intouch。通常在选型中，考虑到系统扩展等，点数要有 20% 裕量。

2. 组态软件的稳定性和可靠性

组态软件应用于工业控制，因此其稳定性和可靠性十分重要。一些组态软件应用于小的工业控制系统，其性能不错，但随着系统规模的变大，其稳定性和可靠性就会大大下降，有些甚至不能满足要求。目前，考察组态软件稳定性和可靠性主要根据该软件在工业过程中，特别是大型工业过程中的应用情况。目前，大型工控系统上位机软件多选用国外产品。随着国产组态软件应用的工程应用案例不断增加，功能的不断升级，在一些大型工程中，国产组态软件已近有成功应用。如在国内的一些大型污水处理厂，采用组态王做上位机人机界面的系统 I／O 规模已达到万点。

3. 软件价格

软件价格也是在组态软件选型中考虑的重要方面。组态软件的价格随着点数的增加而增加，不同的组态软件，价格相差较大。在满足系统性能要求的情况下，可以选择价格较低的产品。购买组态软件时，还应注意该软件开发版和运行版的使用。有些组态软件，其开发版只能用于项目开发，不能在现场长期运行，如组态王。而有些组态软件，其开发版也可以在现场运行，如 WinCC。因此，若用组态王软件开发工业控制系统的人机界面，就要同时购买开发版（I/O 点数大于 64 时）和运行版。目前，许多组态软件还分为服务器和客户机版本，服务器与现场设备通信，并为客户机提供数据。而客户机本身不与现场设备通信，客户机的授权费用较低。因此对于大型的工业控制系统，通常可以配置一个或多个服务器，再根据需要配置多个客户机，这样可以有较高的性价比。

4. 对 I/O 设备的支持

对 I/O 设备的支持即驱动问题，这一点对组态软件十分重要。再好的组态软件，如果不能和已选型的现场设备通信，也不能选用，除非组态软件供应商同意替客户开发该设备的驱动，显然这很可能要付出一定的经济代价。目前，组态软件支持的通信方式包括：

1）专用驱动程序，如各种板卡、串口等设备的驱动。

2）DDE、OPC 等方式。DDE 属于淘汰的技术，但仍然在大量使用；而 OPC 是目前更加通用的方式，但一般需要购买 OPC 服务器。当然，如果没有专用的驱动时，OPC 服务器也是比较好的解决方案。

5. 软件的开放性

现代工厂不再是自动化"孤岛"，非常强调信息的共享。因此，组态软件的开放性变得十分重要，组态软件的开放性包含两个方面的含义：一是指它与现场设备的通信，二是指它作为数据服务器，与管理系统等其他信息系统的通信能力。现在许多组态软件都支持 OPC 技术，即它既可以是 OPC 服务器，也可以是 OPC 客户。

6. 服务与升级

组态软件在使用中都会碰到或多或少的问题，因此能否得到及时的帮助变得十分重要。另外，还要考虑到系统升级的要求，系统要能够平滑过渡到未来新的版本甚至新的操作系统。在这方面，不同的公司有不同的市场策略，购买前一定要求向软件供应商询问清楚，否则将来可能会有麻烦。

7.7.3 用组态软件设计工控系统人机界面的步骤

由于 SCADA 系统的整体性比集散控制系统差，因此在开发人机界面时，用组态软件开发 SCADA 系统要更加复杂一些，特别是通信设置及标签定义等。这里，以 SCADA 系统为例，说明用组态软件设计 SCADA 系统的人机界面过程，集散控制系统人机界面设计也可以参考以下内容。

1. 根据系统要求的功能进行总体设计

这是系统设计的起点和基础，如果总体设计有偏差，会给后续的工作带来较大麻烦。进行系统总体设计前，一定要吃透系统的功能需求有哪些，这些功能需求如何实现。系统总体设计主要体现在以下几个方面：

1）确定 SCADA 系统的总体结构和设备分布。根据现场控制器的分布等确定 SCADA 系统网络结构。确定 SCADA 服务器（I/O 服务器）数量及 SCADA 客户端、Internet 客户数量等。配置相应的计算机、服务器、网络设备和打印机等设备，购置必要的软件。

在总体结构设计中应确定是否需要冗余 SCADA 服务器。对于重要的过程监控应该进行冗余设计，这时系统的结构上会复杂一些。

2）若采用多个 SCADA 服务器和 I/O 服务器应确定下位机与哪台 SCADA 服务器通信。这里要合理分配，既要保证监控功能快速、准确实现，又要尽量使得每台 SCADA 服务器的负荷平均化，这样对系统稳定性和网络通信负荷都有利。

3）SCADA 服务器和下位机通信接口设计，这里必须要解决这些设备与组态软件的通信问题。确定通信接口形式和参数，并确保这样的通信速率满足系统对数据采集和监控的实时性要求。另外，若系统中使用了现场总线就要考虑总线节点的安装位置等，确定总线结构要考虑是否需要配置总线协议转换器以实现信息交换。

4）SCADA 系统信息安全防护策略。对于复杂的 SCADA 系统应考虑网络的划分，包括 IP 的分配、网络的隔离和保护等。

5）根据工作量确定开发人员任务的分工及开发周期、系统调试方案、验收交付等。

2. 实时数据库组态，添加设备，定义变量等

实时数据库组态主要体现在添加 I/O 设备和定义变量。应注意添加的设备类型，选择正确的设备驱动。设备添加工作并不复杂，但在实际操作中，经常会出现问题。虽然是采取组态方式来定义设备，但如果参数设置不恰当，通信常会不成功，因此参数设置要特别小心，一定要按照 I/O 设备用户手册及组态软件的驱动帮助来操作。设备组态中容易出现的问题包括设备的地址号、站号、通信参数等。设备添加后，有条件的话可以在实验室测试一下通信是否成功，若不成功，继续修改并进行调试，直至成功为止。

此外，由于经常出现项目开发是在一台计算机，在项目开发完成后，应将工程复制到现场的计算机上，这时，工程中的有些参数也需要重新设置。例如，对于 WinCC 工程来说，除了要把工程中的计算机名改为现场的计算机名外，还有如果采用 S7-TCP/IP 通信，就要在驱动的属性中将以太网卡选择现场计算机的以太网，否则即使 IP 等都正确，使用 Ping 指令也能连上 PLC，但组态软件与 PLC 的通信始终不成功。

设备添加成功后就可以添加变量（标签）了。变量可以有 I/O 变量和内存变量。添加变量前一定要做规划，不要随意增加变量。比较好的做法是做出一个完整的 I/O 变量列表，标明变量名称、地址、类型、报警特性和报警值、标签名等，对模拟量还有量程、单位、标度变换等信息。对于一些具有非线性特性的变量进行标度变换时，需要做一个表格或定义一组公式。给变量命名最好有一定的实际意义，以方便后续的组态和调试，还可以在变量注释中写上具体的物理意义。对内存变量的添加也要谨慎，因为有些组态软件把这些点数也计入总的 I/O 点。在进行标签定义时，应特别注意数据类型及地址的写法。在通信调试中常常出现组态软件与控制器已经连接成功，但参数却读写不成功的情况，很大一部分原因就是地址或数据类型错误。

对于罗克韦尔自动化 ControlLogix5000 PLC 这类支持标签通信的系统，与上位机通信的标签需要在控制器程序的全局变量中定义。ABB 的 AC500 控制器与上位机通信时，应将变量定义成符合 Modbus 地址规范的全局变量。对于绝大多数采用 Modbus 通信协议应用，在进行标签定义时都要使用符合规范的 Modbus 地址。

对于大型的系统，变量很多，如果一个一个地定义变量会十分麻烦，现有的一些组态软件可以直接从 PLC 中读取变量作为标签，简化了变量定义工作；或者在 Excel 中定义变量，再导入到组态软件中。另外，随着控制软件集成度的增加，一些新的全集成架构软件在控制器中定义的变量可以直接被组态软件使用，而不需要在组态软件中再次定义。

3. 画面组态

画面组态就是为控制系统设计一个方便操作员使用的操作画面。画面组态应遵循人机工程学，画面组态前一定要确定现场运行的计算机的分辨率，最好保证设计时的分辨率与现场一样，否则会造成软件在现场运行时画面失真，特别是当画面中有位图时，很容易导致画面失真。画面组态常常因人而异，不同的人因其不同的审美观对同样的画面有不同的看法，有时意见较难统一。一个比较好的办法是把初步设计的画面组态给最终用户看，征询他们的意见。若画面组态做好后再修改就比较麻烦了。画面组态包括以下一些内容：

1）根据监控功能的需要划分计算机显示屏幕，使不同的区域显示不同的子画面。这里没有统一的画面布局方法，但有两种比较常用，如图 7-47 所示。如图 7-48 所示是某水质净化厂的人机界面，该工程人机界面总体布置采用了类似于图 7-47a 的方式。由于目前大屏幕显示器多数都是宽屏，因此图 7-47b 的布局更加合理。总览区主要有画面标题、当前报警行等。按钮区主要有画面切换按钮和依赖于当前显示画面的显示与控制按钮。最大的窗口区域用作各种过程画面、放大的报警、趋势等画面显示。

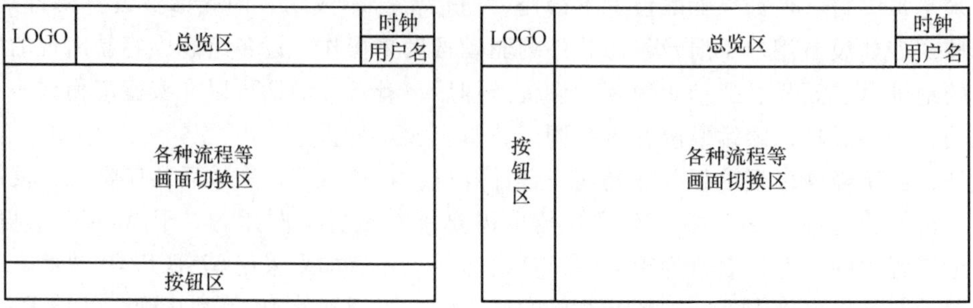

图 7-47 显示画面的两种布局方式

图 7-48 某水质净化厂运行监控人机界面

2）根据功能需要确定流程画面的数量、流程切换顺序、每个流程画面的具体设计。流程画面包括静态设计与动态设计。如图 7-49 所示的人机界面中，构筑物、管道及设备等都是采用绘图软件制作的图形，然后粘贴到人机界面中；而按钮、设备工作状态指示、数值显示等都是在组态软件中添加的动态元素。现有的组态软件都提供了丰富的图形库和工具箱，多数图形对象可以从中取出。在图形设计时应正确处理画面美观、立体感、动画与画面占用资源的矛盾。

3）将画面中的一些对象与具体的参数连接起来，即做所谓的动画连接。通过这些动画连接，可以更好地显示过程参数的变化、设备状态的变化和操作流程的变化，并且方便工人操作。动画连接实际是把画面中的参数与变量标签连接的过程。变量标签包括以下几种类

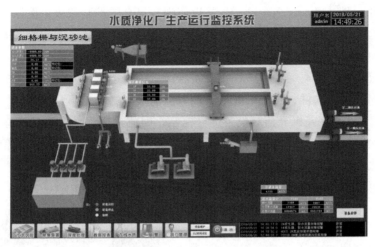

图 7-49　某水质净化厂运行监控人机界面中的静态、动态元素

型：I/O 设备连接（数据来源于 I/O 设备的过程）、网络数据库连接（数据来源于网络数据库）、内部连接（本地数据库内部同一点或不同点的各参数之间的数据传递过程）。

显示画面中的不少对象在进行组态时，可以设置相应的操作权限甚至密码，这些对象对应的功能实现只对满足相应权限用户有效。

在画面的动态显示中，一般同样的功能可以用不同的方式来实现。例如，设备有运行和停止两个正常状态（来源于一个 DI 点），还有分别来源于两个 DI 的故障、干转等异常状态。在这些状态显示时，可以用一个指示灯和文本，根据这三个点的信号组合让这个指示灯显示不同的颜色及不同的文本提示。也可以用 3 个灯来实现，其中一个显示运行和停止，另外两个显示故障。图 7-50 所示即为组态王中采用后一种方式实现该功能的过程。对于运行和停止状态，用两个表示运行和停止状态的灯和文字组合。当运行时，显示运行的灯和"运行"文字，隐含停止灯（实现过程见图 7-50 中的①~④）和停止文字。停止时则相反，编辑好这个功能后，把两个灯重叠，两个文字重叠，见图 7-50 中的⑤处。

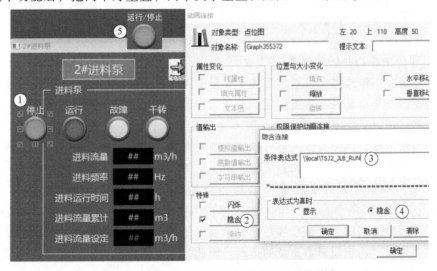

图 7-50　组态软件画面编辑中的动画连接技术

有时，会对一个对象采用多个动画连接以实现较逼真的动画效果。例如，传送带上有一个物体由近及远运动，逐步远离操作员视线。为了实现这个效果，一般要对该物体进行水平移动、垂直移动和缩放这三个动画，且三个动画连接的变量变化要匹配好。

实际画面组态时，采取何种方式，主要是看所用的组态软件对该类功能的支持及实现的简便程度。不同的组态软件，实现同样的功能，可能实现方法是不一样的。

4）操作员一般通过人机界面对设备进行控制，因此人机界面应设计一些设备控制子窗口。在设计这些窗口时应做到同类设备界面的一致性，从而有利于操作与管理。图 7-51 所示是某水质净化厂运行监控系统中二级提升泵（潜水泵）的操作界面，可以看出，这些设备的操作方式、控制按钮与运行参数显示的设置等是一致的。

目前，一些组态软件，特别是全集成组态软件，如 TIA 博途软件等，在人机界面中可以开发专门的面板（faceplate），这些面板可以反复地使用。用户只需要把面板中的参数和具体的 I/O 变量连接即可，大大地简化了画面组态。对于触摸屏，则可以在 PLC 中的数据结构基础上开发面板，用于触摸屏画面组态。

4. 报警组态

报警功能是 SCADA 系统人机界面的重要功能之一，对确保安全生产起到重要作用。它的作用是当被控的过程参数、SCADA 系统通信参数及系统本身的某个参数偏离正常数值时，以声音、光线、闪烁等方式发出报警信号，提醒操作人员注意并采取相应的措施。报警组态的内容包

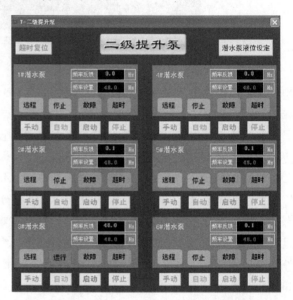

图 7-51　某水质净化厂运行监控系统设备控制窗口

括报警的级别、报警限、报警方式和报警处理方式等。当然，这些功能的实现对于不同的组态软件会有所不同。

5. 实时和历史趋势曲线的组态

由于计算机在不停地采集数据，形成了大量的实时和历史数据，这些数据的变化趋势对了解生产情况和安全追忆等有重要作用。因此，组态软件都提供有实时和历史曲线控件，只要做一些组态就可以了。图 7-52 所示为某水质净化厂运行监控系统实时趋势显示界面。由于要显示的变量较多，因此操作人员可以从界面中选择所要观察的参数。此外，界面中通常还会有参数的基本统计值显示，如最大值、最小值等。

一般来说，并非所有的变量或参数都能查询到历史趋势，只有选择进行历史记录（WinCC 中称为归档）的参数或变量才会保存在历史数据库中，才可以观察它们的历史曲线。对于一个大型的系统，变量和参数很多，如果每个参数都设置较小的记录周期，则历史数据库容量会很大，甚至会影响系统的运行。因此，一定要根据监控要求合理地设置参数的记录属性及保存周期等，按时对历史数据进行备份。

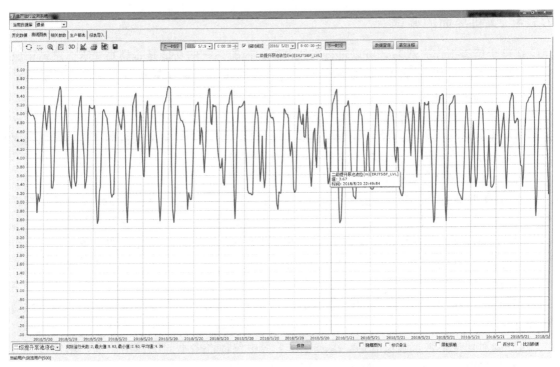

图 7-52　某水质净化厂运行监控系统实时趋势显示界面

6. 报表组态及设计

报表组态包括日报、周报或月报的组态，报表的内容和形式由生产企业确定。报表可以统计实时数据，但更多的是历史数据的统计。绝大多数组态软件本身都不能做出很复杂的报表，一般的做法是采用 Crystal Report（水晶报表）等专门的工具做报表，数据本身通过 OD-BC 等接口从组态软件的数据库中提取。

7. 控制组态及设计

由于多数人机界面只是起监控的作用，而不直接对生产过程进行控制，因此用组态软件开发人机界面时没有复杂的控制组态。这里说的控制组态主要是当进行远程监控时，相应的指令如何传递到下位机并执行。常用的做法是定义一些起到信息传递作用的标签（它们当然属于 I/O 变量，虽然不对应实际的过程仪表或设备），这些标签对应控制器中的寄存器变量。在控制器编程时应考虑这些变量对应的上位机的控制指令，并且明确是采用脉冲触发还是高、低电平触发。

8. 策略组态

根据系统的功能要求、操作流程、安全要求、显示要求、控制方式等，确定该进行哪些策略组态及每个策略组态的内容。

9. 用户管理

对于比较大型的监控系统来说，用户管理十分重要。否则会影响安全操作甚至系统的安全运行。可以设置不同的用户组，它们有不同的权限，把用户归入到相应的用户组中。如工程师组的操作人员可以修改系统参数，对系统进行组态和修改，而普通用户组的操作人员只能进行基本的操作。当然，可以根据需要进一步细化。

7.7.4　人机界面的调试

在整个组态工作完成后，可以进行离线调试，检验系统的功能是否满足要求。调试中应确保机器连续运行数周时间，以观察是否有计算机速度变慢甚至死机等现象。在反复测试后，再在现场进行联机调试，直到满足系统的设计要求。

组态软件人机界面的调试是非常灵活的，为了验证所设计的功能是否与预期一致，可以随时由开发环境转入运行环境。人机界面的调试可以对每个开发好的人机界面进行调试，而不是等所有界面开发完成才对每个界面进行调试。

人机界面调试的主要内容有：

1）I/O 设备配置。有条件的可以把 I/O 硬件与系统连接进行调试，以确保设备正常工作。若有问题应检查设备驱动是否正确、参数设置是否合理、硬件连接是否正确等。

2）变量定义。外部变量定义与 I/O 设备联系紧密，应检查变量连接的设备、地址、类型、报警设置、记录等是否准确。对于要求记录的变量，检查记录的条件是否准确。

3）运行系统配置是否准确。运行系统配置包括初始画面、允许打开画面数、各种脚本运行周期等。一般的组态软件都要设置启动运行画面，即组态软件从开发状态进入运行状态后就被加载的画面。这些画面通常包括主菜单栏、主流程显示、LOGO 条等。

4）画面切换是否正确及流畅。组态软件工程中包括许多不同功能的画面，用户可以通过各种按钮等来切换画面，应测试这些画面切换是否正确和流畅，切换方式是否简捷、合理。考虑到系统的资源约束，在系统运行中，不可能把所有的画面都加载到内存中，因此若某些画面切换不流畅，可能是这些画面占用的资源较多，应该进行功能简化。

5）数据显示。主要包括数据的连接是否正确、数据的显示格式和单位等是否准确。当工程中变量多了以后，常会出现变量连接错误，特别是采取复制等方式操作时，常会出现这样的错误。

6）动画显示。动画显示是组态软件开发的人机界面最吸引眼球的特性之一，应检查动画功能是否准确、表达方式是否恰当、占用资源是否合理、效果是否逼真等。有时系统调试运行时会存在动画功能受到系统资源调度的影响而运行不流畅的情况，因此应合理调整动画相关的参数。

7）其他方面，包括报警、报表、用户、逻辑与控制组态、信息安全等功能调试。

复习思考题

1. 工业人机界面有哪些类型？其各自的应用领域是什么？
2. 什么是组态软件？其作用是什么？
3. 组态软件的组成部分有哪些？
4. 嵌入式组态软件与通用组态软件相比，有何特点？
5. 罗克韦尔自动化 FactoryTalk View 组态软件有何技术特色？
6. 用组态软件开发人机界面的基本内容与步骤是什么？
7. 组态软件的脚本语言有哪些？
8. OPC 服务器是硬件吗？工业控制系统中采用 OPC 规范的好处有哪些？

参 考 文 献

［1］ 王华忠. 工业控制系统及其应用——PLC 与人机界面［M］. 北京：机械工业出版社，2019.

［2］ 孙克军. 电气控制与 PLC 编程入门［M］. 4 版. 北京：化学工业出版社，2019.

［3］ 史国生，曹戈. 电气控制与可编程控制器技术［M］. 北京：化学工业出版社，2019.

［4］ 何衍庆. 常用 PLC 应用手册［M］. 北京：电子工业出版社，2008.

［5］ 张振国，方承远. 工厂电气与 PLC 控制技术［M］. 北京：机械工业出版社，2011.

［6］ 倪伟，刘斌，侯志伟. 电气控制技术与 PLC［M］. 南京：南京大学出版社，2017.